# MYSTERIUM CONJUNCTIONIS

*Oeuvres inédites de C. G. Jung*
*aux Éditions Albin Michel*

*Sous la direction d'Antoine Faivre et Frédérick Tristan*

COMMENTAIRE SUR LE MYSTÈRE DE LA FLEUR D'OR
LA PSYCHOLOGIE DU TRANSFERT
MYSTERIUM CONJUNCTIONIS
*(2 volumes : traduction d'Étienne Perrot)*
AÏON
ÉTUDES SUR LA PHÉNOMÉNOLOGIE DU SOI
*(Traduction d'Étienne Perrot et Marie-Martine Louzier-Sahler)*
PSYCHOLOGIE ET ORIENTALISME
*(Traduction de Paul Kessler, Josette Rigal et Rainer Rochlitz)*

*Sous la direction de Michel Cazenave*

SYNCHRONICITÉ ET PARACELSICA
*(Traduction de Claude Maillard et Christine Pflieger-Maillard)*
LA VIE SYMBOLIQUE. PSYCHOLOGIE ET VIE RELIGIEUSE
*(Traduction de Claude Maillard et Christine Pflieger-Maillard)*
L'ÂME ET LE SOI. RENAISSANCE ET INDIVIDUATION
*(Traduction de C. Maillard et C. Pflieger-Maillard et R. Bourneuf)*
ESSAIS SUR LA SYMBOLIQUE DE L'ESPRIT
*(Traduction d'Alix et Christian Gaillard et de Gisèle Marie)*
CORRESPONDANCE *(1906-1961). (5 vol.)*
SUR L'INTERPRÉTATION DES RÊVES
*(Traduction d'Alexandra Tondat)*
LES ÉNERGIES DE L'ÂME
SÉMINAIRE SUR LE YOGA DE LA KUNDALINI
*(Traduction de Zéno Bianu)*
PSYCHOGENÈSE DES MALADIES MENTALES
*(Traduction de Josette Rigal)*
LES RÊVES D'ENFANTS (SÉMINAIRES)
*(Tome 1 : traduction de Claude Maillard)*
*(Tome 2 : traduction d'Alexandra Tondat)*

CARL GUSTAV JUNG

# MYSTERIUM CONJUNCTIONIS

ÉTUDES SUR LA SÉPARATION
ET LA RÉUNION DES OPPOSÉS PSYCHIQUES
DANS L'ALCHIMIE

Avec la collaboration de
Marie-Louise von FRANZ

Tome 2

Traduit de l'allemand par
Étienne PERROT

Albin Michel

*Édition originale :*

MYSTERIUM CONIUNCTIONIS


*Traduction française :*

# *SOMMAIRE*

# *NOTE DU TRADUCTEUR*

*En présentant le second tome du chef-d'œuvre alchimique de C.G. Jung, il paraît nécessaire de préciser que cette traduction suit le texte de la première édition publiée à Zurich par Rascher Verlag, en 1955-1956, avant de devenir le volume 14 des* Gesammelte Werke. *Les pages que l'on va lire offrent des divergences non négligeables par rapport à l'édition anglaise (vol. 14 des* Collected Works*) aux chapitres « La guérison du roi*[1] *» et « Adam et Eve ». Les remaniements opérés par les éditeurs anglais ont reçu l'accord de l'auteur. Toutefois Mme Marie-Louise von Franz nous a confirmé que Jung tenait à l'économie de son œuvre telle qu'il l'avait composée. Nous ne pouvions souhaiter témoignage plus autorisé, puisqu'il émane du coauteur effectif de l'ouvrage*[2]*. En demeurant fidèle au texte original allemand, nous n'avons donc fait que nous conformer à la volonté de l'auteur.*

*Je désire exprimer mes remerciements à ceux et à celles qui, auprès de moi, ont contribué à la parution de l'œuvre majeure de C.G. Jung dans notre langue : le Dr Louis Kling, de Strasbourg, qui a bien voulu relire la traduction en mettant à son service sa double compétence de germaniste et de psychothérapeute ; M. et Mme Louis et Alberte Michon-Rajon qui ont procédé à la mise au point du manuscrit et concouru par tant d'autres voies à la présente réalisation ; mes élèves et amis M. Marc Hagenbourger, Mme Marie-Martine Louzier et M. Benjamin Sahler qui ont participé à la correction du texte et des épreuves ; enfin M. Robert Piette, professeur-assistant à l'Université de Louvain, qui a accepté de se charger de la bibliographie et de l'index.*

E.P.

*Paris, 6 décembre 1980*

1. Voir ci-après p. 41, note du traducteur.

2. Cf. la déclaration de Jung, tome 1, page 22, et la préface à la traduction d'*Aurora consurgens* (qui est, en fait, le tome 3 de *Mysterium conjunctionis*), à paraître à La Fontaine de Pierre, 1981.

# IV

# REX ET REGINA

# 1

## *INTRODUCTION*

1 Au cours de nos précédentes études nous avons déjà rencontré à plusieurs reprises le couple royal et principalement la figure du roi, sans parler du matériel concernant ce thème que nous avons produit dans *Psychologie et Alchimie*. Suivant le prototype de la royauté du Christ dans le monde des représentations chrétiennes, le roi joue aussi un rôle central dans l'alchimie et l'on ne peut l'écarter comme une simple métaphore. Les raisons plus profondes qui justifient un examen détaillé de ce symbole ont déjà été exposées dans *Psychologie du Transfert*. Le roi représente la personnalité exceptionnelle qui s'élève au-dessus des limites étroites de l'existence commune et devient le porteur du mythe, c'est-à-dire des messages de l'inconscient collectif. Ce fait s'exprime déjà sur le plan extérieur dans les insignes de la royauté : la couronne met le roi en relation avec le soleil resplendissant. Le manteau brodé de pierreries correspond au firmament étoilé. Le globe représentant le royaume, que le roi tient à la main, est une figure de celui du monde. Le trône élevé distingue le roi et le place au-dessus de la multitude. Le titre de « Majesté » le rend proche des dieux. Plus nous remontons dans l'histoire et plus la divinité du roi apparaît clairement. Le rite du sacre royal s'est maintenu jusqu'à l'époque la plus récente. Les Césars romains usurpent déjà la dignité divine et réclament un culte personnel qui y corresponde. En Asie Mineure l'essence tout entière de la royauté repose sur des présupposés théologiques bien plus que politiques. La psyché du peuple s'y manifeste comme le fondement véritable et ultime de la royauté d'un dieu : le roi est considéré tout naturellement comme la source magique du bien-être et de la prospérité de toute la communauté organique des hommes, des animaux, des plantes. C'est de lui que découlent la vie et la prospérité de ses sujets, l'accroissement des troupeaux et la fécondité du sol. Cette interprétation de la royauté n'est pas une invention après coup mais

un *a priori* psychique qui plonge dans la profondeur de l'humanité primitive et constitue donc une manifestation naturelle de la structure psychique. Lorsque, pour expliquer ce phénomène, nous mettons en avant des motifs rationnels d'opportunité, cela n'a de signification que pour notre mentalité et non pour la psychologie primitive qui émane de facteurs purement psychiques et inconscients à un degré incroyablement plus fort que notre manière de voir orientée vers l'objectivité.

2 La théologie de la royauté la mieux connue de nous et sans doute aussi la plus riche s'est épanouie dans l'ancienne Egypte, et ce sont ces conceptions qui se sont intégrées, principalement par l'intermédiaire de la Grèce, dans l'évolution spirituelle des peuples occidentaux. Le roi est une incarnation de la divinité[1] et un fils de dieu[2]. En lui réside le pouvoir divin de vie et de génération, le *ka,* c'est-à-dire que le dieu s'engendre lui-même dans une mère de Dieu humaine et qu'il est enfanté par elle en tant qu'homme-dieu[3]. A ce dernier titre le roi assure la croissance et la prospérité de la terre et du peuple[4], acceptant aussi d'être mis à mort lorsque son temps est accompli, c'est-à-dire quand sa puissance de génération est épuisée[5].

1. Un habitant des îles Fidji expliquait à Hocart : « Seul le chef était cru : c'était en quelque sorte un dieu humain. » (Cf. A.M. Hocart, *Kings and Councillors.* Le Caire 1936, p. 61.) « Nous devons avoir présent à l'esprit le fait que le roi est le dieu ou les dieux. » (l.c. p. 104.)

2. Le pharaon est le fils du dieu créateur. « Mais lors de certaines fêtes, le " fils " s'unit au " père " divin d'une manière mystique et rituelle. » (Jacobsohn, *Die dogmatische Stellung des Königs in der Theologie der alten Ägypter.* 1939, p. 46.)

3. Amon, le dieu-père, s'unit par exemple à Thoutmosis I pour engendrer ainsi, en tant que père, le fils avec la reine. (Jacobsohn : l.c. p. 17.) Ou bien le roi continue à vivre après sa mort en tant qu'« Horus, fils d'Hathor ». (l.c. p. 20.) Un texte des pyramides dit du pharaon : « Merenre est le grand, le fils du grand, Nout l'a enfanté... » (l.c. p. 26.) Le ka-mutef fait de la reine la mère de Dieu (l.c. p. 62.) Des idées semblables se manifestent dans les noms royaux cananéens Adoni-beseq (Seigneur de l'éclair) et Adoni-tsédeq (Seigneur de justice), qui indiquent une identification avec le dieu-fils d'Ishtar, Adonis. Frazer (*The Golden Bough,* IV^e partie, 14), à qui j'emprunte ce trait, observe à ce sujet : « Adoni-tsédeq signifie " Seigneur de justice " et représente en conséquence l'équivalent de Melchisédech ou " Roi de Justice ", titre du mystérieux roi de Salem et prêtre du Dieu Très-Haut... »

4. Aux îles Fidji le roi est appelé « la Prospérité du pays ». « Quand le grand chef dont le titre est " Seigneur du récif " est installé, on prie... Que les champs résonnent, que la terre résonne... que le poisson vienne à terre, que les arbres fruitiers produisent ; que la terre prospère. » (Hocart : l.c. p. 61.)

5. Frazer : *The Golden Bough,* IV^e partie, pp. 331 et sv. Le meurtre, ou mieux le sacrifice, est suivi d'un démembrement. Osiris et Dionysos en sont des exemples classiques. Cf. Firmicus Maternus : « Lib. de error. profan. relig. » *Corpus Script. Eccl. Lat.* Vol. II, 76 : (2) « *...occidit Osirim artuatimque laceravit et per omnes Nili fluminis ripas miseri corporis palpitantia membra projecit.* » (Il tua Osiris, le déchira et le démembra, et il jeta les membres palpitants du corps infortuné sur toutes les rives

3 *Père et fils sont consubstantiels*[6] et, après la mort, le roi redevient le dieu-père[7], car son ka est également consubstantiel au père[8]. Le ka se compose pour ainsi dire des âmes des ancêtres royaux dont en général quatorze[9] sont honorés par le roi et correspondent aux 14 kas du dieu créateur[10]. De même que, sur le plan humain, le roi correspond au dieu-fils, son ka est celui du procréateur divin, du ka-mutef[11], nom qui signifie « taureau de sa mère ». La reine-mère correspond à la mère des dieux (par exemple, Isis).

4 On a ainsi une *double trinité* d'un genre particulier : d'une part une série purement divine, dieu-père, dieu-fils et ka-mutef, d'autre part une série divine et humaine, dieu-père, homme-dieu-fils (Pharaon), ka du roi. Dans le premier cas le père se transforme dans le

du fleuve Nil.) Le même auteur dit à propos de Dionysos (7, 7) : « *Nam Liberum ad Solem volunt referre commenta Graecorum etc. quis vidit puerum solem ? quis fefellit ? quis occidit ? quis laceravit ? quis divisit ? quis membris ejus epulatus est ?... sed et errorem istum physica rursum volunt ratione protegere : indivisam mentem et divisam, id est τὸν ἀμέριστον καὶ τὸν μεμερισμένον hac se putant posse ratione venerari.* » (En effet les commentaires des Grecs veulent rapporter Liber au Soleil... qui a vu le soleil enfant ? qui l'a trompé ? qui l'a tué ? qui l'a déchiré ? qui l'a divisé ? qui a fait un festin avec ses membres ?... Mais ils veulent encore défendre cette erreur à l'aide d'une explication physique : ils pensent pouvoir vénérer de cette manière l'esprit divisé et indivis.) A ce contexte appartient sans doute aussi le dieu-taureau du IIe district égyptien : il est appelé « le démembré » et fut mis, à l'époque tardive, en relation avec Osiris. Pour cette raison un interdit était placé sur le IIe district. (Kees, *Der Götterglaube im alten Ägypten,* 1941, p. 12 et p. 258.)

6. « Le fils est consubstantiel au père. » (Jacobsohn : l.c. p. 17 et p. 46.)

7. On donne au roi mort et revenu à la vie l'appellation d'Amon qui boit le lait d'Isis. (Jacobsohn : l.c. p. 58.)

8. Le dieu, le roi et le ka constituent pour ainsi dire une trinité composée du père, du fils et de la puissance génératrice.

9. En correspondance avec les quatorze kas de Ré on porte en procession les statues de quatorze ancêtres du roi. Ce sont les incarnations, dans les prédécesseurs du roi, du dieu-père qui s'est également incarné dans ce dernier. (Jacobsohn : l.c. pp. 28, 32, 62 et 67.) H.G. Baynes dit à ce sujet : « Le pouvoir de sauvegarde de la continuité de l'autorité et de la tradition tribales depuis les premiers temps est concentré au moyen de la projection de la masse sur la personne du roi. Les lointains ancêtres héroïques, les puissantes figures du passé mythique sont vivants et présents dans la personne du roi. C'est parce qu'il est une histoire vivante qu'il est le symbole majeur. » (« On the Psychological Origins of Divine Kingship. » *Folklore,* vol. XLII, 1936, p. 91.)

10. Il faut mentionner dans ce contexte que Typhon découpe en quatorze morceaux Osiris mort. (Plutarque, *De Iside,* ch. 18.) « Ils expliquent le démembrement d'Osiris en quatorze morceaux par les jours du déclin depuis la pleine lune jusqu'à la nouvelle lune. » (ch. 42.) Jacobsohn évoque la généalogie de Jésus (*Matth.* I, 1-17) où il est dit au verset 17 : « Le total des générations est donc d'Abraham à David, quatorze générations ; de David à la déportation de Babylone, quatorze générations ; de la déportation de Babylone au Christ, quatorze générations. » Cette construction est quelque peu arbitraire et fondée sur le nombre 14. A propos des ancêtres du pharaon, Jacobsohn déclare : « Et là encore le dessein délibéré de mettre en relief le nombre quatorze est toujours parfaitement discernable. » (p. 67.)

11. Jacobsohn : l.c. p. 38.

fils et le fils dans le père par l'intermédiaire de la puissance créatrice du ka-mutef. *Les trois figures sont consubstantielles.* La seconde série humaine et divine qui est également liée en une unité par l'identité d'essence représente la manifestation du dieu dans le monde terrestre[12]. La mère de Dieu n'est pas comprise dans la trinité : elle se tient à l'extérieur sous sa forme tantôt divine et tantôt simplement humaine. Il convient de mentionner à ce propos l'amulette trinitaire de basse époque publiée par Spiegelberg : Horus et Hathor sont assis face à face, tandis qu'entre eux et au-dessus d'eux plane un serpent ailé. Les divinités portent toutes trois le signe *ankh* (vie). L'inscription est la suivante : « Eἷς Bάϊτ, *εἷς Ἀθώρ μία τῶν βία, εἷς δὲ Ἀχῶρι, χαῖρε πάτερ κόσμου, χαῖρε τρίμορφε θεός.* » (Un est Baït, un Hathor, une est leur puissance, un est Akori. Salut, père du monde, salut, dieu à la triple forme). L'amulette est triangulaire. Elle doit appartenir au I$^{er}$ ou au II$^{e}$ siècle ap. J.C.. Spiegelberg dit : « A mon sens cette épigramme, malgré sa forme grecque, respire l'esprit égyptien de l'art hellénistique et ne contient aucun élément chrétien. Mais elle est née d'un esprit qui a contribué au développement du dogme de la Trinité[13]. » Je dois faire observer à ce sujet que les images de la conjonction contenues dans le *Rosarium Philosophorum* (*rex-regina-columba Spiritus Sancti*) correspondent exactement au schéma de l'amulette. (Voir la série complète dans *Psychologie du Transfert.*)

12. Jacobsohn met l'accent sur l'homoousie (consubstantialité) du père, du fils, du ka du roi et du ka-mutef. (pp. 38, 45 et sv., 62.) Pour illustrer la manière dont le ka-mutef préfigure le *ἅγιον πνεῦμα* (Saint-Esprit), il cite la 53$^{e}$ question du Catéchisme d'Heidelberg : « ... qu'il (le Saint-Esprit) est Dieu éternel avec le Père et le Fils. De même, qu'il m'a été donné à moi aussi » (en tant que ka personnel). Jacobsohn rapporte également l'anecdote sur le Christ contenue dans la *Pistis Sophia* où le Saint-Esprit se présente comme double du Christ (et donc proprement comme son ka). Il entre dans la maison de Marie qui d'abord le prend pour Jésus. Mais il demande : « Où est mon frère Jésus, afin que je le rencontre ? » Mais elle le tient pour un fantôme et le ligote au pied du lit. Jésus survient, le reconnaît et devient un avec lui. *Pistis Sophia,* éd. C. Schmidt. ch. 61, p. 20 et sv.

13. W. Spiegelberg : « Der Gott Baït in dem Trinitätsamulett des Britischen Museums. » *Arch. für Rel. Wissenschaft,* vol. XXI, p. 225 et sv.

# 2

# *L'OR ET L'ESPRIT*

5 L'ANALOGIE frappante de certaines idées alchimiques avec le dogme chrétien n'est pas le fruit du hasard mais la conséquence d'une tradition. C'est de cette dernière source que sort pour une bonne part le symbolisme royal. Si le dogme chrétien puise en partie son origine dans les croyances populaires de l'Egypte hellénistique (et dans la philosophie judéo-chrétienne d'un Philon d'Alexandrie), il n'en va pas de même pour l'alchimie. Le tronc d'où provient cette dernière n'est pas purement chrétien, mais en partie païen et gnostique. Les plus anciens traités alchimiques appartiennent à cette sphère : ainsi le traité de Comarios (I^er^ siècle ?), les écrits de Démocrite (I^er^ - II^e^ siècle) et de Zosime (III^e^ siècle). L'un des traités de ce dernier est intitulé[14] : " *Βίβλος ἀληθὴς Σοφε Αἰγυπτίου καὶ θείου Ἑβραίων κυρίου τῶν δυναμέων Σαβαωθ.* " (Livre véritable de Sophé[15] l'Egyptien et du divin Seigneur des Hébreux des puissances Sabaoth.) Berthelot tient Zosime pour le véritable auteur, ce qui est tout à fait possible. Il est question dans cet écrit d'une science (*ἐπιστήμη*) et d'une sagesse (*σοφία*) qui viennent du *fond des âges* (*ἐκ τῶν αἰώνων*) : « Leur origine est en effet sans roi (*ἀβασίλευτος*) et autonome. Elle est immatérielle (*ἄυλος*) et ne recherche rien des corps matériels et corruptibles[16]. Elle opère en effet sans passion (*ἀπαθῶς*). Or par la prière qui appelle la grâce, le symbole de la chimie est procuré à partir de la création du monde à ceux qui sauvent

14. Voir Berthelot, *Alch. Grecs,* III, XLI. Codex Paris, 2, 327, fol. 251. (Berthelot, *Origines de l'Alchimie,* 1885, p. 58).

15. « Sophé » est, selon Berthelot, une variante de Chéops-Souphis. L'auteur cite un passage résumé d'Africanus (III^e^ siècle) dans Eusèbe : « Le roi Souphis a écrit un livre sacré que j'ai acheté en Egypte comme chose très précieuse. » (*Origines de l'Alchimie,* p. 58.)

16. Le texte porte : *παναφθόρων* (tout à fait incorruptible), que le sens conduit à remplacer par : *πανφθόρων*. Berthelot traduit en conséquence : « corruptibles ».

et purifient l'âme divine enchaînée dans les éléments et, bien plus, l'esprit (πνεῦμα) divin mêlé à la chair. Ainsi par exemple, de même que le soleil est une fleur de feu, un soleil céleste et l'œil droit du monde, de même le cuivre, s'il devient une fleur grâce à la purification, est un soleil terrestre qui est un *roi* sur la terre comme le soleil l'est dans le ciel [17]. »

6 Il ressort clairement de là, comme du texte suivant (qui n'est pas donné ici), que « le symbole de la chimie » (τὸ σύμβολον τῆς χημείας) et le roi ne sont autres que l'or, roi des métaux [18]. Mais il est en même temps tout aussi clair que l'or n'est réalisé que par la libération de l'âme divine ou du *pneuma* des liens de la « chair » (σάρξ). L'attente de la raison aurait sans doute été mieux satisfaite si, au lieu de « chair », le texte avait porté quelque chose comme « minerai » ou « terre ». Bien que les éléments soient donnés comme étant la prison de la psyché divine, ce qui est indiqué par là est la nature, la *physis* en général, c'est-à-dire, non seulement la terre et le minerai, mais aussi l'eau, l'air et le feu, auxquels s'ajoute encore « la chair », expression qui, dès le IIIe siècle, a la signification générale du « monde » au sens moral par opposition à l'esprit et ne désigne pas seulement le corps humain. Il découle de là sans méprise possible que la chrysopée (fabrication de l'or) doit être conçue comme une opération se déroulant parallèlement au processus physique et en quelque sorte indépendamment de ce dernier. Non seulement la transformation morale et spirituelle est indépendante de l'œuvre physique, mais elle paraît même en être la cause efficiente. Ainsi s'explique également le vocabulaire emphatique et pneumatique qui ne conviendrait guère à une simple préparation chimique. La psyché jusque-là captive des éléments et l'esprit divin revêtu de chair triomphent de l'imperfection physique et prennent en quelque sorte pour vêtement la plus noble des matières, l'or royal. Ainsi l'or « philosophique » est une sorte d'incarnation de la psyché et du pneuma qui, l'un et l'autre, ne signifient ni plus ni moins que « l'esprit de vie ». C'est effectivement un *aurum non vulgi,* une sorte d'*or vivant* qui, à cet égard, correspond au *lapis.* Celui-ci est également un être vivant doté « d'un corps, d'un esprit et d'une âme », et il est par suite aisé d'en faire un vivant divin ou un homme « d'exception », donc un roi, personnage depuis longtemps

17. Berthelot, *Alch. Grecs,* III, XLII, I.
18. Il va de soi que ceci demeure vrai pour l'alchimie la plus tardive. Ainsi Khunrath (*Hyl. Chaos,* 1597, p. 388) définit le roi comme l'or séparé de l'argent.

considéré comme un dieu incarné [19]. A ce sujet Zosime avait recours à une image primitive avec la figure de l'*anthropos* divin qui, à cette époque, était parvenue, dans le domaine philosophique aussi bien que religieux, à une signification capitale, et cela au sein des cercles d'orientation chrétienne comme chez les mithriaques. Le témoignage en est fourni non seulement par l'Ecriture Sainte mais aussi par les monuments mithriaques et les fragments gnostiques. Par Zosime nous possédons sur ce thème des développements notablement plus amples [20]. Les idées de cet auteur ont, directement ou indirectement, exercé une influence déterminante sur l'orientation philosophique et gnostique de toute l'alchimie ultérieure. Je me suis étendu en détail sur ce sujet dans *Psychologie et Alchimie* et puis en conséquence me dispenser ici de plus abondantes explications. Mais il paraît opportun d'évoquer ce texte dans la mesure où il représente, à ma connaissance, la plus ancienne mention du roi. L'Egyptien Zosime connaissait assurément la mystique royale qui, en outre, avait refleuri sous les Césars romains, et il ne lui était pas difficile de faire passer cette identité du pneuma divin et du roi dans la *praxis* alchimique,

19. *Rex* comme synonyme de *lapis* : « *Philosophorum lapis et Chimicus Rex* ». « Aquarium Sap. » (*Mus. Herm.* p. 119.) Dans les symboles de Lambsprinck il est tout bonnement la substance mystérieuse :

*Hostes meos omnes superavi et vici,*
*Venenosumque draconem pedibus meis subegi,*
*Sum Rex eximius et dives in terris*
. . . . . . . . . . . . . . . . . . . . . . . . . . . . . . . . . . . . . . . . . . . .
*Hinc mihi Hermes nomen* sylvarum domini *tribuit.*

(J'ai dominé et vaincu mes ennemis,
J'ai soumis à mes pieds le dragon venimeux,
Je suis un roi excellent et riche sur la terre.
. . . . . . . . . . . . . . . . . . . . . . . . . . . . . . . . . . . . . . . . . . . .

De là vient qu'Hermès m'a attribué le nom de *seigneur des forêts* (*Mus. Herm.* p. 358.) « *Lapis Philosophorum est Rex de coelo descendens.* » (La pierre philosophale est un roi descendant du ciel.) (*Consil. Conjugii,* éd. 1566, p. 61.) Chez Theobald de Hoghelande (« De Alch. Difficult. » in *Theat. Chem.* 1602, I, p. 162) on rencontre la désignation rare de la pierre comme « *homo galeatus et altus* » (homme casqué et élevé), auprès de celle de « *Rex diademate rubeo coronatus* » (Roi couronné du diadème rouge). « *Princeps lapis* » (La princesse pierre — ou la pierre primordiale) dans Mylius (*Phil. Ref. p. 17*). « *Denique... videbis Lapidem Philosophicum Regem nostrum et Dominum Dominantium, prodire ex sepulchri vitrei sui thalamo ac throno in scenam mundanam hanc... clamantem : Ecce, Renovabo omnia.* » (A la fin tu verras la Pierre philosophique, notre Roi et Seigneur des Seigneurs, sortir de la chambre et du trône de son sépulcre de verre sur la scène de ce monde et clamant : Voici, je vais renouveler toutes choses.) (Khunrath, *Amphitheatrum Sapientiae Aeternae,* 1604, p. 202 et sv.)

20. Je renvoie, pour la traduction littérale, à *Psychologie et Alchimie,* tr. fr. p. 459 et sv.

au caractère à la fois physique et pneumatique, après que les écrits (antérieurs) du pseudo-Démocrite et leur conception de la *θεῖα φύσις* (nature divine) lui avaient préparé les voies[21].

7 La définition pneumatique du roi l'emportait de loin sur son interprétation comme or. Pour donner un exemple, le *Lexicon Alchemiae* de Ruland (1612) explique ainsi le terme *rex :* « *Rex :* âme, eau spirituelle qui humecte la terre pour la femme, qui est rendue à la fontaine d'où elle avait été tirée : c'est le *spiritus* dans l'eau, et un esprit aqueux. » Ici le roi est encore l'âme divine, l'Osiris humide[22], un pneuma dispensateur de vie et de fécondité : il n'est nullement en premier l'or physique. La mystique royale se présente d'une manière plus expressive encore chez Henri Khunrath : « Enfin, dit-il, après que seront passés la couleur de cendre, le blanc et le jaune, tu verras la pierre des philosophes, notre roi, le seigneur des seigneurs (*dominus dominantium*) sortir de la chambre et du trône de son sépulcre de verre[23] sur cette scène du monde, dans son corps glorifié, c'est-à-dire régénéré et plus que parfait, comme une escarboucle brillante , etc.[24]. » Dans le récit de la naissance de son *lapis* Khunrath décrit également la naissance mystique du roi : « *Rouach Elohim* » (l'Esprit de Dieu) pénétra dans la partie la plus inférieure et au milieu de la *massa confusa* virginale et y dissémina les étincelles et les rayons de sa fécondité. Ainsi « la forme s'imprima elle-même (*forma informavit*) et l'âme très pure vivifiait et imprégnait ce qui était *Tohou va Bohou,* le vide et le non-être ». Ce fut là un *mysterium typicum* (un mystère symbolique), la conception du « conservateur et du rédempteur du macrocosme aussi bien que du microcosme : le Verbe est devenu chair... et Dieu s'est manifesté dans la chair, l'Esprit de Dieu est apparu dans le corps. Celuici, fils du macrocosme... celui-là fils de Dieu, homme-Dieu... L'un dans l'utérus du macrocosme, l'autre dans l'utérus du micro-

21. Cf. à ce sujet la phrase aux nombreuses variantes de Démocrite : « La nature se réjouit de la nature, la nature vainc la nature, la nature domine la nature. » La vérité de cette phrase se trouve confirmée de façon toute particulière dans la psychologie du processus d'individuation.

22. Cf. à ce sujet la phrase remarquable contenue dans la Distinctio XIV des « Allegoriae Sapientum » (*Theat. Chem.* 1622, V, p. 86) : « *Inquiunt quidam, venerare humiditates, reges namque sunt magnanimi iniuriam non patientes, parce ergo eis et eorum capta benevolentiam, et suis oculis tibi dabunt, ut quodvis ab eis habebis.* » (Certains disent : vénère les humidités ; ce sont en effet des rois au grand cœur qui ne souffrent pas l'injustice ; donc, épargne-les et capte leur bienveillance, et elles te donneront par leurs yeux que tu aies d'elles tout ce que tu voudras.)

23. Description de l'athanor comme lieu de la renaissance.

24. *Amphith. Sap. Aet.* 1604, p. 202.

cosme », et dans les deux cas l'utérus était virginal. « *Jesuh Christi crucifixi, Salvatoris totius generis humani, id est Mundi minoris, in Naturae libro, seu Speculo, typus est Lapis Philosophorum, Servator Mundi majoris.* » (La pierre des philosophes, conservateur du macrocosme est, dans le livre ou miroir de la nature, le symbole de Jésus-Christ crucifié, sauveur du genre humain tout entier, c'est-à-dire du microcosme[25].) Le *filius* Μακρόκοσμου engendré par le *pneuma* divin (le ka-mutef égyptien) est « consubstantiel et semblable à son père » (*consubstantialis similisque parenti*). Son esprit, comme son âme, est universel, un *catholicon.* Son âme est une étincelle de l'âme du monde. « *Lapis noster trinus existit et Unus, i.e. Triunus, videlicet Terrestris, Caelestis atque Divinus.* » (Notre pierre est trine et une, c'est-à-dire triune, à savoir : terrestre, céleste et divine.) Cette série rappelle la série égyptienne correspondante : roi - ka - dieu. La pierre triune se compose de « trois substances distinctes et différentes, savoir : sal - mercurius - sulphur »[26].

25. L.c. p. 197.
26. L.c. p. 198 et sv.

# 3

# *LA MÉTAMORPHOSE ROYALE*

8 Ainsi que le révèle déjà la mystique royale de l'Égypte, le roi, comme tous les archétypes, n'est pas seulement une image statique, mais représente en même temps un processus, un déroulement dynamique qui consiste en ce que le porteur humain du mystère royal est impliqué dans l'événement mystérieux de l'incarnation de la divinité. Cela se produit lors de la naissance du pharaon, de son couronnement, de la fête de Heb-Sed, pendant son règne[27] et à sa mort. Les textes et les images de ce que l'on nomme les « birth chambers » des temples montrent la procréation divine et la naissance du pharaon sous la forme du mariage mystique de la reine-mère et du dieu-père. La fête de Heb-Sed a pour objet de mettre le ka du roi en rapport avec l'agriculture et vraisemblablement aussi de le conserver et de le fortifier[28]. C'est au moment de la mort que

27. Colin Campbell, *The Miraculous Birth of King Amon-Hotep* III, 1912, p. 82 : « Le couronnement, qui place les deux couronnes de l'Egypte sur la tête de l'être divin, le roi, faisait avancer celui-ci un degré plus loin que la naissance sur l'échelle divine de la vie. »

28. Colin Campbell : l.c. p. 83 et sv. Description de la fête de Heb-Sed : « L'anniversaire du couronnement semble avoir été considéré comme une fête de Sed, au cours de laquelle le roi était regardé comme Osiris sur terre » p. 94. « Le roi ne " danse " ni ne marche solennellement en présence d'Osiris, qui est lui-même, comme s'il lui rendait un culte... non, sa marche solennelle est un mouvement de la cérémonie, mouvement qui le prépare à prendre possession du trône. Ce rite marque son « osirification » complète, dernier acte de la fête de Sed. » J.H. Breasted (*Development of Religion and Thought in Ancient Egypt*, p. 39) observe à propos de la fête de Heb-Sed : « Une des cérémonies de la fête symbolisait la résurrection d'Osiris, et c'était peut-être pour que le pharaon fût associé à cet événement faste qu'il assumait le rôle d'Osiris. » Frazer (*The Golden Bough*, IVe partie, p. 380) dit à propos de la signification du Heb-Sed : « Le but de la fête semble avoir été de procurer au roi un nouveau bail avec la vie, une rénovation de ses énergies divines, une nouvelle jeunesse. » L'inscription d'Abydos dit : « Tu commences à te renouveler, il t'est donné de refleurir comme la nouvelle lune, tu redeviens jeune... tu es rené dans le renouvellement de la fête de Sed. » (Alexandre Moret, *Du caractère religieux de la Royauté Pharaonique*, p. 255 et sv.) La fête de Sed était célébrée tous les 30 ans, en connexion sans doute avec le quart de la période de Sirius (= Isis) qui est de 120 ans

l'identité du roi avec le dieu-père est définitivement confirmée et scellée.

9 L'alchimie dépeint d'une manière analogue la métamorphose du roi qui passe d'un état imparfait à une nature saine, parfaite, intégrale et incorruptible. Elle décrit soit la procréation et la naissance du roi sous forme d'une hiérogamie des parents, soit son état initial imparfait et sa renaissance ultérieure dans une forme parfaite. Je me propose à présent d'illustrer cette transformation à l'aide de quelques exemples.

10 Parmi les traités les plus anciens du Moyen Age figure un écrit connu sous le titre d'*Allegoria Merlini*[29]. En ce qui concerne le nom de Merlin, je dois laisser indécise la question de savoir s'il désigne l'enchanteur Merlin[30] ou s'il constitue une corruption de *Merculinus*[31]. Un certain roi, raconte la légende, se préparait pour la bataille. Au moment de monter à cheval il exprima le désir de boire de l'eau. Un serviteur lui demanda de quelle eau il voulait boire et il répondit : « Je désire cette eau qui est proche de mon cœur et qui m'aime par-dessus tout. » Comme le serviteur lui en apportait, le roi en but tant « que tous ses membres en furent remplis, ses veines gonflées, et que lui-même devint blême *(discoloratus)* ». Ses soldats l'exhortaient à monter à cheval mais il s'en déclara incapable : « Je me sens appesanti et ma tête me fait mal. Et c'est comme si tous mes membres étaient détachés l'un de l'autre. » Il demanda à être placé dans une chambre chaude où il pourrait, en transpirant, éliminer l'eau. Cependant, lorsque ses serviteurs ouvrirent quelque temps après la porte de la chambre, il gisait comme mort. On appela les médecins égyptiens et alexandrins, entre lesquels il s'éleva un conflit de compétence. Les Alexandrins laissèrent finalement la préséance aux Égyptiens. Ceux-ci déchirèrent alors *(dilaniaverunt)* le roi en tout petits morceaux, broyèrent ceux-ci, les mélangèrent avec leurs médecines « humidifiantes » et remirent le

(cf. Frazer : l.c.). Il est remarquable qu'à ce rite ait sans doute été liée aussi la fécondité des champs : le roi entrait à quatre reprises dans un champ que l'on avait délimité, accompagné du bœuf Apis (ce que rappellent aujourd'hui encore des rites analogues). (Cf. Hermann Kees : l.c. p. 296 et sv.) Aménophis IV fit introduire le symbole de son importante réforme, l'Aton, dans la fête de Sed. (Kees : l.c. p. 372.)

29. Imprimé dans l'*Art. Aurif.* I, p. 392 et sv.

30. Le nom d'Artus, qui se rencontre à l'occasion et que l'on pourrait mettre en parallèle avec celui du roi de la légende du Graal, est une corruption d'Horus. Pour ce qui est de l'*Allegoria Merlini* on pourrait toutefois évoquer à son sujet la *Prophetia Merlini,* bien connue du Moyen Age.

31. On a conservé les vers d'un certain Merculinus. Cf. « Rosarium Philosophorum », *Art. Aurif.* vol. II.

roi dans la chambre chaude comme auparavant. Au bout de quelque temps ils le sortirent n'ayant plus qu'un faible reste de vie. Voyant cela les spectateurs éclatèrent en lamentations : « Hélas ! le roi est mort ! » Les médecins les rassurèrent, disant qu'il était simplement endormi. Ils le lavèrent ensuite avec de l'eau douce jusqu'au moment où le suc des remèdes se détacha de lui : ils le mélangèrent alors à de nouvelles substances et le replacèrent dans la chambre chaude. Quand ils le sortirent une nouvelle fois il était réellement mort. Mais les médecins dirent : « Nous l'avons tué afin qu'il devienne meilleur et le plus fort dans ce monde après sa résurrection au jour du jugement. » Mais les parents du roi les traitèrent de charlatans, confisquèrent leurs médecines et les chassèrent du royaume. Ils voulurent alors ensevelir le corps, mais les médecins alexandrins, ayant appris ce qui s'était passé, s'élevèrent contre ce projet et promirent de rendre la vie au roi. Bien que sceptiques, les parents les laissèrent faire. Les Alexandrins prirent alors le cadavre, le découpèrent en morceaux (une fois de plus), le lavèrent soigneusement jusqu'à ce qu'il ne restât plus rien des précédents remèdes, puis ils le séchèrent. Ils prirent ensuite une partie de *sal armoniacum* et deux parties de *nitrum alexandrinum,* les mélangèrent au cadavre pulvérisé, et préparèrent une pâte après avoir ajouté un peu d'huile de lin, déposèrent le tout dans une chambre, dans une sorte de creuset (*crucibulum*) dont le fond était criblé de trous. Ils placèrent dessous un creuset propre et laissèrent le cadavre ainsi pendant une heure. Ils le recouvrirent ensuite de feu, le firent fondre, et le liquide s'écoula dans le vase inférieur. Le roi passa alors de la mort à la vie et s'écria d'une voix forte : « Où sont mes ennemis ? Je les tuerai tous s'ils ne se soumettent pas à moi. » Tous les rois et les princes des autres contrées l'honorèrent et le craignirent. « Et quand ils voulaient voir une de ses merveilles, ils mettaient une once de mercure bien purifié dans un creuset, projetaient dessus gros comme un grain de mil de ses ongles, de ses cheveux ou de son sang, excitaient un feu léger de charbons et laissaient refroidir (le mercure) avec (ces ingrédients) et trouvaient la pierre que je sais. »

11 Cette parabole contient le thème primitif de la *mort du roi* ou de son *sacrifice* en vue du renouvellement de la puissance royale qui est profitable à la fertilité du pays. La forme originelle en est le meurtre du roi devenu vieux et impotent. Dans notre conte le roi est atteint « d'hydropisie » à la fois au propre et au figuré : il souffre d'une pléthore généralisée et d'un œdème total parce qu'il a trop bu de l'eau singulière. On serait tenté de songer à une « eau ardente »

qui serait proche de son cœur et lui ferait du bien, ainsi qu'à la cirrhose du foie correspondante, si l'extraction de la psyché humide hors des éléments n'avait pas constitué le dessein de l'alchimie antique antérieurement à la distillation de l'alcool [32]. Cette entreprise tendait à extraire de la matière (par exemple de l'or) sa vertu sous la forme d'une substance volatile ou liquide (donc susceptible de s'évaporer) et ainsi à mortifier en quelque sorte le corps. Cette *aqua permanens* [33] était ensuite employée à revivifier et à réanimer le corps « mort » et, d'une manière toute contradictoire, en vue de « l'extraction de l'âme [34] ». Le corps vieilli devait mourir en étant sacrifié (c'est-à-dire offert) ou simplement tué, de même que le vieux roi devait mourir ou offrir à sa place une victime aux dieux (un peu comme le pharaon qui offre des libations à sa propre statue). On célébrait quelque chose de ce genre lors de la fête égyptienne du Heb-Sed. Moret voyait essentiellement dans la cérémonie du Heb-Sed une forme humanisée du meurtre du roi [35].

12 L'eau a depuis toujours joué un rôle dans les sacrifices avec le sens de « vivification ». Un texte d'Edfou s'exprime comme suit : « Je t'apporte les vases avec les membres du dieu (c'est-à-dire du Nil) afin que tu en boives ; je rafraîchis ton cœur pour que tu te réjouisses. » L'eau du Nil était proprement le *consolamentum* de l'Égypte. Dans le conte de Bata, Anubis trouve le cœur de son frère mort, Bata, que celui-ci avait posé sur les fleurs du cèdre sous la forme du fruit du cèdre, et il met celui-ci dans un vase avec de l'*eau* froide. Le cœur, s'imprégnant totalement de cette eau, se gonfle, et Bata commence à revivre. L'eau ici est vivifiante. Mais de l'eau permanente il est dit : « *Quae occidit et vivificat* » (qui tue et vivifie). Elle a donc une action double et opposée.

13 Les rapports du roi avec l'eau sont multiples : dans la parabole du soufre citée plus haut, il s'y noie avec Diane [36]. La hiérogamie a souvent lieu dans l'eau. Le thème de la noyade se présente aussi sous forme de noyade intérieure, c'est-à-dire d'hydropisie. *Mater*

32. La distillation de l'alcool à partir du vin fut sans doute découverte au début du XIIe siècle.

33. L'expression correspondante *ὕδωρ θεῖον* peut aussi bien être rendue par « eau divine » (*θεῖον*) que par « eau de soufre » (soufre = *θεῖον*).

34. Par exemple « Allegor. Sapientum. » *Theat. Chem.* 1622, V, p. 67 : « *Et scito quod aqua est quae occultum extrahit.* » (Et sache que l'eau est celle qui extrait ce qui est caché.)

35. Jacobsohn : l.c. p. II.

36. A ce contexte appartient également le roi enseveli vivant ou prisonnier dans la mer, qui figure chez M. Maier : *Symbola Aur. Mens.* 1617, p. 380. Voir le texte dans *Paracelsica*, 1942, p. 103 et sv.

*Alchimia* est hydropique jusqu'à la hauteur des cuisses[37]. Ou bien le roi est hydropique et se cache « dans le ventre du cheval » pour exsuder l'eau[38]. L'eau apparaît aussi comme *bain ;* ainsi dans les *Dicta Alani* le vieillard est assis dans le bain[39]. Je rappellerai également le *bain du roi* chez Bernard le Trévisan, que j'ai déjà mentionné en détail dans cet ouvrage. L'eau sert également au baptême, à l'immersion et à l'ablution. Le lépreux Naaman (II Rois, V, 10 et sv.) est souvent cité comme allégorie de cette dernière[40].

14 Dans notre parabole l'eau merveilleuse a déjà cette action décomposante et dissolvante[41] qui prépare le *démembrement* ultérieur. La dissolution de la matière initiale joue un grand rôle dans l'alchimie comme phase du processus. Je n'entrerai pas dans le détail de ce sujet et me bornerai à mentionner une signification singulière de la *solution* présentée par Dorn. Dans sa *Speculativa Philosophia* il parle des *sept degrés de l'œuvre.* Le premier degré commence par « le zèle (*studium*) des philosophes » (*sic*) qui est le chemin à suivre dans l'exploration de la vérité. « Le vrai est ce à quoi rien ne peut manquer, à quoi rien ne peut être ajouté et encore moins opposé... La vérité est donc la vertu (ou puissance : *virtus*) suprême et une forteresse inexpugnable à laquelle très peu d'amis s'attachent et qui est assiégée par d'innombrables adversaires... mais elle est un gage invincible pour ceux qui la possèdent. Cette citadelle renferme la pierre, le trésor véritable et indubitable des philosophes, que les teignes ne rongent pas et que les voleurs ne déterrent pas et qui demeure éternellement alors que tout le reste se défait. Pour beaucoup il est cause de ruine, pour d'autres cause de salut. C'est une chose vulgaire, très vile, très méprisée et détestée, et cependant elle

37. « Aurora Consurgens II. » *Art. Aurif.* I, p. 196. « *Cave ab hydropisi et diluvio Noe.* » (Prends garde à l'hydropisie et au déluge de Noé.) (*Riplaei Opp.* p. 63.)

38. Maier : l.c. p. 261 : « *Equorum venter secretum est maximum : in hoc se abscondit noster hydropicus, ut sanitatem recuperet et ab omni aqua ad solem se exoneret.* » (Le ventre des chevaux est un très grand secret : on dit que notre hydropique s'y cache pour recouvrer la santé et se débarrasser de toute l'eau au soleil.)

39. « *Ita senex in balneo sedet, quem in vase optime sigillato et clauso contine, quoad Mercurius visibilis invisibilis fiat et occultetur.* » (Ainsi le vieillard est assis dans le bain : enferme-le dans un vase parfaitement scellé et clos jusqu'à ce que le Mercure visible devienne invisible et se cache.) (*Theat. Chem.* 1602, III, p. 280.)

40. On lit par exemple dans *Aurora Consurgens I :* « *Et ad Naaman dictum est : Vade et lavare septies in Jordano et mundaberis. Nam ipse est unum baptisma in absolutionem peccatorum.* » (Et à Naaman il fut dit : Va et lave-toi sept fois dans l'eau du Jourdain et tu seras purifié. Car [le Jourdain] lui-même est l'unique baptême pour l'absolution des péchés.)

41. « *O benedicta aquina forma pontica, quae elementa dissolvis.* » (O forme bénie d'eau pontique, qui dissous les éléments.) « Tractatus Aureus Hermetis », in *De Arte Chemica,* 1566, p. 20.

n'est pas haïssable mais aimable, et plus précieuse que les gemmes aux yeux des philosophes, etc.[42] »

15 Dans la *recapitulatio primi gradus* (récapitulation du premier degré) Dorn dit que le souci des « chimistes » est de « libérer de ses chaînes dans les choses sensibles la vérité[43] non sensible par laquelle on fait la conquête des vertus célestes au moyen d'un esprit fort subtil[44] ». « La connaissance (*cognitio*) est la *solution* (ou l'abolition : *resolutio*) certaine et indubitable, au moyen de l'expérience, de toutes les opinions que l'on avait conçues au sujet de la vérité... L'expérience est la démonstration manifeste de la vérité. La solution est la *déposition* du doute. Nous ne pouvons acquérir une certitude sur un doute quelconque autrement qu'en faisant l'expérience, et nulle part mieux qu'*en nous-mêmes.* Vérifions donc ce que nous avons dit plus haut de la vérité en commençant *par nous.* Nous avons dit plus haut que la *piété* consiste *dans la connaissance de soi-même (in cognitione sui ipsius)*[45]. Il en résulte que nous devons commencer par elle la connaissance philosophique. Mais nul ne peut se connaître s'il ignore *ce qu'*il est et *qui* il est[46], de qui il dépend, ou à qui il appartient (car selon la loi de la vérité nul ne relève de lui-même — *sui juris est* —) et à quelle fin il a été fait. Avec la connaissance de ces choses commence la piété qui se rapporte à deux objets : le créateur et la créature qui lui est semblable. Il est impossible à la créature de se connaître à partir d'elle-même si elle n'a pas connu auparavant son créateur[47]. » « Personne ne pourra

42. *Theat. Chem.* 1602, I, p. 256.

43. Le concept de *veritas* chez Dorn est synonyme de *sapientia,* comme le montre la suite du texte original. La « vérité » y déclare : « *Venite ad me, omnes qui quaeritis* », (Venez à moi, vous tous qui cherchez), ce qui est une légère modification du texte de l'*Ecclésiastique,* XXIV, 26 : « *Transite ad me omnes qui concupiscitis me.* » (Passez vers moi, vous tous qui me désirez.)

44. L.c. p. 271.

45. La grande importance de la connaissance de soi pour la poursuite de l'œuvre alchimique est également mise en relief par Dorn en d'autres endroits, par exemple p. 307 : « ... *igitur homo, coelum et terra unum sunt, etiam aer et aqua. Si homo res in majori mundo transmutare novit... quanto magis id in microcosmo hoc est in se ipso noverit, quod extra se potest, modo cognoscat hominis in homine thesaurum existere maximum et non extra se ipsum.* » (... Donc l'homme, le ciel et la terre sont une seule chose, et aussi l'air et l'eau. Si l'homme sait transmuer les choses dans le macrocosme... combien plus saura-t-il le faire dans le microcosme, en lui-même, ce qu'il peut hors de lui-même, à condition qu'il sache que le trésor le plus grand de l'homme existe en l'homme et non hors de lui.)

46. « *Quid, non quis ipse sit* » est une façon très expressive de formuler d'une part la question personnelle : « *quis ?* » (qui ?) et d'autre part la question impersonnelle et objective : « *quid ?* » (quoi ?). La première a trait au moi, la seconde au Soi. Pour plus de détails voir *Aïon,* 1951, p. 235 et sv.. Traduction à paraître, 1982.

47. *Theat. Chem.* 1602, I, p. 272.

connaître le créateur mieux que l'artisan n'est connu d'après son œuvre[48]. »

16 La putréfaction chimique est comparée à l'étude des philosophes car, de même que par leur étude les philosophes sont disposés à la connaissance, ainsi par la putréfaction les choses naturelles sont conduites à la dissolution ; on compare à celle-ci la connaissance philosophique car, tout comme les corps sont dissous par la dissolution, ainsi les doutes des philosophes sont résolus (*resolvuntur*) par la connaissance[49]. Dans la *Physica Trithemii* Dorn écrit à propos du premier degré : « Le premier degré de l'ascension vers les êtres supérieurs (*superos*) est l'étude de la foi. Par elle en effet le cœur de l'homme est disposé à la *dissolution en eau (ad solutionem in aquam)*[50]. » Enfin dans la *Philosophia Chemica* Dorn explique : « La dissolution est la connaissance ou l'union (*coitus*) spagirique[51] du mâle et de la femelle, celle-ci concevant de celui-là tout ce qu'elle doit concevoir. Tel doit être le commencement de la génération particulière par laquelle l'effet de notre mariage spagirique est perçu d'une manière sensible, et l'union d'une double semence dans l'embryon[52]. »

17 Ces développements font clairement apparaître que Dorn comprend avant tout la *solutio* alchimique dans un sens spirituel et moral, et seulement ensuite comme un phénomène physique. La première partie du travail est une *solutio* psychique des doutes et des conflits qui est réalisée grâce à une connaissance de soi qui est impensable sans connaissance de Dieu. La solution spirituelle et morale doit être comprise comme un *conjugium spagiricum* (mariage spagirique), c'est-à-dire comme une *unification* intérieure, psychique, de laquelle résulte également, par suite d'une correspondance magique, la réconciliation des éléments ennemis dans *une seule* pierre. Grâce aux questions sur le *quid* et à la compréhension spirituelle, l'endurcissement du cœur dû à l'enflure du moi et causé, en dernière analyse, par le « péché originel » est dissous : le cœur se dissout en eau. Ainsi commence l'ascension vers les degrés supérieurs. La nécessité spécifique pour la conscience et en même temps le

48. Tel est le sens de la phrase peu claire : « *Nemo creatorem poterit melius cognoscere quam ex opere noscitur artifex.* » p. 273.
49. L.c. p. 303.
50. L.c. p. 449.
51. Terme qui équivaut à « alchimique » ou « occulte ».
52. L.c. p. 475.

péché de cette dernière est l'enflure du moi[53]. Mais en face de la conscience se tient l'inconscient comme donnée objective, et souvent, en fait, comme un déluge vengeur. L'eau sous toutes ses formes, mer, lac, fleuve, source, etc., est l'un des types les plus fréquents que revêt l'inconscient, de même que le principe féminin lunaire qui est dans la plus étroite connexion avec l'eau. La dissolution du cœur en eau correspondrait ainsi à l'union du masculin et du féminin, et celle-ci à l'unification de la conscience et de l'inconscient, ce qui est précisément le *conjugium spagiricum*[54]. La forteresse et la citadelle sont également un symbole féminin : le trésor de la « vérité » — qui apparaît également chez Dorn comme la sagesse personnifiée[55] — s'y trouve enfermé. La sagesse correspond au sel que l'on rapporte à la lune. L'union « spagirique » produit un embryon qui correspond à l'*homunculus* de l'art et donc à la pierre. Celle-ci doit à son tour être interprétée comme un symbole du Soi[56].

18 Si nous revenons maintenant à notre parabole de Merlin avec cet aperçu sur la psychologie de la *solutio*, bien des choses y deviennent claires : le roi correspondrait à l'enflure de l'*ego* qui va rencontrer sa compensation. Il est sur le point de se livrer à un acte de violence, ce qui caractérise son état moralement défectueux et son besoin d'amendement. Sa soif correspond à un mal furieux ou à une concupiscence effrénée. Elle révèle qu'il est vaincu par l'eau, c'est-à-dire par l'inconscient, état qui rend nécessaire une intervention médicale. Les deux groupes de médecins traitent la dissolution qui est déjà réalisée au moyen d'un démembrement qui vient encore s'y ajouter, et d'une véritable pulvérisation[57]. Le démembrement de Dionysos et d'Osiris a dû servir ici de modèle[58]. Il s'agit manifeste-

53. Elle est également comprise comme le mal par excellence. Cf. H. Wegmann : *Das Rätsel der Sünde*, 1937, ch. III.

54. L'eau a la signification de *sponsa* et de *dilecta* (fiancée et bien-aimée) aussi bien que de *sapientia*. Cf. par ex. Ecclésiastique, XXIV, 13 et sv., où la Sophia, comme la déesse de l'amour, Ishtar, est célébrée en tant que palme, rosier, vigne, etc.

55. L.c. p. 266. La *Sapientia* tient ici un assez long discours.

56. Voir *Psychologie et Alchimie*, ch. V : le parallèle Lapis-Christus. Egalement dans *Aïon*.

57. La méthode des médecins est, ainsi qu'on peut le voir, une imitation du démembrement d'Osiris par Typhon. Cependant le roi a déjà commencé auparavant à absorber en lui la mer typhonienne et à s'y dissoudre. La 2e version de la *Visio Arislei* reproduite dans le *Rosarium Philosophorum* contient également le morcellement en particules indivisibles, qui, dans ce cas, ne s'applique pas au roi, mais à son fils. Le morcellement a lieu dans le corps de Beya et décrit ainsi proprement une histolyse faisant passer à l'état de chrysalide.

58. Pour de plus amples rapprochements je renvoie à mon étude ; « Le symbole de la transsubstantiation dans la Messe » (*Les Racines de la conscience*, trad. fr., 1971, Livre V).

ment de formes diverses de la dissolution : démembrement, trituration, pulvérisation et solution dans l'eau[59]. Le séjour dans la chambre chaude qui vient ensuite est la préfiguration du bain laconien (bain de sueur) du roi souvent représenté par la suite, méthode thérapeutique que nous rencontrons encore dans la « *sweat lodge* » indienne. La chambre a aussi le sens de « tombeau ». La différence entre les médecins égyptiens et les alexandrins paraît consister en ce que les uns mouillent le corps tandis que les autres le sèchent (et en quelque sorte l'embaument, mieux le salent). L'erreur technique des Égyptiens a consisté en ce qu'ils séparaient insuffisamment la conscience de l'inconscient, tandis que les Alexandrins évitent cette faute[60]. C'est à eux en tout cas que revient le mérite d'avoir ramené le roi à la vie et manifestement aussi d'avoir augmenté sa vigueur.

19 Si l'on observe de plus près cette controverse médicale du point de vue de l'exégèse alchimique on perçoit plus profondément les allusions contenues dans la parabole : les Alexandrins, tout en utilisant en définitive la technique typhonienne, écartent, ainsi qu'il est dit, l'eau de mer, qui est typhonienne ; ils dessèchent même la poudre du cadavre en se servant pour cela de l'autre substance contenue dans l'*aqua pontica,* le sel sous sa forme de *sal armoniacum* (sel minéral ou sel de pierre, appelé encore sel d'Arabie) et le *sal nitri* (salpêtre)[61]. Ces deux sels sont mentionnés en premier lieu pour leur propriété conservatrice, mais secondairement le « marinage » ou *salsura* (salaison) signifie dans l'esprit de l'adepte cette pénétration

59. Elle a pour variantes : le roi englouti ou noyé dans la mer, le « roi des mers infécond », l'hydropisie de Mater Alchimia etc. Le roi noyé se réfère à Osiris. Dans la lamentation d'Isis du « culte journalier » (A. Moret, *Mystères Égyptiens,* p. 24.) il est dit : « J'ai traversé les mers jusqu'aux frontières de la terre, cherchant le lieu où était mon seigneur ; j'ai parcouru nadit dans la nuit ; j'ai cherché... celui *qui est dans l'eau...* dans cette nuit de la grande détresse. J'ai trouvé le *noyé* de la terre de la première fois (sur cette rive de nadit) etc. »

60. Sur cette séparation cf. la vision de Poimandrès (*Corpus Hermeticum,* Liv. I, 4) : « ... Et subitement je vis une vision sans limites, tout devenu lumière sereine et joyeuse, et l'ayant vue, je m'épris d'elle. Et peu après il y avait une obscurité se portant vers le bas, survenue à son tour, effrayante et sombre, qui s'était roulée en spirales tortueuses, pareille à un serpent, à ce qu'il me semble. Puis cette obscurité se changea en une sorte de nature humide, secouée d'une manière indicible et exhalant une fumée comme il en sort du feu, et produisant une sorte de son, un gémissement indescriptible. Puis il en jaillissait un cri d'appel inarticulé, tel qu'un *appel vers la lumière.* Cependant que sortant de la lumière le saint Logos s'éleva au-dessus de la nature humide (lançant), afin qu'on l'entende, une voix et un feu pur et une parole spirituelle (πνευματικὸν λόγον). » Suit alors dans le *Poimandrès* la séparation des quatre éléments d'avec le chaos ténébreux. Au sujet du « cri d'appel », cf. l'appel au secours du roi en train de se noyer, dans Michel Maier, *Symb. Aur. Mens.* 1617, p. 380.

61. Cf. Rulandus, *Lexicon Alch.* pp. 412, 416.

« informante » de la sagesse (*veritas* chez Dorn) dans la masse vile, opération qui change la forme corruptible en une forme inaltérable.

20 On ne trouve cependant rien de semblable dans cette parabole assez rudimentaire. La transformation du roi paraît également sous sa forme primitive signifier seulement le renouvellement de sa puissance vitale, car la première prétention formulée par le roi après sa résurrection trahit une combativité intacte. Toutefois dans les textes postérieurs le produit final n'est jamais seulement un renforcement, un rajeunissement ou un renouvellement de l'état initial, mais une transformation en une nature supérieure. On ne fera sans doute pas erreur en assignant à cette parabole un âge assez respectable. Cette affirmation se trouve étayée par le conflit entre Alexandrins (Grecs) et Égyptiens qui doit renvoyer à une époque antérieure à l'Islam, quand la vieille médecine égyptienne livrait encore des combats d'arrière-garde à un art en plein progrès et plus scientifique, celui des Grecs. Dans le même sens va l'erreur « technique » de la méthode égyptienne — la confusion de la conscience et de l'inconscient —, erreur qu'évite la conscience plus hautement différenciée des Grecs.

4

# *LA GUÉRISON DU ROI (CANTILENA RIPLAEI)*

21 On n'aura pas manqué d'observer qu'aucune raison ne nous est fournie pour expliquer le besoin de renouvellement du roi. Au stade primitif le renouvellement se comprend de lui-même, étant donné que la puissance magique du roi diminue avec l'âge. Il en va autrement dans les paraboles ultérieures où l'imperfection primitive du roi est mise en cause.

22 C'est ainsi que déjà l'auteur de la parabole suivante, le chanoine George Ripley, définit sa pensée sur le « roi malade ». Dans quelle mesure cette conception du « roi malade » a été influencée par la légende du Graal, c'est un point que je dois laisser indécis. Il n'est pas impensable que l'Anglais Ripley ait eu connaissance de cette tradition. Si l'on met à part le nom de *lapis exilis* (pierre grêle) (on a chez Wolfram d'Eschenbach : *lapsit* [elle tomba] *exillis*) dont la relation avec l'alchimie n'est pas évidente, je ne suis parvenu à découvrir dans le symbolisme alchimique aucune trace vraisemblable du cycle du Graal, exception faite du vase mystique de la transformation, dont il faut cependant chercher le *tertium comparationis* dans le calice de la Messe.

23 Voici le texte de la cinquième strophe de la *Cantilena Riplaei*[62] :

Il s'est cependant trouvé une cause naturelle
Ou quelque défaut originel :
Bien que sans les taches du sein naturel
J'aie été élevé sous les ailes du soleil[63].

62. *Opera omnia chemica*, Casseliis, 1649, p. 421.

63. *Causa tamen extitit quaedam naturalis*
*Vel defectus aliquis est originalis ;*
*Quamvis sine maculis alvi naturalis*
*Eram sub solaribus enutritus alis.*

24 Le clerc se trahit par son langage : le *defectus originalis* est une paraphrase du *peccatum originale,* et les *alae solares* sont les « ailes du soleil de justice » : *pennae solis justitiae.* (Cf. Malachie, IV, 2 : *orietur vobis... Sol justitiae, et sanitas in pennis ejus :* il se lèvera pour vous... un Soleil de justice, et la guérison est dans ses ailes.) Il est possible qu'il existe une relation entre la *Cantilena* et l'indication de Senior suivant laquelle le masculin dépourvu d'ailes doit être placé sous le féminin qui est ailé[64]. La *Cantilena* combine le féminin ailé avec le disque ailé du soleil emprunté à Malachie d'une part, et avec l'idée de la mère nourricière d'autre part, ce qui équivaut à une contamination onirique. Dans la sixième strophe il est question de la croissance à partir des entrailles de la terre. Et la septième strophe déclare :

> Cependant ma nature est maintenue bien restreinte
> Car il ne coule pas de teinture de mon corps.
> Ma nature est donc inféconde
> Et n'est guère propre à l'acte de la procréation[65].

25 Ici encore le langage ecclésiastique se manifeste : la teinture est en effet identique à l'*aqua permanens,* à l'eau merveilleuse qui opère la métamorphose. Elle correspond à l'*aqua gratiae* et à la doctrine de l'Église. L'eau « qui coule du corps » est sans doute analogue aux « *flumina de ventre Christi* », type qui joue un grand rôle non seulement dans les métaphores de l'Église mais également dans l'alchimie[66]. Sur le vocabulaire ecclésiastique je renvoie à l'étude d'une

64. *De Chemia Senioris,* 1566, p. 38 : « *Masculus autem est, qui sine alis existit sub foemina, foemina vero habet alas. Propterea dixerunt : Proiicite foeminam super masculum et ascendet masculus super foeminam.* » (C'est le mâle qui se tient sans ailes sous la femelle ; la femelle par contre a des ailes. C'est pourquoi ils ont dit : Jetez la femelle sur le mâle, et le mâle montera sur la femelle.)

65. *Mea sed restringitur fortiter natura*
*Quod de meo corpore non fluit tinctura.*
*Infoecunda igitur mea est natura*
*Nec ad actum germinis multum valitura.*

66. H. Khunrath (*Hyl. Chaos,* 1597, p. 268) : « Du ventre du sel saturnien s'écoulent des eaux vives *salientes in vitam beatam* (jaillissant en vie bienheureuse). » Cf. Jean, VII, 38 : « *Flumina de ventre ejus fluent aquae vivae.* » (Des fleuves d'eau vive s'écouleront de son sein.) Le sel saturnien est la *sapientia Saturni* (la sagesse de Saturne), du Vieux, la blanche colombe cachée dans le plomb.

rare richesse doctrinale composée par Hugo Rahner : *Flumina de ventre Christi* (*Biblica*, vol. XXII, 1941, pp. 269 et sv.) Origène[67] parle de « *salvator noster fluvius* » (notre sauveur [qui est] un fleuve). L'analogie du rédempteur transpercé avec le rocher duquel Moïse fit jaillir la source est également utilisée dans l'alchimie pour figurer l'extraction de l'*aqua permanens*, c'est-à-dire de « l'âme tirée de la pierre » ; ailleurs le roi est transpercé par Mercure[68]. Chez Origène « l'eau » a le sens d'*aqua doctrinae* (eau de l'enseignement) et de *fons scientiae* (fontaine de science). C'est aussi « une source d'eau qui jaillit dans le croyant ». Saint Ambroise parle des « fontaines de sagesse et de science » (*fontes sapientiae et scientiae*)[69]. D'après lui le Paradis avec le *quadruple fleuve du Logos* est le *fond de l'âme*[70], qu'il désigne comme *principale* (élément originaire), *κοιλία*, *venter* (ventre) et le *νοῦς* en tant que partie la plus intime de l'âme[71]. Ces quelques exemples détachés de la riche floraison contenue dans l'étude de Rahner peuvent suffire à placer dans un juste éclairage la signification de l'*aqua permanens*, qui est la substance mystérieuse par excellence. Elle est également chez les alchimistes la *sapientia* ou la *scientia*, la *veritas* ou le *spiritus ;* sa source est cachée dans l'homme intérieur et elle a également pour symbole l'eau répandue partout ou l'eau de mer. L'image confuse que les alchimistes avaient devant les yeux était manifestement celle d'une

67 *Numeri hom.* 17, 4. Cité par Rahner : l.c. p. 274.

68. Voir la fig. 150 de *Psychologie et Alchimie.* Origène (*Exod. hom.* II, 3) dit du Christ : « *Haec petra nisi fuerit percussa aquas non dabit.* » (Cette pierre ne donnera pas d'eaux si elle n'est frappée.) Rahner : l.c., p. 274.

69. *Cant. Cant. Comment.* I. Dorn (« Spec. Phil. » *Theat. Chem.* 1602, I, p. 267) dit : « *Sonora vox suavis et grata philosophantium auribus. O fons divitiarum inexhaustibilis veritatem et justitiam sitientibus ! O desolatorum imperfectioni solatium ! Quid ultra quaeritis mortales anxii ? cur infinitis animos vestros curis exagitatis miseri ? quae vestra vos excaecat dementia quaeso ? cum in vobis, non ex vobis sit omne quod extra vos, non apud vos quaeritis ?* » (O parole sonore, douce et agréable aux oreilles des philosophes. O source inépuisable de richesses pour ceux qui ont soif de vérité et de justice ! O soulagement à l'imperfection de ceux qui sont désolés ! Que cherchez-vous de plus, mortels anxieux ? Pourquoi, malheureux, agitez-vous vos esprits par des soucis sans nombre ? quelle folie vous aveugle, je le demande ? alors que c'est en vous, mais non venant de vous, que se trouve tout ce que vous cherchez hors de vous, et non chez vous.)

70. Saint Ambroise, « Expl. Psalm. 45, 12 ». *Corp. Scr. Eccl.* T. LXIV, col. 337. Dans l'Epist. XLV, 3 il dit : « *Paradisum ipsum non terrenum videri posse in solo aliquo, sed in nostro principali, quod animatur et vivificatur animae virtutibus et infusione spiritus sancti.* » (Le paradis ne paraît pas pouvoir être vu sous une forme terrestre en un sol quelconque, mais dans notre élément originaire qui est animé et vivifié par les vertus de l'âme et l'infusion du Saint-Esprit.) (*P.L.* LXI ; col. 1142. Rahner : l.c.)

71. Rahner, l.c. p. 289.

substance omniprésente et pénétrant toutes choses, une *anima mundi* (pour utiliser leur terme), et en même temps le « trésor suprême » (*maximus thesaurus*), la réalité numineuse la plus intime et la plus secrète de l'homme. Il n'est pas de concept psychologique qui convienne mieux à cet état de choses que celui d'*inconscient collectif* dont le noyau, le centre et le principe ordinateur (le *principale*) est le Soi (la monade des alchimistes et des gnostiques).

26 La neuvième strophe déclare :

> Ma mère m'engendra dans une maison à la figure sphérique
> Afin que la forme ronde fût mon souci [72].

27 La maison ronde est le *vas rotundum* qui, en raison de sa forme, représente le cosmos et en même temps l'âme du monde qui enveloppe de l'extérieur l'univers physique et le porte ainsi en elle. Le contenu secret du *vas hermeticum* représente le chaos primitif, point de départ de la création du monde. En tant que *filius macrocosmi* et en tant que « premier homme », le roi est également destiné à la forme ronde, c'est-à-dire à la totalité, vocation que contrarie le *defectus originalis.*

28 La dixième strophe dit :

> Je tiens pourtant ceci seulement pour certain :
> Si je ne bénéficie pas sur-le-champ de l'aide pleine de tourments
> [des spécifiques
> Je ne puis engendrer, car il se fait tard
> Et je suis engourdi, moi, ancien des jours [73].

29 Ces vers confirment l'état de décrépitude et le besoin de renouveau dans lequel se trouve le roi qui, en plus de son « défaut originel » ou à cause de lui, souffre de l'affaiblissement causé par l'âge. Pour un chanoine il y a certes pas mal d'audace à identifier le roi à « l'Ancien des jours ». Ce dernier provient de Daniel, VII, 9 : « *Aspiciebam donec throni positi sunt, et antiquus dierum sedit : vestimentum ejus candidum quasi nix, et capilla ejus quasi lana*

72. *Meque mater genuit sphaericae figurae*
*Domi, quod rotunditas esset mihi curae.*

73. *Modo tamen anxia illud scio verum*
*Nisi fruar protinus ope specierum*
*Generare nequeo quia tempus serum*
*Est et ego stupeo antiquus dierum.*

*munda ; thronus ejus flammae ignis ; rotae ejus ignis accensus. 10. Fluvius igneus rapidusque egrediebatur a facie ejus*[74]. » Il ne fait plus de doute ici que la spéculation de l'alchimiste Ripley prend le pas sur celle du clerc et atteint une expression qui pour le Moyen Age déjà apparaissait comme blasphématoire : l'identification de la substance à transmuer avec la divinité, car c'est bien celle-ci que désigne l'*antiquus dierum*. Pour l'intelligence moderne une allégorie ou une symbolisation de ce genre constitue le comble de l'absurde et de l'inintelligible. Le Moyen Age avait également du mal à la faire passer[75]. Là où elle est cependant acceptée, comme c'est plus ou moins le cas dans l'alchimie philosophique, elle explique l'emphase du langage lyrique ou tout au moins pathétique qui est celui de ses traités. Il s'agit bel et bien ici d'une nouvelle proposition religieuse. Dieu n'est pas seulement dans le corps immaculé du Christ et réellement présent dans l'hostie consacrée, mais — et l'on voit apparaître ici une réalité nouvelle et significative dans son principe — dans la matière « vile », « méprisable » et répandue partout, et même cachée dans l'*immunditia hujus mundi, in stercore*[76], identifiable seulement pour l'art des alchimistes : cet art voit en elle ni plus ni moins qu'un objet et l'amène à des transformations progressives — *Deo adjuvante*[77]. Naturellement cette étrange proposition théologique n'était pas pensée par les alchimistes comme si la divinité n'avait été pour eux qu'une substance sujette à la transformation chimique. Une telle idée leur était totalement étrangère. Une erreur de cette nature était, peut-on dire, réservée aux modernes qui mettent la matière ou l'énergie à la place de Dieu. Les alchimistes de l'époque païenne avaient bien plutôt une conception de Dieu qui était celle de la basse antiquité et que l'on peut qualifier de gnostique ; Zosime en est un exemple. Quant aux chrétiens, ils ajoutaient à leur christianisme, puisant dans les représentations hellénomagiques, la notion d'un *daemonium,* d'une *virtus* ou âme divine, d'une *anima mundi* inhérente à la nature ou captive en elle. Cette

74. « Je considérais : des trônes furent placés et un Ancien s'assit. Son vêtement était blanc comme la neige ; les cheveux de sa tête, purs comme la laine. Son trône était des flammes de feu aux roues de feu ardent. 10. Un fleuve de feu coulait, issu de devant lui. »

75. Cf. les justifications alléguées par l'éditeur dans l'introduction à l'« Aurora consurgens II » in *Art. Aurif.* 1953, I, p. 183. Cf. *Psychologie et Alchimie* trad. fr. p. 477.

76. « Dans l'impureté de ce monde, dans le fumier. »

77. « Dieu aidant. »

âme du monde était conçue comme une partie de Dieu constituant la quintessence ou la substance propre de la nature et se comportant vis-à-vis de Dieu — pour reprendre l'expression frappante d'Isidore[78] — comme la προσφυής ψυχή à l'égard de l'âme divine de l'homme. Cette expression signifie littéralement « l'âme qui pousse sur » et désigne donc une seconde psyché qui s'élève à travers les règnes minéral, végétal et animal, jusqu'à l'homme, et qui par conséquent pénètre la nature tout entière. De plus les formes de la nature sont suspendues à cette psyché comme des pendeloques (προσαρτήματα). Ce concept singulier d'Isidore correspond à la phénoménologie de notre inconscient collectif, si l'on accepte d'y voir une projection, sous forme d'hypostase métaphysique, d'un état de fait empiriquement démontrable.

30 Il n'aura pas échappé au lecteur à quel point l'idée du vieillissement de Dieu et de son besoin de renouvellement est primitive. Cette pensée est, en fait, aussi ancienne que l'Egypte, bien que l'on ait peine à concevoir au juste de quelle source, sinon de la Bible, un chanoine de Bridlington vivant au XV^e^ siècle a pu tirer une pareille théologie. Ses écrits en tout cas ne permettent de formuler là-dessus aucune hypothèse. Il existe cependant une filière à l'intérieur de la tradition alchimique elle-même dans l'idée d'une mystérieuse substance corrompue dont la corruption est due au péché originel. Une pensée analogue apparaît également dans la tradition du Graal avec le mythe du roi malade, mythe étroitement lié au sang rédempteur contenu dans le saint Graal et, par là, au mystère de la transsubstantiation dans la Messe. Cette idée a également donné naissance à la figure de Perceval, en qui l'on peut voir un rédempteur, de même que dans l'alchimie le vieux roi a un fils rédempteur, ou plutôt devient lui-même ce fils. (Le *lapis* est *lapis* au commencement et à la fin.) Il faut en outre faire entrer en ligne de compte une certaine tradition médiévale relative à la transformation du Dieu de colère de l'Ancien Testament dans le Dieu d'amour du Nouveau : Dieu s'est adouci et transformé comme la licorne dans le sein de la Vierge. Des idées de ce genre font déjà, semble-t-il, leur apparition chez le franciscain saint Bonaventure († 1274)[79]. Il faut relever également que le langage symbolique de l'Eglise représentait volontiers Dieu le Père comme un vieillard et sa naissance comme un rajeunissement

78. Fils du gnostique Basilide.
79. Pour plus de détails voir *Psychologie et Alchimie*, p. 548 et sv.

dans le Fils. On lit dans une hymne de Paulin de Nole où l'Église est comparée à la Mère de Dieu :

> Cependant l'épouse reste sœur dans un corps que nul n'a touché.
> L'étreinte (qu'elle connaît) est Esprit, car son bien-aimé est Dieu.
> Cette mère enfante aussi le vieillard comme un tendre petit enfant [80].

31 Bien qu'il soit ici question du baptisé (*renatus in novam infantiam :* rené en une nouvelle enfance) l'analogie provient de ce que Dieu le Père est honoré en tant que vieillard à la longue barbe et Dieu le Fils en tant que nouveau-né.

32 Le puissant contraste entre le vieillard (*senex*) et l'enfant (*puer*) fut sans doute plus accusé que partout ailleurs dans l'archétype du renouvellement de Dieu contenu dans la théologie égyptienne : l'homoousie de cette opposition y apparaît avec autant de clarté que dans les vers d'Ephrem le Syrien : « *Antiquus dierum cum sua celsitate habitavit, ut infans, in utero* [81]. » (L'Ancien des jours avec sa sublimité a habité, enfant, dans le sein maternel.) « *Puerulus tuus senex est, o virgo ; ipse est Antiquus dierum et omnia praecessit tempora* [82]. » (Ton petit enfant, ô Vierge, est un vieillard ; il est l'Ancien des jours et il a précédé tous les temps.)

33 Cependant tous ces précédents possibles de notre texte ne contiennent pas le thème spécifique du vieillissement et la question demeure obscure de savoir à quelle source Ripley a puisé. N'oublions pas pourtant qu'il existe toujours la possibilité d'une résurgence autochtone à partir de l'inconscient collectif. Jan Nelken a mis en lumière un cas de ce genre : le malade était un instituteur atteint d'une psychose paranoïde. Il avait imaginé un système où il était question d'un « patriarche » doté d'une extraordinaire puissance génésique. Le « patriarche » possédait à l'origine cinq cent cinquante membres virils qui, avec le temps, se réduisirent à trois. Il avait aussi deux scrotums avec trois testicules. L'énorme quantité de sperme qu'il produisait le fit peu à peu tomber dans la déchéance : il se ratatina finalement en une boule pesant cinquante quintaux et fut trouvé enchaîné dans un ravin. Cette image mythologique contient le thème du vieillissement et de l'épuisement de la puissance procréatrice. Le

80. Hugo Rahner, *Mater Ecclesia,* 1944, p. 47. On trouvera d'autres matériaux dans E.R. Curtius, *Europ. Lit. und Lat. Mittelalter,* 1955, pp. 108 et sv.
81. Ephrem le Syrien, *Hymni et Sermones,* éd. Th. Lamy, II, p. 620.
82. L.c. I, 136.

malade est lui-même le « patriarche » rajeuni ou son avatar[83]. L'archétype se présente ici sous sa forme entièrement originaire, si bien que l'on doit sans doute considérer son apparition comme une expérience autochtone.

34 Dans le cas de Ripley il existe encore une possibilité plus plausible, qui est la suivante : l'auteur aura adapté à ses propres fins l'idée de Dieu le Père, Ancien des jours, et de son Fils nécessairement plus jeune et même juvénile, le Logos qui, dans la vision du gnostique Valentin comme chez Maître Eckhart, est un petit enfant. Ces représentations sont liées de la façon la plus étroite avec l'enfant-dieu Dionysos, avec « l'enfant-Horus », Harpocrate, Aïon etc., auxquels est naturellement associée l'idée du renouvellement du dieu vieilli. En fait, du monde des représentations chrétiennes au domaine païen le pas est vite franchi[84], et la conclusion naturaliste qui veut que le père décline à la venue du fils ou que le père rajeunisse dans le fils ressort sans peine des présupposés immémoriaux dont l'action est d'autant plus forte que la conviction consciente les rejette. On peut donc s'attendre à une association de ce genre chez un clerc comme Ripley, bien qu'à la manière habituelle des alchimistes il n'ait guère dû être conscient de sa portée.

35 Strophe 11 :

> Entièrement dépouillé de la fleur de la jeunesse
> La mort m'a envahi jusqu'au fond, mais de l'arbre du Christ[a]
> J'ai entendu du haut du ciel avec une grande stupeur
> Que je devais renaître par je ne sais quel amour[85].

83. Jan Nelken, « Analytische Beobachtungen über Phantasien eines Schizophrenen », *Jahrb. f. Psychoanal. und Psychopatholog. Forsch.* 1912, vol. IV, 1re part. p. 538 et sv.

84. Cf. H. Rahner, « Die Gottesgeburt. » *Zeitschrift f. kath. Theol.* 1935, pp. 341 et sv.

a. Cette traduction est fondée sur la lecture « *Christi sed arbore* » au vers 2 de la strophe 11, lecture qui s'avère être une erreur de transcription. L'édition de Cassel de la Chanson (1649 ; il ne semble pas y en avoir eu d'autre) a : « *Christi sed ab ore* », en accord avec les manuscrits latins et anglais du XVIe siècle de la Bibliothèque Bodléienne. Le traducteur anglais, avec le consentement de l'auteur, a procédé à la rectification et omis en conséquence les développements de C.G. Jung sur l'arbre philosophique. Mme Marie-Louise von Franz, consultée, nous a fait savoir que, malgré cet accord, Jung tenait à l'économie de l'ouvrage tel qu'il l'avait composé. Nous avons donc respecté le texte original en gardant la *felix culpa* de Jung et le commentaire qui en est issu. (N.d.T.)

85. *Me praedatum penitus juventutis flore*
*Mors invasit funditus, Christi sed arbore*
*Me audivi coelitus grandi cum stupore*
*Renascendum denuo nescio quo amore.*

36 Il se confirme ici que le roi, *l'antiquus dierum* doit « renaître par l'arbre du Christ ». Cette image éminemment alchimique de l'*arbor philosophica* se trouve, en quelque sorte à la portée de Ripley, dans un manuscrit du XVᵉ siècle qui représente une sorte d'arbre généalogique. L'origine en est Dieu ; viennent ensuite *natura, ignis, aër, aqua* et finalement le *Lapis*[86]. C'est donc une sorte d'arbre généalogique comme celui qui va d'Adam au Christ. Cette idée a fourni l'occasion de nombreuses figures dont j'ai reproduit un certain nombre dans *Psychologie et Alchimie*. Ripley lui-même représente l'arbre dans son célèbre *Scroll*[87]. Là c'est indiscutablement l'arbre du paradis où le serpent sous forme de Mélusine sort du feuillage pour embrasser le *filius regalis*, donc le roi renouvelé. L'arbre représente la transformation des éléments du stade de matière brute à celui de *lapis*. On doit admettre que Ripley était familiarisé avec les allégories patristiques. Le Christ est figuré dans celles-ci comme l'arbre[88] (et non simplement la croix), en d'autres endroits, comme *arbor fructifera* qui doit être cultivé dans le cœur humain[89] et chez Cassiodore, comme un arbre qui a été abattu et qui se « multiplie » dans la résurrection[90]. La *multiplicatio* est un thème qu'utilise également l'alchimie : l'*aurum non vulgi* alchimique est un « or vivant » qui croît et s'augmente. Le thème se rencontre déjà dans la *Turba*. Il est dit dans le discours d'Arfultus : « O natures célestes qui, par le traitement (*regimen*), séparent et transforment les éléments. Il n'y a donc rien d'aussi précieux que ces natures dans la teinture qui augmente le compost[91]. »

37 L'arbre est mis en relation avec le vieillard d'une façon remarquable dans la *Turba* où il est dit : « Prends cet arbre blanc et bâtis autour de lui une maison qui l'entoure, ronde, obscure, couverte de

86. Brit. Mus. Ms. Egerton 845 f. 19v.

87. Brit. Mus. Ms. Sloane 5025. Voir figure dans *Psychologie et Alchimie*, trad. fr. 1970, p. 575. Une variante de 1588 est reproduite dans *Paracelsica*, p. 100. Voir aussi *Les Racines de la concience* trad. fr. 1971, p. 418.

88. Saint Grégoire le Grand. L.T. LXXVI, col. 97.

89. P.L. LXXIX, 495.

90. P.L. LXX, 990.

91. *Turba*, éd. Ruska ; p. 166 et sv. Sur la *multiplicatio* Mylius (*Phil. Ref.* p. 92) donne cette règle générale : « *Proiice ergo supra quodvis corpus ex eo tantum quantum vis, quoniam in duplo multiplicabitur Tinctura eius. Et si una pars sui primo convertit cum suis corporibus centum partes, secundo convertit mille. Tertio decem millia, quarto centum millia ; quinto mille millia in solificum et lunificum verum.* » (Projettes-en donc autant que tu veux sur n'importe quel corps, car sa teinture sera multipliée par deux. Et si une part de lui transforme d'abord cent parties avec ses corps, ensuite il en transforme mille. En troisième lieu il en transforme dix mille, en quatrième lieu, cent mille, en cinquième lieu mille fois mille en « solifique » et « lunifique » véritables.)

rosée et places-y[92] un homme de grand âge, centenaire, ferme (la maison) sur eux (c'est-à-dire l'arbre et le vieillard) et serre fort, de manière que ni le vent ni la poussière ne pénètrent. Laisse-les 180 jours dans leur maison. Je déclare que ce vieillard ne cessera pas de manger des fruits de cet arbre jusqu'à la perfection du nombre (180), jusqu'à ce que ce vieillard soit devenu un jeune homme. Oh, qu'elles sont admirables, les natures qui ont changé l'âme de ce vieillard en un corps juvénile, et le père est devenu le fils[93]. » J'ai mentionné dans un précédent chapitre le chêne du bain royal de Bernard le Trévisan et j'ai indiqué le caractère féminin et maternel qu'il y possède. Il n'est peut-être pas sans intérêt de noter qu'au rapport d'Hegemonius[94] la tradition manichéenne représentait Jésus comme arbre du paradis et plus précisément comme arbre de la connaissance, tandis que les autres arbres du jardin représentent les désirs et les séductions des hommes. Cette vision fait de l'arbre de la connaissance un remède de la concupiscence qui ne se distingue pas extérieurement (en tant qu'arbre) des autres arbres (périssables). L'*arbor philosophica seu sapientiae* de l'alchimie est un double de l'*arbor scientiae* identifié à Jésus par les Manichéens, comme il vient d'être dit.

38 Si par « l'arbre du Christ » on doit entendre la croix — ce qui ne ressort pas du texte avec certitude —, cela voudrait dire que le roi doit renaître au moyen du symbole chrétien classique, donc, notamment par la confession et le baptême ou, d'une manière générale, par la foi chrétienne. Mais, étant donné que dans l'esprit de l'alchimiste il s'agit d'une substance chimique, on aurait peine à se représenter, même au prix du plus grand effort de l'imagination, comment cela peut se faire. Comme toutefois l'arbre est à la fois — chez Ripley notamment — une allégorie du processus, il doit sans doute être pris au figuré, comme le symbole d'un phénomène

92. « *Impone ei* » pourrait se rapporter à l'arbre, car *imponere* signifie aussi « placer dessus ». Dans le « Scriptum Alberti » (*Theat. Chem.* 1602, II, p. 527) on voit sur un arbre une cigogne, vraisemblablement une sorte de phénix, ce qui fait allusion à la nouvelle naissance. L'arbre lui-même peut être un lieu de naissance. Cf. le thème antique de la naissance à partir de l'arbre.

93. *Sermo* 58.

94. *Acta Archelai*, éd. Beeson, 1906, p. 18, l. 15 : « *Arbores quae in ipso (paradiso) sunt, concupiscentiae sunt et ceterae seductiones corrumpentes cogitationes hominum. Illa autem arbor quae est in paradiso, ex qua agnoscitur bonum, ipse est Jesus et scientia eius quae est in mundo ; quam qui acceperit, discernit bonum a malo.* » (Les arbres qui sont dedans [le paradis] lui-même sont les désirs et les autres séductions qui corrompent les pensées des hommes. Et cet arbre qui est dans le paradis et à partir duquel on discerne le bien est Jésus lui-même et sa science qui est au monde ; celui qui l'aura reçue discernera par elle le bien du mal.)

psychique de croissance et de transformation. Ce phénomène conduit à une transformation de la substance mystérieuse en même temps que de l'*artifex,* suivant l'analogie du miracle du baptême chrétien ; la transformation par l'*immersio* et l'*ablutio* d'une part, l'impression du caractère d'autre part. Ainsi que nous l'avons vu, cette transformation, suivant la vision alchimique, est elle-même un miracle qui requiert le concours divin.

39 Dans un précédent chapitre j'ai déjà mentionné la connexion entre l'arbre et le bain. L'arbre a une signification maternelle, d'une part comme lieu de naissance, d'autre part comme tombeau (cercueil, arbre de mort, sarcophage, etc.) et, en outre, le bain a la même signification que l'utérus et l'eau fécondante. Ces représentations rappellent la *mater vitae* manichéenne qui, composée des cinq éléments, entoure le premier homme créé par le Père bon pour combattre les ténèbres [95].

40 Strophe 12 :

> Je ne puis entrer autrement dans le royaume de Dieu
> Pour naître ici. Il me faut m'humilier de nouveau
> Dans le sein maternel, me joindre
> A la matière première et me désagréger [96].

41 Pour parvenir au royaume de Dieu le roi doit se transformer en *prima materia* dans le corps maternel et faire ainsi retour à cet état initial d'obscurité que les alchimistes dénomment *chaos.* Dans cet état de *massa confusa* les éléments sont en lutte les uns avec les autres et se repoussent mutuellement, si bien que tout lien entre eux est dissous. La dissolution (*Auflösung*) est la condition préalable de la rédemption (*Erlösung*). C'est la mort figurée que le myste doit subir pour pouvoir vivre sa transformation. Ainsi dans la vision

95. Hegemonius : *Acta Archelai,* éd. Beeson, 1906, p. 10, 1, 18 : « *Quodcum cognovisset bonus pater tenebras ad terram suam supervenisse, produxit ex se virtutem, quae dicitur mater vitae, qua circumdedit primum hominem, quae sunt quinque elementa, id est ventus, lux, aqua, ignis et materia, quibus indutus, tanquam ad adparatum belli, descendit deorsum pugnare adversum tenebras.* » (Comme le père bon avait su que les ténèbres avaient envahi sa tere, il produisit à partir de lui-même une puissance mère de vie dont il entoura le premier homme et qui était faite des cinq éléments : le vent, la lumière, l'eau, le feu et la matière. Revêtu d'elle, comme armé pour la guerre, il descendit combattre contre les ténèbres.)

96. *Regnum Dei aliter nequeo intrare*
*Hinc ut nascar denuo humiliare*
*Volo matris sinibus meque adoptare*
*In primam materiam et me disgregare.*

d'Arislée, Gabricus se dissout en atomes dans le corps de sa sœur-épouse. Comme nous l'avons vu, les analogies chrétiennes servent à illustrer le but alchimique : l'*artifex* aussi bien que la substance doivent parvenir à un état de perfection qui est comparé au royaume de Dieu. La légitimité de ce parallèle qui semble bien prétentieux ne sera pas, pour l'instant, examinée de plus près.

42 Strophe 13 :

> Sa propre mère incita le roi à un tel acte
> Et se prépara en hâte à sa conception.
> Elle le cacha aussitôt sous son manteau
> Jusqu'à ce qu'elle l'eût incarné de nouveau à partir d'elle-même [97].

43 Ces vers décrivent les « noces chymiques » sous la forme d'un antique rite d'adoption. On sait que l'enfant adopté était caché sous la robe de sa mère adoptive et en était ensuite retiré [98]. Ripley est ainsi parvenu à éviter l'image habituellement utilisée de l'inceste avec ce qu'elle a de choquant.

44 L'adoption a été représentée, depuis une époque lointaine, soit par l'acte de la naissance que l'on mime, soit par l'allaitement de l'enfant adoptif. C'est de cette manière notamment qu'Héraclès fut « adopté » par Héra. Dans un hymne à Nébo [99] le dieu parle en ces termes au roi Assourbanipal :

> Tu étais petit, Assourbanipal, quand je te laissai avec la divine reine de Ninive,
> Tu étais faible, Assourbanipal, quand tu te tenais sur le sein de la divine reine de Ninive,
> Des quatre mamelles qui étaient introduites dans ta bouche tu en suçais deux et tu enfouissais ton visage dans les deux autres [100].

45 Le rite de l'enfant que l'on cache sous les vêtements est largement répandu et a été pratiqué jusqu'à l'époque la plus récente chez les Turcs de Bosnie. La même signification se rencontre dans le thème pictural de la « Vierge tutélaire » au manteau déployé, qui traduit l'adoption des fidèles.

97. *Ad hoc mater propria regem animavit*
*Eiusque conceptui sese acceleravit,*
*Quem statim sub chlamyde sua occultavit*
*Donec eum iterum ex se incarnavit.*

98. Diodore de Sicile, *Histoire universelle,* 4, 39.

99. Nébo correspond à la planète Mercure.

100. Roscher, *Lex.* III, I, 62, s.v. Nébo.

46 La scène de l'adoption chez Ripley provient très vraisemblablement de la « chasse au lion » de Marchos [101] où il est parlé d'un feu « qui sort sur les charbons comme la pieuse mère marche sur le ventre de son fils » (*sicut graditur mater pia super ventrem filii sui*) et plus loin : « Il a comparé la subtilité de la chaleur du feu à la marche de la pieuse mère sur le corps de son fils. » (*Assimilavit subtilitatem caloris ignis gressui piae matris super ventrem filii sui* [102].) Ces phrases font partie d'un dialogue entre le roi Marchos et sa mère. Le texte diffère de notre Cantilène en ce que, dans le cas présent, ce n'est pas le roi qui est transformé, mais le *lion* (voir plus loin).

47 La quinzième strophe décrit la manière dont la mère est ensuite entrée dans la « chambre de la pudeur » (*thalamus pudoris*) [103], se met au lit et là donne aussitôt des signes de sa douleur future. Le poison émané du corps mourant du roi (strophe 16) souillait le visage de la mère. Celle-ci éloignait tout le monde et verrouillait la porte de sa chambre. Elle se nourrissait (strophe 17) de *chair de paon* et buvait le *sang du lion vert* que Mercure, porteur du *trait de la souffrance (telum passionis),* lui administrait dans une *coupe d'or de Babylone* [104].

48 Le régime de grossesse décrit ici correspond à la *cibatio,* à la nutrition de la substance à transmuer. L'idée sous-jacente à cette notion était que la matière de la transformation devait être imprégnée et pénétrée soit par la teinture, soit par l'*aqua propria* (la propre eau), l'âme. Ailleurs le « sujet » mange ses « plumes » ou ses ailes (les « esprits volatils ») ou sa propre queue (*ouroboros*) ou les fruits de l'arbre philosophique. Ici l'aliment est constitué par la chair de paon. Le paon apparaît dans la notion de *cauda pavonis* (queue de paon). Avant l'avènement de la blancheur (*albedo*) ou de la rougeur (*rubedo*) [105], toutes les couleurs apparaissent, un peu comme le paon déployant sa roue chatoyante. Ce phénomène est sans doute fondé sur le fait que la surface d'un corps en fusion (le

101. *De Chemia Senioris antiquissimi Philosophi Libellus,* 1566, p. 63.
102. L.c. p. 62.
103. Le *thalamus* se rapporte au mariage mystique. Voir plus loin : « Le lion vert ».
104. *Vescebatur interim carnibus pavonis*
*Et bibebat sanguinem viridis leonis*
*Sibi quem Mercurius telo passionis*
*Ministrabat aureo scypho Babylonis.*
105. La succession des opérations alchimiques est entièrement arbitraire dans ses détails et varie d'un auteur à l'autre.

plomb par exemple) montre de « petites plaques » aux couleurs du spectre[106]. L'expression « *omnes colores* » est souvent mise en évidence dans les textes, ce qui désigne une sorte de totalité. Ensuite les couleurs s'unissent, dans le blanc par exemple. Pour de nombreux alchimistes ce stade représente le sommet de l'art. C'est en tout cas l'achèvement de la première partie de l'œuvre (*prima pars operis*). En effet la quaternité séparée, après avoir été extraite de la confusion du chaos, est donc amenée à la blancheur et, de toutes les couleurs, il en naît alors une seule (*ex omnibus unum*). Vu sous l'angle moral, cela signifie en même temps que la multiplicité psychique de l'absence primitive d'unité avec soi-même, le chaos intérieur où les parties de l'âme s'entrechoquent, les troupeaux d'Origène sont devenus le *vir unus* (l'homme un). Manger la chair de paon revient donc à intégrer les couleurs multiples (c'est-à-dire psychologiquement les valeurs affectives distinctes et opposées) en une seule, la blanche. Thomas Norton écrit dans son *Ordinall of Alchimy :*

> *For everie Colour whiche maie be thought*
> *Shall heere appeare before that White be wrought*[107].

49 Le *lapis* contient ou produit toutes les couleurs[108]. Hoghelande parle de « notre hermaphrodite » comme « contenant en lui toutes les couleurs » (*continens in se omnes colores*)[109]. On utilise encore des comparaisons poétiques, telles qu'Iris, l'arc-en-ciel[110], ou, con-

106. Hoghelande semble faire allusion à quelque chose de ce genre lorsqu'il dit que « les couleurs apparaissent à la surface du Mercure » (*Theat. Chem.* 1602, I, p. 150).

107. Car toutes les couleurs que l'on peut imaginer
Apparaîtront ici avant que le Blanc ne soit réalisé.
(*Theatrum Chemicum Britannicum*, par Elias Ashmole, 1652, p. 54.)

108. « *Illa res... passim apparere colores facit.* » (Cette chose... fait apparaître çà et là les couleurs.) (*Turba :* Sermo XIII, 9 et sv.) et : « *Hic est igitur lapis, quem omnibus nuncupavimus nominibus, qui opus recipit et bibit, et ex quo omnis color apparet.* » (C'est donc la pierre à laquelle nous avons donné tous les noms, qui reçoit et boit l'œuvre, et à partir de laquelle apparaissent toutes les couleurs.) (L.c., p. 24 et sv.) De même Mylius : « *Omnes Mundi colores manifestabuntur.* » (Toutes les couleurs du Monde seront manifestées.) (*Phil. Ref.* p. 119.)

109. « De Alchemiae Difficultatibus » *Theat. Chem.* 1602, I, p. 179.

110. « *Dum autem Quinta Essentia in terra est, id in multiplicibus coloribus contrarii splendoris Solis cognoscis, quemadmodum cernis in Iride dum Sol per pluviam splendet.* » (Quand la quintessence est sur la terre, tu connais ce fait par les multiples couleurs de l'éclat du soleil qui est en face, comme tu les distingues dans Iris, lorsque le soleil brille à travers la pluie.) (« Gloria Mundi. » *Mus. Herm.* p. 251.)

curremment avec celui-ci, l'iris de l'œil [111]. L'œil et ses couleurs sont cités par Hippolyte dans un contexte remarquable. Cet auteur rappelle, à propos de la doctrine des Naassènes, comment ceux-ci assimilaient les quatre fleuves du Paradis aux quatre sens. Le fleuve Phison, qui arrose le pays de l'or, Hévilat, correspond à l'œil : « Celui-ci (le fleuve), disent-ils, est l'œil qui porte témoignage de ce qui a été dit, par sa noblesse et ses couleurs. » Abu'l Qasim parle de l'arbre aux fleurs multicolores [112]. Mylius dit : « Notre pierre est ce soleil parsemé d'étoiles duquel toutes les couleurs sortent par la vertu de la transformation, comme les fleurs qui s'épanouissent au printemps [113]. » Le *Tractatus Aristotelis* donne une description encore plus détaillée : « Tout ce qui est contenu sous le cercle de la lune... est, dans une fin carrée [114], changé en l'unité, tout comme une prairie parsemée de fleurs, ornée de couleurs, de fleurs et de parfums de nature diverse, qui ont été conçus dans la terre, de la rosée du ciel [115]. »

50 Aux degrés de l'œuvre correspondent certaines couleurs qui sont à leur tour en relation avec les planètes. Dès une époque ancienne on distingue sept couleurs [116]. De là vient le rapport des couleurs avec l'astrologie et, naturellement, avec la psychologie, puisque les planètes correspondent à certains éléments constitutifs du caractère individuel. Déjà l'*Aurora consurgens,* dans une phrase ambiguë, place les couleurs en relation avec « l'âme » [117]. Lagneus met les quatre « couleurs principales » en parallèle avec les quatre tempéraments [118]. Chez Dorn la signification psychologique des couleurs est des plus nettes : « En vérité, écrit-il, la forme, qui est l'intellect de l'homme, est le commencement, le milieu et la fin dans les préparations, et elle est indiquée par la couleur jaune (*croceo colore*) grâce à laquelle il est rappelé que l'homme est la forme la plus grande et la princi-

111. « *Τήν χόρην τοῦ ὀφθαλμοῦ παραφέρει καὶ τὴν ἶριν τὴν οὐρανίαν* » (Elle [la couleur noire] surpasse la pupille de l'œil et l'arc-en-ciel.)

112. Abu'l Qasim Muhammad, *Kitab al-ilm muktasab* etc. Ed. E.J. Holmyard, 1923, p. 23.

113. *Phil. Ref.* p. 121.

114. « *In fine quadrangulari* », allusion à la synthèse des quatre éléments.

115. « Tractatus Aristotelis Alchymistae ad Alexandrum Magnum etc. » (*Theat. Chem.* 1622, V, p. 881.)

116. Cf. Berthelot : *Alch. Grecs.* Introduction p. 76. Hérodote parle déjà des sept murs d'Ecbatane dont chacun était peint d'une couleur.

117. « *Qui animam meam levaverit, eius colores videbit.* » (Celui qui aura élevé mon âme en verra les couleurs.)

118. *Citrinitas* (couleur jaune) = le tempérament cholérique, *rubedo* = le tempérament sanguin, *albedo* = le tempérament phlegmatique, *nigredo* = le tempérament mélancolique. (*Theat. Chem.* 1613, IV, p. 873.)

pale dans l'œuvre spagirique, et qu'il est une forme supérieure au ciel (*coelo potiorem*)[119]. » Selon cet auteur la couleur dorée fait également allusion à l'homme et en particulier à son intellect, en tant que principal « *informator* » (producteur de la forme) dans le processus alchimique. On doit en déduire que, tout comme la couleur dorée signifie l'intelligence, les trois autres couleurs (principales) désignent d'autres fonctions psychologiques (fondamentales), de même que les sept couleurs correspondent aux sept composantes astrologiques (= planétaires) du caractère. La synthèse des quatre ou des sept couleurs ne signifierait alors rien de moins que l'intégration de la personnalité, l'unification des quatre fonctions fondamentales que l'on représente, en fait, habituellement par la quaternité de couleurs : bleu — rouge — jaune — vert[120].

51 Iris, l'arc-en-ciel, en tant que phénomène coloré, a pour parallèle la *cauda pavonis,* la queue de paon, sujet de prédilection des dessins et gravures dans les anciens ouvrages imprimés et manuscrits. Ces images représentent non seulement la queue, mais le paon tout entier. C'est parce qu'il signifie « toutes les couleurs », c'est-à-dire l'intégration de toutes les qualités, qu'une gravure d'Henri Khunrath le représente, avec logique, sur les deux têtes du *rebis* dont il manifeste l'unité. Une inscription le désigne dans cette image comme « l'oiseau d'Hermès » et comme la *benedicta viriditas* (le vert béni), deux épithètes du Saint-Esprit, de la *Rouach Elohim* qui joue un très grand rôle chez Khunrath[121]. Le vert est la couleur du Saint-Esprit. La *cauda pavonis* est encore qualifiée à cet endroit dans les termes suivants : « *anima mundi, natura, essentia quinta, res cunctas germinare facit* » (âme du monde, nature, quintessence, elle fait germer toutes choses)[122]. Le paon occupe ici la place la plus élevée,

119. « Phil. Chem. » in *Theat. Chem.* 1602, I, p. 485.

120. Voir *Psychologie et Alchimie,* trad. fr. p. 215 et *Gestaltungen des Unbewussten,* 1950, p. 135 et sv.

121. Dans l'*Amphitheatrum sapientiae,* 1604, p. 221, on lit la naïve prière de l'auteur : « *Oro ex toto corde Misericordiam tuam, ut mittas mihi de coelis sanctis tuis Ruach Hhochmah-El, Spiritum Sapientiae tuae, qui mihi familiaris semper adsistat (!), me dextre regat, sapienter moneat, doceat ; mecum sit, Oret, Laboret ; mihi det bene velle, nosse, esse et posse in Physicis, Physico-medicis* » etc. (Je prie de tout cœur ta Miséricorde, de m'envoyer du haut de ton saint ciel Rouach Hochmah-El, l'Esprit de ta Sagesse, pour qu'il m'assiste toujours comme [hôte] familier, pour qu'il me conduise avec habileté, me conseille et m'enseigne avec sagesse ; pour qu'il soit, prie, travaille avec moi ; pour qu'il me donne de vouloir, de connaître, d'être et de pouvoir d'une façon juste, dans les choses physiques et physicomédicales, etc.) Il n'aurait pas déplu au savant docteur Khunrath d'avoir l'Esprit-Saint comme assistant de laboratoire.

122. Quatrième figure annexée à l'*Amphitheatrum,* 1604.

comme le symbole du Saint-Esprit dans lequel est intégrée l'opposition suprême figurée par l'hermaphrodite et le *rebis*, celle du masculin et du féminin.

52 Khunrath dit ailleurs qu'à l'heure de la *coniunctio* le noir, la tête de corbeau et toutes les couleurs du monde apparaîtront « et aussi Iris, la messagère de Dieu, et la queue de paon ». Il ajoute : « Remarque les mystères de l'arc-en-ciel dans l'Ancien et le Nouveau Testaments[123]. » Il fait ici allusion d'une part à la réconciliation qui a suivi le déluge et d'autre part à la vision de Celui qui était assis au milieu des vingt-quatre vieillards dans l'Apocalypse (IV, 3) : « Son aspect était semblable à une pierre de jaspe ou de sardoine, et autour de son trône était un arc-en-ciel semblable à une émeraude »[124], ainsi qu'à celle de l'ange ayant sur la tête un arc-en-ciel (X, I)[125]. Iris comme *nuncia Dei* est naturellement d'une particulière importance pour l'intelligence de l'œuvre, puisque l'intégration de « toutes les couleurs » contient une allusion à la venue, à la proximité, voire à la présence de Dieu.

53 La couleur verte, dont on célèbre l'importance, est en relation avec Vénus. L'*Introitus Apertus* dit : « A la douce chaleur, sur l'ordre de Dieu, le mélange se liquéfiera de lui-même, croîtra et sera doté d'un esprit qui s'envolera vers le haut et emportera la pierre avec lui, il produira aussi de nouvelles couleurs, et avant tout le vert de Vénus (*viridem venereum*) qui demeurera pendant un temps assez long[126]. » Vers la fin de cette phase, à savoir, le « régime de Vénus », (quoi qu'il faille entendre par là), la couleur se changera en une pourpre terne et sombre. C'est alors que fleurit l'arbre philosophique. Vient ensuite le « régime de Mars » « qui manifeste de la façon la plus glorieuse les couleurs passagères de l'arc-en-ciel et du paon ». « En ces jours » apparaît la « couleur hyacinthe »[127], donc la couleur bleue.

123. *Amphitheatrum*, p. 202.

124. Vulgate : « *Et iris erat in circuitu sedis similis visioni smaragdinae* », ce qui met en relief la couleur verte.

125. Vulgate : « *Et iris in capite ejus, et facies ejus erat sicut sol.* » (Il y avait sur sa tête un arc-en-ciel, et son visage était comme le soleil.)

126. « Introitus Apertus ad Occlusum Regis Palatium Authore Anonymo Philaletha » (L'entrée ouverte au palais fermé du roi par un auteur anonyme philalèthe = ami de la vérité). *Mus. Herm.* p. 693. Philalèthe est un auteur du XVIIe siècle.

127. L.c. p. 694. Je ne puis omettre de mentionner qu'une importante modification se produit pendant le « régime de Mars ». Tandis que, durant le « régime de Vénus », la pierre, c'est-à-dire la matière à transmuer est « *alii denuo vasi inclusus* » (enfermée de nouveau dans un autre vase) on dit maintenant : « *Hic sigillata mater in infantis sui ventre surgit et depuratur, ut ob tantam... puritatem putredo hinc exu-*

54 La couleur pourpre terne qui se présente à la fin du régime de Vénus porte incontestablement en elle quelque chose de la mort, ce qui s'accorde parfaitement avec l'acception chrétienne de cette couleur : elle exprime en effet le « *mysterium dominicae passionis* » (le mystère de la passion du Seigneur)[128]. Cette allusion implique donc que le « régime de Vénus » conduit à la passion et à la mort, je désire faire ressortir ce point pour expliquer le *telum passionis* de la Cantilène. Un passage de l'*Aquarium Sapientum* confirme l'interprétation des couleurs comme moyen d'expression des faits et des nuances d'ordre moral : « Mais pendant la digestion[129] et la cuisson du corps spirituel mort, des couleurs et des signes nombreux et distincts se manifesteront dans l'homme, de la même manière qu'on peut le voir dans l'œuvre terrestre (*in terreno opere*) : toutes sortes de misères, d'angoisses et de tribulations dont la principale est... cette tentation qui a pour origine et pour cause le démon, le monde et notre chair[130]. »

55 Le tableau des symboles de Penotus s'accorde avec cette description du régime de Vénus : le paon y est rattaché au « *mysterium coniugii* » et à Vénus, comme aussi le lézard vert (*lacerta viridis*). Le vert est la couleur du Saint-Esprit, de la vie, de la procréation et de la résurrection. Je le mentionne parce que Penotus relie au *coniugium* les « dieux morts » (*dii mortui*), probablement parce

*let... Jam scias Virginem nostram terram ultimam subire cultivationem, ut in ea fructus Solis seminetur et maturetur...* » (p. 694.) (Ici la mère scellée dans le ventre de son enfant s'élève et se purifie, afin qu'une si grande... pureté chasse la pourriture... Sache maintenant que notre terre vierge subit la dernière culture, afin que le fruit du Soleil soit semé et mûrisse en elle.) Il est intéressant de noter que c'est durant le régime de Mars que la matière maternelle est enfermée dans le corps de son propre enfant : on a là des transformations qui, une fois encore, ne sauraient mieux s'exprimer que par les opérations du yang et du yin. (Cf. Richard Wilhelm, *Yi King. Le Livre des Transformations,* trad. fr. 1968-1970, 5e éd. 1979.)

128. Cf. Cassiodore : *P.L.* Vol. LXX, col. 1071, 1073, 1096.

129. Ruland, *Lexicon Alch.* 1612, s.v. *Digestio :* « C'est le changement d'une substance dans une autre substance par la coction de la nature. »

130. *Mus. Herm.* p. 131. Le texte continue : « *Quae tamen omnia bonum praenuncient indicium : quod videlicet tam bene vexatus homo tandem aliquando beatum exoptatumque exitum consecuturus siet : quemadmodum etiam et ipsa SS. Scriptura testis est, in qua (2 Tim. 3, Act. 4) legitur, quod videlicet omnes qui beate in Christo Jesu vivere velint, persecutionem pati cogantur, quodque nos, per multas tribulationes et angustias, regnum coelorum ingredi necessum habeamus.* » (Tout cela annonce pourtant un signe excellent : à savoir, que l'homme, si bien éprouvé, parviendra un jour enfin à l'issue bienheureuse et désirée : conformément au témoignage de la Sainte Ecriture elle-même, dans laquelle on lit [2 Timothée, 3, Actes, 4] que ceux qui veulent vivre la vie bienheureuse dans le Christ Jésus sont contraints de subir la persécution, et qu'il nous faut entrer dans le royaume des cieux après un grand nombre de tribulations et d'angoisses.)

qu'ils ont besoin de résurrection. Le paon est en effet avec le phénix le symbole chrétien de la résurrection. Les tables de bronze du labyrinthe de Méroé représentaient Osiris, après sa restauration par Isis, monté sur un char tiré par des paons [131], sur lequel il s'avance, tel le soleil, ressuscité et triomphant.

56 Le *spirituale corpus mortuum* est chez Dorn « l'oiseau sans ailes » (*avis sine alis*) qui se transforme « en tête de corbeau (*caput corvi*) et enfin en queue de paon, pour acquérir ensuite des plumes de cygne de la plus extrême blancheur, et, tout à la fin, le rouge le plus éclatant, indice de sa nature ignée [132] ». Cette dernière phrase contient une claire allusion au phénix qui joue, auprès du paon, un rôle considérable dans l'alchimie [133], et, principalement, en tant que synonyme du *lapis*.

57 La *cauda pavonis* fait présager la fin de l'œuvre, tout comme Iris (l'arc-en-ciel) est la messagère de Dieu (*nuncia Dei*). Le charmant jeu multicolore de la queue de paon dépeint la synthèse de toutes les couleurs, c'est-à-dire de toutes les qualités et de tous les éléments, qui se réalise dans la nature unique et « ronde » de la pierre philosophale. Celle-ci, comme je l'ai montré dans *Psychologie et Alchimie,* s'est toujours trouvée, au long des mille sept cents années de l'alchimie historique, en relation plus ou moins apparente avec l'antique idée de l'*anthropos*. Dans les siècles postérieurs ce rapport s'est également étendu au Christ. Celui-ci est en quelque sorte depuis toujours cet anthropos ou υἱὸς τοῦ ἀνθρώπου (Fils de l'homme) qui apparaît dans l'évangile de Jean comme Logos préexistant et créateur du monde dont il est dit : « Il était au commencement en Dieu. Toutes choses ont été faites par lui, et sans lui rien n'a été

131. Manuscrit latin du XVIIIe siècle. *Incipit Figurarum Aegyptiarum secretarum*, etc. (Collection de l'auteur.)

132. « De Transmut. Metallorum », *Theat. Chem.* 1602, I, p. 599.

133. Honoré d'Autun (« Speculum de mysteriis Ecclesiae », *P.L.* vol. CLXXII, 936) dit du phénix : « *Foenix dicitur rubeus, et est Christus, de quo dicitur : Quis est iste qui venit de Edom tinctis vestibus de Bosra ?* » (Le phénix est appelé rouge, et c'est le Christ dont il est dit : Qui est celui-là qui vient d'Edom, les vêtements teints de Bosra ?) (Isaïe, LXIII, 1). Le verset 2 du texte d'Isaïe dit : « *Quare ergo rubrum est indumentum tuum et vestimenta tua sicut calcantium in torculari ?* » (Pourquoi ta robe est-elle rouge, et tes vêtements sont-ils comme les vêtements de ceux qui foulent dans le pressoir ?). Un passage du verset 3 mérite également d'être noté : « *Et aspersus est sanguis eorum super vestimenta mea.* » (Et mes vêtements ont été aspergés de leur sang.) Honoré poursuit : « *Edom quod dicitur rufus est Esau appellatus, propter rufum pulmentum quo a fratre suo Jacob cibatus est.* » (Le nom d'Edom qui veut dire roux a été donné à Esaü à cause du mets roux que son frère Jacob lui donna à manger.) Après avoir raconté le mythe du phénix, Honoré ajoute : « *Tertia die avis reparatur quia Christus tertia die suscitatur a Patre.* » (L'oiseau est restauré le troisième jour parce que le Christ est ressuscité le troisième jour par son Père.)

fait de ce qui a été fait. » (Jean, I, 2 et 3.) D'après la doctrine des Naassènes rapportée par Hippolyte, le « Dieu qui n'est pas » a « projeté une semence » qui contient la plante tout entière, comme un « grain de moutarde » ou comme « l'œuf de paon qui possède en lui la plénitude variée des couleurs[134] ». Dans cette semence se trouvait une « triple filiation » (*υἱότης τριμερής*) qui était « consubstantielle au Dieu qui n'est pas » (*τῷ οὐκ ὄντι θεῷ ὁμοούσιος*). Dans l'alchimie l'apparition de la *cauda pavonis* traduit le prochain achèvement de l'œuvre, qui n'est autre que la naissance du *filius regius* (fils royal). Le jeu multicolore de la queue de paon se retrouve donc déjà à sa juste place dans la conception de Basilide. Et, comme en bien des endroits, il faudrait poser la question : tradition ou réapparition spontanée ?

58 Le paon est l'oiseau de Junon et *Junonia* est une des épithètes d'Iris. De même que la reine-mère ou la déesse-mère procure le renouvellement, le paon renouvelle chaque année son plumage et se trouve ainsi placé en relation avec toutes les transformations de la nature. De Gubernatis dit à ce sujet : « Le ciel serein et parsemé d'étoiles, le brillant soleil sont des paons. Le firmament paisible et azuré où luisent des milliers d'yeux brillants et le soleil dont la lumière contient toutes les couleurs offrent l'aspect d'un paon dans le plein éclat de ses plumes ocellées. Quand le ciel ou le soleil aux mille rayons (*sahasrânçu*) est caché dans les nuages ou voilé par les pluies de l'automne, il ressemble encore au paon qui, durant la partie sombre de l'année, se dépouille de son beau plumage, devient terne et sans parure, de même qu'un grand nombre d'oiseaux aux couleurs vives et gracieuses. La corneille qui a revêtu les plumes du paon croasse alors avec les autres corneilles en un concert lugubre. L'hiver, il ne reste au paon, comme chant, que son cri désagréable et strident qui n'est pas sans ressemblance avec celui de la corneille. On dit habituellement du paon qu'il a les plumes d'un ange, la voix du diable et la démarche d'un voleur. Le chant du paon est passé en proverbe[135]. » Cette relation peut éclairer la connexion établie par Dorn entre le paon et la tête de corbeau (*caput corvi*).

59 Il n'est pas sans intérêt de noter certaines significations secondaires du paon qui apparaissent dans la littérature médiévale. Picinellus

134. « *Ἢ ὡς ᾠὸν ταοῦ ἔχον ἐν ἑαυτῷ τὴν τῶν χρωμάτων ποικίλην πληθύν.* » (Ou comme un œuf de paon ayant en lui l'abondance variée des couleurs.) (Hippolyte, *Elenchos*, X, 14.)

135. *Die Tiere in der Indogermanischen Mythologie*, 1974, p. 587.

dit que le paon signifie, en face du soleil, « l'homme juste qui, bien que paré des couleurs de mille vertus », participe cependant « de la gloire plus grande de la présence divine ». Il représente également l'homme qui « souillé de fautes répétées ressuscite à l'intégrité de l'esprit » (*ad animi integritatem*). Le paon exprime « la beauté (*venustas*) intérieure et la perfection de l'âme »[136]. Merula affirme que le paon vide et détruit un vase contenant du poison[137], propriété qui peut être fondée sur la signification alchimique du paon : celui-ci en effet permet et représente la transformation du dragon venimeux en médecine salutaire. Le même Merula déclare en outre que la paonne ne montre ses petits à leur père qu'une fois qu'ils ont grandi. Picinellus tire de là une analogie avec la Bienheureuse Vierge qui ne présente ses protégés à Dieu que lorsqu'ils ont atteint l'état de perfection. Le renouvellement par la mère se trouve ainsi une fois de plus mis en relief[138].

60 Il ressort de là que, lorsque la reine-mère mange de *la chair de paon* pendant sa grossesse, elle absorbe un aspect d'elle-même : son pouvoir de procurer la renaissance, pouvoir dont le paon est l'emblème. D'après Augustin la chair de paon a la propriété d'être imputrescible[139]. C'est donc, comme eût dit un alchimiste, un *cibus immortalis* (aliment immortel) à l'égal des fruits de l'arbre philosophique dont Arislée et ses compagnons sont nourris dans la maison de la renaissance, au fond de la mer. La chair de paon représente pour la mère l'aliment convenable dans son entreprise qui doit procurer au roi plus qu'une nouvelle jeunesse : l'immortalité.

136. Pour couver ses œufs le paon recherche un endroit solitaire et caché. Picinellus ajoute : « *Et certe solitudo unicum conservandi spiritualis animi remedium amplissimam internae felicitatis occasionem praebet.* » (Et assurément la solitude, unique remède pour conserver l'âme spirituelle, offre la plus grande occasion de félicité intérieure.)

137. J'emprunte cette remarque à Picinellus, car je n'ai pu, à l'aide des moyens à ma disposition, établir qui est le Merula dont il est ici question.

138. *Mundus Symbolicus*, 1681, Liv. IV, ch. LI.

139. *De Civitate Dei.* Liv. XXI, chap. 4 : « *Quis enim, nisi Deus creator omnium, dedit carni pavonis mortui, ne putresceret ?* » (Qui en effet sinon Dieu le créateur de toutes choses a donné à la chair du paon mort de ne point pourrir ?) Chez les Cyranides le paon est un « oiseau sacerdotal » (*avis sacerdotalis*). On peut utiliser ses œufs dans la préparation de la couleur d'or. « *Si autem mortuus fuerit pavo, non marcescit ejus caro nec foetidum dat odorem, sed manet tamquam condita aromatibus.* » (Si le paon meurt, sa chair ne se corrompt pas et ne donne pas d'odeur fétide, mais elle demeure comme préparée avec des aromates.) Son cerveau sert à préparer un philtre. Son sang, lorsqu'on le boit, chasse les démons, et sa fiente guérit l'épilepsie. (« Textes latins et vieux français relatifs aux Cyranides » éd. par Louis Delatte. *Bibl. de la Fac. de Phil. et Let. de Liège*, fasc. XCIII, 1942, p. 171.)

61 Pendant qu'elle utilise la chair de paon[140] en guise de nourriture solide, la reine a pour boisson le *sang du lion vert*. Le sang[141] est un des synonymes les plus notoires de l'*aqua permanens* et son emploi dans l'alchimie s'appuie souvent sur les allégories et les symboles qui ont cours dans l'Église[142]. « L'imbibition »[143] de la

140. En Chine (dans le traité de Wei Po-Yang, 142 après J.C., *Isis* VIII, 258) l'oiseau correspondant est le « *fluttering Chiu-Niao* » (Chiu-Niao voletant), l'oiseau écarlate. Il porte les cinq couleurs, c'est-à-dire la totalité des couleurs, chiffre qui correspond aux cinq éléments et aux cinq directions de l'espace. On dit de l'oiseau : « *It is put into the cauldron of hot fluid to the detriment of its feathers.* » (Il est placé dans le chaudron de liquide chaud au détriment de ses plumes.) En Occident on plume le coq, on rogne les ailes de l'oiseau, ou il mange ses propres plumes.

141. Ripley lui-même entend *sanguis* comme synonyme de *spiritus*. *Opp.* p. 138 : « *Spiritus vel sanguis leonis viridis.* » (L'esprit ou sang du lion vert.) Dans les *Noces chymiques* de Chr. Rosencreutz le lion porte une pancarte avec cette inscription : « *Hermes Princeps. Post tot illata generi humano damna Dei consilio : Artisque adminiculo, medicina salubris factus heic fluo. — Bibat ex me qui potest ; lavet qui vult ; turbet qui audet ; bibite fratres et vivite.* » (Le Prince Hermès. — Après que tant de maux ont été infligés au genre humain selon le dessein de Dieu : grâce au secours de l'art, devenu médecine salutaire, je coule ici. Boive de moi qui peut ; se lave qui veut ; trouble qui l'ose ; buvez, frères, et vivez.) (P. 72 de l'éd. de 1616.)

142. Voir à ce sujet le parallèle de l'*opus* et de la messe, *Psychologie et Alchimie*, trad. fr. pp. 503 et sv. Cf. aussi *Les Racines de la Conscience*, Livre V.

143. Cf. à ce sujet Mylius (*Phil. Ref.* p. 303). Il y est dit de Mercure qu'il est le lion vert et « *totum elixir albedinis et rubedinis, et est aqua permanens et aqua vitae et mortis, et lac virginis, herba ablutionis et est fons animalis : de quo qui bibit, non moritur et est suceptivum coloris et medicina eorum et faciens acquirere colores, et est illud quod mortificat, siccat et humectat, calefacit et infrigidat et facit contraria.* » (l'élixir entier de la blancheur et de la rougeur, et c'est l'eau permanente et l'eau de vie et de mort, et le lait de vierge, l'herbe d'ablution [allusion à la saponaire, à la bérissa et au μῶλυ] et c'est une fontaine spirituelle : celui qui en boit ne meurt pas, et elle est ce qui reçoit la couleur et la médecine de celles-ci, et elle fait acquérir les couleurs, et c'est ce qui fait mourir, dessèche et humecte, réchauffe et refroidit et fait le contraire, etc.) En un mot, Mercure est le maître d'œuvre et l'*artifex*. C'est pourquoi Mylius ajoute l'expression célèbre : « *Et ipse est Draco, qui maritat se ipsum et impraegnat seipsum et parit in die suo, interficit ex veneno suo omnia animalia*, etc. » (Et c'est le dragon qui s'épouse lui-même et se féconde lui-même et enfante en son jour et tue par son venin tous les animaux, etc.) (On dit habituellement : *interficit seipsum* [se tue lui-même]. La forme « *vivificat seipsum* » se rencontre également.) L'*ouroboros* a en effet en commun avec la divinité la merveilleuse propriété de l'aséité, et c'est pourquoi également on ne doit pas l'en distinguer. Cette eau est « *divina* », par opposition à l'ambiguïté de l'ὕδωρ θεῖον. C'est ce qui rend compréhensible l'invitation solennelle de Dorn : « *Accede Corpus ad fontem hunc, ut cum tua Mente bibas ad satietatem et in posterum non sitias amplius vanitates. O admiranda fontis efficacia, quae de duobus, unum et pacem inter inimicos facit ! Potest amoris fons de spiritu et anima mentem facere, sed hic de mente et corpore virum unum efficit. Gratias agimus tibi Pater, quod filios tuos inexhausti virtutum fontis tui participes facere dignatus sis. Amen.* » (Approche-toi, ô corps, de cette fontaine afin de boire à satiété avec ton esprit et de n'avoir plus soif des vanités à l'avenir. O efficacité admirable de cette fontaine qui, de deux, fait un seul, et fait la paix entre les ennemis ! La fontaine d'amour peut faire un seul esprit [*mentem*] d'un esprit [*spiritu*] et d'une âme, mais ici elle fait un seul homme d'un esprit et d'un corps. Nous te rendons grâces, Père, de ce que tu as daigné rendre tes fils participants de ta fontaine inépuisable de vertus. Amen.)

« substance secrète morte »[144] que nous avons rencontrée dans l'*Allegoria Merlini,* de même que la *cibatio* ou *nutritio,* ne s'appliquent pas ici au roi, mais à la reine-mère. Le déplacement et l'interférence des images atteignent dans l'alchimie un degré aussi élevé que dans la mythologie et le folklore. Étant donné que ces images archétypiques s'écoulent directement de l'inconscient, il n'y a rien de surprenant à ce qu'elles participent dans une large mesure d'une des particularités de ce dernier : *la contamination des contenus*[145]. Ce facteur est ce qui rend des plus malaisées la compréhension de l'alchimie. Dans ce domaine, en effet, ce n'est pas la logique qui prédomine, mais le jeu de thèmes archétypiques qui est sans doute « illogique » sur le plan formel, mais n'en suit pas moins certaines lois naturelles que nous sommes encore loin d'avoir éclaircies. Les Chinois sont sans doute bien plus avancés que nous à cet égard, comme le montre une étude approfondie du *Yi King,* cette collection d'« aphorismes magiques », ainsi que persiste à le qualifier la myopie occidentale, opinion avec laquelle les Chinois modernisés s'empressent de faire chorus. Le *Yi King* est un remarquable système qui tente d'ordonner et de rendre « lisible » dans une certaine mesure le jeu des archétypes, les « *mirabiles naturae operationes* » (opérations merveilleuses de la nature). Mépriser ce que l'on ne comprend pas a constitué depuis toujours un signe de sottise.

62 Le déplacement et l'entrecroisement des images seraient évidemment tout à fait impossibles s'il n'existait entre celles-ci une identité de substance, une homoousie. Père, mère et fils sont d'une seule et même substance, et ce qui est dit de l'un vaut dans une large mesure pour les autres. De là notamment les formes variées que revêt l'inceste : mère-fils, frère-sœur, père-fille, etc. L'*ouroboros* est un, bien que sa tête et sa queue apparaissent comme des figures séparées et soient encore tenues pour telles dans la pénombre de l'inconscient. Toutefois les alchimistes sont si assurés de l'homoousie de leurs substances fondamentales que, non contents de désigner les deux acteurs du drame de la conjonction comme l'*unique* Mercure, ils vont jusqu'à donner la *prima materia* et le vase pour une seule et même chose. Tout comme l'*aqua permanens,* la substance spirituelle

144. L'âme est extraite de la *prima materia,* ce qui équivaut à la *mortificatio.* Puis l'âme rentre dans le corps mort pour les opérations dites *impraegnatio, informatio, impressio, imbibitio, cibatio,* etc. Il en résulte un retour à la vie, une nouvelle naissance à un état incorruptible.

145. Le meilleur exemple de la connexion qui existe entre tout et chaque chose est le rêve, qui est encore plus proche de l'inconscient que le mythe.

humide, sort du corps qu'elle doit dissoudre, de même la mère qui dissout son fils en elle n'est de son côté que l'aspect féminin du père-fils. Cette conception courante chez les alchimistes ne peut avoir d'autre fondement que la consubstantialité des sujets : ceux-ci sont de nature non seulement chimique, mais métaphysique. En outre ils n'appartiennent pas comme tels à la conscience où ils constitueraient des idées distinctes, mais à l'inconscient où, avec une obscurité qui ne fait que croître, ils se dissolvent en des contaminations toujours plus envahissantes.

63 Donc — pour en revenir à notre thème du sang — quand on dit que la mère boit du sang, cette image correspond pleinement et trait pour trait au roi buvant de l'eau [146], au bain du roi dans la fontaine du chêne, au roi risquant la noyade dans la mer, à l'acte du baptême, à la traversée de la Mer Rouge et à l'allaitement par la déesse-mère. Dans chacun de ces cas, l'eau, avec le vase qui la contient, signifie toujours la mère, c'est-à-dire le féminin. On ne saurait sans doute trouver pour ce principe de meilleure désignation que le chinois *yin*, et, pour le roi, que le terme correspondant *yang*, que l'on rencontre dans l'alchimie chinoise [147].

64 Le sang que boit la mère est celui du lion vert. Cette bête « royale » est l'un des synonymes du Mercure [148], ou plus exactement l'un des degrés de la transformation de celui-ci. Il est la forme à sang chaud de l'animal dévorant et féroce qui apparaît d'abord comme dragon. L'avènement du lion succède la plupart du temps à la mort et, le cas échéant, au démembrement de ce dernier. Puis le lion fait place à son tour à l'aigle. Les transformations décrites dans les *Noces Chymiques* de Christian Rosencreutz donnent une bonne idée des métamorphoses et des symboles du Mercure. Comme celui-ci, le lion apparaît également sous une forme double, en tant que

146. Le « Liber Quartorum » (aux environs du Xe siècle. *Theat. Chem.* 1622, p. 157) donne le sang comme *medium solutionis* et voit dans le *stercus leonis* (excrément de lion) un autre moyen de solution.

147. Cf. le traité de Wei Po-Yang dans *Isis,* p. 231 et sv. Yin et yang sont les « conducteurs de char » qui mènent de l'intérieur à l'extérieur. Le *soleil* est yang, la *lune* est yin (p. 233). L'image occidentale de l'*ouroboros* s'exprime ici : « Yin et yang se boivent et se dévorent mutuellement » (p. 244). « Yang donne et yin reçoit » (p. 245) et, sous une autre forme (p. 252) : « Le dragon exhale sa respiration dans le tigre et le tigre reçoit l'esprit du dragon. Ils tirent inspiration et bénéfice l'un de l'autre. » De même qu'en Occident le *Mercurius duplex* est désigné comme oriental et occidental, le dragon (yang) occupe, en Chine, l'Est, et le tigre (yin) l'Ouest. « Il est long et obscurément mystérieux, le chemin au bout duquel le K'ien (yang) et le K'ouen (yin) se rencontrent » (p. 260).

148. Voir le passage de Mylius cité plus haut (*Phil. Ref.* p. 303).

lion et lionne[149], ou bien on le dit constitué par le double Mercure[150]. Les deux lions sont, à l'occasion, identifiés au soufre rouge et blanc[151]. L'image correspondante représente un combat furieux entre le lion sans ailes (*sulphur rubeum* : soufre rouge) et le lion ailé (*sulphur album* : soufre blanc). Tous deux représentent la première forme du couple royal, et c'est pourquoi ils portent la couronne. De toute évidence, il règne encore entre eux à ce stade une grande inimitié, et c'est également ce que veut exprimer le lion igné : il y a là une *émotivité passionnée* qui constitue le degré préliminaire de la connaissance des contenus inconscients[152]. Naturellement le couple des lions opposés entre eux représente à son tour l'*ouroboros*[153]. Le lion désigne donc la substance mystérieuse appelée tantôt « terre »[154], tantôt « corps », voire « corps impur » (*corpus immundum*)[155]. On rencontre encore les synonymes suivants : *locus desertus* (lieu désert)[156], « poison, puisqu'elle (cette terre) tue », « arbre, puisqu'elle porte des fruits », ou « hylé (matière) cachée, puisqu'elle est le fondement de la nature entière et la substance (*subjectum*) de tous les éléments »[157]. En contradiction apparente avec ce qui précède, Maier donne une citation du *Tractatus duodecim portarum* de Ripley suivant laquelle le lion vert est « un moyen d'opérer la conjonction des teintures entre la lune et le soleil »[158]. Toutefois il est psychologiquement exact que l'émotion unit autant qu'elle sépare. Basile Valentin entend de la même manière le lion au sens de substance secrète ; c'est pourquoi il le

149. Figure dans les Symboles de Lambsprinck (*Mus. Herm.* p. 349).

150. En effet le « lion volant » est identifié au Mercure et celui-ci se compose du dragon ailé et du dragon sans ailes. Nicolas Flamel : « Summarium Philosophicum ». *Mus. Herm.* p. 173.

151. Mylius, *Phil. Ref.* p. 190.

152. Les explosions émotionnelles se produisent la plupart du temps dans les cas d'adaptation insuffisante due à l'inconscience.

153. M. Maier donne à ce sujet la citation suivante de Lulle : « *Alii appellaverunt hanc terram Leonem viridem fortem im praelio ; Alii draconem devorantem, congelantem vel mortificantem caudam suam.* » (Les uns ont appelé cette terre lion vert vaillant au combat ; d'autres, dragon dévorant, congelant ou mortifiant sa queue.) (*Symbola Aur. Mens.* P. 427.)

154. Voir la remarque précédente.

155. « *Sed nullum corpus immundum ingreditur, excepto uno, quod vulgariter vocatur a philosophis Leo viridis.* » (Mais il n'entre aucun corps impur, excepté un que les philosophes appellent lion vert.) (M. Maier : l.c. p. 464 et Ripley : Opp. p. 39.)

156. M. Maier ajoute (l.c. p. 427) : « *quia depopulata est (terra) a suis spiritibus* » (parce que la terre a été dépouillée de ses esprits).

157. M. Maier : l.c.

158. « *Medium conjungendi tincturas inter solem et lunam* ». M. Maier : l.c. p. 464 et Ripley : Opp. p. 39.

désigne comme la trinité comprenant le mercure, le soufre et le sel, et par suite, comme l'équivalent du dragon, de l'aigle, du roi, de l'esprit et du corps[159]. La *Gloria Mundi* nomme « lion vert» la pierre minérale qui « dévore » une grande quantité « de son propre esprit »[160], ce par quoi il faut entendre l'opération par laquelle la substance s'imprègne elle-même de sa propre âme (*imbibitio, cibatio, nutritio, penetratio,* etc.)[161].

65 La fin du Moyen Age connaît aussi, auprès du lion vert, un *lion rouge*[162]. Tous deux sont le Mercure[163]. L'utilisation magique de l'image du lion (comme de celle du serpent), rapportée par Artefius, projette une clarté toute spéciale sur notre symbole : il est « bon » pour la guerre[164]. Cela nous ramène aux lions luttant entre eux et nous rappelle aussi que, dans l'*Allegoria Merlini,* le roi s'était mis à boire l'eau qu'il aimait au moment où il voulait partir pour la guerre. Cet aspect du lion nous autorise à penser sans grande crainte d'erreur que cette bête royale, qui désigne déjà dans la pensée hellénistique une phase des métamorphoses d'Hélios[165], représente le *vieux roi,* et même dans la *Cantilena* l'*Antiquus dierum,* à un certain stade de la transformation. C'est peut-être de là que lui vient le nom singulier de *leo antiquus*[166]. Il représente également le roi sous une forme thériomorphe, c'est-à-dire sous une forme dans laquelle il se fait reconnaître au moment où il sort de son état d'inconscience. La forme animale exprime le fait que le roi est en quelque sorte vaincu ou recouvert par l'animal et que par suite les manifestations

159. *Chymische Schrifften,* 1700, p. 248.

160. « *Qui sui ipsius spiritus tam multa devorat.* » *Mus. Herm.* p. 219.

161. On trouve d'autres preuves de l'emploi du lion pour désigner la substance secrète dans le *Consilium Conjugii,* 1566, p. 64, où le lion signifie l'*aes Hermetis* (airain d'Hermès). Le lion a pour autre synonyme « *vitrum* » (le verre) qui était également un symbole de l'âme à cause de sa transparence. (Cf. Caesar von Heisterbach : *Dial. Miracul.* I, 32, et IV, 34.) Ainsi chez Morien qui nomme le lion parmi les trois substances à conserver secrètes. (« De Transm. Metall. » in *art. Aurif.* II, p. 51 et sv.) Le « Rosarium Philosophorum » (*Art. Aurif.* II, p. 229) dit : « *In Leone nostro viridi vera materia... et vocatur Adrop, Azoth aut Duenech viride.* » (La vraie matière est dans notre lion vert... et elle est appelée Adrop, Azoth ou Duenech vert.)

162. Le lion rouge est vraisemblablement un correspondant tardif du *sulphur rubeum* (depuis Paracelse, semble-t-il). Mylius place les deux lions en parallèle avec le *sulphur rubeum et album* (soufre rouge et blanc). (*Philos. Ref.* p. 209 et *Schema* 23, p. 190.)

163. Khunrath, *Hyl. Chaos,* 1597, p. 325.

164. « *Clavis Majoris Sapientiae* ». Le traité d'Artefius est vraisemblablement harranien. *Theat. Chem.* 1613, IV, p. 238.

165. Papyrus magique de Paris, ligne 1645. Preisendanz, *Papyri Graecae Magicae,* I, 126. Le lion est l'emblème de la VI$^{e}$ heure.

166. Laurentius Ventura in *Theat. Chem.* 1602, II, p.289.

de sa vie consistent entièrement en de simples réactions animales, qui ne sont rien d'autre que des émotions. L'émotivité au sens d'affects non contrôlés est essentiellement le lot de l'animal, et c'est pourquoi un homme de cette sorte ou se trouvant dans cet état ne sera convenablement traité que suivant les lois de la jungle [167], c'est-à-dire à l'aide des méthodes des dresseurs et des dompteurs.

66 Selon les déclarations des alchimistes, le vieux roi se transforme en l'animal qui lui est attribué, c'est-à-dire qu'il revient à la source psychique de renouvellement : la nature animale. Wieland a utilisé cette donnée psychologique dans son conte *La Pierre philosophale* [168] où Marc, son roi débauché, se trouve changé en âne. Il y a toutefois ici une référence consciente à la transformation de Lucius dans l'âne d'or des *Métamorphoses* d'Apulée [169].

67 Hoghelande place le lion dans la même catégorie que le chien [170]. Le lion possède quelque chose de la nature du chien enragé (*canis rabidus*) que nous avons rencontré plus haut, et il se trouve ainsi placé dans le voisinage du soufre dans lequel nous avons reconnu la puissance du soleil. D'une manière analogue le lion est la *potentia* [171] du roi soleil.

68 La puissance agressive du lion offre l'aspect du mal, comme le soufre. Chez Honoré d'Autun le lion est une allégorie de l'antéchrist et du démon [172] qui s'appuie sur la 1re épître de Pierre (V, 8) : « *diabolus tamquam leo rugiens* » (le démon comme un lion rugissant). Mais comme le lion et la lionne sont également un stade préliminaire de la conjonction (incestueuse), ils appartiennent à la catégorie de ces couples thériomorphes qui tantôt luttent entre eux et tantôt cohabitent, tels que le coq et la poule (*gallus et gallina*), les deux serpents (le caducée), les deux dragons, etc. Le lion a, entre autres, un aspect érotique indiscutable. L'*Introitus Apertus* dit : « Apprends ce que sont les colombes de Diane qui triomphent du

167. Le contact avec la nature sauvage, que ce soit homme, bête ou forêt vierge, requiert du tact, de la prévoyance et de la politesse. Le rhinocéros et le buffle n'aiment pas être surpris.

168. Martin Wieland, *Dschinistan oder auserlesene Feen- und Geistermärchen*, 1786-1789.

169. Chez Apulée l'âne recouvre la forme humaine en mangeant des roses ; dans le cas présent, c'est en mangeant des lis. Dans le papyrus magique de Paris l'âne est l'emblème du soleil pour la Ve heure.

170. Il est en outre rangé avec le griffon, le chameau, le cheval et le veau. *Theat. Chem.* 1602, I, p. 163.

171. Dorn, *Theat. Chem.* 1602, I, p. 301.

172. *P.L.* CLXXII, col. 916. « *Draco etiam et leo diabolus appellatur.* » (Le diable est aussi appelé dragon et lion.)

lion par leurs caresses (*mulcendo*)[173], je veux parler du lion vert qui est en réalité le dragon babylonien qui tue toutes choses par son venin. Apprends enfin ce qu'est le caducée de Mercure avec lequel il opère des prodiges, et ce que sont ces nymphes qu'il atteint par ses enchantements (*incantando inficit*), si tu veux entrer en possession de l'objet de ton désir (c'est-à-dire l'accomplissement de l'œuvre)[174]. » La mention du dragon « babylonien » n'est pas ici purement fortuite, car Babylone a, dans le langage de l'Église, une signification des plus équivoques[175]. Nicolas Flamel fait également allusion à Babylone dans un passage où il parle de la puanteur et de l'haleine empoisonnée du Mercure enflammé[176]. Celles-ci ne sont autres, d'après lui, que « la tête de dragon qui vient avec une grande vitesse de Babylone qui est entourée de deux ou trois bornes milliaires[177] ».

69 Dans la « chasse au lion » de Marchos[178] on voit apparaître, comme nous l'avons dit, le lion à la place du roi. Marchos ayant préparé une trappe pour le lion, celui-ci, séduit par le parfum d'une *pierre* qui joue manifestement le rôle de l'œil fascinateur[179], tombe dans cette trappe et y est avalé par la pierre magique (*quem transglutit lapis*). « *Et hic lapis, quem diligit Leo, est foemina*[180]. » La fosse est recouverte d'un toit de verre (*tectum vitreum*). L'espace clos ainsi délimité, que Senior appelle *cucurbita,* est ici dénommé *thalamus* (chambre nuptiale). Le lion tombe donc en tant que *sponsus* dans la chambre nuptiale où, sur un lit de charbons, repose la pierre magique qui est « bonne pour les yeux » et qui est une femme. Cette pierre — cette femme — avale le lion « *ita quod non potero videre aliquid de eo* » (si bien que je ne pourrai rien voir de lui). Il y a ici un parallélisme avec la *Vision d'Arislée* (2^e^ version) où Beya fait disparaître Gabricus dans son corps.

173. Abraham le Juif mentionne que les colombes de Diane réveillent le lion endormi. (Abraham Eleazari *Uraltes Chymisches Werck,* 1760, p. 86.)

174. *Mus. Herm.* p. 654. « *Si voto tuo cupis potiri* » pourrait signifier quelque chose de plus, car *votum* est aussi le « vœu » au sens religieux du terme. Voir plus loin.

175. Apoc. XVII, 5 : « *Mysterium : Babylon magna, mater fornicationum et abominationum terrae* ». (Mystère : Babylone la grande, mère des fornications et des abominations de la terre.)

176. « Summa Philosophica. » *Mus. Herm.* p. 173.

177. Sans doute à deux ou trois milles de la cité.

178. Il est mentionné chez les auteurs arabes sous le nom de Marqqûs, roi d'Egypte. Cf. Ruska, *Tabula Smaragdina,* p. 57.

179. « *...lapidem, quem qui cognoscit, ponit illum super oculos suos.* » (... la pierre que celui qui la connaît place sur ses yeux.)

180. « Et cette pierre que le lion aime est une femme. »

70 Dans la « chasse au lion » l'inceste est également voilé encore que transparent. L'intrigue amoureuse est transférée au lion, c'est-à-dire à la nature animale ou la *προσφυὴς ψυχή* du roi : elle joue pour ainsi dire dans l'inconscient ou dans les rêves du roi. Le lion, en raison de son ambivalence, se prête fort bien au rôle de cet amoureux peu respectable. Comme le roi est représenté par son animal, sa mère l'est par la pierre magique, et tout se passe dès lors comme si l'inceste avait lieu, non dans l'univers personnel du roi et de sa mère, mais au-dehors dans une sphère entièrement différente. Il ne fait pas de doute que non seulement ce mariage semble être décidé comme procédé opératoire, mais qu'il en est bien ainsi en réalité. *L'inceste interdit est érigé en devoir,* mais toutefois, comme le montre une profusion d'allégories, ce n'est jamais directement, mais toujours sous une forme symbolique quelconque. On en retire l'impression que cet acte « sacré » dont la nature incestueuse n'échappait nullement à la conscience de l'alchimiste était moins rejeté par eux dans la cucurbite ou la maison de verre qu'il ne s'y trouvait situé déjà auparavant. C'est pourquoi celui qui voulait accomplir cet acte pour son propre compte devait sortir de lui-même et passer dans la maison de verre comme dans un au-delà de lui-même, en un endroit où la ronde cucurbite de verre représente l'espace microcosmique de la psyché. Un peu de raison devrait nous apprendre que, pour parvenir à ce but, on n'a pas à passer « hors de soi », mais seulement atteindre une certaine profondeur de soi-même. On se rendra ainsi capable de faire l'expérience de l'inceste et de bien d'autres choses encore, car en chacun sommeille le primitif « bestial » qui peut être éveillé par les colombes de Diane. C'est sur cette observation que se fondent la remarque si répandue et le soupçon non moins répandu que, de l'âme, il ne peut rien sortir de bon. La hiérogamie est incontestablement une projection de contenus inconscients. Ces contenus — telle est la conclusion habituelle — appartiennent donc à l'âme et sont, comme l'âme dans son ensemble, « intérieurs » à l'homme : C.Q.F.D. Il faudrait en réalité opposer à un pareil raisonnement que seul un très petit nombre d'hommes est conscient — ou l'a été une fois ou l'autre — d'avoir des imaginations incestueuses tant soit peu dignes d'être notées. Si de telles imaginations existent, elles ne sont *pas encore* conscientes, au même titre que l'inconscient collectif. Une analyse des rêves et d'autres productions de l'inconscient est nécessaire pour rendre de telles imaginations visibles. Des obstacles considérables se dressent souvent sur cette route, comme si l'on débouchait dans un domaine étranger, dans

une région de l'âme dont on ne sent plus l'affinité, et encore moins l'identité avec soi-même. Celui qui s'y est laissé emporter dans un élan téméraire ou par méprise se sent à l'extérieur de lui-même, devenu étranger à lui-même. Je crois que l'on devrait tenir compte de cet état de choses et ne pas attribuer à notre âme, comme faisant partie d'elle, tout ce qui apparaît comme contenu psychique : il ne nous vient pas à l'idée de raisonner de la sorte à propos de l'oiseau qui vole dans notre champ visuel. Limiter strictement la réalité psychique à « quelque chose à l'intérieur du corps » semble être un jugement hâtif. Dans la mesure où la psyché a un aspect qui échappe à l'espace, il peut y avoir un élément psychique « en dehors du corps », c'est-à-dire une région si distincte de *mon* espace psychique que l'on puisse passer hors de soi-même, ou s'efforcer d'y parvenir, à l'aide d'une technique quelconque. Si une telle conception offre quelque justesse, la consommation des noces royales dans l'alambic pourrait être entendue comme un phénomène de synthèse dans un élément psychique « en dehors du moi ». (Voir à ce sujet mon étude sur la *synchronicité*.)

71 Le fait que ce domaine puisse être atteint par quelque moyen ne suffit pas, nous l'avons dit, à prouver qu'il est ma propriété. Le moi est l'ici-et-maintenant, l'en dehors du moi est un « là » étranger, un « plus tôt et plus tard », un « avant et après »[181]. Il n'y a donc rien d'étonnant à ce que l'âme primitive ressente l'en-dehors du moi psychique comme un autre pays habité par les esprits des disparus. A un degré plus élevé, ce domaine acquiert le caractère d'une semi-réalité pleine d'ombres, et, au niveau de la civilisation antique, les ombres de l'au-delà deviennent des idées. Dans le domaine chrétien-gnostique on voit émaner de là un système ordonné, hiérarchisé, cosmogonique et chiliastique dans lequel la science moderne voit des expressions en quelque sorte involontaires, symboliques, de l'âme, concernant la structure du non-moi psychique[182].

181. Cela veut dire, si l'on y réfléchit, que le temps est psychiquement relatif, ainsi que le démontrent les expériences d'ESP (*Extra-sensorial perception*). (Cf. les travaux de J.B. Rhine.)

182. Je me rends compte du caractère problématique de cette assertion. Mais ceux qui connaissent ces matériaux m'accorderont que ce n'est pas un petit travail que de traduire en langage conceptuel une distinction aussi subtile qu'importante dans la pratique. Dans l'expérience la différence saute aux yeux, étant donné que les productions du non-moi ont bien des fois un caractère spécifique de « révélation » en face des contenus personnels et sont en conséquence éprouvées comme étant inspirées par une présence étrangère ou comme la perception d'un objet indépendant du moi. Des expé-

72 D'une part, dans la mesure où il n'a pas entièrement dépouillé le caractère de pays des esprits et de l'au-delà, ce domaine apparaît comme aussi vaste et aussi grand que le monde ; d'autre part, dans la mesure où il est expérimenté comme ayant une existence psychique et « intérieure », il apparaît comme un microcosme de la plus petite dimension, à la manière de la famille de nains dans la cassette que Goethe décrit dans *La Nouvelle Mélusine,* ou de cet étroit espace de la curiosité dans lequel l'alchimiste voit la création du monde, le mariage du couple royal et l'*homunculus*[183]. De même que l'*ἀνθρωπάριον* (homme miniature), l'*homunculus,* en tant que *lapis,* correspond à l'Ἄνθρωπος dans la philosophie alchimique, les « noces chymiques » (*nuptiae chymicae*) ont leur parallèle dogmatique dans les noces de l'Agneau, dans l'union de l'Époux et de l'Épouse (*sponsus et sponsa*) et, chez les dieux, dans la hiérogamie de la mère divine avec le fils. Cette digression apparente me semble justifiée dans la mesure où elle doit faciliter la compréhension de la nature aussi embrouillée que délicate du symbolisme du lion dont il sera encore question par la suite.

73 Le sang du lion vert est apporté dans une coupe de Babylone. Cette coupe se réfère au passage de l'Apocalypse (XVII, I et sv.) où il est question de « la grande prostituée assise sur les grandes eaux, avec laquelle les rois de la terre se sont livrés à l'impudicité, et... se sont enivrés du vin de son impudicité... Elle tient à la main une coupe d'or, pleine d'abominations et des souillures de son impudicité... Et je vis la femme ivre du sang des saints et du sang des témoins de Jésus[184] ».

riences archétypiques opèrent donc souvent un effet numineux, et sont pour cette raison de la plus grande importance dans la perspective thérapeutique.

183. Puisque cette discussion a eu pour point de départ l'idée du lion, je voudrais appeler l'attention du lecteur sur le roman de Bruno Goetz : *Das Reich ohne Raum* (Le Royaume sans espace) (1919). Goetz décrit de la façon la plus saisissante l'atmosphère fiévreuse qui aboutit à ce que le maître-sorcier fasse apparaître un couple d'amoureux en miniature dans le flacon. Cette fièvre érotique semble être en relation avec le lion ; un passage de la conversation dans la « Chasse au lion » dit en effet : « *Dixit enim ei mater sua : O Marchos, oportetne hunc ignem esse leviorem calore febris ? Dixit ei Marchos : O mater, fiat in statu febris. Revertor et accendo hunc ignem* etc. » (Sa mère lui dit en effet : O Marchos, ce feu doit-il être plus léger que celui de la fièvre ? Marchos lui dit : O mère, il doit se faire dans l'état de fièvre. Je reviens et j'allume ce feu, etc.) Il s'agit du feu allumé dans la fosse qui sert de lit nuptial au lion. (Cf. *De Chemia Senioris,* p. 63.)

184. (*Meretrix magna*) « *quae sedet super aquas multas, cum qua fornicati sunt reges terrae et inebriati sunt... de vino prostitutionis ejus... habens poculum aureum in manu sua, plenum abominatione et immunditia fornicationis ejus. Et vidi mulierem ebriam de sanguine sanctorum et de sanguine martyrum Jesu.* »

74 La *meretrix* (prostituée, courtisane) est une figure connue de l'alchimie. C'est une représentation de la substance secrète dans sa forme initiale, « chaotique » et maternelle. L'*Introitus apertus* dit du chaos qu'il se comporte à l'égard des métaux comme une mère (*ut mater*). Il est également appelé « *luna nostra* » avant que le « diadème royal » (*diadema regale*) [185] ait été extrait du « menstrue de notre prostituée » (*ex meretricis nostrae menstruo*), c'est-à-dire avant que le roi ait été enfanté à nouveau par la mère-lune. Il est dit de la substance secrète (*lapidis materia :* la matière de la pierre) dans le *Tractatus aureus de lapide :* « Vénus, cette noble [186] *meretrix* est revêtue et enveloppée d'une riche couleur. » Cette couleur tire sur le rouge (*ad ruborem vergit*) [187]. La noblesse de Vénus repose sur le fait qu'elle est également la *casta sponsa* (la chaste épouse) du roi [188]. Dans sa *Practica de lapide* Basile Valentin dit, en présentant le pélican comme allégorie de l'imbibition, que cet oiseau abreuve ses petits de son propre sang. « C'est la rose de nos maîtres [189], de couleur tyrienne (pourpre), et le rouge sang du dragon que beaucoup ont décrit, et aussi le manteau pourpre [190]... dont la *reine* est recouverte [191]. » Une autre version dit : « Cette précieuse substance est la Vénus des Anciens, l'hermaphrodite doté des deux sexes [192]. » Michel Maier écrit : « Dans la chimie il y a Vénus et Cupidon. En effet la psyché est le féminin, et Cupidon le masculin qui est regardé comme le dragon [193]. » L'*opus ad rubeum* (œuvre au rouge) a lieu

185. *Mus. Herm.* p. 653 et sv.

186. Chez Abu'l-Qasim Al-Jraqi (Holmyard, *Isis,* VIII, 419) Vénus porte les épithètes suivantes : « la noble, l'impure, le lion vert, le père des couleurs, le paon des Pléiades (!), le phénix » etc.

187. *Mus. Herm.* p. 30. Citation tirée de Basile Valentin.

188. L'opposition entre *meretrix* et *sponsa* est d'origine très ancienne : Ishtar, la *sponsa* du Cantique des Cantiques est, d'une part, la prostituée des dieux, « la hiérodule du ciel », Belti, la noire, et d'autre part, mère et vierge. (Wittekindt, *Das Hohe Lied,* pp. 11, 12, 17, 24.) Sans se laisser troubler par l'identité de la substance secrète et de Vénus qu'il a lui-même affirmée, Khunrath (*Hyl. Chaos,* p. 62) appelle encore la mère de la pierre « vierge et génération chaste » (*virgo et generatio casta*) ou bien il parle du « sein virginal du chaos » (p. 75). Il est beaucoup moins incité à le faire par la tradition chrétienne que par l'insistance de l'archétype qui a ouvert la voie à des affirmations identiques à propos d'Ishtar. Dans l'archétype de l'âme on rencontre toujours unies la mère, la fille, la sœur, la fiancée, l'épouse et la prostituée.

189. Sur la rose, voir plus loin.

190. Les riches couleurs de Vénus sont encore célébrées par Basile Valentin (*Chymische Schrifften,* 1700, p. 167) dans le traité sur les sept planètes. Cf. plus haut T.I, p. 160, note 123.

191. *Mus. Herm.* p. 399.

192. Manget, *Bibl. Chem.* II, p. 652.

193. *Symb. Aureae Mensae,* p. 178.

dans la seconde maison de Vénus (*Libra* = la Balance)[194]. La *Turba* observe parallèlement que Vénus « précède le Soleil »[195]. Nicolas Flamel voit dans Vénus une partie importante de la substance mystérieuse. Dans une apostrophe à la « magnésie » il dit : « Tu portes en toi l'image multiple de Vénus, l'échanson et le serviteur qui lance du feu[196]. » Cette dernière épithète vise l'aspect sulfureux du Mercure. Celui-ci joue également le rôle d'échanson dans la *Cantilena*. Chez Flamel le *lapis* correspond à une conjonction de la *Vénus pugnax* (Vénus belliqueuse)[197] et de Mercure, ce qui se rapporte manifestement à la lutte qui précède la conjonction (les lions luttant entre eux). Dans un poème sur la matière première de la pierre (*Prima materia lapidis*) de Basile Valentin, Vénus est identifiée à la source, mère et épouse du roi :

C'est une pierre et pourtant ce n'est pas une pierre,
La nature seule opère en elle.
Il s'écoule d'elle un petit ruisseau clair,
Elle noie son père fixe
Le dévore avec son corps et sa vie
Jusqu'à ce que l'âme lui soit rendue
Et que sa mère volatile
Lui soit devenue semblable dans son royaume.

. . . . . . . . . . . . . . . . . . . . . . . . . . . . . . . . . . . . . . . . . . . . . . . . . . . . . . . . . . . . . . .

Adam est assis dans un bain
Et Vénus y a son semblable
Qu'a préparé le vieux dragon
Parce qu'il a perdu sa force et sa puissance[198].

75 Dans d'autres textes encore Vénus représente la reine au moment des noces. Ainsi dans l'*Introitus apertus* où il est dit : « Veille pour cela à préparer avec soin la couche de Vénus ; dépose-la ensuite dans le lit nuptial, etc.[199] », Vénus apparaît en général comme

194. *Arcanum Hermeticum Phil. Opus*, Genevae, 1553, p. 82.

195. « *Venus autem, cum sit orientalis, Solem praecedit.* » (Vénus, parce qu'elle est orientale, précède le soleil.) *Sermo* 67, éd. J. Ruska, p. 166.

196. « Annotata quaedam ex Nicolao Flamella ». *Theat. Chem.* 1602, I, p. 883. La magnésie porte aussi le nom d'*aphroselinum orientis* (l.c. p. 885).

197. L'épithète classique est « *armata* ». Selon Pernety (*Dict. Mytho-Hermétique*, s.v. Vénus), Vénus est liée à Mars par un feu qui est de la même nature que le soleil. Cf. à ce sujet la Vénus tueuse de bêtes armée d'une épée dans F. Lajard, *Recherches sur le culte de Vénus*, Paris, 1849, Planche IX et sv.

198. Basile Valentin, *Chymische Schrifften*, 1700, p. 73 et sv.

199. Le texte continue : « *Igneque debito videbis Emblema Operis magni, nempe nigrum, caudam pavonis, album, citrinum, rubeumque.* » (Grâce au feu requis, tu verras l'emblème du grand œuvre, à savoir, le noir, la queue de paon, le blanc, le jaune et le rouge.) *Mus. Herm.* p. 683.

l'aspect féminin du roi ou, en langage moderne, comme son *anima*. Basile Valentin dit au sujet d'Adam et de Vénus au bain :

Ce n'est rien, dit le Philosophe,
D'autre qu'un double Mercure.

Le roi au bain et le mariage (*connubium*) avec Vénus[200] ou avec la mère sont une seule et même chose : « *vir a foemina circumdatus* » (l'homme entouré par la femme), où c'est tantôt lui et tantôt elle qui possède la nature d'hermaphrodite[201], puisqu'ils ne représentent en définitive rien d'autre que le *Mercurius duplex*. Vénus, ou plus exactement la *meretrix*, correspond à l'aspect érotique du lion qui, de son côté, est l'attribut et la caractéristique du roi. Tout comme dans l'Apocalypse le dragon à sept têtes est la monture de la prostituée, de même le lion est celle du double Mercure chez Basile Valentin[202]. Khunrath fait de Vénus le synonyme du lion vert (*leo viridis*)[203]. Puisque le soufre se comporte à l'égard du soleil comme le lion en face du roi, on saisira ce que veut dire Khunrath lorsqu'il voit dans Vénus l'*anima vegetativa* résidant dans le soufre[204]. Cette substance très subtile (*subtilissima*) doit, après avoir été mélangée au soleil, être conservée dans une bouteille dont le bouchon porte le signe de la croix[205] à la manière d'un esprit mauvais que la croix doit exorciser[206]. La relation de la pierre à Vénus apparaît de bonne heure dans les textes grecs où il est question de la « pierre cythéréenne » (τῆς κυθερείης λίθος) et de la « perle de Cythère » (μαργαρίτης τῆς Κυθήρης)[207]. Le livre arabe de Cratès[208] attribue à Vénus le pouvoir de teindre : elle est nommée pour cette raison « écrivain ». Comme elle tient le vase d'où s'écoule le mercure per-

200. Décrite d'une façon obscène par Benedictus Figulus : *Ros. Nov. Olymp.* Basileae, 1608, I, p. 73.
201. La Vénus androgyne est un type très ancien. Voir Félix Lajard : « Mémoire sur une représentation figurée de la Vénus orientale androgyne. » *Nouvelles Annales de l'Institut Archéologique*, I, p. 161 et sv. et dans ses *Recherches sur le culte de Vénus*, 1849, pl. I, n° 1.
202. *Chymische Schrifften*, 1700, p. 62.
203. *Hyl. Chaos*, p. 91.
204. *Hyl. Chaos*, P. 233. Autres synonymes : *Sal Veneris, Vitriolum Veneris, Sal Saturni, leo rubeus et viridis, sulphur vitrioli.* (Sel de Vénus, vitriol de Vénus, Sel de Saturne, lion rouge et vert, soufre de vitriol.) Tous ces noms désignent la *scintilla animae mundi* (étincelle de l'âme du monde), donc le principe actif qui se manifeste en de puissants instincts de différentes sortes. (Voir Khunrath : *Hyl. Chaos*, p. 264.)
205. Mylius, *Philosophia Reformata*, p. 17.
206. Voir le conte de Grimm : « L'esprit dans la bouteille » in « L'Esprit Mercure ». C.G. Jung, *Symbolik des Geistes.*
207. Berthelot, *Alchimistes Grecs*, V, VIII, 18 et 19.
208. Berthelot, *La Chimie au Moyen Age*, III, p. 61 et sv.

manent, l'appellation d'écrivain pourrait se rapporter aussi, avec plus de vraisemblance, à Thot-Mercure. Dans la vision, Vénus apparaît entourée de quatre Indiens qui visent Cratès avec leur arc. Cette image se retrouve dans l'alchimie latine, dans la vision qu'a Senior d'Hermès Trismégiste, sous l'aspect de neuf aigles qui le visent pareillement. Mercure est le *sagittarius* qui, chimiquement, en tant que corps dissout l'or, et moralement, pénètre l'âme du trait de la passion (*telum passionis*). En tant que Cyllénien, il est identique à Cupidon qui manie également les flèches dans les *Noces chymiques* de Christian Rosencreutz[209].

76 La nature corruptible de Vénus est soulignée par *Rosinus ad Sarratantam :* le dessein de la nature, qui est de faire de l'or et de l'argent, est contrarié par Vénus, *argentum vivum* corrompu qui rend en outre l'enfant lépreux[210]. Pour terminer je voudrais mentionner encore la fille du roi dans la pièce de théâtre représentée dans les *Noces chymiques :* promise au rang de *sponsa,* elle est faite prisonnière par le *roi des Maures* à cause de sa coquetterie. Elle consent à devenir la concubine de celui-ci, se comportant ainsi en authentique *meretrix.* La visite de Rosencreutz chez Vénus endormie montre que cette déesse équivoque est toujours d'une manière quelconque secrètement liée à l'œuvre[211].

209. L'Esprit Mercure, l.c.

210. « *Et nota quod natura in principio suae originis intendit facere Solem vel Lunam, sed non potest propter Venerem corruptum argentum vivum, commistum, vel propter terram foetidam, quare sicut puer in ventre matris suae ex corruptione matricis contrahit infirmitatem et corruptionem causa loci per accidens, quamvis sperma fuerit mundum, tamen puer sit leprosus et immundus causa matricis corruptae, et sic est de omnibus metallis imperfectis, quae corrumpuntur ex Venere et terra foetida.* » (Et observe que la nature au commencement de son origine projette de faire le Soleil ou la Lune, mais ne le peut pas, à cause de Vénus, argent-vif corrompu qui s'y trouve mêlé, ou de la terre fétide ; c'est pourquoi, tout comme l'enfant dans le sein de sa mère contracte une infirmité provenant de la corruption de la matrice, à cause du lieu, *per accidens,* et que, bien que le sperme ait été pur, l'enfant est cependant lépreux et impur à cause de la matrice corrompue, il en est de même de tous les métaux, qui sont corrompus à cause de Vénus et de la terre fétide.) *Art. Aurif.* I, p. 318.

211. C'est également à cela que paraît faire allusion un passage mystérieux de Dorn (*Theat. Chem.* 1602, I, 610) : « *Leonem tuum in oriente quaeras et aquilam in meridiem in assumptum hoc opus nostrum... tum iter ad meridiem dirigas oportet ; sic in Cypro votum consequeris, de quo latius minime loquendum.* » (Cherche ton lion à l'orient et ton aigle au midi dans cette œuvre que nous avons entreprise... puis il convient que tu te diriges vers le midi ; ainsi tu obtiendras à Chypre ce que tu désires, chose dont il est tout à fait inopportun d'en dire davantage.) Chypre est indiscutablement reliée à Vénus dans l'esprit des alchimistes. Dans ce contexte je dois également renvoyer au Commentaire du *De Vita Longa* de Paracelse par Dorn dont j'ai parlé dans mes *Paracelsica.* Il concerne les « *characteres Veneris* » (les caractères de Vénus) indiqués par Paracelse, que Dorn interprète comme *amoris scutum et lorica* (le bouclier et la cuirasse de l'amour). Cf. *Paracelsica,* p. 174 et sv.

77 C'est manifestement à cause de son étroit rapport avec Vénus que le lion vert a, d'une façon surprenante, *un sang rose*, ainsi que le mentionnent Dorn[212] et son contemporain Khunrath[213]. Ce dernier attribue également le « sang couleur de rose » au *filius macrocosmi*[214]. Toutefois cette propriété du sang du lion ne place pas seulement ce dernier en relation avec le *filius*, cet analogue bien connu du Christ, mais aussi et avant tout avec la *rose* dont le symbolisme a donné naissance au titre charmant de *Rosarium philosophorum* (litt. : roseraie des philosophes) et en outre au nom de Rosencreutz (croix de roses). La rose blanche et la rose rouge[215] sont synonymes d'*albedo* (blancheur)[216] et de *rubedo* (rougeur). La teinture (*tinctura*) est de couleur rose et correspond au sang du Christ, ce dernier étant « comparé et uni » (*comparatur et unitur*) à la pierre. Le Christ est « la pierre céleste fondamentale et angulaire » (*lapis coelestis, fundamentalis et angularis*[217]). La roseraie est un « jardin fermé » (*hortus conclusus*) et, comme la rose, une épithète de la Vierge. Celle-ci est mise en parallèle avec la *prima materia* qui est « enfermée à clé »[218].

78 La déesse de l'amour est dès l'antiquité en relation avec la couleur rouge[219] et l'écarlate est la couleur de la grande Babylone et de sa bête[220]. Le rouge est la couleur des péchés[221]. De plus, la rose est la

212. Dorn (*Theat. Chem.* 1602, p. 609) : « *Proinde vobis dico (Paracelsus inquit)...* » (C'est pourquoi je vous dis [c'est Paracelse qui parle]...) L'idée du sang couleur de rose semble donc remonter à Paracelse.

213. *Hyl. Chaos*, p. 93 et 196.

214. On lit l.c. p. 276 : « (Le) sang rose et l'eau éthérée qui a coulé... des flancs du fils naturel du macrocosme ouvert avec une puissance pleine d'art. »

215. On lit dans Benedictus Figulus, *Ros. Nov. Olym.* 1608, p. 15 : « Je ne veux pas omettre de t'avertir de ne pas révéler à quiconque, si cher soit-il, les trésors de nos secrets, de peur que les chèvres malodorantes ne broutent les roses blanches et rouges de notre roseraie. »

216. « *Completur rosa alba tempore aestivali in Oriente.* » (La rose blanche se parfait à la saison d'été à l'Orient.) Mylius, *Philosophia Reformata*, p. 124.

217. « Aquarium Sapientum ». *Mus. Herm.* p. 118 et sv.

218. La « Gloria Mundi » (*Mus. Herm.* p. 218) déclare : « ... *quomodo hortus aperiendus, et rosae nobiles in agro suo conspiciendae sient etc.* » (... comment on doit ouvrir le jardin et comment les nobles roses doivent être contemplées dans leur champ, etc.)

219. Cf. ῥοδίη Παφίη, Ἀφροδίτα ῥοδόχρους, κυπρογένεια ῥοδόχρους. ([déesse] rose de Paphos, Aphrodite à la chair rose, [déesse] de Chypre à la chair rose.) C.F.H. Bruchmann : *Epitheta Deorum quae apud poetas Graecos leguntur*, 1893.

220. Κόκκινος, *coccineus* : écarlate. Apoc. XVII, 3.

221. Isaïe, I, 18 : « *Si fuerint peccata vestra ut coccinum, quasi nix dealbabuntur ; et si fuerint rubra quasi vermiculus, velut lana alba erunt.* » (Si vos péchés sont comme l'écarlate, ils deviendront blancs comme la neige ; s'ils sont rouges comme la pourpre, ils deviendront blancs comme la laine. » (Trad. Crampon.)

fleur de Vénus comme de Dionysos. Dans l'alchimie, ainsi que nous l'avons vu, le rouge et le rose sont la couleur du sang, synonyme de l'*aqua permanens* et de l'*anima* extraite de la matière première et conférant au corps une nouvelle vie[222]. La *prima materia* est aussi appelée *meretrix* et se trouve placée en parallèle avec « la grande Babylone », de même que le dragon et le lion le sont avec le dragon de Babel. La pierre et le *filius regius* sont fils de cette *meretrix.* Mais dans la tradition de l'Église le fils de la prostituée est l'Antéchrist engendré par le diable, comme nous le lisons dans l'*Elucidarium* d'Honoré d'Autun[223].

79 Ainsi que nous l'avons déjà observé, certains symboles de l'Église sont très nettement à double entente. C'est le cas de la rose. Le parfum de la rose caractérise « l'odeur très suave du corps incorrompu des saints » (*incorrupti Sanctorum corporis dulcissimum odorem*), comme ce fut le cas pour sainte Elisabeth et sainte Thérèse. Mais, à côté de cela, la rose signifie également la *venustas humana* (la grâce et la beauté humaines) et, par suite, la *voluptas mundi*[224].

80 Le poème de Goethe « Les Mystères » est tout incrusté du chatoyant symbolisme de la rose :

> ... Mais il est pénétré d'un tout nouvel esprit,
> A voir l'aspect que prend à ses yeux cet emblème :
> La croix est enlacée étroitement de roses.
> Qui donc a marié des roses à la croix ?
> Leur guirlande se renfle, afin d'envelopper
> Avec douceur le bois rugueux, de toutes parts.

.......................................................................

> Il voit trois jeunes gens qui ont en main des torches
> Suivre hâtivement les détours des allées.
> Il voit fort bien l'éclat de leurs vêtements blancs
> Étroitement serrés à leur taille et seyants ;
> Il peut voir sur leur front bouclé une couronne
> Florale, à leur ceinture un entrelacs de roses ;

222. En parfait accord avec ces associations, la reine adultère du conte alchimique de Wieland est changée en chèvre rose.

223. « *Antichristus in magna Babylonia meretrice generis Dan nascetur. In matris utero diabolo replebitur et in Corozaim a maleficis nutrietur.* » (L'Antéchrist naîtra dans la grande Babylone, d'une prostituée appartenant à la race de Dan. Il sera rempli du diable dans le sein de sa mère et élevé par des magiciens à Corozaïm.) *P.L.* CLXXII, col. 1163.

224. « *Ut Rosa per medias efflorei roscida spinas, sic Veneris nunquam gaudia felle carent.* » (De même que la rose humide de rosée fleurit au milieu des épines, ainsi les joies de Vénus ne sont jamais dépourvues de fiel.) Georgius Camerarius cité par Picinellus : *Mundus Symbolicus,* p. 665 et sv.

Ils semblent revenir de danses dans la nuit,
Recréés, embellis par un effort joyeux.
Donc ils passent en hâte ; ils éteignent leurs torches.
Comme les astres, et disparaissent au loin[a].

81 La rose ne brille pas seulement de toutes les couleurs de l'amour céleste et terrestre : celles-ci apparaissent également dans la figure féminine de la mère-amante, de la *casta sponsa et meretrix* (chaste fiancée et prostituée), qui représente la *materia prima,* ce morceau « que la nature a laissé inachevé ». Il ressort clairement des matériaux présentés qu'à cette forme mythique correspond l'*anima* dans sa signification psychologique. Elle est ce morceau de chaos qui se trouve partout et pourtant est caché, ce réceptacle des contradictions et des multiples couleurs ; c'est la totalité sous la forme d'un amoncellement désordonné, mais une matière dotée de toutes les qualités, dans laquelle peut s'exprimer la plénitude de la divinité.

82 La nourriture de la reine-mère se compose donc de la chair de paon et du sang de lion, c'est-à-dire des attributs de la déesse : celle-ci se mange et se boit elle-même. Le *Consilium Coniugii* formule ce fait dans les termes suivants : « Et ainsi enfin qu'il s'écoule ensemble en un seul contenu, par l'imbibition au moyen d'un ferment unique, c'est-à-dire d'une eau unique, *car l'eau est le ferment de l'eau*[225]. » C'est toujours la même idée dont l'expression la plus frappante est l'*ouroboros.* D'une manière plus inattendue sinon plus remarquable, nous rencontrons une formulation analogue dans le domaine de l'Église : je songe au passage où saint Jean Chrysostome fait observer que le Christ a bu, le premier, son propre sang en instituant la Cène[226]. Et Tertullien dit que le Seigneur s'est vêtu de deux lettres grecques : A et Ω, la première et la dernière, montrant qu'en lui se trouvent l'écoulement du commencement à la fin et le retour de la fin au commencement[227]. Cette pensée correspond

a. Trad. Geneviève Bianquis in Goethe : *Poésies II,* Paris, Aubier-Montaigne, s.d. (1951).

225. « *Et ita tandem, in unum contentum corruat imbibendo cum uno fermento, id est una aqua, quia aqua est fermentum aquae.* » « Consilium Coniugii », *Ars Chemica,* 1566, p. 220.

226. « In Matth. Hom. LXXIII. » *P.G.* LVII-LVIII, col. 739 : Πρῶτος *αὐτὸς τοῦτο ἐποίησεν ἐνάγων αὐτοὺς ἀταράχως εἰς τὴν κοινωνίαν τῶν μυστηρίων. Δια τοῦτο τὸ ἑαυτοῦ αἷμα αὐτὸς ἔπιεν.* (Il l'a fait lui-même le premier en les introduisant inébranlablement à la communion des mystères. C'est pourquoi il a bu lui-même son propre sang.)

227. *De Monogamia, 5 : « Sic et duas Graeciae litteras, summam et ultimam, sibi induit Dominus, initii et finis concurrentium in se figuras uti quemadmodum A ad Ω usque volvitur (Apoc. I, 8) et rursus Ω ad A replicatur, ita ostenderent in se esse et*

exactement à celle que les alchimistes s'efforçaient d'exprimer au moyen de l'*ouroboros,* du ἓν τὸ πᾶν (un le tout). Ce dernier est un très ancien symbole païen et il n'existe aucun motif de supposer que l'idée de l'être qui s'engendre et se tue lui-même ait constitué un emprunt de l'Église, chez Tertullien par exemple, bien que l'analogie avec le Christ saute aux yeux, puisque, comme Dieu unique, il s'engendre et se sacrifie librement et accomplit l'immolation de lui-même par les paroles de la consécration. L'idée de l'*ouroboros* est des plus anciennes et remonte vraisemblablement, en définitive, à la théologie égyptienne, à la doctrine de l'homoousie du dieu-père avec le pharaon, dieu-fils.

83 Dans la *Cantilène* du chanoine Ripley le thème mythologique de l'*ouroboros* a été traduit, d'une façon inhabituelle et inattendue, sous la forme féminine. Ce ne sont pas le père et le fils qui s'avalent l'un l'autre, mais la mère qui s'avale elle-même en « dévorant sa queue » (*caudam suam devorat*) ou en « se fécondant elle-même » (*seipsam impraegnat*), de la même manière que plus haut, dans l'*Allegoria Merlini,* le roi boit « sa propre » eau[228]. L'état présent de la reine est une « grossesse spirituelle » : l'*anima* est activée et envoie ses contenus dans la conscience. Ces derniers correspondent à la chair du paon et au sang du lion. Lorsque les produits de l'*anima* (rêves, imaginations, visions, symptômes, événements imprévus, etc.), admis par la conscience, ont été intégrés et digérés, la psyché en tire profit à son tour pour sa croissance et son développement (la *nutritio*). La *cibatio* ou *imbibitio* de l'*anima-mater* représente pareillement l'intégration et le parachèvement de la personnalité. L'*anima* commence à devenir créatrice lorsque le vieux roi se renouvelle en elle. Psychologiquement, le roi correspond tout d'abord au *soleil* que nous avons interprété comme étant la conscience. Par-delà cette signification le roi illustre une dominante de la conscience, un principe généralement reconnu, une affirmation collective ou une manière de voir traditionnelle. On le sait, des systèmes et des « idées régnantes » de ce genre « vieillissent » et, pour

*initii decursum ad finem et finis recursum ad initium, ut omnis dispositio in eum desinens per quem coepta est.* » (Ainsi le Seigneur a aussi revêtu deux lettres grecques, la première et la dernière, figures du commencement et de la fin qui se rencontrent en lui, pour que, de même que A se développe jusqu'à Ω (Apoc. I, 8) et qu'Ω revient ensuite à A, ces lettres montrent qu'en lui sont contenus le déroulement du commencement à la fin et le retour de la fin jusqu'au commencement, comme toute disposition se terminant par celui qui en fut le principe.)

228. Ce jeu de mots n'est pas interdit, puisque l'un des synonymes d'*aqua permanens* est *urina puerorum* (urine d'enfants).

cette raison, les dieux ont besoin de cette « mutation de forme » que Spitteler a si bien décrite dans *Le Printemps de l'Olympe*. Son poème est un enfant de notre époque et il concerne de près Spitteler, comme le montre aussi son Prométhée. La transformation se présente rarement comme un phénomène collectif défini, mais la plupart du temps comme un changement intervenant chez des individus, changement qui, moyennant des conditions favorables, peut se communiquer à la société, quand « les temps sont accomplis ». Chez l'individu, cela signifie simplement que l'idée régnante éprouve le besoin de se renouveler ou de se modifier pour s'ajuster à certains changements survenus dans les conditions intérieures ou extérieures. Le fait que le roi ait joué un rôle considérable dans l'alchimie latine durant de nombreux siècles prouve que, depuis le XIII^e siècle environ, les traces du renouvellement du roi conservées depuis l'antiquité égyptienne et hellénistique ont encore gagné en importance, puisqu'elles ont acquis un sens nouveau. Dans la mesure en effet où l'esprit occidental a commencé à se préoccuper de la nature jusque-là inconnue, on a vu poindre la doctrine de la « lumière de nature » (*lumen naturae*). L'enseignement de l'Église aussi bien que la philosophie scolastique s'étaient révélés incapables de projeter une lueur quelconque sur l'essence des choses naturelles. C'est pourquoi on en vint à supposer que, d'une façon analogue à l'Esprit qui dévoilait sa nature dans la révélation divine, la nature possédait une « certaine luminosité » (*quaedam luminositas*) susceptible de devenir une source de clarté. Il est donc compréhensible que, chez certains individus dont l'intérêt se portait principalement vers l'exploration des choses naturelles, le principe régnant de la vision du monde dogmatique ait perdu en force de pénétration ce que la « lumière de nature » gagnait en puissance d'attraction, quand bien même elle n'éclipsait pas la lumière de la foi. Les alchimistes sérieux étaient, autant que nous puissions croire à la sincérité de leurs sentiments déclarés, des esprits religieux qui demeuraient bien éloignés d'une critique de la vérité révélée. Il n'y a dans la littérature alchimique, aussi loin qu'ont pu porter mes recherches, aucune attaque contre le dogme. La seule chose qui y ressemble est une certaine dépréciation de la philosophie d'Aristote au profit d'une vision des choses néo-platonicienne et hermétique[229]. Non seulement les vieux maîtres

229. Dorn, « Spec. Phil. » (*Theat. Chem.* 1602, I, p. 272) : « *Quicunque Chemicam artem addiscere vult, philosophiam, non Aristotelicam, sed eam quae veritatem docet, addiscat... nam eius doctrina tota consistit in amphibologia, quae mendaciorum optimum est pallium. Cum ipse Platonem et reliquos reprehendisset, quaerendae famae gratia, nullum potuit commodius instrumentum reperisse, quam idem, quo in*

n'adoptaient pas une attitude critique vis-à-vis de l'Église, mais ils étaient au contraire convaincus que, grâce à leurs découvertes, les unes réelles, les autres imaginaires, ils enrichissaient la doctrine de la correspondance entre les choses célestes et les choses terrestres, en s'efforçant de démontrer que les *mysteria fidei* avaient leur image dans les choses de la nature[230]. Ils ne soupçonnaient pas à quel point leur passion pour l'exploration de la nature les éloignait de la concentration sur la vérité révélée et que leur intérêt ne pouvait s'éveiller que dans la mesure où la fascination exercée par le dogme commençait à décroître. Comme c'est ordinairement le cas dans le rêve, leur inconscient donna naissance à l'image compensatrice du roi qui se renouvelle.

84 Ces considérations permettent de mieux comprendre pourquoi la *Cantilena* a pour auteur un clerc. Ripley traite d'une impressionnante descente aux enfers lorsqu'il fait présenter le breuvage par Mercure dans la coupe babylonienne, au moyen du trait de la passion (*telo passionis*), ce qui constitue une allusion à Cupidon[231]. Cette coupe n'est autre que le *poculum aureum plenum abominatione et immunditia fornicationis* (la coupe d'or pleine d'abomination et de l'impureté de la fornication) (Apoc. XVII, 4). Cette image hardie permet de discerner que la reine-mère a pour aliment et pour boisson sa propre substance psychique, sans égard pour sa personnalité. Ce sont des substances animales qui lui ont été intégrées, donc la *προςφυὴς φυχή*, le paon et le lion avec leurs propriétés positives et négatives : le sang du lion est administré dans la coupe de la fornication, ce qui souligne encore la nature érotique de cet animal, *libido et cupiditas*. Une pareille intégration ressemble fort à l'opération de prise de conscience.

85 Mais pourquoi faut-il prescrire à la reine-mère un régime si insipide à première vue ? C'est que manifestement il manquait quelque chose au vieux roi qui, pour cette raison, « vieillissait » : l'aspect

*reprehendo fuerat usus, amphibologico sermone scilicet, scripta sua contra sinistram oppugnans, dextro subterfugio salvans et e contra ; quod Sophismatis genus in omnibus eius scriptis videre licet.* » (Quiconque veut apprendre l'art chimique doit apprendre la philosophie, non celle d'Aristote, mais celle qui enseigne la vérité... Car toute la doctrine de ce philosophe consiste en amphibologies qui sont le meilleur manteau du mensonge. Après avoir critiqué Platon et les autres, pour rechercher la gloire, il n'a pu trouver d'instrument plus commode que celui-là même dont il s'était servi dans sa critique, le discours amphibologique, attaquant ses propres écrits à gauche et les sauvant à droite par un artifice, et inversement ; il est permis de voir ce genre de sophisme dans tous ses écrits.)

230. Le monde était pour les alchimistes *imago* et *symbolum Dei* (l'image et le symbole de Dieu).

231. « Mercure » est aussi « le sagittaire ».

obscur, chthonien de la nature. Et non seulement cela, mais aussi le sentiment de la nature tel que l'Antiquité l'a cultivé et dans lequel le Moyen Age a surtout vu tout d'abord un égarement et une fausse direction. Pourtant la terre n'est pas seulement ténèbre et abîme, et par suite les symboles thériomorphes ont une signification qui n'est pas seulement réductive, mais aussi anagogique et spirituelle. En d'autres termes, les symboles sont de nature paradoxale et indiquent à la fois le bas et le haut. L'intégration de tels contenus par la reine signifie un élargissement de son être ou de sa conscience dans les deux directions à la fois. Le roi en cours de régénération tire naturellement profit de ce régime : il y trouve ce dont il a besoin et ce qui lui manquait. Il n'y a pas là, il faut le souligner, la simple obscurité de la région animale, contrairement à l'impression que l'on pourrait en avoir, mais bien plutôt une nature spirituelle ou un esprit naturel qui a même des analogies avec les « mystères de la foi », comme l'alchimie ne se lasse pas de le souligner.

86 La reine suit donc durant sa grossesse une sorte de traitement psychothérapique : sa conscience s'enrichit d'une certaine connaissance de l'inconscient collectif et vraisemblablement aussi d'un violent conflit intérieur opposant sa nature chthonienne et sa nature spirituelle. La loi de l'élargissement de la conscience érige souvent en obligation morale la nécessité de mesurer la hauteur et la profondeur au-delà des frontières conventionnelles. L'ignorance de ce que l'on fait a le même résultat qu'une faute et doit être payée chèrement. Le déclenchement du conflit peut constituer un avantage dans la mesure où, sans lui, il ne pourrait y avoir d'unification et de naissance d'un troisième terme supérieur. Le roi ne connaîtrait alors ni renouvellement ni nouvelle naissance. Le conflit se manifeste dans la longue maladie de la reine.

87 La dix-huitième strophe de la *Cantilena* raconte comment la reine fut malade neuf mois et versa des flots de larmes tandis que le lion vert suçait son lait [232]. L'analogie avec l'*ouroboros* présentée par la reine et le lion apparaît ici clairement au jour : la reine boit le sang du lion, le lion suce le lait de la reine. Cette idée étrange en apparence s'explique par l'identification, choquante à nos yeux, de la reine avec la Mère de Dieu qui, personnifiant l'humanité, a reçu Dieu dans son sein et l'a porté à ses mamelles pour l'allaiter. En

232. *Impraegnata igitur graviter languebat*
*Certe novem mensibus in quibus madebat*
*Fusis ante lachrymis quam parturiebat*
*Lacte manans, viridis Leo quod sugebat.*

échange, le lion, allégorie du Christ, répand son sang sur l'humanité. Cette interprétation se trouvera confirmée dans les strophes suivantes. Angelus Silesius utilise une image semblable dans son distique sur « le Dieu fait homme » :

> Dieu boit le lait de l'humanité, délaisse le vin de sa divinité :
> Comment dès lors ne sera-t-il pas tout humanisé[233] ?

88 Strophe 19 :

> Tandis que la reine se dressait et s'allongeait,
> Souvent, sa peau colorée apparaissait
> Tantôt noire, tantôt verte, tantôt rouge[234].

Ce jeu de couleurs annonce sa nature de Vénus et de paon (*cauda pavonis*). Psychologiquement, cela veut dire que, pendant la période où l'inconscient est rendu conscient, la personnalité traverse de multiples transformations qui apparaissent tantôt sous un jour tantôt sous un autre, ce qui entraîne des humeurs de différente nature. Ces transformations annoncent que la naissance est proche.

89 Strophe 20 :

> La reine fut malade cent cinquante nuits
> Et demeurait dans cette posture affligée.
> Dans les trente jours suivants le roi revint à la vie
> Et sa naissance avait le parfum de la fleur printanière[235].

90 L'alchimie connaît deux sortes principales d'odeurs : l'*odor sepulchrorum* (odeur des tombeaux) et le parfum des fleurs qui est le symbole de la vie renaissante. Dans le langage allégorique de l'Église comme dans la vie des saints, la bonne odeur appartient aux manifestations du Saint-Esprit. Il en est de même dans le gnosticisme. Le Saint-Esprit et la Sagesse sont, dans l'alchimie, pour ainsi dire identiques. Le parfum des fleurs révèle donc que la naissance

233. *Pèlerin Chérubinique*, III, 11. (Trad. H. Plard.)

234. *Eius tunc multicolor cutis apparebat*
*Nunc nigra, nunc viridis, nunc rubea fiebat,*
*Sese quod multoties sursum erigebat*
*Et deorsum postea sese reponebat.*

235. *Centum et quinquaginta noctibus languebat*
*Et diebus totidem moerens residebat,*
*In triginta postmodum rex reviviscebat,*
*Cuius ortus vernulo flore redolebat.*

du roi est un charisme (un don) du Saint-Esprit, ou mieux, que celui-ci est la Sagesse grâce à laquelle le processus de régénération peut être mis en œuvre.

91 Le lit (*thalamus*) dans lequel le roi est mis au monde est sans angles saillants (*sine scopulis*) et uni (*planus*)[236] « sinon il ne serait pas né d'enfant en bonne santé ». Pour réchauffer le nouveau-né on avait mis sous le lit et au-dessus de lui un poêle (*stufa*, strophe 23). La porte de la chambre (*cubiculi*) était fermée, de même que le four (*os camini*, strophe 24). C'est l'image de l'*homunculus* dans le *vas Hermetis*.

92 La strophe 25 tente de décrire la transformation dans la chambre close. On ne voit pas clairement si la mère a déjà mis l'enfant au monde ou si la « chambre » se rapporte encore à l'utérus gravide. Cette dernière hypothèse me paraît la plus vraisemblable.

93 Lorsque les membres de l'enfant se furent putréfiés,
Il déposa la laideur de la masse de chair,
La rendant semblable à la lune, sans les pôles du ciel,
Puis l'amenant, en spirale, à la splendeur du soleil[237].

94 Ces vers sont laborieux et d'une grande obscurité. La seule chose qui s'y révèle avec une certaine évidence, c'est la mort et la dissolution du fœtus dans l'utérus ou dans la chambre nuptiale, puis l'intervention de la lune à la place de la mère, substitution qui fait disparaître l'imperfection de la chair. Il s'agit en tout cas d'un faisceau de pensées comme il n'est pas rare d'en rencontrer dans les textes. Nous accorderons au poète qu'il veut signifier quelque chose de sensé et que, s'il ne parvient pas à se faire comprendre, cela doit être mis sur le compte des limites trop étroites de ses possibilités de pensée et d'expression. Il s'agit, en fait, d'une pensée des plus ardues, celle de la transformation décisive. La « mère » de qui ruis-

236. (Le texte est obscur.)
*Erat sine scopulis thalamus et planus,*
*Et cum parietibus erectus ut manus*
*Prolongatur aliter sequeretur vanus*
*Fructus neque filius nasceretur sanus.*

237. *Postquam computruerunt ibi membra prolis,*
*Carneae tetredinem deponebat molis,*
*Illam Lunae similans sine coeli polis*
*Postquam spirificans in splendorem Solis.*
*Spirificare = spiram facere* : s'enrouler en spirale à la manière d'un serpent. *Spiritum facere* : spiritualiser, ne paraît pas devoir être retenu. *Sine coeli polis* est une cheville qui signifie sans doute simplement que l'événement n'a pas lieu dans le ciel, mais dans l'athanor.

sellent les larmes et le lait doit être comprise chimiquement comme la solution. Elle est une « eau » dans laquelle le vieux roi est « dissous en atomes » comme dans la *Vision d'Arislée* (2e version). Il est ici décrit comme un *fœtus in utero.* La dissolution signifie sa mort, et l'utérus — l'athanor — devient sa tombe, c'est-à-dire qu'il disparaît dans la solution. A ce moment il se produit quelque chose qui ressemble à un miracle : la solution matérielle perd la pesanteur terrestre. Ainsi le solvant et le corps dissous passent ensemble à un état supérieur qui succède à la *cauda pavonis* et qui est l'*albedo.* C'est le premier degré de la perfection et il est identifié à la lune. Celle-ci est en soi un esprit et s'unit aussitôt à son époux le soleil. On parvient ainsi au second degré qui est la plupart du temps définitif : la *rubedo.* L'œuvre se trouve alors achevée : la pierre qui possède « un corps, une âme et un esprit » (*corpus, anima et spiritus*) et qui représente donc un être vivant doté d'un corps incorruptible a pris forme.

95 Comme nous le savons, l'alchimiste médiéval avait toujours présent à l'esprit, tandis qu'il méditait sur la transmutation, le miracle quotidien de la transsubstantiation. Cela se vérifie naturellement avec une particulière clarté chez le chanoine Ripley. Divers exemples nous ont déjà permis de voir comment les idées religieuses se mêlent à son alchimie. La reine de la *Cantilena* est tout d'abord, non une mère et une épouse, mais une «Vierge au manteau déployé » qui étend au roi l'*adoptio filii* (υἱοθεσία, adoption en qualité de fils). Cela nous indique qu'elle est pour le roi ce que l'Eglise est pour le croyant. Celui-ci meurt et est enterré, de façon analogue, dans l'église ou en terre bénite où il attend la résurrection dans un corps glorifié.

96 La paonne ne présente ses petits à leur père que lorsqu'ils ont grandi ; la Bienheureuse Vierge fait de même, ainsi que nous l'avons vu. L'élévation de la « matrice », de la solution chimique, de l'état de matière à celui de lune est, comme on l'a dit, l'allégorie classique de l'Église, qui était, à n'en pas douter, connue de Ripley. La déesse qui fait subitement son entrée est représentée notamment dans le *Mutus Liber* où elle apparaît également de façon soudaine dans le processus sous l'aspect d'une figure féminine nue, dotée du signe de la lune et tenant un enfant dans les bras. Le miracle est ainsi décrit comme une intervention des dieux[238] qui font office de

238. *Mutus Liber,* Rupellae (La Rochelle), 1677. (Réédité par J.J. Pauvert, Paris, 1967, avec un commentaire d'Eugène Canseliet.) La lune figure à la planche 5 et le Soleil (Phébus Apollon) à la planche 6.

parrains se substituant aux parents terrestres et qui se chargent de la procréation (spirituelle) du *fœtus spagiricus*. Il faut admettre que, dans la *Cantilena, Luna* est mis pour *Ecclesia* et *Beata Virgo*, car le *senex-puer* (le vieillard-enfant) a été désigné par l'auteur lui-même comme l'*antiquus dierum* (l'Ancien des jours). J'ai pour cette raison interprété « *illam luna similans* » comme indiquant un passage de la lune à l'état maternel. Etant donné que la mère a accompli à ce moment l'histolyse du *senex-puer*, en sorte qu'il n'existe plus désormais qu'une solution homogène, on doit supposer que la lune se substituant à la mère s'identifie pour ainsi dire à la solution et, de ce fait, porte le roi dans son corps ou le prend sous ses vêtements en qualité d'enfant adoptif. Le roi acquiert de la sorte un corps divin et incorruptible. Dans le *Mutus Liber* survient ensuite une adoption par le soleil et, à la fin seulement, une *conjunctio solis* et *lunae* dans laquelle le fils adoptif est présent dans la substance du soleil et de la lune et est inclus dans la cérémonie.

97 Quelque chose de semblable paraît se produire dans la *Cantilena*. La lune et son fils adoptif demeurent tout d'abord identiques dans une seule et même solution. La mère est décrite comme enfermée dans sa chambre : elle est donc invisible au public. Lorsque la lune revêt cet état, on peut présumer qu'elle se trouve au stade de *novilunium* (nouvelle lune) et s'apprête à la *σύνοδος* (rencontre) avec le soleil. La nouvelle lune, nous l'avons vu, a quelque chose de sinistre et évoque le venin du serpent. C'est pourquoi je comprends : « *spirificans in splendorem solis* » comme « serpentant, se roulant en spirale, vers l'éclat du soleil ». Dans l'alchimie la figure féminine est moralement tarée et paraît être apparentée au serpent de l'Eden ; pour cette raison et pour d'autres, notre chanoine aura pensé tout naturellement à l'expression « *spiram facere* » pour décrire le mouvement de la lune vers le soleil[239]. On ne doit pas perdre de vue qu'un alchimiste instruit du XV^e^ siècle avait à sa disposition une connaissance des symboles aussi étendue que celle qui apparaît dans notre exposé (psychologie mise à part) et, dans certains cas, plus vaste encore. (Il existe en effet un grand nombre de manuscrits inédits auxquels je n'ai pas eu accès.)

239. Comme je l'ai montré plus haut, la conjonction de la nouvelle lune est, dans la pensée alchimique, une circonstance assez sinistre. Je rappellerai en particulier le *viperinus conatus* (l'entreprise vipérine) de la mère, qui est mise en parallèle avec la mort précoce du dieu-fils.

98 Strophe 26 :

Ainsi lorsque fut venu le temps,
La mère enfanta à nouveau son fils conçu auparavant.
Après sa naissance il recouvrait son état royal.
Elle possédait un enfant en tous points agréable au ciel.

99 Strophe 27 :

Le lit de la mère était carré.
Après un temps marqué il devint rond
Et son couvercle, de forme circulaire,
Brillait de toutes parts comme l'éclat de la lune[240].

100 Cette strophe confirme que la solution tout entière est devenue lune et qu'en plus de la solution, le vase contenant la matrice a été affecté par le changement. Le « lit » qui était auparavant carré est maintenant rond comme la pleine lune. « *Cooperculum* » (couvercle) s'applique mieux à un vase qu'à un lit, et c'est ce couvercle qui brille comme la lune. Puisqu'il constitue la partie supérieure du vase, il désigne évidemment aussi l'endroit où la lune se lève, c'est-à-dire où le contenu du vase apparaît au jour. Ici s'achève la quadrature du cercle, qui est l'un des synonymes du magistère. Ce qui est angulaire demeure imparfait et est relayé par le parfait représenté par le cercle[241]. La mère (en tant qu'eaux maternelles) est à la fois le contenu et le vase, bien qu'on rencontre plus souvent celui-ci employé pour désigner en même temps le contenu. Ainsi *vas* est correctement identifié à l'*aqua permanens*[242]. L'instauration de la forme circulaire et parfaite signifie que le fils sortant de la mère parvient à la perfection, en d'autres termes, que le roi parvient à la jeunesse (éternelle) et que son corps est devenu incorruptible. Puisque le carré représente la quaternité des éléments ennemis, le cercle évoque leur réunion dans l'un. « L'un tiré des quatre » est la quin-

240. *Sic cum tempus aderat, mater suum natum*
*Prius quem conceperat, edidit renatum.*
*Qui post partum regium repetabat statum,*
*Possidens omnimodum foetum coeli gratum.*

*Lectus matris extitit qui quadrangularis*
*Post notata tempora fit orbicularis,*
*Cujus cooperculum formae circularis*
*Undequaque candebat fulgor ut Lunaris.*

241. Cf. *Psychologie et Alchimie*, trad. fr. p. 117.
242. L. c. p. 309.

tessence (*quinta essentia*). Je n'ai pas à m'étendre ici sur la signification psychologique de ce phénomène, ayant longuement traité ce thème dans *Psychologie et Alchimie*.

101 Strophe 28 :

> Ainsi le carré du lit est devenu rond
> Et, de noir très noir, blanc et pur.
> Il en est sorti aussitôt l'enfant rouge
> Qui, tout joyeux, a repris le sceptre royal [243].

102 Le vase, le contenu et la mère elle-même qui contient le père sont devenus le fils qui s'est élevé de la noirceur la plus profonde à la pure blancheur de la lune et a acquis la couleur rouge par la *solificatio* (transformation en soleil). En lui sont fondus tous les contraires.

103 Strophe 29 :

> Là Dieu a ouvert les portes du paradis,
> Il l'a embelli (le roi) comme la blanche lune
> Et, après l'avoir élevé à la place de commandement,
> Il l'a légitimement couronné du soleil crachant des flammes [244].

104 Notre auteur décrit le renouvellement du roi et la naissance du fils comme la manifestation d'un nouveau rédempteur — ce qui rend un son bien étrange dans la bouche d'un clerc du Moyen Age. La sublimation de la lune « à la place de commandement » (*ad imperii loca*) est indiscutablement une paraphrase de l'Assomption de Marie, d'une part, et des noces de la *sponsa Ecclesia,* d'autre part. L'ouverture du paradis ne représente rien de moins que l'avènement du royaume de Dieu sur terre. En lui donnant comme attributs le soleil et la lune, l'auteur fait du *filius regius* la reproduction parfaite de l'homme primordial, qui est l'univers. On aurait tort de diminuer la portée de cet éloge et de l'expliquer comme une insanité. On ne peut pas se débarrasser de tous les alchimistes en voyant en eux des

243. *Lecti sic quadrangulus factus est rotundus*
*Et de nigro maximo albus atque mundus*
*De quo statim prodiit natus rubicundus*
*Qui resumpsit regium sceptrum laetabundus.*

244. *Hinc Deus paradysi portas reseravit*
*Uti Luna candida illum decoravit*
*Quam post ad imperii loca sublimavit*
*Soleque ignivomo digne coronavit.*

cerveaux dérangés. Il me paraît bien plus judicieux d'explorer les motifs qui ont permis même à des clercs de postuler une apparition divine à côté ou au-dessus de leur *credo*. Si le *lapis* n'avait été que l'or, les alchimistes auraient été des hommes riches ; si elle avait été la panacée, on aurait possédé en elle un excellent remède contre toutes les maladies ; si elle avait été l'*elixir vitae*, on aurait vécu mille ans ou davantage. Mais on ne voit pas que tout cela eût obligé à parler du *lapis* en termes religieux. Si donc celui-ci est célébré comme le second avènement du Messie, il faut bien supposer que les alchimistes ont voulu exprimer quelque chose de ce genre. Ils comprenaient, à coup sûr, l'art comme un charisme, un don du Saint-Esprit ou de la Sagesse de Dieu, mais c'était une œuvre d'hommes, et le mystérieux Fils de Dieu était engendré artificiellement dans l'athanor[245], bien que le moment décisif fût constitué par le miracle divin.

105 De telles considérations conduisent à penser que l'alchimie médiévale qui, à la suite des Arabes et des arabisants, commence à se développer autour du XIII^e^ siècle, et dont l'*Aurora consurgens* est un témoin éloquent, représente en définitive ce développement de la doctrine de l'Esprit-Saint qui est demeuré à l'état d'ébauche dans l'Église[246]. Le Paraclet est donné à l'individu, et par lui l'homme est introduit dans le processus vital trinitaire[247]. Et si l'esprit de création et de vie habite en l'homme, Dieu peut, dès lors, naître en celui-ci. Cette pensée n'a jamais connu d'éclipse depuis Maître Eckhart[248]. La poésie d'Angelus Silesius est sans équivoque à cet égard :

245. Angelus Silesius dit de la Sagesse :

C'est une Vierge qui a fait le monde entier ;
Et c'est par une Vierge qu'il ressuscite renouvelé.

(*Pèlerin Chérubinique,* III, 195. Trad. Henri Plard.)

246. Le défunt archevêque de Cantorbéry, le Dr Temple, m'a déclaré spontanément au cours d'une conversation que l'enseignement de l'Église concernant le développement de la doctrine du Saint-Esprit n'avait pas donné tout ce que l'on était en droit d'en attendre. Sur l'aspect psychologique de la doctrine du Saint-Esprit, je me permets de renvoyer le lecteur à *Symbolik des Geistes,* 1953, ch. IV.

247. Cette conclusion apparaît très clairement par exemple chez Angelus Silesius.

248. Voir le sermon grandiose : « *Dum medium silentium tenerent omnia et nox in suo cursu medium iter haberet.* » (Tandis que toutes choses occupaient le centre du silence et que la nuit, dans son cours, était à mi-chemin.) (Sap. XVIII, 14.) (Pfeiffer : *Meister Eckhart,* 1857, vol. II, 1, 3.) Je ne citerai que l'exorde, qui contient pourtant le thème tout entier : « Ici, dans le temps, nous sommes en fête parce que la naissance éternelle que Dieu le Père a enfantée et enfante sans cesse est maintenant née dans le temps, dans la nature humaine. Saint Augustin dit que cette naissance a toujours lieu. Mais si elle n'a pas lieu en moi, à quoi cela me sert-il ? Ce qui importe c'est

Lorsque l'Esprit de Dieu te touche de son essence
L'enfant d'éternité trouve en toi sa naissance.

Si ton âme est servante et pure comme Marie
Elle doit sur-le-champ être enceinte de Dieu.

Je suis enceinte de Dieu : sur moi son Esprit plane
Et fait qu'en vérité Dieu vit dedans mon âme.

Que me sert, Gabriel, que tu salues Marie
Si ton salut n'est pas aussi pour moi[249] ?

106 Angelus exprime ici sous forme d'expérience religieuse et psychique ce que les alchimistes contemplaient dans la matière, et que Ripley dépeint dans des allégories touffues. La nature de cette expérience explique suffisamment son langage emphatique et l'enthousiasme que trahit sa Cantilène. Il y a bien là quelque chose de plus grand que l'effet de grâce procuré par les sacrements : Dieu lui-même intervient par l'Esprit-Saint dans l'ouvrage de l'homme, sous forme d'inspiration aussi bien que par une intervention directe dans la transformation merveilleuse. Étant donné qu'un tel miracle ne s'est jamais produit dans l'athanor, même si l'on n'a jamais cessé d'affirmer que tel ou tel alchimiste a véritablement fabriqué de l'or, que, d'autre part, ni panacée, ni *elixir vitae* n'ont jamais, d'une manière prouvée, prolongé une vie d'homme au-delà de ses limites normales et qu'enfin jamais un *homunculus* ne s'est échappé du four, la question se pose, devant ce résultat totalement négatif, de savoir sur quoi se fondent, en définitive, l'enthousiasme et l'éloquence des adeptes.

107 Pour répondre à cette difficile question, il faut rappeler que, grâce à leur passion pour leur recherche, les vieux maîtres se trou-

qu'elle ait lieu en moi. Nous nous proposons en conséquence de parler de cette naissance comme ayant lieu en nous et étant consommée dans l'âme vertueuse. Car c'est dans l'âme parfaite que Dieu prononce sa Parole... Il existe une parole du Sage : " Tandis que toutes choses étaient au centre du silence, alors, d'en haut, du trône royal, est descendue en moi une parole secrète. " »

249. *Berührt dich Gottes Geist mit seiner Wesenheit*
*So wird in dir gebor'n das Kind der Ewigkeit.*

*Ist deine Seele Magd und wie Maria rein,*
*So muss sie augenblicks von Gotte schwanger sein.*

*Ich muss Gott's schwanger sein : sein Geist muss ob mir schweben*
*Und Gott in meiner Seel wahrhaftig machen leben.*

*Was hilft mich's, Gabriel, dass du Mariam grüsst,*
*Wenn du nicht auch bei mir derselbe Bote bist ?*
*Pèlerin Chérubinique*, II, 101-104.

vaient sur un chemin plein d'espoir et de promesses, car le fruit que l'alchimie a produit au terme d'efforts séculaires a été la chimie avec ses immenses découvertes. Le pressentiment de possibilités inouïes ne contribue pas peu à expliquer le dynamisme affectif de l'alchimie. Tout stérile qu'ait été le labeur des alchimistes quant aux résultats profitables ou simplement éclairants, celui-ci paraît, en dépit de son insuccès chronique, avoir eu un effet psychique de nature positive, quelque chose comme un contentement ou un éveil incontestable à la sagesse. On ne pourrait autrement expliquer comment les adeptes ne se sont pas détournés avec dégoût d'une entreprise presque toujours ingrate. Non qu'ils n'aient jamais connu de telles déceptions : la stérilité de l'alchimie a fait tomber celle-ci dans un discrédit toujours plus grand. Mais il demeure encore une série de témoignages montrant clairement que ces tâtonnements sans espoir du point de vue chimique ont, si on les considère sous l'angle psychique, un aspect tout différent. Ainsi que je l'ai montré dans *Psychologie et Alchimie,* il s'élevait, au cours des opérations chimiques, des projections psychiques qui transformaient le contenu inconscient en une représentation perceptible et même visionnaire. La psychologie médicale de notre époque l'a reconnu : de telles projections possèdent, dans certains cas, une grande vertu thérapeutique. Ce n'est pas pour rien que les anciens artistes identifiaient leur *nigredo* avec la mélancolie et célébraient leur œuvre comme un remède contre les *afflictiones animae* (les afflictions de l'âme) : leur expérience leur avait montré — et il n'y avait rien d'autre à attendre — que leur bourse, au lieu de se remplir d'or, devenait plus plate, mais que leur âme tirait profit de leurs travaux, à supposer, bien entendu, qu'ils aient eu la chance de survivre à certains dangers psychiques non négligeables. Les projections des alchimistes ne sont rien d'autre que des contenus inconscients apparaissant dans la matière, contenus que la psychothérapie moderne rend conscients grâce à la méthode de l'*imagination active* avant qu'ils ne se transforment d'une façon inconsciente en projections. Le fait de rendre l'inconscient conscient et de donner forme à ce qui est informe a un effet spécifique dans les cas où l'attitude de la conscience ne laisse aucune possibilité d'expression à un inconscient qui déborde. Dans de telles circonstances, il ne reste pour ainsi dire à l'inconscient aucune autre ressource que de donner naissance à des projections et à des symptômes névrotiques. L'univers médiéval de la conscience n'apercevait aucune possibilité suffisante d'expression pour certaines réalités. Le monde prodigieux des sciences naturelles demeurait comme replié et ramassé, telle la fleur dans le bouton, et, avec lui, un certain esprit religieux qui se présente à nous dans un grand nombre de traités alchimiques et dont nous sommes en droit de supposer qu'il est en relation étroite avec l'empirisme de la recherche scientifique.

108 De cet esprit, le héraut le plus éloquent est assurément Maître Eckhart avec son idée de la naissance de Dieu dans les individus et celle de la filiation divine qu'elle entraîne pour l'homme[250]. Une première partie de cet esprit s'est incarnée dans le protestantisme, une seconde partie fut pressentie par les mystiques qui ont succédé à Boehme, en particulier Angelus Silesius qui, en rigueur de termes, « *periit in opere* » (a péri à l'ouvrage) comme disent les alchimistes. Il est tombé dans une attitude spirituelle qui dépasse encore en quelque sorte le protestantisme et qui aurait demandé, pour être étayée, la philosophie et la religiosité indiennes ou chinoises, ce qui ne pouvait avoir lieu, au plus tôt, avant la fin du XIXe siècle environ. A son époque, Angelus ne pouvait que se dessécher dans l'incompréhension générale, et c'est bien ce qui s'est produit d'une manière tragique. Mais une troisième partie de cet esprit a pris corps dans l'attitude, indépendante de toute autorité, de la science empirique, et une quatrième enfin s'est emparée de l'esprit oriental et l'incorpore avec plus ou moins d'adresse et de goût à l'Occident.

109 Aucun homme pensant ne voudra soutenir que l'état présent soit un état final, durable. Chacun est au contraire convaincu que le *tempo* des changements et des transitions s'est accéléré d'une façon démesurée. Tout s'est brisé en morceaux et dissous, et il n'est pas possible de voir comment une indispensable synthèse « supérieure » pourrait se réaliser dans une des organisations spirituelles encore en vie, sans que cette dernière ait à se modifier dans des proportions à peu près intolérables. L'un des obstacles les plus lourds et les plus funestes est sans aucun doute le « confessionnalisme » qui a toujours raison et ne manifeste aucune tolérance. Il soulève et attise les différends en prenant appui sur les motifs les plus sacrés ; il se substitue à la religion et, en mettant les choses au mieux, place quicon-

250. Les passages décisifs sont (Pfeiffer, II, p. 6 et p. 9) : « Et ainsi Dieu le Père enfante son Fils dans la véritable unité de la nature divine. Voyez : c'est de la même manière et non d'une autre que Dieu le Père enfante son Fils dans le fond de l'âme et dans son essence et qu'il s'unit avec elle. » « Saint Jean dit que la lumière a lui dans les ténèbres ; elle est venue chez les siens, et tous ceux qui l'ont reçue sont devenus puissamment fils de Dieu : il leur a été donné le pouvoir de devenir fils de Dieu. »

que pense autrement au rang de brebis égarée. Mais des hommes ont-ils le droit d'élever des prétentions totalitaires ? Une telle prétention est moralement si dangereuse que nous ferions sans doute mieux d'en confier l'exercice au Dieu tout-puissant plutôt que de risquer de nous approprier la ressemblance avec Dieu aux dépens des hommes nos frères.

110 Après cette digression, revenons à notre Cantilène.

111 Strophe 30 :

> Dieu t'a donné des armes bien ouvragées
> Portant la marque des quatre éléments.
> Au milieu se tenait la vierge rachetée
> Qui fut établie dans le cinquième cercle [251].

112 Le roi renouvelé qui possède les propriétés de l'*anthropos* cosmique reçoit ici de Dieu pour armes les quatre éléments, ce qui indique que, par eux, il domine le monde. Les éléments sont manifestement conçus comme des cercles, car la quintessence, la « *virgo* », apparaît dans le cinquième. La représentation circulaire des éléments est une figure médiévale connue [252]. La quintessence est représentée, d'une façon singulière, sous les traits de la « Vierge ». Elle est désignée comme « rachetée », allusion à la captivité dans laquelle elle se trouvait. On reconnaît une fois de plus « l'âme prisonnière des éléments » de l'alchimie grecque, l'*anima in compedibus* (l'âme dans les fers), qui n'est autre que l'*anima.* C'est une désignation de la vie divine qui réside dans le monde, de la partie du *pneuma* qui se mouvait sur les eaux, répandait en elles sa semence de vie et demeurait ainsi captive dans le corps de la création. L'*anima mundi* est la moitié féminine du double Mercure [253].

113 Dans la *Cantilena* la Vierge signifie la reine-mère rajeunie qui se présente désormais comme fiancée. La rédemption survient grâce à la longue souffrance de la mère, c'est-à-dire aux fatigues de l'œuvre, qui sont également comparées à la Passion [254].

251. *Elementis quatuor Deus insignita*
*Arma tibi contulit decenter polita*
*Quorum erat medio virgo redimita*
*Quae in quinto circulo fuit stabilita.*

252. Voir les figures dans *Psychologie et Alchimie,* trad. fr. pp. 173, 222 et 300.

253. L.c. p. 534 et sv.

254. « *In vase nostro fit passio.* » (C'est dans notre vase qu'a lieu la passion.) (*Phil. Ref.* p. 33.) Le thème du supplice se trouve déjà dans les visions de Zosime.

114 La « stabilisation » (*fuit stabilita*) de la vierge dans le cinquième cercle indique que la quintessence, qui rassemble les éléments discordants dans l'unité, est l'équivalent de l'éther, la plus subtile des substances. Elle se tient donc aussi près que possible du monde de l'esprit et représente en même temps le monde matériel sublunaire. Elle a de ce fait une position qui correspond en tout point à celle de la lune d'une part et à celle de la Bienheureuse Vierge d'autre part.

115 Strophe 31 :

> Elle ruisselait d'un baume délicieux,
> Purgée d'un sang qui était auparavant menstruel ;
> Elle rayonnait de toutes parts, de son visage lumineux,
> Ornée de toutes sortes de pierres précieuses [255].

116 Strophe 32 :

> Mais dans son sein était couché le lion vert
> Auquel un aigle apportait son repas.
> Du flanc du lion coulait, par la main de Mercure,
> Du sang que la reine buvait [256].

117 Strophe 33 :

> Elle offrait à boire un lait merveilleux
> De ses mamelles et le donnait au lion.
> Elle purifiait aussi la face de l'animal à l'aide d'une éponge
> Qu'elle humectait souvent de son propre lait [257].

118 Strophe 34 :

> Elle fut couronnée d'un diadème
> Et ses pieds furent soulevés de terre dans l'air igné.

255. *Et unguento affluit haec delicioso*
*Expurgata sanguine prius menstruoso*
*Radiabat undique vultu luminoso*
*Adornata lapide omni pretioso.*

256. *Ast in ejus gremio viridis jacebat*
*Leo, cui aquila prandium ferebat ;*
*De leonis latere cruor effluebat,*
*De manu Mercurii, quem Virgo bibebat.*

257. *Lac, quod mirum extitit, illa propinabat*
*Suis de uberibus, quod leoni dabat,*
*Ejus quoque faciem spongia mundabat,*
*Quam in lacte proprio saepe madidabat.*

Ses vêtements furent parés de splendides étoiles :
Elle fut placée dans l'empyrée, au milieu du ciel [258].

119 Strophe 35 :

Entourée des signes des saisons et des planètes,
Les nuées ténébreuses étant dissipées,
Les cheveux entrelacés comme un filet,
Elle s'assit, et le roi la considéra avec des yeux pleins de joie [259].

120 L'apothéose de la reine est ici décrite sous une forme telle que, dans ce tableau, on reconnaît sans peine son prototype : le *couronnement de Marie.* L'image est rendue plus complexe par celle de la *pietà* d'une part, et par celle de la mère donnant le sein à son enfant d'autre part. Comme cela ne se produit ordinairement que dans les rêves, différentes images de la Mère de Dieu se sont contaminées, de même que les allégories du Christ : le lion d'une part et l'enfant d'autre part représentent le cadavre du crucifié avec sa blessure du côté. Comme dans les rêves, le symbolisme s'entremêle sans égard pour le sentiment esthétique ou religieux, avec ses condensations et ses raccourcis grotesques de contenus contradictoires, comme si des fragments de différents métaux étaient fondus dans un creuset où ils perdraient leur forme et où leurs contenus passeraient peu à peu les uns dans les autres. Ainsi ces images perdent leur expression, leur précision et leur signification primitives. Il n'est pas rare que, dans les rêves, nos convictions et nos valeurs les mieux établies subissent, à notre grande frayeur, de pareilles mutilations dignes des iconoclastes. Cela ne se produit pas seulement dans les rêves, mais aussi dans les psychoses qui engendrent parfois les plus abominables blasphèmes et les caricatures les plus inouïes des représentations religieuses. Les « belles »-lettres offrent également des cas de ce genre : je rappellerai seulement l'*Ulysse* de James Joyce que Curtius a désigné à bon droit comme un ouvrage de l'Antéchrist. Des productions de cette espèce sont plus en rapport avec l'esprit du

258. *Illa diademate fuit coronata*
*Igneoque pedibus aere ablata*
*Et in suis vestibus splendide stellata,*
*Empyreo medio coeli collocata.*

259. *Signis, temporibus et ceteris planetis*
*Circumfusa, nebulis tenebrosis spretis,*
*Quae, contextis crinibus in figuram retis,*
*Sedit, quam luminibus Rex respexit laetis.*

temps qu'avec la perversité de l'inspiration d'un auteur. On peut assurément s'attendre que notre époque enfante des « prophètes » du genre de Joyce. Il existait quelque chose d'analogue dans l'esprit de la « Renaissance ». Un exemple frappant en est offert par les contaminations grotesques que l'*Hexastichon* de Sébastien Brant s'est permises avec des représentations sacrées[260]. Ces gravures sont à rapprocher des phantasmes de Georges Ripley, et ni l'un ni l'autre de ces auteurs ne soupçonnait le moindrement ce que leur attitude pouvait comporter d'équivoque. En dépit de leur caractère onirique, ces documents paraissent avoir été construits de propos délibéré. Brant a même désigné chaque élément à l'aide d'un chiffre qui renvoie à un chapitre de l'Évangile. De même, dans la paraphrase de Ripley, chaque élément de la légende sacrée peut être détaché de son contexte. Brant croit que ses figures peuvent servir de moyens mnémotechniques pour aider le lecteur à se rappeler le contenu des Evangiles, alors qu'en fait leur frénésie quasi diabolique s'imprime dans l'esprit plus que la coïncidence du chapitre II de saint Jean et des noces de Cana. De même l'image de la Vierge céleste portant le lion blessé dans son sein exerce une fascination particulière qui provient justement de la différence qu'elle offre avec la représentation officielle à laquelle nous sommes accoutumés.

121 J'ai désigné plus haut la tendance à une distorsion fantastique comme une sorte de fusion des images qui donne l'impression d'un phénomène essentiellement destructeur. Mais il s'agit en réalité dans le cas de l'alchimie d'un *processus d'assimilation* entre la vérité révélée et la science de la nature. Je n'entreprendrai pas de rechercher les mobiles inconscients qui ont mû Sébastien Brant. De Joyce, ce phénomène de notre siècle si étrange, j'ai suffisamment parlé ailleurs[261]. Dans la mesure où ils appartiennent à l'esprit d'une époque, tous ces processus de fusion signifient que la valeur des dominantes qui prévalaient jusque-là dans l'univers conscient est rendue relative. Pour ceux qui s'identifient avec ces dominantes ou dépendent d'elles d'une façon absolue, le processus de fusion apparaît comme une attaque hostile, destructrice, contre laquelle il est nécessaire de provoquer la mobilisation de toutes les forces. Mais

260. *Hexastichon Sebastiani Brant in memorabiles evangelistarum figuras,* 1503. Les illustrations de ce petit livre atteignent le sommet de l'extravagance. Chacune d'elles représente le symbole d'un évangéliste, par exemple l'aigle pour saint Jean, et groupe autour ou au-dessus des images évoquant les points importants, miracles, paraboles, événements de chaque chapitre de l'évangile. (Voir fig. 1 et 2 en annexe.)

261. Cf. *Problèmes de l'âme moderne,* trad. fr. Paris 1961.

d'autres, pour qui les dominantes ne représentent plus ce qu'elles prétendaient promettre, accueillent la fusion comme le renouvellement et l'enrichissement d'un système d'idées qui a perdu sa fraîcheur vitale et son efficacité et qui est devenu caduc. Le processus de fusion est donc, selon le point de vue de l'observateur, quelque chose de très mauvais ou, au contraire, de souhaitable[262].

122 Dans la dernière de ces catégories il faut distinguer deux possibilités : d'une part certains alchimistes sont d'avis que la vérité divine révélée, telle que l'Église la présente, ne peut que gagner à être reliée à la connaissance de Dieu dans la nature ; mais il y a d'autre part des adeptes qui, transférant le *mysterium fidei* chrétien dans le monde naturel, confèrent à la nature une signification mystique dont l'éclat plein de mystère fait resplendir les incompréhensibles et belles cérémonies chrétiennes. Dans le premier cas on espérait une renaissance du système de croyance, dans le second, une nouvelle incarnation et une transformation de ce dernier dans une révélation naturelle.

123 Je me suis étendu avec une insistance particulière sur le phénomène d'assimilation dans l'alchimie parce qu'il constitue, dans un certain sens, un modèle de la méthode dont la psychologie empirique se sert pour aborder les idées dogmatiques, méthode que Nietzsche déjà a clairement pressentie et exposée. La psychologie, en tant que science naturelle, considère le monde religieux des idées sous l'angle de leur phénoménologie psychique sans toucher à leur contenu théologique. Elle fait entrer ces images dans le domaine des éléments psychiques qui constitue son champ d'exploration. Cette manière de procéder lui a été dictée par la structure de la psyché

262. Un certain critique me range également dans la catégorie des esprits dissolvants en raison de l'intérêt que je porte à la psychologie comparée des religions. Cette qualification est justifiée dans la mesure où je désigne tous les objets de foi comme *psychiques* (étant entendu que le caractère transcendantal que peut revêtir leur signification excède ma compétence). J'établis donc un rapport entre la doctrine chrétienne et la psychologie, rapport qui, à mon sens, ne doit pas nécessairement tourner au désavantage du christianisme. Mon critique trahit une confiance bien limitée dans le pouvoir d'assimilation de son système de croyance, lorsqu'il s'effarouche devant le processus de fusion et d'interprétation qui s'esquisse. L'Église a pourtant su s'assimiler une pensée aussi étrangère que celle d'Aristote, et que n'a-t-elle pas emprunté à la philosophie païenne, au culte païen et — *last but not least* — au gnosticisme, sans pour cela s'empoisonner ! Si la doctrine chrétienne peut s'assimiler la psychologie à laquelle elle doit fatalement se heurter, cela constitue un signe de vitalité, car la vie est assimilation. Par contre ce qui ne peut plus assimiler meurt. L'assimilation d'Aristote a, de son côté, conjuré le péril qui venait des Arabes. Les critiques théologiens devraient réfléchir à de telles choses avant d'adopter une attitude purement négative à l'égard de la psychologie. Pas plus que ne le faisait l'alchimie, la psychologie n'entend amoindrir en aucune manière la signification des symboles religieux.

elle-même. Elle n'est pas contrainte, comme l'était l'alchimie, d'expliquer les phénomènes psychiques en termes théologiques, mais doit plutôt éclairer l'obscurité des images religieuses en les plaçant en rapport avec des contenus analogues de la psyché. Il se crée par là une sorte d'amalgame ou d'alliage d'idées de provenances apparemment diverses, ce qui conduit parfois à des mises en parallèle ou des comparaisons dans lesquelles un esprit dépourvu de critique, étranger aux principes de l'épistémologie, peut voir une dépréciation ou une fausse interprétation. Si l'on prétendait tirer de là une objection contre la psychologie, il serait possible d'agir de même à l'égard de l'herméneutique des Pères de l'Église ou avec les incertitudes de la critique textuelle. La psychologie doit affronter les symboles religieux parce qu'elle y est contrainte par le matériel de ses expériences qui est d'ordinaire entièrement ignoré du théologien. On ne réservera pas la chimie des corps albumineux à une science spéciale sous prétexte que ces corps sont vivants et que l'étude de la vie est du ressort de la biologie. Ce rapprochement de la science empirique et du domaine de l'expérience religieuse peut être fructueux pour l'une comme pour l'autre. Un dommage ne peut en résulter que si l'un ou l'autre des points de vue demeure inconscient des limites de sa validité. Pourtant il n'est pas possible de défendre l'alchimie du reproche d'inconscience. L'énigme demeure entière de savoir si Ripley a réfléchi à ses énormités théologiques et de quelle manière il l'aurait fait. Considérée sous l'angle scientifique, son attitude spirituelle ressemble proprement à l'état du rêve.

124 Avec l'image du couronnement de Marie ou du mariage céleste nous abordons les dernières strophes de la Cantilène.

125 Strophe 36 :

> Voici le suprême triomphateur de tous les rois,
> Le grand médiateur des corps malades.
> De tous les défauts c'est un si grand réformateur
> Que César aussi bien que le pèlerin lui obéissent [263].

126 Strophe 37 :

> Il confère leur dignité aux prélats et aux rois,
> Il devient la consolation des malades et des infirmes.

263. *Est hic Regum omnium summus triumphator*
*Et aegrorum corporum grandis mediator,*
*Omnium defectuum tantus reformator*
*Illi ut obediant Caesar et viator.*

Qui donc n'est pas atteint par le remède qu'il propose
Et qui chasse le poids de toute pauvreté[264] ?

127 C'est l'apothéose du *filius regius* telle qu'on la rencontre en de nombreux traités. L'antique *Tractatus aureus Hermetis* (Le Traité d'or d'Hermès) dit[265] : « Notre fils toujours vivant devient capable de combattre le feu et surpasse les teintures. Car le fils est un bienfait et possède la sagesse. Venez, fils des sages, et soyons dans l'allégresse et dans une vive jubilation, car la fin de la mort est arrivée et notre fils s'arroge l'empire et il s'est désormais revêtu du manteau rouge et de cramoisi. » Cette figure rappelle le « premier homme » manichéen mentionné plus haut qui, armé des cinq éléments, s'apprête à combattre les ténèbres[266]. Le roi revenu à la vie est la « merveille du monde » (*mundi miraculum*), un « esprit très pur, au-dessus de toutes choses[267] ». Il est, assure l'*Aquarium Sapientum*[268], un « esprit élu entre tous les esprits célestes, un esprit très subtil, très noble et très pur auquel tous les autres obéissent comme à un roi, qui procure aux hommes aussi le salut et la prospérité, guérit toutes les maladies, donne aux hommes pieux, dans l'ordre temporel, honneur et longévité, mais inflige aux méchants qui ont abusé de lui un châtiment éternel. En tout cela il se montre éprouvé, parfait et infaillible. Il est en somme ce que l'on peut voir d'extrême et de plus haut sous le ciel, et ils l'appellent la fin et l'épilogue merveilleux de toutes les œuvres philosophiques. C'est pourquoi de pieux philosophes de jadis ont affirmé qu'il avait été révélé d'en haut à Adam, le premier homme, et que tous les saints patriarches l'avaient attendu avec un intense désir ». « Le Tout-Puissant, observe l'*Introitus apertus,* l'a fait connaître à un signe remarquable, lui dont la naissance est annoncée par le lever[269] philo-

264. *Praelatis et regibus praebens decoramen*
*Aegris et invalidis fit in consolamen.*
*Quis est quem non afficit huius medicamen*
*Quo omnis penuriae pellitur gravamen ?*

265. Ed. 1566, ch. III, p. 22.

266. Hegemonius, *Acta Archelai,* éd. Beeson, 1906, p. 10.

267. « Introitus Apertus » in *Mus. Herm.* p. 654.

268. *Mus. Herm.* p. 96.

269. Cf. « Rosinus ad Sarratantam » (*Art. Aurif.* I, p. 281) : « *Deinde fermentum tangit cum corpore imperfecto praeparato, ut dictum est, quousque fiant unum corpore, specie et aspectu et tunc dicitur Ortus ; quia tunc natus est lapis noster, qui vocatus est rex a Philosophis ut in* Turba *dicitur : Honorate regem nostrum ab igne venientem, diademate coronatum etc.* » (Ensuite il touche le ferment avec le corps imparfait préparé, ainsi qu'on l'a dit, jusqu'à ce qu'ils deviennent un seul corps par l'apparence et l'aspect, et on l'appelle alors *Ortus* [Lever ou Naissance] ; car alors est

sophique à l'horizon de son hémisphère. Les Mages pleins de sagesse le virent au début de l'ère, ils furent frappés d'étonnement et reconnurent aussitôt le roi sérénissime né dans le monde. Quand tu auras aperçu son étoile, suis-la jusqu'au berceau ; là tu verras le bel enfant. Après t'être débarrassé de tes souillures, honore l'enfant royal, ouvre le trésor, offre le présent d'or, et il te donnera à la fin, après la mort, la chair et le sang, la médecine suprême des trois monarchies de la terre[270]. » Dans la *Turba* déjà l'élixir est revêtu « du vêtement royal »[271]. Le *Consilium Conjugii* désigne le roi comme « descendant du ciel »[272]. L'image du roi pour représenter l'arcane accompli se trouve déjà dans le livre attribué à Zosime : *βίβλος Σοφε Αἰγυπτίου*. On y lit : « Comme il y a un soleil, fleur du feu, et un soleil céleste, œil droit du cosmos, ainsi le cuivre, quand il devient une fleur par la purification, est un soleil terrestre, un roi sur la terre[273], comme le soleil dans le ciel[274]. » Mylius dit au roi soleil que « Phébus est assis au centre avec une chevelure d'or comme roi et empereur du monde, tenant le sceptre et le gouvernail ». En lui sont contenues « toutes les puissances célestes »[275]. Il donne à un autre endroit la citation suivante : « A la fin tu verras le roi s'avancer couronné de son diadème, brillant comme le soleil, rempli de clarté comme l'escarboucle[276]. » Khunrath parle du « fils

née notre pierre que les philosophes nomment Roi, ainsi qu'il est dit dans la *Turba* : honorez notre roi qui vient du feu, couronné du diadème, etc.)

270. *Mus. Herm.* p. 654 et sv. : « ... *quare signo illum notabili notavit Omnipotens, cuius nativitas per Orientem in Horizonte Hemispherii sui philosophicum annunciatur. Viderunt Sapientes in Evo Magi et obstupuerunt statimque agnoverunt Regem serenissimum in mundo natum. Tu, cum eius Astra conspexeris, sequere ad usque cunabula, ibi videbis infantem pulcrum, sordes semovendo, regium puellum honora, gazam aperi, auri donum offeras, sic tandem post mortem tibi carnem sanguinemque dabit, summam in tribus Terrae Monarchiis medicinam.* »

271. « *Et videatis iksir vestitum regni vestimento.* » (Et tu verras l'iksir revêtu du vêtement royal.) *Turba :* éd. Ruska, p. 147, ligne 25.

272. « *Lapis Philosophorum est rex de coelo descendens, cuius montes sunt argentei et rivuli aurei et terra lapides et gemmae pretiosae.* » (La pierre des philosophes est un roi descendant du ciel ; ses montagnes sont d'argent, ses ruisseaux d'or, sa terre, des pierres et des gemmes précieuses.) Éd. 1566, p. 61.

273. « Βασιλεὺς ὢν ἐπὶ γῆς. »

274. Berthelot, *Alch. Grecs,* III, XLII, p. 18 et sv.

275. *Phil. Ref.* p. 10.

276. L.c. p. 284. Citation donnée par le « Rosarium Philosophorum » (*Art. Aurif.* II, p. 329) comme provenant de Lulle. Le même traité contient une phrase analogue (l.c. p. 272) attribuée à Arnaud et à Ortulanus. « *Quod infunditur anima corpori et nascitur Rex coronatus.* » (Parce que l'âme est infusée dans le corps et que naît le roi couronné.) Le *Rosarium* (l.c. p. 378) cite une « Énigme d'Hermès sur la teinture rouge » (*Aenigma Hermetis de tinctura rubea*) : « *Ego coronor et diademate ornor et regiis vestibus induor : quia corporibus laetitiam ingredi facio.* » (Je suis couronné, orné du diadème et revêtu des vêtements royaux : car je fais entrer la joie dans les

merveilleux et naturellement tri-un du macrocosme » que les sages appellent leur « fils couvé *ex ovo mundi* (à partir de l'œuf du monde) et roi couronné »[277]. Dans un autre passage il dit du *filius mundi majoris* (fils du macrocosme) : « Le fils du macrocosme, Theocosmus, c'est-à-dire une puissance divine et un monde divin (il est malheureusement aujourd'hui encore rejeté par beaucoup de ceux qui apprennent la science de la nature dans un esprit païen et par les bâtisseurs médicaux dans les universités) est le modèle de cette pierre théanthropos, dieu et homme (que les bâtisseurs des églises ont également rejetée, ainsi que l'enseigne la Sainte Écriture). Et de lui (naît) dans le grand livre du monde et à partir de lui, un enseignement continuel et éternel pour les sages et pour leurs enfants : Il est assurément une splendide et vivante reproduction de Notre-Seigneur Jésus-Christ au sein et en provenance du macrocosme qui lui est très semblable (par sa conception et sa naissance merveilleuses, ses pouvoirs, vertus et effets inexprimables) ; aussi le Seigneur Dieu, auprès de l'histoire biblique de son Fils, nous a également montré, dans le livre de la nature, des images particulières et naturelles[278]. »

128 Ces quelques exemples, joints à ceux que j'ai déjà publiés dans *Psychologie et Alchimie,* peuvent donner au lecteur une idée de la manière dont les alchimistes ont conçu leur roi triomphant.

129 Strophe 38 :

> Que Dieu nous donne donc l'objet de notre désir
> A la ressemblance du roi[279] par la multiplication[280]
> Afin que nous goûtions toujours la régénération de la pratique,
> Ses fruits, abondants et trois fois doux. Amen[281].

corps.) Le « Tractatulus Avicennae » (*Art. Aurif.* I, p. 422), déclare : « *Cinerem ne vilipendas, quia Deus reddet ei liquefactionem et tunc ultimo Rex diademate rubeo divino nutu coronatur. Oportet te ergo hoc magisterium tentare.* » (Ne méprise pas la cendre, car Dieu lui rendra la liquéfaction et alors, par commandement divin, le roi est finalement couronné du diadème rouge. Il te faut en conséquence essayer ce magistère.)

277. *Hyl. Chaos,* 1597, p. 236 et sv.

278. L.c. p. 286 et sv. Cf. à ce sujet Khunrath : *Amphiteatrum,* 1604, p. 197 que j'ai cité plus haut.

279. « *Illius species* ». Vraisemblablement un état du roi, qui subitement redevient une substance.

280. La multiplication signifie souvent que la teinture augmente subitement en quantité, comme l'huile de la veuve de Sarepta (II Rois, IV, 1-7).

281.

> *Nostrum Deus igitur nobis det optamen*
> *Illius in speciem per multiplicamen*
> *Ut gustemus practicae semper regeneramen*
> *Eius fructus, uberes et ter dulces. Amen.*

130 Ainsi se termine la Cantilène, l'une des plus parfaites paraboles du renouvellement du roi. Toutefois elle est loin d'atteindre à la formulation variée et riche de signification que revêt le mythe chez Christian Rosencreutz. (Ses *Noces Chymiques* sont trop riches de contenu pour que je puisse en traiter même superficiellement ici.) La dernière partie du second *Faust* renferme, de son côté, le même thème de la transformation du vieillard en enfant avec toutes les allusions nécessaires au mariage céleste, motif qui se répète à travers le *Faust* tout entier, comme dans l'alchimie, à différents degrés (Marguerite, Hélène), tout comme le renouvellement du roi qui échoue à trois reprises avant la mort de Faust (l'enfant conducteur de char, Homunculus, Euphorion).

5

# *LE CÔTÉ OBSCUR DU ROI*

131 IL existe auprès de la Cantilène diverses autres descriptions du renouvellement du roi, ornées de nombreuses particularités : je n'en parlerai pas ici afin de ne pas allonger à l'excès ce développement. Le matériel que j'ai présenté peut suffire à illustrer la métamorphose du roi, objet de mon exposé[282]. Toutefois le mythe est si riche de rapports que ce qui en a été dit ne suffit pas à traduire toute l'ampleur du symbole. Je vais donc m'efforcer de projeter plus de lumière encore sur la phase critique de la *nigredo,* celle du dépérissement, de la mort et de la renaissance. Le déclin du roi est dû à un état d'imperfection ou de maladie. Dans la Cantilène il a pour cause la stérilité, ainsi que nous l'avons vu. La figure du roi stérile pourrait provenir de la vision d'Arislée[283] où le « roi de la mer » (*rex marinus*) règne sur une terre inféconde, bien que lui-même ne soit pas stérile. Le roi possède certains rapports avec le monde obscur. Ainsi, dans l'*Introitus apertus,* il est tout d'abord « le feu secret, infernal »[284], mais, comme *puellus regius* (enfant royal), né à nouveau, il est une allégorie du Christ. Chez Michel Maier le roi est mort et, malgré cela, tenu vivant prisonnier dans la profondeur des eaux où il appelle au secours[285]. Dans le traité

282. Qu'on se rappelle le bain du roi chez Bernard le Trévisan. Cf. tome I « L'énigme de Bologne ». On trouve une parabole détaillée dans le *Tractatus Aureus de Lapide : Museum Hermeticum* pp. 41 et sv. Cf. également le présent volume pp. 28 et 43.

283. « Aenigma ex Visione Arislei », *Art. Aurif.* I, p. 146 et sv.

284. *Mus. Herm.* p. 654 : « *Ignis infernalis, secretus.* »

285. « *Et quamvis exanimis ipse philosophicorum Rex videatur, tamen vivit et ex profundo clamat : " Qui me liberabit ex aquis et in siccum reducet, hunc ego divitiis beabo perpetius. " Hic clamor etsi audiatur a multis, nulli tamen eius miseratione ducti, quaerere regem subeunt. Quis enim, inquiunt, se demerget in aequor ? Quis suo praesentaneo periculo alterius periculum levabit ? Pauci sunt eius lamentatione creduli et putant vocem auditam esse Scillae aut Charybdis resonos fragores et boatus. Hinc ociosi sedent domi, nec regiam gazam, ut nec salutem curant.* » (Et bien que le roi des philosophes paraisse inanimé, il vit cependant et crie de la profondeur : « Celui qui me libérera des eaux et me ramènera au sec, je le comblerai à jamais de

*Splendor Solis* l'histoire du roi est relatée dans les termes suivants : « Les Anciens ont vu une nuée venant de loin qui recouvrait et humectait la terre entière et ils ont vu aussi le déchaînement de la mer et des cours d'eau sur la surface de la terre, et comment celle-ci s'est putréfiée et a dégagé une odeur infecte dans les ténèbres. Ils voient également le roi de la terre sombrer et l'entendent crier d'une voix insistante[286] : " Celui qui me sauvera vivra avec moi et régnera éternellement dans ma clarté sur mon trône royal. " Et la nuit enveloppait toutes choses. Le jour suivant, ils ont vu se lever sur le roi une étoile du matin apparente, la lumière du jour éclairer les ténèbres et le brillant soleil percer les nuages avec mille formes colorées, avec ses étoiles et son éclat, et un parfum plus suave que tous les muscs s'élever de la terre et le bel éclat resplendir. Et ainsi furent accomplis la rédemption du roi très glorieux et son renouvellement. Il reçut la parure et l'éclat, et le soleil et la lune admirèrent sa beauté. Il fut couronné de trois couronnes précieuses, l'une de fer, une autre d'argent et la troisième d'or. Les philosophes ont vu dans sa main droite un sceptre avec sept étoiles qui toutes rendaient un éclat incandescent[287], etc. »

132 Les sept étoiles sont une référence à l'Apocalypse (I, 16) : « Et il avait dans sa main droite sept étoiles. » Il s'agit du personnage « semblable à un fils d'homme », ce qui concorde avec le *puellus regius* (l'enfant royal) de l'*Introitus apertus*. Le roi qui coule au fond est la substance mystérieuse que M. Maier désigne comme « l'antimoine des philosophes »[288]. Cette substance secrète correspond à son tour à la dominante chrétienne qui, d'abord vivante

richesses. » Bien que beaucoup entendent cette clameur, il n'en est pas qui, mus de compassion, entreprennent de rechercher le roi. « Qui en effet, disent-ils, plongera dans la mer ? qui ira, au prix d'un pressant péril pour lui-même, écarter le péril d'un autre ? » Peu nombreux sont ceux qui ajoutent foi à ses plaintes et ils croient que la voix entendue est faite du fracas et des échos sonores de Scylla ou de Charybde. Aussi ils demeurent tranquillement chez eux et ne se soucient ni des trésors du roi, ni de son salut.) *Symb. Aur. Mensae* p. 380. Cf. *Psychologie et Alchimie* p. 419 et sv.

286. Il y a sans doute ici une référence au Ps. LXIX, 3 et sv. (Bible de Jérusalem) : « J'enfonce dans la bourbe du gouffre, et rien qui tienne ; je suis entré dans l'abîme des eaux et le flot me submerge. 4. Je m'épuise à crier, ma gorge brûle, mes yeux sont consumés d'attendre mon Dieu. 15. Tire-moi du bourbier, que je n'enfonce, que j'échappe à mes adversaires, à l'abîme des eaux ! 16. Que le flux des eaux ne me submerge, que le gouffre ne me dévore, que la bouche de la fosse ne me happe ! »

287. In *Aureum Vellus* (La toison d'or), Rorschach, 1598, III^e Traité, p. 21. Voir *Psychologie et Alchimie* figure 166.

288. « *Verum philosophorum antimonium in mari profundo, ut regius ille filius demersum delitescit.* » (Le véritable antimoine des philosophes se cache, englouti dans la mer profonde, comme le fils royal.) *Symb. Aur. Mens.* p. 380.

dans la conscience, a sombré dans l'inconscient et doit maintenant être ramenée à la conscience sous une nouvelle forme. L'antimoine est en relation avec la noirceur : le trisulfide d'antimoine est, par excellence, le produit utilisé en Orient pour teindre les cheveux (kohol). Par contre le pentasulfide d'antimoine ou soufre d'or (*sulphur auratum antimonii*) est rouge orangé.

133 Le roi englouti de l'alchimie a continué à vivre dans le « roi métallique », le *regulus* de la métallurgie. C'est le nom de la masse qui se forme sous les scories lors de la fusion et de la réduction du minerai. Le nom de *sulphur auratum antimonii* indique la forte prédominance du soufre combiné à l'antimoine. Le soufre est, comme nous l'avons vu, la substance active du soleil et, littéralement, une chose puante, car le dioxyde de soufre et l'hydrogène sulfuré évoquent les relents de l'enfer. Le soufre appartient au soleil comme le lion au roi. Le lion est, lui aussi, ambivalent : d'une part il est une allégorie du diable et d'autre part il est relié (alchimiquement) à Dame Vénus. Les combinaisons de l'antimoine connues des alchimistes ($Sb_2S_5$, $Sb_2S_3$) contiennent donc un corps qui met en évidence la nature du roi et du lion, d'où « le triomphe de l'antimoine » (*triumphus antimonii*)[289]. Ainsi que je l'ai montré dans *Psychologie et Alchimie,* le roi englouti doit être mis en parallèle avec la VII^e^ parabole de l'*Aurora consurgens :* « Tournez-vous vers moi de tout votre cœur et ne me méprisez pas si je suis noire et sombre, car le soleil m'a ôté mon teint et l'abîme a recouvert mon visage, et la terre est corrompue et souillée dans mes actions, car les ténèbres se sont faites sur elle, parce que je suis enfoncée dans la fange de l'abîme et ma substance n'est pas ouverte. C'est pourquoi j'appelle des profondeurs et ma voix crie de l'abîme de la terre vers vous tous qui passez sur le chemin : Soyez attentifs et regardez-moi, si quelqu'un trouve un être qui me soit semblable, je mettrai dans sa main l'étoile du matin. »

134 « La fange de l'abîme » se réfère au psaume LXVIII, 3 (Vulgate) : « *Infixus sum in limo profundi et non est substantia.* » (Bible de Jérusalem Ps. 69, 3 : J'enfonce dans la bourbe du gouffre, et rien qui tienne.) Les paroles de David : « Ἐνεπάγην εἰς ὕλην βυθοῦ » (*infixus sum in materia profundi*) sont interprétées de la manière

289. M. Maier, *Symb. Aur. Mens.* p. 378. Allusion au « Char triomphal de l'antimoine » de Basile Valentin qui semble avoir été tout d'abord publié en allemand, en 1604. La traduction latine semble postérieure (1646). Cf. Schmieder, *Geschichte der Alchemie,* 1832, p. 205.

suivante par Épiphane[290] : il y a une matière composée de « réflexions fangeuses » et de « pensées boueuses des péchés ». La parole du psaume CXXX, I : « Des profondeurs je crie vers toi, Seigneur », qui est parallèle au texte du psaume LXIX, 3, lui inspire le commentaire suivant : « Après que les saints ont reçu la grâce qui fait d'eux l'habitation du Saint-Esprit, celui-ci leur donne le charisme d'explorer les profondeurs de la divinité, de manière qu'ils la célèbrent de la profondeur, ainsi que David le déclare : " Des profondeurs, dit-il, j'ai crié vers toi, Seigneur[291]. " »

135 Cette contradiction dans l'interprétation des « profondeurs » se rencontre dans l'alchimie d'une manière bien plus étroite, si étroite, souvent, que les opposés ne sont que les aspects différents d'une seule et même chose. Naturellement, les « profondeurs » ont, dans l'alchimie, l'un et l'autre sens, au grand désespoir des amateurs de choses simples. Les images éternelles n'ont jamais une signification univoque. L'une des caractéristiques de l'alchimie est qu'elle ne passe jamais sous silence le caractère contradictoire de ses contenus et qu'elle constitue ainsi une compensation évidente de l'univers dogmatique qui, pour parvenir à un sens précis, refoule les contraires dans l'incommensurable. La tendance à séparer le plus possible les opposés, c'est-à-dire l'effort vers le sens univoque, est absolument nécessaire pour établir une claire conscience, car la discrimination appartient à la nature de cette dernière. Mais lorsque la séparation va si loin que l'opposé complémentaire sort du champ de vision et que l'on n'aperçoit plus le noir dans le blanc, le mal dans le bien, la profondeur dans la hauteur, etc., on parvient à une vision unilatérale qui est compensée par l'inconscient sans notre concours. Ce phénomène se produit en quelque sorte contre notre volonté qui, par suite, s'agite d'une façon toujours plus fanatique pour aboutir finalement à l'énantiodromie catastrophique. La sagesse par contre n'a jamais oublié que les choses ont deux faces : elle saurait donc empêcher de semblables malheurs si elle avait quelque pouvoir. Mais le pouvoir n'est jamais en la possession de la sagesse. Il est toujours placé au centre de l'intérêt collectif et, de ce fait, accompagne toujours la stupidité de « l'homme de la masse ».

136 Tandis que l'attitude unilatérale s'accentue, la puissance du roi tombe en décrépitude, car elle tirait son origine de la capacité qu'avaient les dominantes de ce dernier à embrasser symboliquement

290. *Panarium,* éd. Öhler : *Haeresis* XXXVI, ch. IV.
291. *Ancoratus,* ch. 12.

la nature contradictoire de l'être. Mais plus l'idée se présente distinctement, plus la conscience devient claire et vive, et plus aussi son contenu se fait insistant et monarchique et ce qui le contredit doit s'incliner. Cette position extrême doit être atteinte, bien que le point culminant fasse toujours présager une fin. La nature dans l'homme, c'est-à-dire l'inconscient, cherche immédiatement à compenser et cela répugne à la position extrême, car celle-ci se considère toujours comme idéale et se trouve en outre en mesure de prouver son excellence à l'aide des meilleurs arguments. On ne peut que lui concéder qu'elle est excellente, mais qu'elle demeure cependant imparfaite, car elle ne correspond que partiellement à la vie : celle-ci ne veut pas seulement ce qui est limpide, mais aussi ce qui est trouble, avec la clarté elle veut l'obscurité ; elle veut que chaque jour soit suivi d'une nuit et que la sagesse elle-même célèbre son carnaval, dont l'alchimie contient plus d'une trace. C'est pourquoi le roi a toujours besoin de se renouveler, ce qui commence par la descente dans sa propre obscurité, par la plongée dans sa profondeur, par le rappel du fait qu'il est du même sang que son adversaire.

137 Selon la version d'Épiphane, l'orgueilleux phénix, lorsqu'il se détruit par le feu, sort en rampant sous forme de ver (*σκώληξ*), du bûcher qu'il s'était allumé[292]. De même le roi émerge de son feu infernal sous forme de dragon[293]. De là ces nombreuses figures de dragons *couronnés*. C'est bien le « serpent mercuriel » qui est en étroit rapport avec les lieux à l'odeur nauséabonde (*in sterquiliniis invenitur :* on le trouve dans les fumiers)[294]. Le fait que l'*Ancoratus* insiste en quelque sorte sur l'expression « un *seul* jour » (*πρὸς μίαν ἡμέραν αφανισθέντα σπώληκα γεννᾷ* : en un seul jour il engendre un ver invisible) est remarquable dans la mesure où elle projette peut-être une certaine lumière sur celle de « *filius unius diei* » (fils d'un seul jour)[295] qui constitue, semble-t-il, un *ἅπαξ λεγόμενον* et se rencontre pour la seule et unique fois dans la *Confessio* d'Henri Khun-

292. *Ancoratus,* 84. Le texte porte : « Donc aussitôt que l'oiseau est mort et entièrement consumé, et que la flamme aussi est éteinte, il ne reste plus alors que les résidus grossiers de la chair. De là sort *en un seul jour* un *ver* sans apparence qui se munit d'ailes et devient neuf ; mais le troisième jour il mûrit, et, étant parvenu à maturité à l'aide des remèdes (qui se trouvent) en ce lieu, il s'élève et prend son vol en hâte vers sa patrie, et là il se repose. »

293. Cf. *Psychologie et Alchimie,* fig. 10-12.

294. Cf. « L'esprit Mercure », dans *Symbolik des Geistes,* 1953. Et aussi : *Paracelsica,* 1942, p. 106.

295. Le texte original est imprimé de la manière suivante : « *filius unius (SVI) diei,* le FILS d'un seul (sien) jour, dans lequel sont le chaud, le froid, l'humide et le sec, etc. »

rath (1597) où elle désigne l'« Hermaphrodite de la nature » (*Hermaphroditus naturae*), c'est-à-dire la substance mystérieuse. Celui-ci est donné dans ce texte comme synonyme de « Saturne[296], *ambigui sexus Homo Philosophorum Philosophicus* (homme philosophique des philosophes au sexe ambigu), plomb des sages, *Mundi Ovum Philosophorum* (Œuf du monde des philosophes)... *summum mundi miraculum* (suprême merveille du monde), lion vert et rouge... lis parmi les épines[297] ».

138 L'enfant royal (*filius regius*) est, comme nous l'avons dit, identifié avec Mercure et, à ce stade particulier, avec le serpent mercuriel. L'existence de ce stade est indiqué chez Khunrath par Saturne qui est l'être maléfique (*maleficus*) sombre et froid, puis par l'*ovum mundi,* l'œuf du monde des philosophes, qui représente manifestement l'état initial, et enfin par le lion vert et rouge qui est, pour ainsi dire, l'animal royal. Tout cela est exprimé par le dragon ou serpent qui en est comme la *summa summarum* (la somme des sommes). Le dragon, en tant que forme inférieure et initiale de la vie du roi, est, comme on le répète partout, venimeux et mortel, médecine

296. Il faut observer, à propos de l'identité Plomb = Saturne, que si Saturne est astrologiquement un être maléfique (*maleficus*) auquel on attribue le pire, il est également un purificateur, car la pureté véritable n'est atteinte qu'à travers le repentir et l'expiation des péchés. Maître Eckhart dit dans le sermon « *Virtutes caelorum movebuntur* » (les puissances des cieux seront ébranlées) (Luc, XXI, 26) : « Il faut noter que le Seigneur a orné l'aimable ciel de sept planètes, c'est-à-dire de sept nobles astres qui sont plus proches de nous que les autres. La première est Saturne, la seconde Jupiter, la troisième, Mars ; puis vient le soleil et après lui Vénus, Mercure et la Lune. Or, lorsque l'âme devient un ciel spirituel, le Seigneur l'orne spirituellement de ces sept astres que saint Jean a vus dans l'Apocalypse, quand il contempla le roi des rois assis sur le trône de sa majesté divine et tenant sept étoiles dans sa main. Or vous devez noter que le premier astre, Saturne, est un astre purificateur (*fürbar,* terme apparenté au vieil anglais : *furbish,* polir et au français : fourbir). Saturne est donc dans le ciel de l'âme la pureté angélique et il apporte en récompense la vision de Dieu, suivant la parole de notre Sauveur : " Heureux ceux qui ont le cœur pur, car ils verront Dieu. " » (Pfeiffer : *Deutsche Mystiker,* 1857, vol. II, p. 212, 40. Trad. anglaise d'Evans, I, p. 168.) Cf. Vigénère, « De igne et sale. » *Theat. Chem.* 1661, VI, p. 76 : « *Plumbum molestias et vexationes significat, per quas Deus nos visitat et ad resipiscentiam reducit. Quemadmodum enim plumbum omnes metallorum imperfectiones comburit et exterminat, unde Boethus Arabs illud aquam sulphuris vocat, ita quoque tribulatio in hac vita multas maculas, quas contraximus, a nobis abstergit : unde Sanctus Ambrosius illam clavem coeli appellat.* » (Le plomb signifie les vexations et les peines par lesquelles Dieu nous visite et nous amène au repentir. De même en effet que le plomb brûle et extermine toutes les impuretés des métaux, ce qui conduit l'Arabe Boethus à le nommer eau de soufre, ainsi la tribulation en cette voie nous lave de toutes les taches que nous avions contractées. C'est pourquoi saint Ambroise l'appelle clé du ciel.)

297. Cant. II, 2 : « *Lilium inter spinas* ».

qui est d'abord un poison dangereux, mais ensuite le contrepoison (*alexipharmacum*) lui-même.

139 Dans le mythe du phénix, tel qu'on le rencontre chez Pline[298], on trouve également la version du ver : « De la moelle et des os de l'oiseau sort en premier lieu un petit ver qui se transforme en petit oiseau. » La même version est répétée par Clément de Rome[299], Artémidore[300], Cyrille de Jérusalem[301], Ambroise[302] et Cardan[303]. Mais aucun de ces auteurs n'insiste, comme le fait Épiphane, sur l'expression « un seul jour ». Il est important, pour l'intelligence du mythe du phénix, de savoir que l'herméneutique chrétienne a fait de l'oiseau fabuleux une allégorie du Christ, ce qui constitue une excellente interprétation du mythe[304]. Le phénix qui se consume lui-même correspond au Christ s'offrant en sacrifice, les cendres à la mise au tombeau, et la régénération de l'oiseau merveilleux à la résurrection[305]. Le phénix signifie encore, d'après Horapollon[306], dont l'opinion a été adoptée par les auteurs[307], l'âme et son pèleri-

298. *Hist. Nat.* liv. X, ch. II : « *Ex ossibus deinde et medullis eius nasci primo ceu vermiculum, inde fieri pullum*, etc. »
299. *Const. S. Apostol.* Liv. V, ch. VIII.
300. Liv. IV, ch. 47.
301. *Cateches.* XVIII, 8.
302. *De excessu fratr.* liv. II, ch. 59 et *Hexameron,* V, ch. 23.
303. *De subtilitate,* ch. 30.
304. Le fait que le phénix ait été capté et reçu dans le christianisme après avoir été interprété dénote la vitalité du mythe. Mais il révèle également la vitalité du christianisme qui a su interpréter et assimiler un grand nombre de mythes. L'importance d'une telle herméneutique ne doit pas être sous-estimée : elle opère un effet bienfaisant sur l'âme ; elle joint en effet le passé lointain, la vie des âmes des ancêtres qui, nous pouvons en être certains, est toujours présente de façon vivante dans l'inconscient, à ce qui est aujourd'hui conscient et, par là, établit le lien, si extraordinairement important sur le plan psychique, entre la conscience orientée vers le moment présent et l'âme historique qui vit dans un espace temporel infini. Les religions, en tant qu'elles sont les plus conservatrices de toutes les productions de l'esprit humain, constituent en elles-mêmes un pont salutaire qui nous relie à un passé éternel, et elles nous enseignent la présence vivante de celui-ci. Une religion devenue incapable d'assimiler le mythe a oublié sa fonction propre. La vitalité spirituelle repose sur la continuité du mythe et celle-ci ne peut être assurée que si chaque époque traduit le mythe en son langage et en fait un contenu de son propre esprit. La *Sapientia Dei* qui se manifeste dans l'archétype fait toujours en sorte que les déviations, même les plus brutales, reviennent constamment à la position centrale. Ainsi la fascination opérée par l'alchimie philosophique repose pour une bonne part sur le fait que cette dernière a pu donner une expression nouvelle à un très grand nombre d'archétypes importants. Ainsi que nous l'avons vu, on peut même aller jusqu'à dire qu'elle a cherché à s'assimiler le christianisme.
305. On trouvera d'abondants exemples parallèles dans Picinellus : *Mundus Symbolicus,* 1680, Liv. IV, ch. LVI.
306. IVe siècle.
307. Cf. l'édition des *Hieroglyphica* dans l'ouvrage du jésuite Nicolas Caussin, *De Symbolica Aegyptorum Sapientia,* 1623, p. 71.

nage vers la terre de la renaissance[308]. Il représente aussi la « restauration durable » (*ἀποκατάστασιν πολυχρόνιον*) des choses : il n'est ni plus ni moins que la transformation elle-même[309]. Les notions d'*ἀποκατάστασις* (*restitutio,* Act. des Ap. III, 21) et d'*instauratio in Christo* (*ἀνακεφαλαιώσασθαι τὰ πάντα ἐν τῷ Χριστῷ* : *instaurare omnia in Christo,* litt. récapituler, résumer, toutes choses dans le Christ, Ep. aux Éphésiens, I, 10[310]), ont dû attirer à elles l'allégorie du phénix, auprès du thème central du renouvellement de soi.

140 En employant l'expression « *filius unius diei* », Khunrath, ainsi que je l'ai fait remarquer, ajoute, après *unius,* le possessif SUI en capitales, ce qui, d'après sa manière de procéder, se rapporte indubitablement à une réalité divine. Ce terme ne peut se référer qu'à Dieu ou au Christ. Les textes alchimiques ne font pas d'autre mention d'« un jour unique », sauf pour observer que, par une grâce spéciale de Dieu, l'œuvre peut être accomplie en un seul jour. Ce SUI paraît concerner plutôt la divinité, peut-être pour signifier que ce « fils royal » est né en « son » jour, au jour qui appartient à Dieu, que Dieu a choisi. Puisque le phénix est surtout une allégorie de la résurrection, ce seul jour de la régénération coïncide avec les trois journées du séjour au tombeau, c'est-à-dire de la descente aux enfers. Mais on ne trouve rien à ce sujet dans le dogme chrétien. Ce serait donc que Khunrath, qui était un esprit spéculatif, aurait devancé les assertions de certains théologiens (protestants) qui ont soutenu, en s'appuyant sur Luc, XXIII, 43[311], que le Christ n'est pas descendu aux enfers aussitôt après sa mort (comme le veut le dogme catholique), mais qu'il est demeuré au Paradis jusqu'au matin de Pâques. Au moment où l'âme du Christ s'était séparée de son corps dans la mort, il s'était produit un tremblement de terre ; ce phénomène s'est répété le matin de Pâques (Matth. XXVIII, 2). L'âme du Christ se serait réunie à son corps lors de cette secousse[312], et c'est seulement alors que le Christ serait descendu aux enfers pour « prêcher aux âmes en prison » (I Pierre, III, 18). Pendant ce temps l'ange prenait en quelque sorte sa place au tom-

308. *Hieroglyphica,* Liv. I, p. 32.
309. Liv. II, p. 54. « *Hic enim dum nascitur rerum vicissitudo fit et innovatio.* » (Car quand il naît il se fait dans les choses un changement et un renouvellement.)
310. Cf. aussi Col. I, 20, et, dans un certain sens, Rom. VIII, 19 et sv.
311. « Aujourd'hui tu seras avec moi dans le Paradis. »
312. Le dogme professe que le Christ est descendu aux Limbes avec son corps.

beau et parlait aux saintes femmes. La durée de la descente aux enfers se serait réduite à ce bref espace de temps[313].

141 Suivant cette conception le jour unique serait *le jour de Pâques.* L'union du corps avec son âme est en alchimie le miracle de la conjonction grâce auquel la « pierre » devient un corps vivant. Le phénix représente aussi ce moment. La métamorphose alchimique est volontiers assimilée au lever du soleil (*ortus solis*)[314]. Mais, outre que l'on n'a pas la moindre raison de supposer que Khunrath ait nourri une pensée semblable, l'hypothèse du matin de Pâques n'est pas des plus satisfaisantes. Il y manque en effet l'élément singulier du *ver* cité par Épiphane lorsqu'il met l'accent sur le jour unique. Cet élément ne paraît pas pouvoir être passé sous silence dans l'explication du *filius unius diei.* Le jour unique fait sans doute référence au texte de la Genèse I, 5 (Vulgate) : « *Factumque est vespere et mane, dies unus*[315]. » Cela est survenu après la séparation de la lumière d'avec les ténèbres (après la création de la lumière) à propos de laquelle il faut noter que l'obscurité précède la lumière dont elle est en quelque sorte la mère[316]. Le fils de ce jour unique est la *Lumière* (d'après Jean, I, 5), le *Logos,* qui correspond au Christ johannique[317]. Interprété de la sorte, le fils du jour unique se trouve placé en relation immédiate avec l'*Hermaphroditus naturae* (l'hermaphrodite de la nature)[318] ou *homo philosophicus,* et, sans aucun

313. Ces spéculations sont nées au cours du XVIIe siècle. Les écrits de Khunrath appartiennent encore au XVIe siècle. Voir l'article de Koehler sur le voyage du Christ aux enfers dans la *Realenzyklopaedie für protestantische Theologie,* 8, 204.

314. Cf. à ce sujet l'animal *Ortus* mentionné plus haut (Vol. I. p. 305). Il est identique au phénix avec lequel il a en commun le *jeu de couleurs.* Dans ses extraits d'Epiphane, Caussin cite le texte suivant (*Symb. Aegypt. Sap.* p. 71) : « *Phoenix avis pavone pulchrior est ; pavo enim aureas argenteasque habet alas ; Phoenix vero hyacinthinas et smaragdinas, preciosorumque lapidum coloribus distinctas ; coronam habet in capite,* etc. » (L'oiseau phénix est plus beau que le paon ; le paon en effet a des ailes dorées et argentées ; le phénix, lui, les a couleur d'hyacinthe et d'émeraude et ornées des teintes des pierres précieuses ; il a une couronne sur la tête, etc.)

315. « Et il y eut un soir, et il y eut un matin : le premier jour » (Bible de Jérusalem). (L'hébreu n'a qu'un adjectif numéral, qui est à la fois cardinal et ordinal. La Vulgate, à la suite de la version grecque des Septante, l'a traduit par l'adjectif cardinal pour le « premier jour », mais non pour les suivants [N.d.T.])

316. « *Tenebras erant super faciem abyssi.* » (Les ténèbres étaient sur la face de l'abîme. Gen. I, 2). Cf. à ce sujet J. Boehme (*Tab. Princip.* I, 3) qui désigne l'obscurité comme le premier des trois principes.

317. *Jean* VIII, 12 : « *Ego sum lux mundi.* » (Je suis la lumière du monde.)

318. Chez les Valentiniens d'Irénée (*Adv. Haeres.* I, 51) le démiurge et roi de toutes choses créé par Achamoth s'appelle « Père-Mère ». C'est donc un hermaphrodite. Les alchimistes pouvaient avoir connaissance de pareilles traditions. Je n'ai toutefois trouvé aucune trace de tels rapports.

doute, avec Saturne, le tentateur et l'oppresseur[319] auquel, en tant que Jaldabaoth et suprême archonte, est attribué le lion. Le *filius* est donc rapproché, en définitive, du lion lui-même auquel l'artiste doit couper les pattes pour lui ôter son caractère sauvage. (Toutes ces figures sont des synonymes de Mercure.)

142 Il existe un poème didactique de Fra Marcantonio Crasselame[320] intitulé « *Sopra la composizione della pietra dei Philosophi* » dont la traduction française porte ce titre significatif : « *La Lumière sortant par soi-mesme des Ténèbres* ». Ce titre donne à entendre qu'il ne s'agit pas de la lumière créée par le Logos, mais d'une *lux spontanea,* d'une lumière qui s'est engendrée elle-même. Le poème débute en effet par la création du monde et déclare, d'une façon erronée, que c'est le Verbe qui a créé le chaos : « Le chaos ténébreux, masse informe, était sorti du néant au premier son des lèvres toutes-puissantes. » Mais qui sait comment toutes les créatures ont été produites ? Hermès possède cette science : « O fils et émules du divin Hermès, à qui l'art paternel donne de voir la nature apparaître sans aucun voile, vous seuls, vous seuls savez comment la main éternelle façonna la terre et le ciel à partir du chaos indistinct. Votre grand œuvre vous montre clairement que Dieu a composé le Tout de la même manière que l'élixir physique est produit. »

143 L'œuvre alchimique répète le mystère de la création qui a commencé par l'incubation des eaux. De même, dans l'œuvre des philosophes, le Mercure, esprit vivant et universel, descend dans la terre et se mêle au soufre impur qui le fixe : « Si je me fais bien comprendre, votre Mercure inconnu n'est autre qu'un esprit vivant universel, inné, qui descend du soleil, toujours agité en vapeur aérienne, pour remplir le centre vide de la terre. Ensuite il sort de là entre des soufres impurs et croît de volatil en fixe, et, ayant pris forme, il s'informe lui-même d'humide radical. »

144 Mais, par suite de sa descente, le Mercure est retenu et il n'est libéré que par l'art : « Mais où donc est ce Mercure doré, cet humide radical qui, dissous dans le soufre et le sel, devient la semence animée des métaux ? Ah ! il est captif dans une geôle si

319. Les figures alchimiques, en particulier les dieux des métaux, doivent toujours être aussi interprétées astrologiquement.
320. La première édition est datée de 1686.

dure qu'à la fin la nature ne peut le retirer de la prison alpestre si l'art magistral n'ouvre pas les voies[321]. »

145 C'est un esprit de lumière qui descend du soleil dans la création[322], un *spiritus vivens* qui vit dans toutes les créatures en tant que *spiritus sapiens*[323] et enseigne aux hommes l'art grâce auquel ils peuvent délivrer « l'âme enchaînée dans les éléments ». C'est de Mercure que provient l'illumination des adeptes, et c'est

321. Voici le texte original des passages cités (Éd. de 1693, p. 3 et sv.)

*« Era dal nulla uscito*
*Il tenebroso Chaos, massa difforme*
*Al primo suon d'Omnipotente Labro.*
*O del Divino Hermete*
*Emoli Figli à cui l'Arte paterna*
*Fà, che Natura appar senza alcun velo,*
*Voi sol, sol voi sapete,*
*Come mai fabricio la terra, e'l Cielo*
*Da l'indistinto Chaos la Mano eterna.*
*Le grande Opera vostra*
*Chiaramente vi mostra,*
*Che Dio nel modo istesso, onde è produtto*
*Il Fisico Elissir, compose il Tutto. /...*
*Se da me ben s'intende,*
*Ch'altro non è vostro Mercurio ignote,*
*Che un vivo Spirto universale innato,*
*Che dal Sol discende*
*In aereo vapor sempre agitato*
*Ad empier de la Terra il Centro voto.*
*Che di qui poi se n'esce*
*Tra Solfi impuri, e cresce*
*Di volatile in fisso, e presa forma*
*D'humido radical se stesso informa. /...*
*Ma dove è mai questo Mercurio aurato,*
*Che sciolto in Solfo e sale,*
*Humido radicale*
*De'i metalli seme animato ?*
*Ah ch'egli a imprigionato*
*In carcere si dura*
*Che per fin la Natura*
*Ritrar non può de la prigione alpestra,*
*Se non apre le vie l'Arte Maestra. »*

322. L.c. p. 112 : « Il établit un double mouvement au Mercure, un de descension et l'autre d'ascension, et comme le premier sert à l'information des matières disposées, par le moyen des rayons du Soleil et des autres Astres qui de leur nature se portent vers les corps inférieurs, et à réveiller par l'action de son esprit vital le feu de nature qui est comme assoupi en elles, aussi le mouvement d'ascension luy sert naturellement à purifier les corps » etc. La première « descension » manque dans l'histoire de la création et, par suite, est laissée de côté par la plupart des alchimistes. Ils commencent en conséquence leur œuvre par « l'ascension » et l'achèvent par la descente qui réunit l'*anima* libérée (*aqua permanens*) au corps mort (purifié). C'est la représentation de la naissance du *filius*.

323. L.c. p. 113 : « De luy procède la splendeur, de sa Lumière la vie, et de son mouvement l'esprit. »

grâce à l'œuvre de ceux-ci que le Mercure qui gît captif dans la création est libéré de ses chaînes. Ce *Mercurius duplex* qui monte et descend est l'*ouroboros* qui représente, par définition, un *Increatum*[324]. Il est le ver qui s'engendre lui-même à partir de lui-même[325]. Bien que notre poème vise principalement le Mercure comme esprit de lumière, l'*ouroboros* est un Ἑρμῆς καταχθόνιος (Hermès infernal). Mercure est une substance faite de contraires dont le côté obscur, le serpent, est un des principaux sujets de préoccupation des alchimistes.

146 C'est une représentation mythique primitive que le héros, lorsque sa lumière vitale s'éteint, revive sous forme de serpent et soit honoré comme tel[326]. D'autre part les âmes des morts sont souvent représentées sous forme de serpents dans la même conception primitive. Il faut sans doute rattacher à cette conception la version du mythe du phénix où il est question du ver.

147 Dans l'Amente, l'enfer égyptien, habite le grand serpent à sept têtes[327] et, dans l'enfer chrétien, le ver par excellence, le diable, qui

324. Voir à ce sujet « L'esprit Mercure » dans *Symbolik des Geistes* p. 128 et *Psychologie et Alchimie* trad. fr. p. 411 et sv. Crasselame est influencé par Paracelse. Il identifie son Mercure avec l'« *Illiastes* » (cf. *Paracelsica,* p. 67 et p. 81).

325. L'« Epistola ad Hermannum » (*Theat. Chem.* 1622, V, p. 900) dit (de la Pierre) : « *Ascendit per se, nigrescit, descendit et albescit, crescit et decrescit... nascitur, moritur, resurgit, postea in aeternum vivit,* etc. » (Elle monte *d'elle-même,* noircit, descend et blanchit, croît et décroît... naît, meurt, ressuscite, puis elle vit éternellement, etc.)

326. Trophonios dans son antre (E. Rhode, *Psyche,* 1917, p. 121), Erechthée dans la crypte de l'Erechtheion (*eod. l.* p. 136). Les héros eux-mêmes ont souvent une forme de serpent (p. 196) ou ont le serpent pour symbole (p. 242). Comme Mercure, le héros de l'alchimie, une autre antique autorité de cette dernière, Agathodaïmon, a également la forme d'un serpent.

327. Cf. la barque-serpent de Ra dans l'enfer. Wallis Budge, *The Egyptian Heaven and Hell,* 1905, pp. 66, 86. Un grand serpent, l.c. pp. 94, 98, 120, 149. Le serpent monstrueux par excellence est le serpent Apep. (Wallis Budge, *The Gods of the Egyptians,* 1904, I, p. 269). *Tiamat* lui correspond chez les Babyloniens (l.c. p. 277). Dans le livre de l'apôtre Barthélémy sur la résurrection du Christ (Wallis Budge, *Coptic Apokrypha in the Dialect of Upper Egypt,* 1913, p. 180) on rencontre la représentation suivante : « Or Abbatôn, qui est la Mort, et Gaios et Tryphon et Ophiath et Phthinon et Sotonis et Komphion, qui sont les six fils de la Mort, en forme de serpent à sept têtes ou de sept serpents, entrèrent en rampant dans le tombeau du Fils de Dieu, sur leurs faces en forme de serpent (probablement le texte est corrompu et portait σκωλήκιον : petit ver) rampant avec leur grand voleur en toute vérité. » Wallis Budge fait remarquer à ce sujet (l.c. introduction) : « Dans l'Amente copte vivait la Mort avec ses six fils, et, sous la forme d'un serpent à sept têtes ou de sept serpents, ils s'introduisirent en rampant dans la tombe du Seigneur pour découvrir le moment où son corps irait dans l'Amente. Le serpent à sept têtes n'est autre qu'une forme du Serpent Nau... et la croyance à ce monstre remonte au moins à la VIe dynastie. » Les « sept uraeus de l'Amente » du *Livre des Morts* (ch. LXXXXIIII) sont sans doute identiques aux « vers dans Rastau qui vivent des corps des hommes et se nourrissent

est « l'antique serpent »[328]. A proprement parler c'est un couple fraternel qui habite l'enfer : *la mort et le diable,* la première caractérisée par le ver et le second par le serpent. En vieil allemand les concepts de ver, de serpent et de dragon (*Wurm :* ver, *Lindwurm :* dragon) sont aussi proches les uns des autres que le sont en latin *draco, serpens* et *vermis.* L'enfer signifie l'Hadès[329], le monde souterrain, la tombe[330]. La mythologie allemande de son côté met l'enfer en relation avec l'idée de ver. On lit dans l'*Edda :*

> J'ai vu une salle
> Éloignée du soleil
> Sur le rivage des morts,
> La porte tournée vers le nord.
> Un poison y ruisselle
> Goutte à goutte du toit.
> Des corps de vers forment les murs de la salle[331].

L'enfer est, en vieil anglais, « la salle des vers » (*vyrmsele*) et en vieil allemand, « le jardin des vers » (*Wurmgarten*)[332].

148 Tout comme les héros et les esprits des morts, les dieux (et en particulier les dieux chthoniens : *χθόνιοι*) sont, eux aussi, associés au serpent : tels Hermès et Asclépios (le caducée)[333]. Une inscription du

de leur sang » (*Papyrus de Nektu Amen,* ch. I. Budge : l.c.). Lorsque Ra transperça le serpent Apep de sa lance, celui-ci vomit tout ce qu'il avait dévoré. (W. Budge, *Osiris and the Egyptian Resurrection,* 1911, I, p. 65). C'est un thème fréquemment répété dans les mythes du dragon-monstre marin. La plupart du temps le père et la mère du héros englouti sortent avec lui du ventre du monstre, (Frobenius : *Zeitalter des Sonnengottes,* 1904, I, p. 64 et sv.) ou, d'une façon générale, tout ce que la mort avait dévoré. (Frobenius : l.c. « Allauschlüpfen » pp. 98, 101, 106, 108 et sv., etc.). Comme on le voit, ce thème est une préfiguration de l'apocatastasis à un degré primitif.

328. « *Eptacephalus draco, princeps tenebrarum, traxit de coelo cauda sua partem stellarum et nebula peccatorum eas obtexit atque mortis tenebrii obduxit.* » (Le dragon à sept têtes, le prince des ténèbres, entraîna du ciel, avec sa queue, une partie des étoiles, les voila du nuage du péché et les recouvrit de l'ombre de la mort.) (Honoré d'Autun, « Speculum de Myst. Eccl. » *P.L.* CLXXII, 937).

329. « *In dimidio dierum meorum, vadam ad portas inferi.* » (Au milieu de mes jours, j'irai aux portes de l'enfer.) (Is. XXXVIII, 10.)

330. « *Infernus domus mea est et in tenebris stravi lectulum meum. Putredini dixit : Pater meus, et mater et soror mea, vermibus.* » (L'enfer est ma maison, et c'est dans les ténèbres que j'ai préparé mon lit. J'ai dit à la pourriture : tu es mon père ; et aux vers : ma mère et ma sœur.) Job, XVII, 13 et sv. « *Et tamen simul in pulvere dormient, et vermes operient eos.* » (Et cependant ils dormiront ensemble dans la poussière et les vers les couvriront.) Job, XXI, 26.

331. F. Niedner, *Thule,* 1920, II, p. 39.

332. Grimm, *Deutsche Mythologie,* 4e éd. III, p. 240.

333. Cf. Nietzsche, *Ainsi parlait Zarathoustra.* (Trad. Henri Albert, p. 76) : « Quand donc un dragon mourut-il du poison d'un serpent ? » dit Zarathoustra au serpent qui l'avait mordu. Il est le héros, il appartient donc à la race des dragons, de même qu'il est également appelé « Pierre philosophale » (l.c. p. 180, p. 313).

temple d'Hathor à Denderah dit : « Le soleil qui a existé depuis le commencement s'élève comme un faucon au milieu de son bouton de lotus. Lorsque les portes de ses pétales s'ouvrent dans l'éclat de la couleur du saphir, alors il a séparé la nuit du jour. Tu t'élèves comme le serpent sacré, esprit vivant, créant les commencements et brillant dans ta forme glorieuse dans la barque du lever du soleil. Le maître divin dont l'image réside cachée dans le temple de Denderah devient le créateur du monde par son labeur. Venant comme *unique* il se multiplie des millions de fois quand la lumière sort de lui sous la forme d'un enfant[334-335]. » L'assimilation du dieu au serpent rappelle sa forme chthonienne dans le monde infernal, de même que le phénix (faucon) régénéré avait d'abord la forme d'un ver[336]. Le christianisme a beaucoup emprunté à la mentalité religieuse de l'Égypte. On conçoit donc que l'allégorie du serpent se soit introduite dans l'univers chrétien (Jean, III, 14) et ait été adoptée sans difficulté par l'alchimie[337]. Le dieu grec de la santé paraît avoir pris la forme du serpent à la sortie de l'œuf[338]. Le lion est une allégorie non seulement du Christ, mais aussi de l'Antéchrist[339]. L'écrit anonyme *De Promissionibus* contient un remarquable parallé-

334. Il est étonnant de voir comment l'alchimie se sert d'une façon analogue des mêmes images : son œuvre est un renouvellement de la création, elle fait sortir la lumière des ténèbres (*nigredo*), sa pierre est unique (*unus est lapis*) et naît comme *puer, infans, puellus* (enfant, petit enfant). Elle est susceptible de multiplication indéfinie.

335. Brugsch, *Religion und Mythologie der alten Ägypter*, 1891, pp. 103 et sv.

336. Le ver représente en quelque sorte la forme vitale primitive, archaïque, à partir de laquelle se développe la forme définitive, ou tout au moins contraire : un oiseau par opposition à l'animal chthonien. Ce couple d'opposés — serpent-oiseau — est classique. L'aigle et le serpent, les deux animaux de Zarathoustra, symbolisent le cercle du temps, l'éternel retour : « Car tes animaux savent bien, ô Zarathoustra, qui tu es et qui tu dois devenir : voici, tu es le prophète de l'éternel retour. » (*Ainsi parlait Zarathoustra*. Trad. H. Albert : p. 257). Cf. « L'anneau du retour » (Id. trad. H. Albert : p. 267). L'alpha et l'oméga (*id.* p. 270). Le berger dans la bouche duquel le serpent s'est introduit en rampant (*id.* trad. H. Albert : p. 184) est associé à l'idée de l'éternel retour. En tant que dragon, il constitue avec le serpent le cercle de l'ouroboros. « Le cercle n'est rien de devenu. Il est la loi première. » (Aphorisme 29 in : Horneffer, *Nietzsches Lehre von der Ewigen Wiederkunft*, 1900, p. 78.) Cf. aussi l'enseignement de Saturninus selon lequel les anges auraient *d'abord* créé un homme qui rampait comme un *ver* (*Elenchos*, VII, 28, 3). L'homme, en raison de la faiblesse des anges qui l'ont créé, est devenu une sorte de « ver rampant ».

337. Cf. *Psychologie et Alchimie*, fig. 217. Il faut également voir une allusion indirecte dans le fait de suspendre le serpent à l'arbre. Cf. le mythe de Cadmus cité plus haut, et l.c., fig. 150.

338. Cf. l'histoire du mage Alexandre qui produisait par son art l'œuf contenant Asclépios (Lucien, *Pseudomant.* 12).

339. Honoré d'Autun, « Spec. de Myst. Eccles. » *P.L.*, CLXXII, col. 914.

lisme des opposés[340]. Il s'agit d'une légende de saint Sylvestre selon laquelle ce saint aurait emprisonné un dragon dans la Roche Tarpéienne, le rendant ainsi inoffensif. Une autre version de cette histoire parle « d'un certain moine » (*quidam monachus*) qui avait découvert que le dragon en question, auquel on apportait tous les ans un tribut de vierges, n'était rien d'autre qu'un engin mécanique. Saint Sylvestre attacha le dragon à l'aide d'une chaîne, conformément au texte de l'Apocalypse (XX, I). Le dragon artificiel, dans le récit parallèle, « tenait une épée dans sa bouche » (*gladium ore gestans*), suivant Apoc. I, 16 (*de ore eius... gladius exibat*).

340. *P.L.* 833, cité par Cumont : *Textes et Monuments,* I, p. 251.

# 6

## *LE ROI COMME ANTHROPOS*

149 J'AI déjà appelé l'attention dans mes *Paracelsica* (pp. 105 et sv.) sur ce passage d'Hippolyte où l'auteur traite de l'interprétation gnostique du psaume XXIV (v. 7-10). L'interrogation rhétorique du psaume : « Qui est ce roi de gloire ? » reçoit chez Hippolyte la réponse suivante : « Un ver et non un homme, opprobre des hommes et rebut du peuple[341]. C'est lui le roi de gloire puissant dans le combat. » (*σκώληξ καὶ οὐκ ἀνθρώπος, ὄνειδος ἀνθρώπου καὶ ἐξουδένημα λαοῦ· αὐτός ἐστιν ὁ βασιλεὺς τῆς δόξης, ὁ ἐν πολέμῳ δυνατός*.) Le texte du psaume se rapporte à Adam et à sa renaissance (*ἄνοδος* et *ἀναγέννησις*) « par laquelle il devient spirituel et non charnel »[342]. Le ver évoque donc le second Adam, c'est-à-dire le Christ. Epiphane cite également le ver comme allégorie du Christ[343], sans toutefois fournir de plus amples justifications.

150 L'alchimie continue consciemment ou non ce courant de pensée. L'*Aquarium Sapientum* déclare[344] : « Les philosophes ont appelé cette putréfaction tête de corbeau à cause de sa couleur noire. Pareillement le Christ lui-même n'avait " ni forme ni beauté " (Is. LIII), il était le plus vil de tous, rempli de douleurs et de maladies ; il était si méprisé que devant lui les passants se cachaient le visage et le considéraient comme rien. Oui, il était, comme il le dit lui-même dans sa plainte du Ps. XXII, " un ver et non un homme ", objet de moquerie pour les hommes et rebut du peuple. Ainsi cette

341. Autre citation empruntée, celle-ci, au Ps. XXIII, 7 (Vulgate ps. XXII) : « Et moi, (je suis) ver et non homme, honte du genre humain et rebut du peuple. » (trad. Bible de Jérusalem). Il est intéressant de noter que ce psaume est celui qui commence par les mots : « Mon Dieu, mon Dieu, pourquoi m'as-tu abandonné ? », car la transformation du « roi de gloire » dans son extrême opposé, le dernier des êtres de sa création, est ressentie comme un abandon de Dieu. C'est le *logion* (parole du Christ) : « *Eli, Eli, lama sabachthani ?* » (Mat. XXVII, 46.)

342. *Elenchos*, V, 8, 18.

343. *Ancoratus* 45.

344. *Mus. Herm.* p. 117 et sv.

(tête de corbeau) n'est pas, de son côté, assimilée à tort au Christ, lorsque le corps décomposé du soleil demeure mort pour un temps, semblable à la cendre, au fond du vase... jusqu'à ce que son âme, sous l'action d'un feu plus intense, redescende goutte à goutte, graduellement, pénètre le corps décomposé, l'humecte, l'abreuve et le préserve d'une destruction totale. La même chose est advenue au Christ lui-même lorsque, brûlé [345] par le feu de la colère divine [346], il s'est plaint d'être entièrement abandonné par son Père céleste (Mat. XXVI et XXVII) et, malgré cela, il était toujours rafraîchi, fortifié (Mat. IV, Luc, XXII) et en quelque sorte pénétré, humecté et abreuvé du nectar divin. Même, tandis qu'à la fin les forces lui étaient entièrement enlevées, ainsi que son esprit lui-même, durant sa très sainte passion et au milieu de la mort, et qu'il parvenait aux lieux les plus inférieurs et les plus profonds de la terre (Act. I, Eph. I, I Petr. III), il fut cependant préservé, rafraîchi par la vertu et la puissance de la divinité éternelle, il fut relevé, vivifié et glorifié (Rom. XIV), alors son esprit est finalement parvenu à une unité parfaite, indissoluble, avec son corps dont il avait été séparé dans le sépulcre, et, par sa très joyeuse résurrection et sa victorieuse ascension au ciel, il a été élevé à la dignité de Seigneur et de Christ (Mat. XXVIII) à la droite de son Père (Marc XVI). Désormais il gouverne et domine avec lui toutes choses par l'opération et la vertu de l'Esprit-Saint avec la même puissance et la même gloire que le vrai Homme-Dieu. Par sa puissante Parole (Ps. VIII) il soutient et porte toutes choses (Heb. I), il vivifie tous les êtres (Act. XVII). Cette merveilleuse union, pas plus que l'exaltation divine, ne peut être comprise et encore moins méditée par les anges et les hommes, dans le ciel, sur la terre ou même sous la terre, sans crainte et tremblement. La vertu, la puissance et la teinture rose [347] (de cette union) peuvent nous transformer, nous, hommes imparfaits et

345. « *Assatus* » (litt. rôti). Le verbe « *assare* » est employé par les alchimistes pour désigner le grillage des minerais.

346. « *Ignis divinae irae* » (le feu de la colère divine) évoque le « feu divin de la colère » de Boehme. J'ignore s'il y a là une relation directe. Dans la représentation de notre traité, la colère de Dieu, en frappant le Christ, se tourne contre Dieu lui-même. Boehme discute de cette question dans l'*Aurora* (ch. VIII, p. 14 et sv.) et les *Quaestiones Theosoph.* pp. 3, 11 et sv. Il pense que « le feu de la colère », d'une part provient d'une des sept qualités de la créature, « la sécheresse enflammée », et d'autre part, qu'il est en relation avec le premier principe de « la manifestation divine », l'obscurité (conformément à Gen. I, 2) qui « atteint jusqu'au feu » (*Tab. Princ.* I, 2 et sv.). Le feu est caché au centre de la lumière comme dans toutes les créatures, et il a été allumé par Lucifer.

347. La teinture rose met le Christ en relation avec le lion.

pécheurs, dans notre corps et dans notre âme, nous teindre, nous guérir et nous rendre bien portants d'une façon plus que parfaite... Nous avons donc maintenant contemplé la pierre céleste de fondement et d'angle, Jésus-Christ... (pour comprendre) la manière dont il est assimilé à la pierre terrestre des sages et est devenu une seule chose avec elle... Sa matière et sa préparation constituent un symbole éminent et une image vivante de l'incarnation du Christ. »

151 Le destin du vieux roi, son immersion dans le bain ou dans la mer, sa solution et sa décomposition, l'extinction de la lumière dans les ténèbres, son incinération dans le feu et son renouvellement dans le chaos ont été empruntés par les alchimistes à la solution des acides, au grillage des minerais, à l'extraction du soufre, à la réduction des oxydes métalliques etc., comme si ces procédés chimiques offraient une image susceptible d'être assimilée, moyennant quelque effort d'imagination, à l'histoire de la Passion et du triomphe du Christ. Les alchimistes ne voyaient pas clairement qu'ils projetaient la passion comme idée inconsciente dans les métamorphoses chimiques[348]. Naturellement il est aisé de comprendre que, dans ces conditions, ils aient pu démontrer avec succès la concordance des opérations qu'ils prétendaient réaliser avec la passion. Seulement, il ne s'agissait pas d'observations sur la matière, mais d'introspection. Pourtant, puisque des projections authentiques ne sont jamais faites d'une manière arbitraire, mais se présentent comme des données préconscientes, il faut qu'il y ait eu auparavant dans l'inconscient de l'alchimie quelque chose qui, d'une part, se prêtât à la projection (c'est-à-dire possédât une énergique tendance à devenir conscient) et, d'autre part, pût trouver dans les opérations alchimiques un « hameçon » qui les attire, pour qu'il s'y exprimât en quelque manière. Opérer une projection, c'est toujours rendre quelque chose conscient de façon indirecte, et ce processus est indirect parce que la conscience oppose un obstacle, qui est toujours constitué par des idées de nature traditionnelle : celles-ci prennent la place d'expériences réelles et empêchent ainsi ces dernières de se produire. On se sent en possession d'une vérité bien assurée concernant l'inconnu et l'on se rend ainsi incapable de connaître celui-ci. La nature du facteur inconscient dont nous avons fait mention doit être telle qu'il présente une incompatibilité avec le point de vue conscient. Ce qu'il

348. *Les Fables Egyptiennes et Grecques dévoilées* de Dom Pernety (1758) offrent un exemple plaisant de cet état d'esprit : l'auteur démontre la nature alchimique de l'ancienne mythologie, sans voir que c'est précisément de la mythologie que les idées alchimiques tirent leur origine.

était en réalité, les assertions de l'alchimie nous l'apprennent : c'était un mythe qui ne reposait pas seulement sur de nombreux mythologèmes païens, mais aussi et avant tout sur le dogme chrétien. S'il avait été identique au dogme et était cependant apparu sous forme de projection, cela eût amené à déceler chez les alchimistes une attitude foncièrement antichrétienne (ce qui ne fut pas le cas). Sans une attitude de ce genre, une telle projection serait psychologiquement impossible. Si par contre le complexe inconscient représente une figure qui s'écarte du dogme en des points essentiels, sa projection devient possible, car il se présente alors en s'opposant au dogme qui occupe tout le champ de la conscience et il en constitue la compensation.

152 Dans cet ouvrage comme dans mes autres écrits, je n'ai cessé de revenir sur les particularités des affirmations des alchimistes, et je puis en conséquence me dispenser de les récapituler. Il faut cependant souligner que l'idée centrale du *filius philosophorum* repose sur une conception de l'*anthropos* dans laquelle « l'homme » ou « le fils de l'homme » ne concorde pas avec la figure chrétienne, historique, du Sauveur. L'*anthropos* alchimique correspond davantage à la manière dont Basilide conçoit ce dernier, au rapport d'Hippolyte : « Car il était lui-même, dit-il, dans le devenir des étoiles et des heures du rétablissement (des choses), lui qui était prédit dans la grande plénitude. C'est lui qui est, selon eux, conçu comme l'homme intérieur spirituel dans le psychique. Il est la filiation qui a laissé là l'âme non mortelle, mais demeurant là selon sa nature, là-haut où la première filiation a laissé le Saint-Esprit qui est proche d'elle, dans le lieu qui est sa demeure, et elle s'est enveloppée d'une âme particulière[349]. »

153 L'homme intérieur spirituel est apparenté au Christ. Cela constitue la prémisse inconsciente des propositions concernant le *filius regius* (alchimique)[350]. Cette idée s'oppose à la conception dogmatique et prête en conséquence le flanc à une opération d'escamotage ou de projection. Cette affirmation est également la conséquence logique d'une situation spirituelle dans laquelle la forme historique a depuis longtemps disparu de la conscience, tandis que sa présence spirituelle se renforçait au plus haut point, et cela sous la figure du Christ intérieur ou du Dieu qui naît dans l'âme de l'homme. Au fait extérieur du Christ dogmatique répond de l'intérieur cette image pri-

349. *Elenchos,* VII, 27, 4-5.
350. Cf. sur ce point *Psychologie et Alchimie,* trad. fr. p. 452.

mordiale qui, bien avant l'ère chrétienne, a engendré un Purusha et un Gayomart, et dont l'action a contribué à faire assimiler la révélation chrétienne. Le destin de tout dogme est d'être menacé de perdre progressivement son âme. La vie veut créer des formes nouvelles et, à cette fin, lorsque l'âme se retire du dogme, on voit s'animer l'archétype qui, depuis toujours, a permis à l'homme de conférer une expression au mystère de l'âme. On pourra remarquer que je ne vais pas jusqu'à prétendre que l'archétype *engendre* la figure divine. Si le psychologue émettait une affirmation semblable, il devrait posséder déjà la science assurée des motifs de tout développement et être en mesure d'étayer cette science. Mais de cela il n'est pas question. J'affirme seulement que l'archétype psychique représente la possibilité de donner forme à ce qui n'en a pas et de le rendre saisissable. Mais le pouvoir moteur nécessaire et extrêmement puissant qui met en mouvement les possibilités archétypiques à un moment donné de l'histoire ne peut être expliqué à partir de l'archétype luimême. On peut seulement établir par l'expérience quel archétype est entré en activité, mais on ne pourrait jamais prédire qu'il devait nécessairement faire son apparition. Ainsi, qui aurait pu déterminer à l'avance d'une manière logique que le prophète juif Jésus apporterait la réponse décisive à la situation spirituelle du syncrétisme hellénistique ou qu'il éveillerait l'image encore engourdie de l'*anthropos*, lui conférant une efficacité qui allait le conduire à régner sur le monde ?

154 Mais les limitations de la science humaine qui doit laisser inexpliquées tant de choses incompréhensibles ou merveilleuses ne sont nullement vouées à la tâche d'amener à portée d'explication les manifestations, difficiles à comprendre, de l'esprit ; sinon on voit s'accroître d'une façon menaçante le danger qu'une fois placé au grand jour, le trésor de science suprême qui se dissimule dans le dogme ne s'évanouisse comme un pâle fantôme et ne devienne la proie aisée des rationalistes superficiels et de leurs plates explications. Un grand pas en avant serait fait, à mon sens, si l'on acceptait au moins de voir à quel point la vérité du dogme est profondément ancrée dans l'âme, laquelle n'est pas faite de main d'homme.

155 « L'homme intérieur spirituel » des gnostiques est l'*ἄνθρωπος νοῦς* (homme-esprit), l'homme créé dans l'Idée, l'*ἀληθινὸς ἄνθρωπος* (homme véritable)[351]. Il a pour correspondant le *chên-yên* (homme véritable) dans l'alchimie de Wei Po-Yang (environ 142 ap. J.-C.).

351. Leisegang, *Der Heilige Geist*, 1911 pp. 78 et sv.

Le *chên-yên* est le résultat de l'œuvre. Il est d'une part l'adepte qui a été transformé par l'œuvre [352], d'autre part, l'*homunculus* et le *filius* de l'alchimie occidentale, qui tirent également leur origine de « l'homme véritable » [353]. Wei Po-Yang dit de celui-ci au chapitre 47 de son traité : « L'oreille, l'œil et la bouche constituent les trois choses précieuses. Ils doivent être fermés pour interrompre la communication. *L'homme véritable, vivant dans un abîme profond, flotte autour du centre du vase rond*... L'intellect est relégué dans le royaume de la non-existence de manière à acquérir un état durable d'absence de pensée. Quand l'intellect sera intégral, il ne s'égarera pas. Durant son sommeil il sera dans l'étreinte de Dieu, mais pendant les heures de veille il s'inquiète de la continuation ou de la fin de son existence [354]. » Cet homme véritable est le *vir unus* (l'homme unique) de Dorn et en même temps la pierre philosophale (*lapis philosophorum*) [355].

156 « L'homme véritable » exprime l'*anthropos* dans l'individu, ce qui paraît présenter une régression par rapport à la manifestation du Fils de l'Homme dans le Christ, car l'unicité historique de son apparition humaine était à coup sûr *le* grand pas en avant qui rassemblait le troupeau dispersé autour d'*un seul* pasteur. Que « l'homme » dans l'individu ne soit une dispersion du troupeau, voilà ce que l'on redoute. Ce serait effectivement là un pas en arrière ; toutefois ce recul ne doit pas être mis à la charge de « l'homme véritable », mais il est bien plutôt causé par tous les défauts humains qui ont de tout temps entravé et menacé l'œuvre de la civilisation. Brebis et pasteur sont souvent à renvoyer dos à dos pour leur stupidité. « L'homme véritable » n'a aucun rapport avec cela. Et d'abord il ne détruira aucune forme précieuse de civilisation, car il est lui-même la forme de civilisation la plus haute. Certes, ni en Orient, ni en Occident il ne joue au jeu des pasteurs et des brebis car il a assez à faire, comme pasteur, à se garder lui-même.

157 Lorsque l'adepte fait, dans son œuvre, l'expérience de lui-même, c'est-à-dire de « l'homme véritable », l'analogie de « l'homme véri-

352. Lu Ch'iang Wu et T.L. Davis, « An ancient Chinese Treatise on Alchemy entitled Ts'an T'ung Ch'i. » Written by Wei Po-Yang. *Isis* XVIII, p. 241.

353. Voir la doctrine de l'anthropos chez Zosime. *Psychologie et Alchimie*, trad. fr. pp. 459 et sv.

354. *Isis*, XVIII, p. 251.

355. Il est du plus haut intérêt d'observer qu'il existe également une doctrine de l'*anthropos* en Chine où pourtant les données philosophiques fondamentales sont si différentes.

table », du Christ, se présente à lui sous une forme nouvelle et immédiate et il reconnaît dans la transformation qui se produit en lui une parenté avec la passion du Christ. Ce n'est plus simplement une *imitatio Christi,* une imitation de Jésus-Christ, mais l'inverse : une assimilation de l'image du Christ à son propre Soi, à « l'homme véritable »[356]. Ce n'est plus la tension, l'effort délibéré de « l'imitation », mais l'expérience involontaire de la réalité qu'enseigne le récit sacré. Cette réalité le frappe pendant son travail comme les stigmates frappaient le saint qui ne les recherchait pas d'une façon consciente : bien au contraire, ils se produisent spontanément. La passion survient chez l'adepte, non sous la forme classique — s'il en était ainsi, il aurait conscience d'accomplir par exemple des « Exercices spirituels » —, mais bien plutôt de la manière qu'exprime le mythe alchimique : c'est la substance mystérieuse qui subit le supplice physique et moral de la croix ; c'est le roi qui meurt ou est mis à mort, qui gît mort et enseveli, et qui ressuscite le troisième jour. Ce n'est pas l'adepte qui souffre toutes ces choses, mais *cela* souffre en lui, *cela* est supplicié, *cela* traverse la mort et *cela* ressuscite. Et toutes ces choses ne surviennent pas à l'alchimiste, mais à « l'homme véritable » qu'il sent auprès de lui, en lui, et dont il soupçonne en même temps la présence dans l'athanor. L'émotion saisissante qui vibre dans notre texte, comme dans l'*Aurora consurgens,* est authentique ; mais elle demeurerait totalement incompréhensible si la « pierre » n'était qu'une simple matière chimique. Cependant cette émotion ne découle pas non plus de la contemplation de la passion du Christ, mais elle représente l'expérience propre, naturelle d'un homme qui s'est trouvé entraîné dans le jeu des contenus compensateurs de l'inconscient pour avoir cherché à explorer l'inconnu (= l'inconscient) avec un sérieux allant jusqu'au sacrifice. Il n'a pu, naturellement, s'empêcher de voir la parenté de ses propres données (projetées) avec les propositions du dogme et il aurait pu être tenté de supposer que ses idées ne fussent rien d'autre que les propositions dogmatiques connues qu'il eût alors utilisées pour expliquer la chimie. Cependant les textes montrent clairement que l'expérience particulière de l'œuvre possède au contraire une tendance accrue à assimiler le dogme, c'est-à-dire à l'utiliser pour le besoin de ses propres amplifications. C'est pourquoi notre texte

356. Qui, *nota bene,* ne doit pas être confondu avec le moi.

parle de comparer et d'unir (*comparare et unire*). La figure de l'*anthropos* alchimique a manifesté son autonomie face au dogme[357].

158 L'alchimiste faisait l'expérience de la figure de l'*anthropos* sous une forme pleine d'une vitalité nouvelle, fraîche, immédiate, qui se reflète dans l'accent enthousiaste des textes. Et ce fait permet de comprendre que chaque particularité du drame de l'homme primordial ait été réalisée dans un sens entièrement nouveau. Non seulement la *nigredo* plaçait d'une façon visible la décomposition, la souffrance, la mort et les supplices de l'enfer devant les yeux de l'adepte, mais elle recouvrait en outre son âme solitaire de l'ombre de sa mélancolie[358]. Dans la noirceur du désespoir qui n'était pas de lui, mais dont il était, pour ainsi dire, simplement le témoin, il éprouvait que *cela* se changeait en ver ou en dragon venimeux[359]. Une nécessité interne (*natura naturam vincit :* la nature vainc la nature) faisait que celui-ci se détruisait lui-même et devenait un lion[360] auquel l'adepte, involontairement entraîné dans le drame, se trouvait contraint de couper les pattes[361], lorsque deux lions ne s'entre-dévoraient pas. Le dragon mangeait ses ailes (*alas suas come-*

357. Au XVIIe siècle toutefois il se produit un processus en sens inverse dont Jacob Boehme offre l'exemple le plus clair. L'*Aquarium Sapientum* se situe aux environs du point critique où a lieu le changement d'attitude. La figure dogmatique du Christ commença alors à devenir prédominante et à être amplifiée à l'aide des idées alchimiques.

358. Comme le dit Morien (*Art. Aurif.* 1593, II, p. 18) : « *Nam requiei aditus nimis est coarctatus, neque ad illam quisquam potest ingredi, nisi per animae afflictionem.* » (Car l'entrée du repos est excessivement resserrée et nul ne peut pénétrer dans ce repos si ce n'est par l'affliction de l'âme.)

359. « *Esse in Chemia nobile aliquod corpus, quod de domino ad dominum movetur.* » (Il y a en Chimie un certain corps noble qui se meut d'un maître à un [autre] maître.) Michel Maier, *Symb. Aur. Mensae,* 1617, p. 568. *Verus Mercurii spiritus* (le vrai esprit du Mercure) et *sulphuris anima* (l'âme du soufre) sont des parallèles des couples : *draco* et *aquila, rex* et *leo, spiritus* et *corpus* (*Mus. Herm.* p. 11). Le *senex-draco* (vieillard-dragon) doit renaître comme roi (*Verus Hermes,* 1620, p. 11). Le roi et la reine sont représentés avec une queue de dragon (Abraham Eleazaris *Uraltes Chymisches Werck,* 1760, p. 82 et sv.). Il est dit dans le même ouvrage (p. 38) que, lors de la *nigredo,* il sort du roi et de la reine un ver et un dragon noirs. Le ver Phyton suce le sang du roi (p. 47).

360. Les symboles alchimiques étant saturés d'astrologie, il est important de savoir que la principale étoile de la constellation zodiacale du Lion s'appelle *Regulus* (petit roi) et que les Chaldéens voient en elle le *cœur* du lion (Bouché-Leclercq, *L'Astrologie grecque,* pp. 438 et sv.). L'étoile Régulus est de bon augure lors de la naissance des rois. *Cor* (le cœur) sert à désigner la substance secrète. Il signifie : « *ignis vel maximus ardor* » (feu ou chaleur extrême). (Ruland, *Lexicon Alch.* 1612, s.v. *cor,* p. 170.)

361. *Psychologie et Alchimie,* fig. 4. Voir également *Pandora,* 1588, p. 227 où l'image est accompagnée de la légende suivante : « Maintenant tue le lion dans son sang. » Le symbole provient de Senior, *De Chemia,* 1566, p. 64.

*dens*) et l'aigle ses plumes[362]. Ces images grotesques reflètent le conflit des opposés dans lequel l'adepte se trouve plongé par sa curiosité aventureuse. Son chemin commençait par une catabase (*descensio ad inferos*) telle que Dante[363] l'a vécue, mais, à la différence du poète florentin, l'âme de l'adepte n'était pas seulement impressionnée, mais proprement altérée. Le premier *Faust* peut servir d'exemple, avec la transformation de l'austère savant, après sa tentative de suicide et son pacte avec le diable, en fringant cavalier et en aventurier cynique. Chez Christian Rosencreutz, héros plein de fantaisie, la descente chez dame Vénus se solde par une simple égratignure à la main causée par la flèche de Cupidon. Mais les textes font allusion à de plus graves périls. Olympiodore déclare par exemple[364] : « (l'œuvre) ne s'accomplit pas sans une grande fatigue ; il y aura lutte, violence et guerre. Le démon Ophiouchos[365] y introduit de la négligence (*ὀλιγωρίαν*), nous entravant dans notre recherche, rampant de tous côtés, du dedans et du dehors, amenant tantôt des négligences, tantôt la crainte, tantôt l'imprévu ou, en d'autres occasions, les afflictions (*λύπαις*) ou les châtiments afin de nous faire abandonner l'œuvre (*τῶν πραγμάτων*) ». Le philosophe Petasios (Petesis) cité par Olympiodore s'exprime d'une façon encore plus énergique : « Le plomb[366], dit-il, est tellement possédé du démon et rempli d'impudence (*τοσαυτής δαιμονοπληξίας καὶ ἀναιδείας*) que ceux qui veulent apprendre (la science) tombent dans la folie. » Que ce ne soient pas là de vaines paroles, d'autres textes le prouvent, en soulignant à maintes reprises que l'âme de l'opérateur est impliquée dans le travail. Dorn, commentant la citation d'Hermès : « *Ideo*

362. On voit dans le *Ripley Scroll* un aigle avec une tête de roi en train de manger ses plumes. Cf. *Psychologie et Alchimie*, fig. 228.

363. Jusqu'à présent je n'ai rencontré dans aucun texte de référence à Dante.

364. Berthelot, *Alch. Grecs*, II, IV, 28.

365. Il est malaisé d'expliquer pourquoi l'Ophiouchos (constellation du Serpentaire, *Anguitenens, Serpentarius*) est interprété comme un démon. Au point de vue astronomique il se tient sur le Scorpion et se trouve par conséquent en relation astrologique avec le poison et le médecin. En fait, dans l'interprétation antique, l'Ophiouchos est principalement Asclépios. (Roscher, *Lex.* VI, 921 et sv.). Hippolyte rapporte (*Elenchos*, IV, 47, 5 et sv.) que, tandis que la constellation de l'Engonnasi (l'Homme à genoux) représente Adam dans ses travaux et, par suite, la première création, l'Ophiouchos signifie la seconde création, la renaissance par le Christ, car il empêche le serpent d'atteindre la Couronne (*στέφανος*, *Corona Borealis*, la Couronne d'Ariane aimée de Dionysos). Cette interprétation convient assez bien au « sauveur » Asclépios. Mais étant donné que, suivant la conception ancienne, les charmeurs de serpents naissent sous cette constellation, celle-ci a pu acquérir de ce fait (et peut-être aussi à cause de la proximité du Scorpion « venimeux ») une signification néfaste.

366. *Μόλυβδος* (le plomb) signifie la substance mystérieuse.

*fugiet a te omnis obscuritas* » (C'est pourquoi toute obscurité s'enfuira de toi), déclare : « Il dit en effet : " Toute obscurité s'enfuira *de toi*. " Il ne le dit pas en parlant des métaux. Par " obscurité " il ne faut entendre rien d'autre que les maladies et les souffrances du corps *et* de l'esprit (*mentis*)... L'intention de l'auteur (*mens auctoris*) est, en somme, d'enseigner que ceux qui ont obtenu le remède spagirique guérissent toutes les maladies sans distinction au moyen d'une dose extrêmement réduite, prise de n'importe quelle manière, ainsi que le fait comprendre aussi le grain de moutarde [367]. Cette propriété est due à la simplicité de l'union [368] dans le médicament qui est si efficace qu'aucune variété des nombreuses maladies ne peut lui résister. Il existe du reste diverses obscurités et maladies de l'esprit (*mentis*), telles que la vésanie (*vesania*), la folie (*mania*), l'agitation furieuse (*furia*), la stupidité (*stoliditas*) et autres affections de tout genre par lesquelles l'esprit (*animus*) est enténébré et blessé ; elles seront entièrement guéries par un tel remède spagirique. Non seulement il rend la santé à l'esprit (*animo*), mais il confère effectivement à l'âme (*ingenium*) et à l'intelligence (*mentem*) de l'homme une telle pénétration que tout ce qui se rapporte à la merveille [369] lui devient aisé à comprendre (*intellectu*) et à percevoir (*perceptu*), et rien ne lui demeure caché de ce que contiennent le monde d'en haut et le monde d'en bas [370]. » L'affirmation de la Table d'Emeraude « *quia vincet omnem rem subtilem* » (car il vaincra toute chose subtile) est interprétée par Dorn de la façon suivante : la chose subtile est le Mercure, c'est-à-dire « les ténèbres spirituelles qui règnent sur l'esprit » (*spiritales tenebras mentem occu-*

367. Allusion à *Mat.* XIII, 31 : « *Simile est regnum coelorum grano sinapis* » (Le royaume des cieux est semblable à un grain de moutarde).

368. « *Unionis simplicitas* » (la simplicité de l'union) se rapporte vraisemblablement à la doctrine de « la chose simple » (*simplex*) qui est l'*Idée. Simplex « quod vocat Plato intelligibile non sensibile* ». (La chose simple « que Platon appelle intelligible, non sensible ».) « *Simplex est pars inopinabilis* » (La chose simple est la partie non sujette à l'opinion) ; c'est « ce qui est indivisible », « d'une seule essence » (*indivisibile, unius essentiae*). L'âme est « simple ». « *Opus non perficitur nisi vertatur in simplex.* » (L'œuvre n'est pas accomplie si elle n'est transformée en chose simple.) « *Conversio elementorum ad simplex.* » (La conversion des éléments en chose simple.) « *Homo est dignior animalibus et propinquior simplici et hoc propter intelligentiam.* » (L'homme est plus digne que les animaux et plus proche de la chose simple, et cela à cause de son intelligence.) « Liber Platonis Quartorum », *Theat. Chem.* 1622, V, pp. 120, 122, 130, 139, 179, 189.

369. Dorn, « Speculum Philosophorum », *Theat. Chem.* 1602, I, p. 298. « *Eius... (veritatis) talem esse virtutem compererunt, ut miracula fecerit.* » (Ils ont reconnu que la puissance [de la vérité] est telle qu'elle opère des merveilles.) Id. p. 497 et p. 507.

370. « Physica Trismegisti », *Theat. Chem.* 1602, I, p. 433.

*pantes*). « Le subtil » signifie l'esprit (*spiritus*). L'obscurité est donc, selon sa conception, un état de possession spirituelle (comme plus haut chez Olympiodore) qui est chassé par « l'œuvre »[371]. La maladie est une « *impressio mali* » (une impression du mal) et elle est guérie par une « répression du mal par l'action du centre véritable et universel sur le corps » (*repressio mali per actum veri centri et universi in corpus*). Le centre est l'*unarius* ou l'Un (*unum*) sur lequel repose l'*unicus homo* (l'homme qui s'est unifié). Si donc il veut guérir de ses maladies corporelles et spirituelles, « qu'il s'applique à connaître exactement le centre et à en acquérir la science et qu'il s'y porte tout entier, et le centre sera libéré de toutes les imperfections et de toutes les maladies[372] pour être restauré dans l'état de la monarchie antérieure[373] ».

159 Ces textes de Dorn se rapportent moins, il est vrai, aux périls encourus dans l'œuvre qu'à la guérison obtenue grâce au résultat de celle-ci. Mais ce remède provient précisément du Mercure, de cet esprit[374] dont les philosophes disent : « Prenez le vieil esprit noir[375] et, par lui, détruisez et suppliciez les corps jusqu'à ce qu'ils soient altérés[376]. » On lit dans le 42ᵉ discours de la *Turba* : « Provoquez une guerre entre le cuivre et le vif-argent, car ils tendent à périr et se corrompent d'abord » etc. « Excitez le combat entre eux et détruisez le corps du cuivre jusqu'à ce qu'il devienne poudre[377]. » Ce combat signifie la *separatio,* la *divisio,* la *putrefactio,* la *mortificatio* et la *solutio,* opérations qui, toutes, représentent l'état originel de chaos, c'est-à-dire la lutte entre les quatre éléments ennemis. Dorn met en allégorie cette quaternité belliqueuse et mauvaise sous la forme d'un serpent à quatre cornes (*quadricornutus serpens*) dont le diable a cherché à imprimer l'empreinte dans l'esprit de l'homme après sa chute du ciel. Ces cornes ont pour noms « l'ambition, la brutalité, la calomnie et la dissension »[378]. On voit que

371. « *Expellet omnem rem subtilem* » (Il chassera toute chose subtile). « Physica Trismegisti », *l.c.* p. 434.

372. Le centre peut donc n'être pas simplement Dieu (en tant qu'Un), car ce n'est qu'en l'homme qu'il peut être affecté par la maladie.

373. Dorn, « Vita brevis. » *Theat. Chem.* 1602, I, p. 530 et sv.

374. Cf. « l'Esprit Mercure » dans *Symbolik des Geistes.*

375. Suivant une autre leçon : « l'esprit noir et unifiant ».

376. « *Accipite spiritum nigrum veterem* (autre leçon : et *unientem*) *et eo corpora diruite et cruciate, quousque alterantur.* » *Turba,* éd. Ruska, *Sermo* XLVII, p. 152.

377. L.c. p. 149.

378. « *Diabolum ista in caelum erexisse decidens ac dejectus ab eo, nec non illa postmodum in mentem humanam infigere conatum fuisse videlicet ambitionem, brutalitatem, calumniam et divortium.* » (Le diable les a dressées dans le ciel lorsqu'il en tomba et qu'il en fut chassé, et il a ensuite tenté de les imprimer dans l'esprit

Dorn transpose le thème de la guerre[379] sur le plan moral[380] et le rapproche ainsi de la conception moderne de la dissociation psychique qui est, comme on le sait, le fondement des psychoses et des névroses psychogènes. « Dans le creuset de la croix » et dans le feu, dit l'*Aquarium Sapientum,* l'homme parvient, « tel l'or terrestre, à la véritable tête de corbeau noir[381], c'est-à-dire qu'il est totalement défiguré et devient un objet de dérision aux yeux du monde[382], et cela non seulement pendant quarante jours, quarante nuits ou quarante années[383], mais souvent durant le cours entier de sa vie, si bien qu'il doit éprouver plus de douleur du cœur que de consolation et de joie, plus de chagrin que de contentement ». « Par cette mort spirituelle qu'il subit son âme est entièrement libérée[384]. » Ces paroles font ressortir clairement que la *nigredo* causée chez l'adepte signifie une *deformatio,* une altération de lui-même et une souffrance spirituelle que l'auteur assimile à celle de l'infortuné Job. Le malheur immérité de Job qui lui a été infligé par Dieu est, comme

humain : ce sont l'ambition, la brutalité, la calomnie et la dissension.) « Vita brevis », *Theat. Chem.* 1602, I, p. 531.

379. Un traité paru en 1604 a pour titre « *Entretien d'Eudoxe et de Pyrophile sur l'ancienne guerre des chevaliers.* » Voir à ce sujet mon étude : « Les aspects psychologiques de l'archétype de la mère » dans *Les Racines de la conscience,* trad. fr. 1971.

380. L'*Aquarium Sapientum* dit de même (*Mus. Herm.* p. 129) : « *Homo a Deo in fornacem tribulationis collocatur et ad instar compositi Hermetici tamdiu omnis generis angustiis, diversimodisque calamitatibus et anxietatibus premitur, donec veteri Adamo et carni (Ephes.* IV) *siet mortuus et tamquam vere novus homo... iterum resurgat.* » (L'homme est placé par Dieu dans la fournaise de la tribulation et, tel le compost hermétique, il est accablé par des difficultés de toute nature, par toutes sortes de calamités et d'angoisses jusqu'à ce qu'il soit mort au vieil Adam et à la chair (Ephés. IV) et qu'il ressuscite comme un homme vraiment nouveau.)

381. « *Rectum nigrum corvi caput sortitur.* »

382. Ici l'auteur renvoie au chap. V du Livre de la Sagesse, visant manifestement les versets 4 et 5 : « *Hi sunt, quos habuimus aliquando in derisum et in similitudinem improperii. Nos insensati vitam illorum aestimabamus insaniam et finem illorum sine honore.* » (Voici ceux que nous avons eus autrefois en dérision et en proverbes outrageants. Nous, insensés, nous estimions leur vie une folie et leur fin sans honneur.) L'auteur cite également le ch. XXX de *Job* où l'on relèvera le verset 10 : « *Abominantur me et longe fugiunt a me et faciem meam conspuere non verentur.* » (Ils m'ont en horreur et ils fuient loin de moi, et ils n'ont pas honte de me cracher au visage.)

383. Gen. VIII, 6 : après 40 jours Noé lâche le corbeau. Gen. VII, 7 : la décrue du déluge. Gen. VII, 4 : « *Ego pluam super terram quadraginta diebus et quadraginta noctibus.* » (Je ferai pleuvoir sur la terre pendant quarante jours et quarante nuits.) Luc. IV, 1 : « *(Jesus) agebatur a Spiritu in desertum diebus quadraginta, et tentabatur a diabolo.* » (Jésus était conduit par l'Esprit dans le désert pendant quarante jours et il était tenté par le diable.) Exod. XXXIV, 28 : Moïse demeure 40 jours et 40 nuits avec Dieu. Deut. VIII, 2 : le séjour du peuple dans le désert pendant quarante ans.

384. « *Per spiritualem istam suam mortem, anima sua omnino eximitur.* » l.c. p. 130.

on le sait, la souffrance du serviteur de Dieu et une préfiguration de la passion du Christ. On voit ici comment la figure du Fils de l'Homme s'est insinuée et dessinée progressivement dans l'homme ordinaire qui a assumé « l'œuvre ».

160 Déjà au IIe siècle de notre ère, Wei Po-Yang dresse, en dehors de toute influence de l'alchimie occidentale et sans subir le poids des conceptions de notre psychologie chrétienne, un tableau saisissant des souffrances qui naissent d'une erreur dans l'œuvre : « Le désastre ira jusqu'à la masse noire ; des gaz, provenant des aliments consumés, produiront des bruits dans l'intestin et l'estomac. Les jours et les nuits s'écouleront sans sommeil, lune après lune. Le corps sera épuisé, faisant naître l'apparence de la folie. Les cent pouls causeront des mouvements et des bouillonnements si violents qu'ils chasseront la paix de l'esprit et du corps... Des êtres fantomatiques feront leur apparition et il en éprouvera de la stupeur jusque dans son sommeil. Il est ensuite amené à se réjouir, pensant qu'il est assuré de la longévité. Mais tout à coup il est saisi par une mort prématurée[385]. » On comprend alors pourquoi Khunrath écrit[386] : « Mais surtout prie Dieu pour (obtenir) le *Spiritum Discretionis Bonum*, le Bon Esprit qui discerne le bien du mal, pour qu'il te conduise lui-même dans la connaissance et la compréhension véritables de la lumière de la nature, dans le grand livre de la nature ; ainsi tu te dirigeras hors du labyrinthe des très, très nombreux papiers trompeurs, et aussi des livres de parchemin, et tu parviendras au terrain de la vérité, et à une bonne fin. »

161 Le *Tractatus Aureus Hermetis* (le Traité d'or d'Hermès) connaît également la dépression de l'adepte. Il dit, à la fin du chapitre 1er : « Mon fils, ta pierre est cachée, multicolore et née dans *une seule* couleur ; apprends à la connaître et cache-la. Si le Tout-Puissant le permet, vous sortirez ainsi de la maladie suprême, de la tristesse[387], de toute détresse et de toute angoisse, vous passerez, avec son aide, de l'obscurité à la lumière, du désert à une terre habitée, d'une étroite (gorge) au large (espace)[388]. »

162 Ces témoignages suffisent sans doute à montrer non seulement que l'artiste était inclus dans son œuvre, mais aussi *qu'il le savait*.

385. *Isis*, VIII, 238. Cf. à ce sujet le thème du supplice dans *Les Racines de la conscience*, Liv. IV.
386. *Hyl. Chaos*. 1597, p. 186 et sv.
387. Au lieu du terme « *tristitia* » que l'on rencontre dans la présente citation, les textes utilisent habituellement celui de « *melancholia* » comme synonyme de *nigredo*. *Consilium Conjugii*, 1566, p. 125 et sv. « *Melancholia id est nigredo*. »
388. *Ars Chemica*, 1566, p. 14.

7

# *RELATION DU SYMBOLE DU ROI AVEC LA CONSCIENCE*

163 L'APOTHÉOSE du roi, le lever du soleil qui se renouvelle, signifient, selon notre hypothèse, qu'une nouvelle dominante a fait son apparition dans la conscience et qu'il s'est produit, de ce fait, une inversion du potentiel psychique : la conscience n'est plus désormais placée sous l'autorité de l'inconscient — situation dans laquelle la dominante est cachée et inconsciente au cœur des ténèbres —, mais elle a aperçu et reconnu un but très élevé. C'est ce changement radical que décrit l'apothéose du roi, et le sentiment de ce renouvellement ne s'exprime nulle part mieux que dans certains de nos plus beaux chorals. La Mère Lune, aspect maternel de la nuit, est incluse dans la *Cantilena* et l'on évoque à ce propos l'apothéose finale du second *Faust*. C'est encore comme si le lever de la lune dans la nuit se parait d'une splendeur égale à celui du soleil. De même que notre reine « est ruisselante de baumes », la déesse céleste que célèbrent les *Actes de Thomas* (ch. VI) répand les parfums. Elle n'est pas seulement mère, mais aussi « *κόρη, τοῦ φωτὸς θυγάτηρ* » (jeune fille, fille de la lumière). Elle est la *Sophia* gnostique [389] à laquelle correspond la Mère Alchimie. Si notre interprétation du *Rex Sol* est exacte, la Mère Lune, qui est l'inconscient, doit de son côté être rendue visible, c'est-à-dire en quelque sorte *consciente,* par l'apothéose. Cela paraît à première vue constituer une contradiction dans les termes, mais s'explique, moyennant un examen plus attentif, comme la venue à la conscience d'un contenu essentiel ou principal de l'inconscient. D'abord et avant tout, c'est le principe féminin dans l'homme, l'*anima,* qui devient visible ; c'est, en second lieu, le clair de lune qui rend possible la vision dans la nuit, c'est-à-dire une

389. Bousset, *Hauptprobleme der Gnosis,* 1907, pp. 58 et sv.

certaine clarté rendant l'inconscient pénétrable[390]. Enfin la lune représente le *rotundum* (la forme ronde) sur lequel je ne puis m'étendre ici, puisque le lecteur trouvera dans *Psychologie et Alchimie* toutes les explications souhaitables. La forme ronde (*plenilunium, circulus lunaris :* pleine lune, orbe lunaire)[391] est considérée comme le reflet du soleil ; c'est donc l'homme primordial (*anthropos*) apparaissant dans le monde sublunaire (c'est-à-dire, psychologiquement, le *Soi*, la totalité psychique)[392].

164 La Lune constitue le lien unissant l'idée de la Vierge-Mère et celle de l'Enfant, qui naît rond, bien portant, parfait. La nouvelle naissance à partir de la lune peut donc s'exprimer par la joie pascale du chrétien aussi bien que par l'émotion de l'aurore mystique, de l'*aurora consurgens,* car le roi ressuscité est « l'âme qui est infusée à la pierre morte »[393]. L'idée de la forme circulaire est également exprimée dans la couronne qui symbolise la royauté. « La couronne du roi » (*corona regis*) est donnée comme synonyme de *cinis, corpus, mare, sal, mater et virgo sancta* (cendre, corps, mer, sel, mère et vierge sainte)[394] et se trouve donc clairement identifiée au principe féminin.

165 Cette relation spéciale qui existe entre la forme ronde et la mère s'explique par le fait que cette dernière, en tant qu'inconscient, est en quelque sorte le lieu dans lequel et à partir duquel apparaît le symbole de la totalité. Le fait que la forme ronde (*rotundum*) soit pour ainsi dire contenue dans l'*anima* et d'une certaine manière annoncée par elle, confère à cette forme l'importance et le pouvoir

390. L'*anima* joue le rôle d'intermédiaire entre la conscience et l'inconscient collectif, comme le fait la *persona* entre le moi et le monde environnant. Voir *Dialectique du Moi et de l'Inconscient*. Trad. fr. 1964.

391. Le « Scriptum Alberti » (*Theat. Chem.* 1602, II, p. 527) contient le passage suivant : « *Ciconia ibi sedebat, quasi se appellans circulum lunarem.* » (Une cigogne était assise là, comme si elle s'était appelée le cercle lunaire.) La cigogne a, comme le cygne et l'oie, une signification maternelle.

392. La coïncidence de l'apothéose du roi avec la nativité du Christ est relevée dans l'*Arcanum Hermeticae Philosophiae Opus* p. 82, (ouvrage publié sans nom d'auteur à Genève en 1553, mais reconnu comme étant l'œuvre de d'Espagnet) : « *Postremum vero (opus) in altero regali Jovis solio desinet, a quo Rex noster potentissimus coronam pretiosissimis Rubinis contextam suscipiet,*

" *sic in se sua per vestigia volvitur annus* ". »

(Enfin [l'œuvre] se terminera dans l'autre trône royal de Jupiter duquel notre Roi très puissant recevra une couronne incrustée de rubis très précieux.

« Ainsi l'année se déroule en elle-même en suivant ses propres traces. »)

393. « Exercit. in Turbam », *Art. Aurif.* 1593, I, p. 181 : « *Rex ortus est, id est anima... lapidi mortuo infusa est.* » (Le roi est né c'est-à-dire que l'âme... a été infusée à la pierre morte.)

394. *Exercit.* l.c. p. 180.

de fascination extraordinaires qui sont, dans le bon et dans le mauvais sens, le propre de « l'éternel-féminin ». Le principe féminin apparaît donc à un certain niveau comme le porteur authentique de la totalité désirée et recherchée, c'est-à-dire, en définitive, de la rédemption.

166 Notre tentative d'explication part du fait que le roi est pour l'essentiel synonyme de *Sol* et que ce dernier est la *clarté diurne de la psyché,* c'est-à-dire la conscience. Celle-ci, fidèle compagne du soleil dans son cours, se lève chaque jour de la mer du sommeil et du rêve et s'y éteint de nouveau chaque soir avec le soleil. De même que le soleil, dans la ronde des planètes et dans l'espace étoilé du ciel, tourne en tant que figure isolée comme n'importe lequel des autres archontes planétaires, ainsi la conscience qui, « se connaissant elle-même », rapporte tout à son moi en tant que centre du *cosmos,* est l'un des archétypes de l'inconscient parmi d'autres. Elle ressemble en cela au roi Hélios du syncrétisme du Bas-Empire, tel qu'il se présente à nous, par exemple, chez Julien l'Apostat. C'est ainsi sans doute qu'apparaîtrait le complexe de la conscience s'il pouvait être observé d'une des autres planètes, un peu comme le soleil vu de la terre. En fait, la personnalité subjective du moi, en d'autres termes, la conscience avec ses contenus, est vue sous ses différents aspects par un observateur inconscient, ou, plutôt, situé dans l'espace de l'inconscient. Qu'il en soit ainsi, la preuve en est donnée par les rêves dans lesquels la personnalité consciente, le moi du rêveur, est souvent représentée d'un point de vue qui diffère du tout au tout de celui de la conscience. Un tel phénomène ne pourrait évidemment pas se produire s'il n'existait pas dans l'inconscient la possibilité d'autres points de vue qui se trouvent en opposition ou en concurrence avec celui du moi. Ces relations sont exprimées de façon frappante par le symbolisme planétaire. Notre roi représente la conscience du moi, le sujet de tous les sujets, en tant qu'objet. Il montre, par son destin mythique, l'ascension et le déclin du plus glorieux et du plus divin de tous les phénomènes de la création, sans lequel le monde n'a pas d'existence objective. En effet tout ce qui est existe seulement par le fait qu'il est connu directement ou indirectement, et en outre cette connaissance est à l'occasion représentée comme si elle ne se connaissait pas elle-même, un peu comme si le sujet était observé d'une des autres planètes, d'un œil tantôt bienveillant et tantôt sarcastique.

167 Cette situation, qui n'est pas des plus simples, provient d'une part de ce que le moi a la propriété paradoxale d'être aussi bien le sujet

que l'objet de son savoir, et d'autre part de ce que la psyché n'a pas d'unité, mais est une « constellation » dans laquelle il y a, auprès du soleil, d'autres lumières encore. Le complexe du moi n'est pas le seul complexe psychique[395]. On ne doit pas écarter la possibilité que des complexes inconscients émettent une certaine luminosité, c'est-à-dire parviennent à un certain degré de conscience. Il peut se créer de ce fait une sorte de personnalité secondaire, comme le prouve l'expérience psychopathologique. Mais si une telle possibilité existe, l'observation du complexe du moi à partir d'un autre point de vue situé dans la même psyché est également possible. Ainsi que je l'ai déjà dit, c'est sur un tel fondement que me paraît reposer la représentation critique du moi dans les rêves et les états psychiques anormaux.

168 Souvent le conscient ne sait rien ou pas grand-chose de sa transformation et, en outre, il n'en veut rien savoir. Plus il se comporte de façon impérieuse et assurée de la validité éternelle de sa vérité, plus il est sûr de lui, et plus il s'identifie complètement à cette vérité. La royauté du soleil qui est un dieu éternel passe ainsi au roi humain qui personnifie l'idée dominante devenue maîtresse et doit en conséquence partager son destin. Le monde des phénomènes est régi par la loi du *παντα ρει*, du changement éternel, et il semble que toute vérité se transforme et que seul ce qui se transforme demeure vrai. Tout vieillit et a besoin de la transformation et du renouvellement.

169 D'une autre planète on s'aperçoit impitoyablement que le roi se fait vieux, avant même qu'il veuille le tenir pour vrai : les idées régnantes, les « dominantes » se transforment, et cette transformation qui, nous l'avons dit, demeure souvent cachée à la conscience, ne se reflète que dans les rêves. Le *rex Sol* chemine, comme archétype du conscient, à travers le monde de l'inconscient, en tant qu'une de ces nombreuses formes qui sont peut-être également susceptibles de devenir conscientes. Ces lumières secondaires sont, suivant la conception ancienne, identiques aux correspondances planétaires dont l'astrologie postule l'existence dans la psyché. Par suite, quand un alchimiste évoque l'esprit de Saturne comme parèdre, il faut entendre par là une tentative pour rendre conscient un point de

395. La conception primitive d'une pluralité d'âmes concorde avec nos constatations. Sur cette question voir E.B. Taylor, *Die Anfänge der Kultur*, 1873, p. 426 et sv. Fr. Schultze, *Psychologie der Naturvölker*, 1900, p. 268. A.E. Crawley, *The Idea of the Soul*, 1909, p. 235 et sv. J.G. Frazer, *Taboo and the Perils of the Soul*, 1911, pp. 27, 80. *Idem. Balder the Beautiful*, II, p. 221 et sv.

vue du non-moi et, en même temps, une opération qui rend relative la valeur de la conscience et de ses contenus. L'intervention de l'esprit des planètes est souhaitée comme auxiliaire et pensée comme telle. Si le roi vieillit et a besoin de régénération, on prépare en quelque sorte un bain des planètes, c'est-à-dire un bain dans lequel toutes les planètes déversent leur « influence »[396]. On exprime par là l'idée que la dominante affaiblie par l'âge a besoin de l'appui et de l'influence des lumières ses voisines pour retrouver force et jeunesse. Elle est comme dissoute dans les autres archétypes planétaires, puis reconstituée dans son unité. Grâce à ce processus de fonte et de refonte, il se produit un nouvel amalgame qui possède en quelque sorte une nature plus vaste, plus compréhensive, puisqu'elle a reçu en elle l'influence des autres planètes, des autres métaux[397].

170 On reconnaît sans peine dans cette image alchimique la projection du processus de transformation : le vieillissement d'une dominante psychique se manifeste en ce qu'elle capte et exprime à un degré de plus en plus restreint la totalité psychique. On peut également dire que l'âme ne se sent plus entièrement reçue dans la dominante, ce qui se manifeste dans le fait que cette dernière perd son pouvoir de fascination et ne saisit plus l'âme aussi pleinement qu'auparavant. D'un autre côté le sens dont elle est porteuse n'est plus compris de façon suffisante, ou ce que l'on en comprend ne touche plus le cœur. Un tel sentiment d'incomplétude[a] provoque une réaction compensatrice qui attire d'autres domaines de l'âme et leurs contenus pour combler les vides. Il s'agit en général d'un processus inconscient qui se produit toujours là où l'orientation et l'attitude de la conscience s'avèrent défectueuses. J'insiste sur ce point, car le conscient est mauvais juge en sa propre cause et s'obstine souvent dans l'illusion que son attitude est on ne peut plus juste et que seules de fâcheuses circonstances extérieures viennent se mettre en travers de son action. Si, dans des cas semblables, on tenait compte des rêves, on verrait bien vite apparaître les raisons pour lesquelles les postulats qui régissent le conscient demeurent inefficaces. Si finalement des symptômes névrotiques se déclarent alors, l'attitude du conscient, sa dominante, reçoit du même coup un démenti, et il se prépare en quelque sorte dans l'inconscient un soulèvement des archéty-

396. Voir *Psychologie et Alchimie*, fig. 257.
397. Voir *Psychologie et Alchimie*, fig. 149.
a. En français dans le texte. (N.d.T.)

pes qui avaient été le plus opprimés par l'attitude consciente. Sur le plan de la thérapie il ne reste plus qu'à confronter le moi avec son adversaire, ce qui déclenche le processus de fonte et de refonte. La confrontation s'exprime dans le mythe alchimique du roi comme le choc entre le monde masculin et spirituel du père, du *rex Sol,* avec le monde chrétien et féminin de la mère, de l'*aqua permanens,* du « chaos ». L'illégitimité de ce rapport apparaît comme un inceste : celui-ci est voilé dans la *Cantilena* de Ripley par l'adoption qui n'en a pas moins pour conséquence la grossesse de la mère. Ainsi que je l'ai déjà exposé ailleurs, l'inceste exprime l'union de principes apparentés et même semblables : l'adversaire du soleil est son propre aspect chthonien et féminin qu'il semblait avoir oublié. Le reflet du soleil est la lune féminine qui a dissous le roi dans son humidité. C'est comme si le soleil descendait dans la profondeur obscure des eaux du monde sublunaire pour unir la vertu d'en haut avec celle d'en bas (cf. la descente de Faust dans le monde des Mères). La dominante du conscient qui avait perdu son efficacité disparaît d'une façon inquiétante dans les contenus de l'inconscient qui montent, si bien qu'il se produit tout d'abord un obscurcissement de la lumière. Le combat se déchaîne entre les éléments opposés du chaos primitif comme s'ils n'avaient jamais été subjugués. Le conflit se trouve ainsi déclenché entre la dominante de la conscience du moi d'une part et les contenus de l'inconscient d'autre part, et cela avec une violence telle que la raison cherche à ligoter son opposé. Mais à la longue cette tentative échoue, jusqu'au moment où le moi accepte sa défaite et laisse libre cours au combat furieux des puissances psychiques qui se déroule en lui. Lorsque le moi ne s'interpose pas avec son irritante intellectualité, les opposés se rapprochent les uns des autres, et cela précisément à la faveur du combat lui-même, et ce qui offrait l'apparence de la mort et de la destruction se change peu à peu en un état latent d'unité, qu'exprime de façon adéquate le symbole de la grossesse[398]. De son côté le roi, c'est-à-dire la dominante antérieure du conscient, se transforme, grâce à ce processus, en une totalité véritable et opérante, tandis qu'il n'avait jusque-là qu'une prétention à la totalité.

171 La *Cantilena* nous a révélé la nature de la dominante qui, non seulement chez Ripley, mais chez un grand nombre d'autres alchi-

398. La phase du combat des opposés est la plupart du temps représentée par des bêtes luttant entre elles, tels que des lions, des dragons, un loup et un chien. Voir par exemple les symboles de Lambsprinck dans le *Museum Hermeticum,* 1678.

mistes, doit subir la transformation : c'est la vision chrétienne du Moyen Age. Ce problème est d'une telle dimension que l'on ne peut s'attendre qu'un esprit médiéval ait pu en avoir conscience, même de façon approximative. Il devait à cette époque se dérouler entièrement sous forme de projection, c'est-à-dire de manière inconsciente. Pour la même raison il n'est guère possible aujourd'hui encore de le saisir dans sa totalité, et c'est pourquoi l'interprétation psychologique de l'*Un,* du *filius regius,* se heurte aux plus grandes difficultés. A la manière lyrique dont les alchimistes célèbrent leur « fils », on reconnaît clairement qu'ils entendaient par ce symbole le Christ lui-même ou une réalité correspondante. Naturellement il ne s'agit plus ici de la personnalité historique de Jésus qui était alors entièrement recouverte par la figure dogmatique de la seconde personne de la Trinité. Ce symbole s'était cristallisé peu à peu au cours d'une confrontation séculaire, encore qu'il fût déjà clairement préfiguré dans le *Logos* de l'évangile johannique. En outre l'idée de Dieu en tant que *senex* et *puer* (vieillard et enfant) fut conçue non seulement par les alchimistes, mais aussi par des clercs non alchimistes, comme une transformation de Dieu, je veux dire comme une manifestation du Yahvé coléreux et vindicatif de l'Ancien Testament sous la forme du Dieu d'amour du Nouveau Testament. Ainsi l'archétype de la régénération du roi a fait son apparition non seulement chez les « philosophes », mais aussi dans les cercles ecclésiastiques[399].

172 Une explication psychologique du symbole du *filius regius* ne peut être entreprise qu'une fois que cette image s'est dépouillée de sa forme de projection et qu'elle est devenue une pure expérience psychique. Le parallèle entre le Christ et le *lapis* montre déjà à l'évidence que le *filius regius* était un événement psychique plus qu'un phénomène physique, puisque ce dernier ne peut jamais, bien entendu, être réalisé d'une manière démontrable, tandis que le premier, en tant qu'expérience religieuse, est hors de question. Il existe un grand nombre de passages que l'on peut comprendre sans peine — si étrange que puisse paraître un tel rapprochement — comme une expérience du Christ dans la matière. D'autres textes mettent l'accent sur le *lapis* avec une telle énergie que l'on ne peut s'empêcher d'y voir un renouvellement et un complément de l'image dogmatique. Une substitution pure et simple du *filius regius* au *Deus Christus* n'apparaît jamais, à ma connaissance, dans la littérature, et

399. Voir à ce sujet *Psychologie et Alchimie,* trad. cit. p. 552 et sv.

c'est pourquoi, si l'alchimie doit être désignée comme hérétique, elle n'en reste pas moins chrétienne. Le *lapis-Christ* est demeuré une figure ambiguë.

173 Cette constatation est d'une importance capitale pour l'interprétation psychologique du *filius regius.* L'inconscient prend dans celle-ci la place de la matière au pouvoir magique de fascination dans laquelle il avait été projeté. Pour ce qui regarde la conscience moderne, l'image dogmatique du Christ s'est transformée, sous l'influence du protestantisme à tendance évangélique, en la figure personnelle de Jésus-Christ, que le protestantisme libéral, dans son horreur de toute « mystique », a, à son tour, progressivement réduite à un pâle modèle éthique. La suppression de l'élément féminin, c'est-à-dire du culte de la Mère de Dieu, dans le protestantisme a fait le reste pour dénouer le lien qui unissait la spiritualité de l'image dogmatique du Christ avec l'homme terrestre, et pour l'amener ainsi à s'enfoncer graduellement dans l'inconscient. Quand des images si grandes et si importantes tombent dans l'oubli, elles ne disparaissent pas pour autant du domaine de l'humanité et ne perdent pas leur pouvoir psychique. Quiconque au Moyen Age possédait la mystique de l'alchimie demeurait en liaison avec le dogme vivant, même s'il était protestant. C'est même vraisemblablement la raison pour laquelle l'alchimie a produit sa plus belle floraison à la fin du XVIe siècle et au XVIIe. Elle représentait en quelque sorte pour les protestants un ultime moyen d'être encore catholiques. On trouvait dans le grand œuvre alchimique un rite de métamorphose de grande valeur et un *mysterium* concret. Cependant l'alchimie n'a pas fleuri seulement dans les pays protestants, mais aussi en terre catholique : l'alchimie a connu au XVIIIe siècle encore une expansion particulière en France, comme l'attestent un grand nombre de manuscrits et d'ouvrages tels que ceux de Dom Pernety (1716-1800 ou 1801), de l'abbé Nicolas Lenglet-Dufresnoy (1674-1752 ou 1755) ou le grand recueil réalisé par J.-J. Manget (1702). Cela n'a rien d'étonnant étant donné qu'à cette époque se préparait en France le moderne « schisme » antichrétien qui devait atteindre un premier sommet au cours de la Révolution, ce prélude relativement anodin aux horreurs de notre temps. Le déclin de l'alchimie à l'âge des Lumières a également signifié pour beaucoup d'Européens la « descente aux enfers » de toutes les images dogmatiques qui, jusque-là, étaient du moins restées encore immédiatement présentes dans les secrets prêtés à la matière chimique.

174 Quand la dominante de la conscience vient à se désagréger, il s'ensuit chez l'individu une irruption du chaos[400]. Le même phénomène se produit chez les masses (Guerre des Paysans, Anabaptistes, Révolution française, etc.) et, de même que dans le premier cas la guerre s'allume entre les éléments, on voit, dans le second, se déchaîner le plaisir de tuer et l'ivresse du sang. C'est là la maladie de la mère dont la *Cantilena* donne une description si vivante. La ruine des images éternelles n'est pas pour l'homme de discernement une affaire de peu d'importance. Mais comme le nombre des hommes sans discernement est infiniment plus élevé, personne apparemment ne prend garde que la vérité exprimée par le dogme s'évanouit dans un lointain nébuleux, et personne ne ressent de manque. L'homme de discernement sait et éprouve que son âme est affligée et inquiète pour avoir perdu quelque chose qui était l'essence de la vie de ses ancêtres. L'homme sans discernement (*ἄνοος*) ne ressent aucun manque et découvre seulement par les journaux (et il est alors bien trop tard) des symptômes alarmants qui sont désormais devenus « réels » dans le monde extérieur, parce qu'on ne les avait pas discernés en soi-même, pas plus qu'on n'avait remarqué plus tôt la présence des symboles éternels. Si l'on y avait pris garde, il se serait élevé une lamentation sur le Dieu perdu comme celle que suscita, dans l'Antiquité, la mort du grand Pan[401]. Au lieu de cela, les bien-pensants ont assuré qu'il suffit de croire qu'il est encore là, ce qui ne fait qu'accentuer l'état d'inconscience. Une fois que les symptômes apparaissent au-dehors sous la forme d'une maladie spirituelle d'ordre politique et social, il n'est plus possible de convaincre qui que ce soit que le conflit a son siège dans l'âme de chaque individu, car chacun sait bien désormais où se trouve l'ennemi. Le conflit qui, dans l'âme de l'homme de discernement, demeure un phénomène intérieur à la psyché, se transforme alors, au niveau de la projection, en crise politique ou en violence meurtrière. Pour amener de telles conséquences, il suffit de persuader intimement l'homme que

400. Voir à ce sujet *Psychologie et Alchimie*, trad. cit. p. 47 ainsi que p. 67 et sv.

401. Dans l'antiquité tardive Pan n'était plus le grotesque dieu-pâtre, mais sa figure avait pris une signification philosophique. Chez les Naassènes d'Hippolyte, il est une des formes du *πολύμορφος* Ἄττις (Attis aux formes nombreuses) (*Elenchos*, V, 9, 9) et son nom est synonyme d'Osiris, Sophia, Adam, Corybante, Papa, Baccheus, etc. L'histoire de la lamentation sur la mort du grand Pan est rapportée par Plutarque (*De defectu oraculorum*, 17). A ce cri correspond à l'époque moderne celui de Zarathoustra : « Dieu est mort. » La citation exacte est la suivante : « Serait-ce possible ? Ce vieux saint dans sa forêt n'a pas encore entendu dire que *Dieu est mort ?* » (*Ainsi parlait Zarathoustra*, Prologue 2. Trad. H. Albert, p. 10.)

son âme, et la psychologie en général, sont sans signification et sans valeur. Il faut que les chaires officielles s'unissent pour lui démontrer que tout salut vient de l'extérieur et que le sens de son existence se trouve dans « la société », afin de le conduire facilement là où il n'a déjà que trop tendance à se porter naturellement, dans un monde infantile où l'on rejette finalement toute responsabilité sur les autres, où tout ce qui peut aller de travers est toujours la faute des autres. Quand l'homme ne sait plus par quoi est constitué le soutien de son âme, le potentiel de l'inconscient s'élève et celui-ci prend la direction. L'homme est débordé par ses désirs, et des buts illusoires, prenant la place des images éternelles, excitent sa convoitise. La bête de proie s'est emparée de lui et lui a fait bien vite oublier qu'il est un homme. Cette bête avec ses affects lui interdit toute réflexion qui pourrait arrêter en chemin ses désirs infantiles, et le remplit du sentiment d'un droit à l'existence nouvellement conquis, le grisant en même temps d'un désir de butin et de sang.

175 Seule la présence vivante des images éternelles permet à l'âme d'acquérir cette dignité qui donne à l'homme l'idée et la possibilité morale de se tenir ferme auprès de son âme, et le persuade que c'est son intérêt de demeurer avec elle. Alors seulement il se rendra compte que le conflit est sien, que la discorde est son douloureux patrimoine, que l'on ne s'en débarrasse pas en s'en prenant aux autres, et que si le destin réclame de lui une faute, cette faute, c'est envers lui-même qu'il la commettra. Il reconnaît alors la valeur de son âme, car nul ne peut être coupable envers un néant. Mais si l'homme perd la valeur qui est la sienne, il devient un ravisseur affamé, un loup, un lion et toutes les figures de proie qui servent aux alchimistes à symboliser les appétits qui se déchaînent lorsque les eaux noires du chaos, c'est-à-dire de la projection inconsciente, ont dévoré le roi [402].

176 Il est dans la *Cantilena* de Ripley un trait subtil : les envies de femme enceinte éprouvées par le monde primitif maternel sont apai-

402. « Au milieu du Chaos est un petit globe heureusement distingué, qui est l'endroit éminent du rapport de tout ce qui est utile à ceste recherche. Ce petit lieu plus capable que tout l'entier, ceste partie comprenant son tout, cet accessoir plus abondant que son principal, ouvrant le poinct de ses thrésors fait apparoistre les deux substances qui ne sont qu'une unique... De ces deux se mesle l'unique parfait, le simple abondant, le composé sans parties, le seul impartible cogneu des sages, duquel sort le Rinceau du Destin, qui s'estend uniment jusques dehors le Chaos, depuis lequel il s'avance sans désordre jusques à la fin legitime. » C'est ainsi que Béroalde de Verville décrit le germe de l'Un dans l'inconscient. (*Recueil Stéganographique. Songe de Poliphile,* 1600, II et sv.)

sées par de la chair de paon, c'est-à-dire par sa propre chair, et par du sang de lion, c'est-à-dire par son propre sang[403]. Si le conflit projeté doit guérir, il faut qu'il retourne dans l'âme de l'individu où il avait pris naissance. Quiconque veut sortir vainqueur de cette catastrophe doit célébrer avec lui-même la dernière Cène, manger sa propre chair et boire son propre sang : il doit pouvoir reconnaître et accepter l'autre en lui-même. Mais s'il persiste dans son attitude unilatérale, deux lions se dévoreront entre eux. C'est là sans doute ce que voulait enseigner le Christ lorsqu'il disait qu'il faut prendre sur soi sa croix. Mais quand quelqu'un doit se supporter lui-même, comment pourra-t-il encore en dévorer un autre ?

177 Le symbolisme alchimique fait naître des réflexions de ce genre, et il est aisé de s'en rendre compte quand on examine d'un peu près, à la loupe, les « allégories » et qu'on ne commence pas par les rejeter comme des absurdités sans valeur. Le prodige qui consiste à se nourrir de sa propre substance — prodige qui correspond d'une façon si rigoureuse au prototype du Christ — ne signifie rien de moins que l'intégration des parties de la personnalité qui jusque-là devaient demeurer encore à l'extérieur de la conscience du moi. Le lion et le paon, images de la « concupiscence » et de l'« orgueil » (*concupiscentia* et *superbia*) évoquent la prétention arrogante de l'ombre humaine que l'on projette si volontiers sur le prochain, afin de faire passer sur lui, avec un semblant de raison, ses propres fautes. L'image primitive de l'*ouroboros* contient déjà la pensée de l'être qui se dévore lui-même et forme un cercle avec lui-même, car tous les alchimistes un peu subtils discernaient clairement que la *prima materia* de l'art était, à un certain point de vue, l'homme lui-même[404]. L'*ouroboros* qui dévore sa queue est un symbole expressif

403. Le lion est, conformément à sa nature ignée, « l'animal affectif » par excellence. Boire le sang, c'est-à-dire l'essence du lion, signifie donc que l'on s'assimile sa propre affectivité. En blessant le lion, on le transperce en quelque sorte, c'est-à-dire que le sentiment est transpercé par le coup bien ajusté de l'arme, c'est-à-dire de l'intuition aiguë qui pénètre les motifs de ce sentiment. En alchimie, blesser, mutiler le lion c'est, en fait, dompter la concupiscence. Cf. Béroalde de Verville, *Recueil*, l. c.

404. On lit déjà dans le traité de Morien le Romain (VII^e^-VIII^e^ siècles) : « *Haec enim res a te extrahitur ; cujus etiam minera tu existis ; apud te namque illam inveniunt et, ut verius confitear, a te accipiunt ; quod cum probaveris, amor ejus et dilectio in te augebitur. Et scias hoc verum et indubitabile permanere.* » (Car cette chose est extraite de toi ; c'est par son minerai que tu existes ; car c'est chez toi qu'ils la trouvent, et, pour dire plus vrai, c'est de toi qu'ils la reçoivent ; lorsque tu l'auras vérifié, l'amour et la dilection que tu lui portes augmenteront en toi. Et sache que cela subsiste véritable et indubitable.) *Art. Aurif.* 1593, II, p. 37.

de l'assimilation et de l'intégration de la partie opposée, c'est-à-dire de l'ombre. Ce phénomène circulaire est expliqué simultanément comme un symbole de l'immortalité et de la régénération, puisqu'il est dit de l'*ouroboros* qu'il se tue et se vivifie lui-même, qu'il jouit de lui-même et s'engendre lui-même. Il représente depuis l'Antiquité la plus lointaine l'*Un* qui sort de l'union des opposés en lutte et il constitue par suite le mystère de la *prima materia* qui, en tant que projection, sort indiscutablement de l'inconscient humain. Il doit donc exister dans celui-ci un élément psychique qui permette de telles affirmations, et ces affirmations doivent caractériser en quelque manière l'élément en cause, même si on ne doit pas les prendre à la lettre. Ce qui constitue en dernière analyse le motif d'affirmations et de manifestations semblables demeure un mystère, mais un mystère dont la parenté intérieure avec les *mysteria fidei* était pressentie et éprouvée par les adeptes et qui, pour cette raison, était identifié avec eux.

# 8

## *ASPECT RELIGIEUX DU RENOUVELLEMENT DU ROI*

178 La psychologie médicale contemporaine a reconnu comme une nécessité thérapeutique et comme la condition préalable de toute méthode psychologique complète que la conscience doit être confrontée avec son ombre[405]. Cela doit conduire à une sorte de relation, même si d'abord et pour une assez longue période celle-ci consiste seulement en un conflit ouvert. Cette lutte ne peut en aucune manière recevoir de solution par des moyens rationnels[406]. Si l'on parvient à la refouler par l'effort de la volonté, elle passe dans l'inconscient et se manifeste seulement de façon indirecte, ce qui ne constitue nullement un avantage, mais présente même à l'occasion un danger plus grave. La lutte se poursuit jusqu'à ce que les combattants soient à bout de souffle. Ce qui en sortira, la raison ne peut le prévoir. Il est dans tous les cas certain que les deux parties se transforment, mais ce que sera finalement le produit de l'unification, on ne peut l'imaginer. C'est exclusivement sur le plan empirique qu'on le vérifie tout d'abord comme une expérience subjective qui, selon le témoignage unanime de l'histoire de l'esprit, représente toujours un phénomène d'ordre religieux. Si donc le médecin suit sans idée préconçue le développement et l'évolution d'un conflit de cette sorte supporté d'une façon consciente, il ne manquera pas d'observer des compensations venant du côté de l'inconscient, qui tendent à instaurer une unité. Il rencontrera alors de nombreux symboles qui s'apparentent et souvent sont identiques à ceux de l'alchimie. Il découvrira ainsi qu'un certain nombre de ces images spontanées possèdent un caractère numineux qui concorde avec la qualité mystique des témoignages historiques. En outre il n'est pas rare qu'un malade qui ne s'était guère préoccupé jusque-là de questions religieuses manifeste un intérêt assez inattendu pour ce

405. Dans la version freudienne, cela s'opère en rendant conscients les contenus refoulés, dans celle d'Adler en rendant conscient le « style de vie » fictif, etc.

406. Cette phrase doit être prise dans un sens assez restreint, car elle ne s'applique pas à toutes les situations comportant un conflit. Ce que la raison peut trancher sans dommage doit être tranché en toute sécurité. Il s'agit ici de ce conflit que la raison ne peut maîtriser sans danger pour l'âme.

domaine. Ce changement peut revêtir diverses formes : il peut s'agir d'une conversion du paganisme moderne au christianisme ou d'une Église à une autre, ou encore d'un nouveau développement des pensées chrétiennes fondamentales dans une direction que le profane ne saisit pas tout d'abord. Il est sans doute superflu de souligner ici que tout traitement psychologique ne conduit pas automatiquement à rendre conscient le conflit majeur, pas plus qu'une intervention chirurgicale n'a forcément la gravité d'une ablation de l'estomac. De même qu'il existe ce que l'on appelle « la petite chirurgie », il y a aussi une petite psychothérapie dont les opérations se signalent par leur caractère anodin et n'appellent aucunement les considérations auxquelles je me livre dans ces pages. Il ne s'agit ici que d'une minorité de patients dotés de certaines exigences spirituelles, et ceux-là seuls connaissent une évolution qui pose au médecin des problèmes du genre de ceux que nous évoquons.

179 Les faits montrent que l'union des éléments antagonistes est une expérience irrationnelle que l'on peut tranquillement qualifier de « mystique », à condition d'entendre par ce terme une expérience que l'on n'est en droit de réduire à rien d'autre et à laquelle on ne doit en aucune manière refuser l'authenticité. Le critérium décisif n'est pas ici un préjugé rationaliste ou la conformité à des doctrines reçues, mais seulement et uniquement la valeur vitale de la solution découverte par le patient. Le médecin, dont la mission est avant tout de préserver la vie, se trouve placé à cet égard dans une position avantageuse, puisque sa formation fait de lui un empiriste et qu'il a dû, de tout temps, utiliser des remèdes dont il connaissait la vertu thérapeutique bien qu'il fût incapable de la comprendre scientifiquement. Et il ne fait que trop souvent l'expérience que la vertu scientifique expliquée et démontrée d'un médicament ne se vérifie pas à tout moment et en tous lieux.

180 Si les alchimistes veulent indiquer par le symbolisme du roi que celui-ci est Dieu lui-même, cela est également vrai du fils. Mais ils paraissent être demeurés hésitants et avoir reculé au moment de tirer les conséquences de leurs symboles, car il leur aurait fallu expliquer que Dieu lui-même vieillit et doit être renouvelé par l'art. La déduction d'un tel corollaire eût été encore possible en particulier à l'époque alexandrine où l'on n'éprouvait aucun scrupule à multiplier les dieux comme par enchantement. Mais une telle manière de procéder était bien étrangère à l'homme médiéval[407]. Il était bien plus proche

407. Il y avait pourtant des auteurs qui souhaitaient avoir auprès d'eux l'Esprit-Saint comme *spiritus familiaris*.

de sa mentalité de penser que l'art modifiait quelque chose en lui et il en concevait pour ce motif le résultat comme une sorte de *φάρμακον* (remède). S'il avait disposé du concept de « psychologie », il eût sans doute qualifié sa médecine de « psychique » et conçu la régénération du roi comme un changement de dominante survenu dans sa conscience, ce qui n'aurait, certes, signifié aucune intrusion magique dans la sphère divine.

181 Les conceptions et les définitions humaines de la divinité se succèdent au cours des siècles comme un défilé bigarré, et l'évangéliste Marc n'eût assurément pas été peu surpris s'il avait pu jeter un coup d'œil dans l'*Histoire des dogmes* de Harnack. Et cependant il n'est sans doute pas indifférent de se demander quelle est la définition que l'homme juge devoir donner de sa dominante consciente ou quelles sont les idées qui se présentent à lui dans ce domaine. Car c'est de cela que dépend la question de savoir si le conscient est roi ou non. Si l'inconscient est seul à régner, tout menace de finir par une destruction, comme le fait craindre l'histoire de notre époque. Si la dominante est trop faible, la vie se détruit en un conflit stérile, car le soleil et la lune ne veulent pas s'unir. Mais si c'est le fils qui prédomine, le soleil est alors son œil droit et la lune son œil gauche. La dominante doit contenir à la fois le point de vue du moi conscient, et celui des archétypes du côté de l'inconscient. La loi, qui accompagne toujours la dominante, ne doit pas être une prison pour l'un et un blanc-seing pour l'autre, mais un devoir et un droit pour tous deux.

182 La nature de cette unité qui réunit de façon inconcevable les opposés incompatibles est une question qui excède le jugement humain, pour la simple raison qu'il n'est au pouvoir de personne de dire à quoi ressemble un être qui unit en lui le champ du conscient avec celui de l'inconscient. L'homme ne connaît rien de plus que son conscient et sa connaissance de lui-même ne dépasse pas la portée de ce dernier. Au-delà existe une sphère à laquelle on ne peut assigner de limites, qui fait également partie du phénomène « homme ». On peut donc dire de l'Un qu'il ressemble à un homme, c'est-à-dire qu'il est déterminé et déterminable et, en même temps, indéterminé et indéterminable. On aboutit toujours à un paradoxe là où la possibilité de connaissance est poussée jusqu'à son terme. Le moi sans doute se connaît comme une partie de cet être, mais seulement comme une partie. Sans doute la phénoménologie de l'inconscient fait percevoir clairement que la conscience a dans son lot la noblesse ou le péril d'un royaume spirituel, mais ce que sera

le roi demeure incertain. Cela dépend de deux conditions : de la décision du moi d'une part, et du consentement de l'inconscient d'autre part. Toute dominante qui ne possède pas l'un et l'autre s'avère à la longue insuffisante. Sans doute nous savons avec quelle fréquence au cours de l'histoire le conscient a apporté des corrections énergiques à ses idées les plus centrales et les plus hautes, mais nous ne savons que peu de chose ou rien des modifications séculaires de l'inconscient ou des déroulements rythmiques de nature archétypique ; on peut les soupçonner et l'on s'est déjà livré à leur sujet à bien des spéculations, mais sans fondements assurés. On n'en doit pas moins laisser ouverte la possibilité que l'inconscient soit capable, à tout moment, de s'engager dans la voie d'une manifestation inattendue de lui-même.

183 Le lecteur voudra bien excuser l'analogie verbale de mes métaphores avec les modes d'expression du dogme. Lorsqu'on a des idées sur des choses inconcevables, l'idée et la chose paraissent coïncider. Pareillement deux choses différentes qu'on ne connaît pas ne peuvent être distinguées l'une de l'autre. Je dois donc faire observer expressément que je ne traite ni de métaphysique, ni de théologie, mais que je m'occupe ici de données psychologiques qui se meuvent à la limite du connaissable. Si donc je me sers de certaines expressions qui rappellent le vocabulaire de la théologie, cela est seulement dû à la pauvreté du langage et non au fait que je serais d'avis que l'objet de la théologie coïncide avec celui de la psychologie. La psychologie n'est pas une théologie, mais une science de la nature qui cherche à décrire les phénomènes psychiques expérimentaux. Ce faisant, elle est, certes, amenée à prendre connaissance de la manière dont la théologie conçoit et nomme ces phénomènes, car cela relève de la phénoménologie des données en question. Mais, en tant que science empirique, il n'est ni dans ses possibilités ni de sa compétence de porter des jugements d'existence ou de valeur qui sont l'apanage de la théologie.

184 Si la figure alchimique du *roi* a donné lieu à de si longs développements, c'est d'une part qu'elle contient en définitive le mythe du héros dans son intégralité, y compris le renouvellement du roi et de Dieu, et d'autre part qu'elle nous paraît représenter la dominante qui règne sur la conscience. *Rex Sol,* le roi soleil, n'est pas une manière de pléonasme : l'expression désigne une conscience qui n'est pas simplement consciente, mais qui l'est d'une façon toute particulière. Elle est en effet guidée et régie par une dominante qui décide en dernière instance des affirmations et des valeurs. *Sol,* le soleil, est

la lumière naturelle commune, mais *rex,* le roi, qui est la dominante, introduit l'élément humain et rapproche l'homme du soleil ou le soleil de l'homme[408].

185 La conscience est renouvelée par sa descente dans l'inconscient, au cours de laquelle la première est mise en rapport avec le second. La conscience renouvelée ne contient pas l'inconscient, mais forme avec lui une totalité qui est symbolisée par le *fils.* Toutefois, en tant que non seulement le père et le fils n'ont qu'une seule essence, mais que le *rex Sol* (la conscience renouvelée) n'est autre que le fils dans le langage alchimique, la conscience devient purement et simplement identique au roi (la dominante). Cette difficulté n'existe pas pour l'alchimiste, car le roi est déjà projeté dans une substance postulée et se comporte donc à l'égard de la conscience de l'*artifex* comme un pur objet. Mais si, à l'aide de la critique psychologique, on dissipe la projection, la difficulté réapparaît, puisque la conscience renouvelée semble coïncider avec le roi renouvelé, c'est-à-dire avec le fils. J'ai déjà traité l'aspect psychologique de cette difficulté dans mon livre : *Les Relations du Moi et de l'Inconscient* au chapitre de *La personnalité « mana ».* On ne peut venir à bout de ce problème par la simple réflexion logique, mais seulement par l'observation et l'analyse attentives du contenu psychique. Pour éviter d'avoir à discuter en détail des cas individuels, je préfère rappeler la parole bien connue de Paul : « Je vis, mais ce n'est plus moi, c'est le Christ qui vit en moi » (Gal. II, 20), qui caractérise de la façon la plus frappante l'état dont je parle. Il apparaît ici que l'état ancien, dans lequel la dominante a vieilli et disparu, est caractérisé par une conscience dans laquelle un moi critique et doté de connaissance occupe la place du roi malade, en se référant à un temps « mythique » où ce moi se sentait sous la dépendance absolue d'un non-moi plus haut et plus puissant. La disparition du sentiment de dépendance et le renforcement simultané du sens critique sont éprouvés comme un progrès, un éclaircissement (*Aufklärung*), une libération, bref une rédemption, bien qu'un être unilatéral et limité ait pris place sur le trône d'un roi. Un moi personnel prend en mains les rênes du pouvoir pour sa propre ruine, car, à lui seul, le moi, bien qu'il possède une *anima rationalis,* est insuffisant pour assurer même la conduite de la vie personnelle, à plus forte raison la conduite des hommes. A

408. Cf. la *solificatio* dans les mystères d'Isis. Apulée, *Métamorphoses,* 11 : « *Et caput decore corona cinxerat palmae candidae foliis in modum radiorum prosistentibus. Sic ad instar solis exornatum et in vicem simulacri constitutum...* » (Ma tête était ceinte et parée d'une palme brillante dont les folioles saillaient comme des rayons. Ainsi orné à l'instar du soleil et dressé telle une statue...)

de telles fins une dominante « mythique » est toujours nécessaire. Toutefois on ne peut pas à volonté inventer une telle idée, puis y croire. Jetant les yeux sur notre époque, nous devons dire que la nécessité d'une dominante efficace a été ressentie avec acuité, mais ce qui a été annoncé comme tel n'était rien d'autre que d'ingénieuses improvisations. Le fait qu'elles aient trouvé crédit montre d'une part la crédulité et l'absence de critique dont témoigne en général le public, mais aussi d'autre part l'existence d'un besoin profond d'une instance spirituelle qui se place au-dessus de l'égotisme. Une telle instance n'a pas sa source dans une réflexion logique ou dans une invention momentanée qui demeure toujours prise dans le cercle de la conscience liée au moi, mais elle repose sur une tradition qui atteint des profondeurs beaucoup plus grandes sur le plan tant historique que psychologique. C'est pourquoi un renouveau religieux réel et efficace ne peut avoir chez nous d'autre fondement que le christianisme. La réforme radicale de l'hindouisme par le Bouddha s'est assimilé l'intégralité de la spiritualité traditionnelle de l'Inde et n'a pas prétendu instaurer au-delà, dans le monde, une nouveauté dépourvue de racines. Le Bouddha n'a pas nié ou ignoré le panthéon grouillant de millions de dieux, mais il y a introduit d'une main adroite *l'homme,* qui, auparavant, ne figurait nulle part. Jésus, considéré tout d'abord comme un réformateur juif, n'a pas détruit la loi, mais a posé le problème de sa signification et, en tant que rénovateur de son époque, il a placé en face des dieux et de la spéculation gréco-romaine la figure de *l'homme,* non pour les contredire, mais pour réaliser pleinement un mythologème qui existait bien avant lui, celui de l'*anthropos* avec son arrière-plan complexe où se mêlent les éléments égyptiens, perses, helléniques.

186 Un renouvellement qui n'est pas enraciné au plus profond de la meilleure tradition spirituelle est éphémère. La dominante qui sort de racines historiques se comporte comme un être vivant dans l'homme lié au moi. Elle n'est pas en la possession de l'homme, mais c'est elle qui le possède et c'est pourquoi un alchimiste a dit de son côté que l'*artifex* n'est pas le maître, mais bien plutôt le serviteur (*minister*) de la pierre, ce qui signifie clairement que la pierre est véritablement un roi à l'égard duquel l'alchimiste se comporte en sujet.

187 Si le roi renouvelé a pour correspondant une conscience renouvelée, celle-ci se distingue de la précédente de la même manière que le *filius regius* se différencie du roi tombé en décrépitude. Tout comme ce dernier, quand ses forces déclinent, cède la place au moi, ce petit

ambitieux aux dents longues, de même le moi doit retourner à l'arrière-plan lorsque revient le roi régénéré. S'il continue d'être la condition *sine qua non* de la conscience[409], il ne peut plus s'imaginer pouvoir trancher de tout et tout diriger à l'aide de sa volonté. Il ne professera plus que là où il y a un vouloir, il y a aussi une voie. De même, il ne s'attribuera plus le mérite des idées heureuses qui lui viennent, mais comprendra enfin à quel dangereux degré d'inflation il était parvenu. Le champ de sa volonté et de son pouvoir sera ramené à la dimension de la réalité après qu'un Mercredi des Cendres aura passé sur sa démesure[410].

188 Le symbolisme alchimique exprime ce changement avec une rigueur logique :

| | |
|---|---|
| Etat d'attachement au moi avec faible dominante de la conscience. | Roi décrépit, malade, qui s'apprête à mourir. |
| Montée de l'inconscient, c'est-à-dire descente du moi dans l'inconscient. | Le roi disparaît dans le corps de sa mère ou se dissout dans l'eau. |
| Conflit et synthèse entre la conscience et l'inconscient. | Grossesse, lit de maladie, symptômes, jeu des couleurs. |
| Production d'une nouvelle dominante. Symboles circulaires (mandalas) du Soi. | Fils du roi, hermaphrodite, *rotundum*[411]. |

189 Ce parallèle correspond à la moyenne des conceptions alchimiques. Le symbolisme de la *Cantilena* se distingue quant à lui de notre schéma en ce qu'une apothéose de la reine lune a lieu en même temps que celle du *filius regius,* ce qui correspond exactement aux noces apocalyptiques. Le prototype chrétien l'a donc emporté chez Ripley, alors que d'ordinaire la conjonction précède la production du *lapis* et que celui-ci est présenté comme l'enfant du soleil et de la lune. De la sorte le *lapis* correspond pleinement à l'idée du Soi qui provient de la conjonction du conscient et de l'inconscient. Le symbolisme chrétien présente par contre un mariage de l'Agneau (le Christ apocalyptique) avec sa fiancée (*Luna-Ecclesia*). Comme le *lapis* est déjà en lui-même androgyne et constitue donc une synthèse du masculin et du féminin, une nouvelle *conjunctio* est superflue. Il est vrai qu'il existe aussi une androgynie symbolique du Christ, qui

409. La conscience est la relation qui existe entre un contenu psychique et le moi. Ce qui n'est pas associé au moi demeure inconscient.

410. Cette situation psychologique qui se répète éternellement est archétypique. Elle s'exprime par exemple dans la relation du démiurge gnostique avec le Dieu suprême.

411. Le symbolisme de la conjonction se présente à deux moments : tout d'abord lors de la descente dans l'obscurité où le mariage a un caractère en quelque sorte néfaste (inceste, meurtre, mort), et ensuite avant la résurrection ; l'union offre alors un aspect plus céleste.

pourtant, de façon curieuse, n'élimine pas les noces de l'Agneau. Les deux choses coexistent. Le symbolisme de Ripley s'appuie, nous l'avons dit, sur la représentation chrétienne qui s'oppose à la représentation habituelle.

190 Il existe ici une certaine divergence entre le symbolisme alchimique et psychologique d'une part et le symbolisme chrétien d'autre part. En fait on a peine à se représenter quelle sorte de conjonction peut encore être signifiée au-delà de l'unification du conscient (masculin) et de l'inconscient (féminin) dans la dominante renouvelée, si l'on n'accepte pas, avec la tradition dogmatique, que la nouvelle dominante procure également un éclat glorieux au *corpus mysticum* de l'humanité (l'Eglise en tant que Lune). Chez l'alchimiste, qui était surtout un solitaire, manque le thème du mariage apocalyptique (Apoc. XIX, 7 et sv.) que l'on désigne du nom de « noces de l'Agneau », désignation qui contient une référence à la victime sacrificielle qu'est l'Agneau. En dépit de sa dignité et de son pouvoir, le roi est en effet, d'après la tradition la plus ancienne et la plus primitive, une victime offerte pour la prospérité de son pays et de son peuple et, sous sa forme divine, il était même mangé. On sait que cet archétype précisément a subi dans le christianisme une évolution des plus complexes. Du point de vue du symbolisme chrétien, la représentation du but alchimique était dépourvue d'une part du thème du mariage céleste et, en second lieu, de celui, encore plus important peut-être, du sacrifice et du repas totémique. (Les dieux souffrants de l'Asie Mineure : Tammouz, Adonis, etc. ont dû être primitivement des victimes immolées pour la fertilité de la terre.) Le *lapis* est décrit comme un idéal érémitique, un but réservé aux solitaires. Sans doute il représente aussi un aliment (*cibus immortalitatis*) ; il est susceptible de multiplication indéfinie, il est aussi un être vivant doté d'un esprit, d'une âme et d'un corps, un androgyne au corps incorruptible, etc. Sans doute il est identifié au *rex Sol* ou il reçoit son nom, mais il n'est ni fiancé, ni victime, et n'appartient à aucune communauté. Il est comme le « trésor dans le champ qu'un homme a trouvé et a caché de nouveau » (Mat. XIII, 44). On peut encore l'identifier à « la perle unique et précieuse » pour laquelle un homme a abandonné toute sa fortune (Mat. XIII, 45). Le *lapis* est le secret précieux et bien gardé du solitaire[412]. Les

412. Cf. le fragment 5 des *Papyrus d'Oxyrhynchos* (Grenfeld and Hunt, *New Sayings of Jesus*. Oxford Univ. Press. Ed. 1904, p. 38). Jésus dit : « Partout où deux se trouvent, ils ne sont pas sans Dieu, et partout où un seul se trouve, je le dis, je suis avec lui. Soulève la pierre et tu m'y trouveras, fends le bois et je suis là. » Le texte est fragmentaire. Cf. à ce sujet : Preusschen, *Antilegomena*, 1901, p. 43.

vieux maîtres peuvent bien souligner qu'ils veulent garder le secret « jalousement »[413] et par contre l'exposer ouvertement pour ceux qui le cherchent. Il n'en demeure pas moins évident que le *lapis* est l'apanage du solitaire.

191 A cet égard il ne faut pas perdre de vue que le christianisme a été touché dès les premiers temps par les influences provenant manifestement de la doctrine gnostique de l'hermaphrodite[414], qui y ont fait naître l'affirmation selon laquelle Adam aurait été créé androgyne[415]. Puisque Adam est la première figure du Christ et Eve, la femme tirée de son côté, celle de l'Église, on comprend qu'il ait pu se développer à partir de là une représentation imagée du Christ qui manifeste des traits spécifiquement féminins[416]. L'image du Christ a conservé juqu'à nos jours ce caractère dans l'art religieux[417]. L'androgynie voilée de l'image du Christ correspond à l'hermaphroditisme de la pierre qui est toutefois sur ce point beaucoup plus proche des conceptions gnostiques.

192 Le thème de l'androgynie a été traité tout récemment par un auteur catholique de façon très singulière dans un livre qui mérite l'attention. Il s'agit de *Die Gnosis des Christentums* (La gnose du christianisme), de Georg Koepgen, ouvrage significatif publié en 1939 à Salzbourg avec l'*imprimatur* épiscopal et qu'on m'a dit avoir été mis depuis à l'*Index*. Koepgen dit de l'antique conflit entre les principes dionysiaque et apollinien que sa solution chrétienne consiste en ce « que le masculin s'unit au féminin dans la personne de Jésus ». « En lui seul nous trouvons cette coexistence du masculin et du féminin en une unité indissoluble. » « Si les hommes et les femmes peuvent se trouver ensemble à égalité dans le service de Dieu, ce fait a plus qu'une signification purement fortuite : il ratifie l'alliance du masculin et du féminin devenue visible dans le Christ (p. 316). » Le changement de sexe chez les croyants est évoqué dans l'Apocalypse (XIV, 4) : « Ils sont vierges (παρθένοι). » Koepgen dit à propos de ce passage : « C'est ici que la nouvelle forme d'existence devient visible. Le christianisme n'est ni masculin ni féminin,

413. Ainsi en particulier dans la *Turba*.

414. Cf. la statue androgyne, en forme de croix, chez Bardesanes.

415. Boehme désigne encore Adam comme « la vierge masculine ». (*Trois Principes*, 10, 18 et 17, 85). Saint Augustin combattait déjà une telle opinion.

416. Cf. par exemple l'image du baptême dans le Cod. Lat. 4453 de Reichenau reproduit dans Goldschmidt, *Die deutsche Buchmalerei*, II, tableau 27.

417. Comme l'image du saint suaire de Turin est différente ! (Paul Vignon, *Le Linceul du Christ*, Paris, 1902.)

il est androgyne au sens où le masculin et le féminin se joignent dans l'âme de Jésus. La tension et la lutte créées par l'opposition des êtres sexués sont apaisées dans Jésus grâce à cette unité androgyne. L'Église a hérité de lui cette propriété : elle est androgyne. » L'Église est, au point de vue de sa constitution, « hiérarchiquement masculine et cependant l'âme de l'Église est entièrement féminine ». « Le prêtre vierge accomplit dans son âme l'unité androgyne du masculin et du féminin, il rend à nouveau visible la dimension spirituelle que le Christ lui-même a montrée pour la première fois quand il a révélé " la virginité masculine " de son âme[418]. »

193 Pour Koepgen ce n'est donc pas seulement le Christ qui est androgyne, mais, de façon singulière, l'Église, selon une conclusion dont la logique est inattaquable. Une des premières conséquences de cette constatation est de mettre en valeur de manière toute spéciale le double sexe de l'Église et, par suite, son identité avec le Christ, qui en fait s'appuie déjà sur la doctrine du *corpus mysticum*. Toutefois on anticipe par là les « noces de l'Agneau » prévues pour la fin des temps, car l'androgyne, suivant les alchimistes, « a tout ce dont il a besoin[419] » et constitue déjà la *complexio oppositorum*. On ne peut manquer d'évoquer ici ce fragment de l'évangile des Egyptiens cité par Clément d'Alexandrie : « Salomé ayant demandé quand serait reconnu ce qu'elle demandait, le Seigneur dit : " Quand vous foulerez aux pieds le vêtement de la honte, quand les deux deviendront un et que le mâle avec la femelle ne sera plus ni mâle ni femelle. "[420] »

194 Koepgen a placé en tête de son livre une dédicace et une épigraphe. La première se lit ainsi : « *Renatis praedestinatione* » (Aux renés par prédestination), et la seconde est empruntée à l'évangile de saint Jean (XIV, 12) : « Celui qui croit en moi fera aussi les œuvres que je fais et il en fera de plus grandes. » La dédicace met en lumière le thème de l'*élection* que l'auteur a en commun avec les alchimistes. Déjà Morien dit de l'alchimie : « Car Dieu accorde cette

418. Koepgen fait ici la remarque suivante : « Même les réformateurs qui ont détourné l'idéal de la virginité au profit d'une morale bourgeoise n'ont rien changé dans ce domaine. *Pour eux aussi Jésus est une unité androgyne d'un homme et d'une vierge*. (C'est moi qui souligne.) On peut trouver étrange qu'ils aient pu à la fois reconnaître la virginité de Jésus et attaquer le sacerdoce virginal. » (p. 319).

419. Senior, *De Chemia*, 1566, p. 108 : « *Habet enim in se totum quo indiget*. » Cf. l'attribut de la Monade de Valentin : ἀπροσδεής (sans besoins).

420. Le texte original du *Logion* (*Stromates*, III, 13, 93) est le suivant : « ὅταν τὸ τῆς αἰσχύνης ἔνδυμα πατήσητε καὶ ὅταν γένηται τὰ δύο ἕν καὶ τὸ ἄρρεν μετὰ τῆς θηλείας οὔτε ἄρρεν οὔτε θῆλυ. »

divine et pure science à ses fidèles et à ses serviteurs, c'est-à-dire à ceux à qui il a, dès l'origine de la nature, décidé de l'accorder... Cette chose en effet ne peut (être) que le don du Dieu très-haut qui la remet et la montre selon qu'il le veut et aussi à qui il veut de ses serviteurs et de ses fidèles... Car le Seigneur établit ceux de ses serviteurs qu'il veut et qu'il élit pour qu'ils recherchent cette divine science cachée à l'homme et qu'après l'avoir cherchée ils la conservent par devers eux[421]. » Dorn s'exprime d'une manière analogue : « Car il arrive parfois qu'au bout de beaucoup d'années, de travaux et d'études... certains soient élus, après un grand nombre de coups frappés[422], de prières et de persévérantes recherches[423]. »

195 Le passage de l'évangile de saint Jean cité plus haut est tiré du chapitre XIV où le Christ enseigne que celui qui le voit voit le Père. Il est dans le Père et le Père est en lui. Il est dans le Père, les disciples sont en lui et il est dans les disciples. En outre ils auront le Saint-Esprit comme Paraclet et accompliront des œuvres qui seront même plus grandes que les siennes. Dans ce chapitre XIV est posée une question qui devait développer ses conséquences au cours des époques à venir. On y voit soulevé le problème du Saint-Esprit qui vient et demeure lorsque le Christ est parti, et qui donne une telle force à l'interpénétration du divin et de l'humain que l'on pourrait à bon droit parler d'une christification totale des disciples. Chez le mystique chrétien cette identité n'a cessé de s'accentuer jusqu'à la stigmatisation. Dans le domaine religieux seul est créateur le mystique. Par suite il peut sans doute éprouver la présence et l'action du Saint-Esprit, et l'expérience de la fraternité du Christ ne lui sera pas non plus étrangère.

196 C'est sur ce plan que se meut Koepgen, ainsi que l'indiquent la

421. « *Confert enim Deus hanc divinam et puram scientiam suis fidelibus et servis, illis scilicet quibus eam a primaeva rerum natura conferre disposuit... Nam haec res nihil nisi donum Dei altissimi (esse) potest ; qui prout vult et etiam cui vult, ex suis servis et fidelibus illud committit et monstrat... Praeponit enim Dominus ex suis servis quos vult et eligit, ut hanc scientiam divinam homini celatam quaerant et quaesitam secum retineant.* » « De Transmutatione Metallica », in *Art. Aurif.* 1593, II, p. 22 et sv. Cette attitude apparemment sans but et égoïste devient compréhensible si l'on comprend l'*opus* alchimique comme un mystère divin. Dans ce cas il suffit qu'il soit présent dans le monde.

422. « *Dicit enim primus spagirorum Dux : Pulsate et aperietur vobis.* » (Matth. VII, 7). (Le premier Chef des spagiriques dit en effet : Frappez et l'on vous ouvrira.) Dorn, « Physica Trismegisti », *Theat. Chem.* 1602, I, p. 413.

423. « *Nam evenire quandoque solet, ut post multos annos, labores et studia... nonnulli sint electi, multis pulsationibus, orationibus et investigatione sedula praemissis.* » Dorn : l.c. Abraham Éléazar dit (II, p. 53) : « Car cette pierre n'appartient qu'à ceux qui ont été éprouvés et élus par Dieu. »

dédicace et l'épigraphe. Il est aisé en effet de discerner ce qui se passe lorsqu'on tire les conséquences du chapitre XIV de l'évangile de Jean : l'*opus Christi* (l'œuvre du Christ) est transposé dans l'individu. Celui-ci devient le porteur du *mysterium,* et ce tournant conduit, dans sa préfiguration et son anticipation inconscientes, au système de pensée alchimique qui apparaît, par des traits sans équivoque, comme étant pour ainsi dire une tentative de religion du Saint-Esprit et de la *Sapientia Dei.* La position de Koepgen est celle d'une mystique créatrice qui a toujours témoigné une attitude critique vis-à-vis de l'Église. Sans doute rien de tel ne se manifeste ouvertement chez Koepgen, mais cet état d'esprit se trahit d'une façon qui n'est qu'indirecte par le contenu vivant de son livre, lequel est, dans son entier, une incitation pressante à approfondir et à continuer de développer les idées dogmatiques. Parce qu'il est conscient de ses conclusions, Koepgen ne s'écarte que peu du domaine de l'Église, tandis que l'alchimie va symboliquement beaucoup plus loin, parce que sa démarche est inconsciente et involontaire et qu'elle ne s'embarrasse pas de responsabilité intellectuelle. Cependant leur point de départ commun à l'un et à l'autre est l'action créatrice et révélatrice du Saint-Esprit qui est « un vent qui souffle où il veut » et qui va au-delà de ses propres œuvres : « *Majora horum faciet*[424]. » Le mystique créateur a depuis toujours été la croix de l'Église, mais c'est à ces gens que l'humanité doit ce qu'elle a de meilleur[425].

424. « Et il en fera de plus grandes que celles-ci. » Jean, XIV, 12.

425. Je ne puis que souscrire à ces réflexions d'Aldous Huxley : « Dès la fin du XVII^e siècle, le mysticisme a perdu son ancienne importance dans le christianisme, et il est plus qu'à moitié mort. — " Et puis ? ", pourra-t-on demander, " pourquoi ne mourrait-il pas ? quelle en est l'utilité quand il est en vie ? " La réponse à ces interrogations, c'est que, là où il n'y a pas de vision, le peuple périt ; et que, si ceux qui sont le sel de la terre perdent leur saveur, il n'y a rien qui maintienne cette terre désinfectée, rien qui l'empêche de tomber en pourriture complète. Les mystiques sont des canaux au travers desquels un peu de connaissance de la réalité filtre jusque dans notre univers humain d'ignorance et d'illusion. Un monde totalement privé de mysticisme serait un monde totalement aveugle et insensé. » (*L'Eminence Grise.* Étude de religion et de politique. Trad. fr. 1945, pp. 122-123). « Dans un monde habité par ce que les théologiens appellent des hommes non régénérés, ou naturels, l'Église et l'État ne pourront probablement jamais s'améliorer de façon appréciable par rapport aux meilleurs des États et des Églises dont le passé nous a laissé la trace. La société ne pourra jamais être sérieusement perfectionnée, tant que la majorité de ses membres se refuseront à devenir des saints théocentriques. D'ici là, les quelques saints théocentriques qui existent à un moment donné quelconque peuvent, dans une faible mesure, restreindre et affaiblir les poisons que la société engendre dans son sein par ses activités politiques et sociales. Suivant la parole de l'évangile, les saints théocentriques sont le sel qui empêche le monde social de s'écrouler dans une pourriture irrémédiable. » (L.c. pp. 359-360.)

# 9

## *REGINA*

197 NOUS avons rencontré si souvent la figure de la reine dans nos exposés que nous pouvons nous contenter d'en traiter brièvement dans ce chapitre qui lui est spécialement consacré. Comme nous l'avons vu, la reine, en tant que lune, est la compagne archétypique du soleil. Elle forme avec lui la syzygie classique de l'alchimie qui signifie d'une part l'or et l'argent (ou quelque chose d'analogue)[426], et d'autre part un couple céleste que l'*Aurora consurgens* dépeint dans les termes suivants : « Je me lèverai et j'entrerai dans la ville, cherchant, par les bourgs et les places publiques, à me trouver pour fiancée une vierge chaste, belle de visage, plus belle de corps, très belle par son vêtement, afin qu'elle roule la pierre de l'entrée de mon tombeau ; et elle me donnera des ailes comme celles de la colombe et je m'envolerai avec elle au ciel et je dirai alors : " Je vis à jamais ", et je prendrai mon repos en elle ; car (la reine) se tient à ma droite en vêtement doré et entourée de couleurs variées... O reine des êtres d'en haut, lève-toi en hâte, mon amie, ma fiancée ; ma bien-aimée, dis à ton bien-aimé qui tu es, quelle est ta nature et ta grandeur... — Mon bien-aimé rouge m'a parlé ; il a demandé et obtenu. Je suis la fleur de la plaine et le lis des vallées ; je suis la mère du bel amour, de la connaissance et de la sainte espérance. Je suis la vigne qui porte des fruits au parfum suave, et mes fleurs sont des fruits d'honneur et de décence. Je suis le lit de repos de mon bien-aimé... blessant son cœur par un seul de mes yeux et un seul cheveu de mon cou. Je suis l'odeur des parfums

426. Hoghelande (*Theat. Chem.* 1602, I, p. 162) dit : « *Sic etiam lapidis compositum Rex et Regina dicuntur... Sic vir et mulier dicuntur masculus et femina propter copulam videlicet et actionem et passionem. Rosinus : Artis auri arcanum et mare et femina consistit.* » (Ainsi en effet le roi et la reine sont appelés le composé [ou le compost] de la pierre... Ainsi ils sont appelés l'homme et la femme, le mâle et la femelle à cause de l'union, de l'action et de la passion. Rosinus [dit] : L'arcane de l'art de l'or consiste dans le mâle et la femelle.)

dont l'arôme est supérieur à celui de tous les aromates, comme le cinnamome, le baume et la myrrhe choisie[427]. »

198 Cet entretien d'amour spirituel a pour modèle chez les alchimistes la relation entre Salomon et la reine de Saba. Johannes Grasseus dit de la blanche colombe cachée dans le plomb : « C'est la chaste, sage et riche reine de Saba qui est vêtue d'un voile blanc et qui ne voulut être soumise à personne d'autre qu'à Salomon. Aucun cœur d'homme ne peut explorer assez tout ceci[428]. » Penotus a Portu dit : « Tu possèdes désormais la terre vierge ; donne-lui un époux qui lui convienne. Elle est la reine de Saba : il lui faut donc un roi couronné d'un diadème. Où le prendrons-nous ? Nous voyons que le soleil céleste dispense son éclat aux autres corps ; le soleil terrestre et minéral fera de même quand il aura été placé dans le ciel qui lui convient : ce ciel est appelé reine de Saba venue des extrémités de la terre pour contempler la gloire de Salomon. Notre Mercure a de même quitté ses propres terres et s'est revêtu de vêtements blancs et il s'est soumis à Salomon et non à quelque autre étranger (*extraneo*) et impur[429]. »

199 Comme on le voit, le Mercure (féminin) est ici la reine et celle-ci représente le ciel dans lequel brille le soleil. Elle est donc conçue comme un *medium,* un milieu entourant le soleil : *vir a foemina circumdatus* (l'homme entouré par la femme), ainsi qu'il est dit du Christ[430], ou comme on voit le Shiva hindou enveloppé dans l'étreinte de sa Shakti. Ce milieu est de la nature du Mercure, cette substance paradoxale à laquelle on ne peut assigner d'autre sens que celui d'inconscient[431]. La reine apparaît dans nos textes comme le vase naturel du soleil et comme l'auréole du roi, c'est-à-dire comme la *couronne*[432]. Dans le *Tractatus aureus de lapide*[433] la reine tient, au moment de son apothéose[434], un discours dans lequel elle dit

427. *Aurora consurgens* I, parabole XII.
428. « Arca Arcani de Consensu Phil. » *Theat. Chem.* 1661, VI, p. 314.
429. *Theat. Chem.* 1602, II, p. 149.
430. Saint Grégoire le Grand, *P.L.* LXXIX, 23. Mylius (*Phil. Ref.* 1662, p. 8) dit de Dieu : « *Quem divus Plato in ignea substantia habitare posuit : intelligens videlicet inenarrabilem Dei in seipso splendorem et circa seipsum amorem.* » (Lui que le divin Platon a fait habiter dans une substance ignée : il entendait sans doute la splendeur ineffable de Dieu en lui-même et l'amour indicible qui l'environne.)
431. Cf. « L'Esprit Mercure » dans *Symbolik des Geistes.*
432. *Aurora consurgens,* Parab. XII : « *Ego corona qua coronatur dilectus meus.* » (Je suis la couronne dont est couronné mon bien-aimé.)
433. *Mus. Herm.* p. 50.
434. « *Praestantissima corona ex adamantibus meris concinnata decorata* » (Ornée d'une magnifique couronne rehaussée de vrais diamants) signifie sans doute la couronne d'étoiles qui pare sa tête.

entre autres : « Après la mort, la vie m'a été rendue. A moi, pauvre, ont été confiés et livrés les trésors des sages et des puissants[435]. C'est pourquoi j'ai à mon tour le pouvoir de faire d'un pauvre un riche, de dispenser la grâce aux humbles, de rendre la santé aux malades. Mais je ne suis pas encore l'égale de mon frère bien-aimé, du roi puissant qui doit encore ressusciter des morts. Mais lorsqu'il viendra, il prouvera réellement que mes paroles sont véritables. »

200 On discerne sans peine dans cette *soror et sponsa* l'analogue de l'Église qui est, en tant que *corpus mysticum,* le vase de l'âme du Christ. Ce vase, qui est le ciel, est appelé dans notre texte « reine de Saba », d'après un passage de saint Matthieu (XII, 42 ; cf. aussi Luc, XI, 31) : « ... car elle vint des extrémités de la terre pour entendre la sagesse de Salomon. » Dans l'évangile toutefois elle est désignée du nom de *regina Austri* (reine du Midi). Je voudrais à ce propos citer également un passage du *Speculum de mysteriis* d'Honoré d'Autun dans lequel apparaît la reine du Midi. Voici ce texte[436] : « Jean abandonna sa fiancée et, étant lui-même vierge, il s'attacha au fils de la Vierge. Et, parce que, pour l'amour de la Vierge, il avait méprisé le lien charnel, le Christ l'aima par-dessus tous ses apôtres. En effet, lorsque la reine du Midi fit don de son corps et de son sang à ses disciples, Jean reposait sur la poitrine de Jésus et il y buvait à la source de la Sagesse ; il répandit ensuite dans le monde ce secret du Verbe, Verbe qui est caché dans le Père, car dans le sein de Jésus sont cachés tous les trésors de la sagesse et de la science[437]. »

201 Dans le passage du *Tractatus aureus* cité plus haut, c'est la reine du Midi qui se glorifie d'être en possession du « trésor des sages », tandis qu'ici la *regina Austri* donne son corps et son sang à ses disciples : dans les deux cas elle apparaît comme identifiée au Christ. On peut voir par là comme l'idée de l'androgynie du Christ est toute proche et à quel point la reine ne fait qu'un avec le roi, tout comme le corps et l'âme ou l'esprit et l'âme[438]. En réalité la reine

435. « *Mihi pauperi thesauri sapientum et potentium concrediti et traditi sunt.* »

436. *P.L.* CLXXII, col. 834.

437. Ep. aux Col. II, 3 : « *In agnitionem mysterii Dei Patris et Christi Jesu in quo sunt omnes thesauri sapientiae et scientiae absconditi.* » (En vue de la connaissance de Dieu le Père et du Christ Jésus en qui sont cachés tous les trésors de la sagesse et de la science.)

438. Les alchimistes ne savaient pas très bien ce qu'il fallait désigner comme féminin, du corps ou de l'âme. Psychologiquement l'âme, qui représente le corps, est seule à pouvoir être prise en considération, car le corps lui-même n'est expérimenté qu'indirectement par l'intermédiaire de la psyché ; le principe masculin est l'esprit (*spiritus*).

correspond effectivement à l'*anima* et le roi à l'esprit, c'est-à-dire à la dominante du conscient[439]. Cette signification de la reine fait comprendre comment le mystère de l'œuvre peut être à l'occasion désigné comme *reginae mysteria*, les mystères de la reine[440].

202 L'étroite relation de la reine avec le roi découle encore du fait qu'il lui arrive de subir le même sort que le roi, d'être dissoute dans le bain (tandis que dans une autre version elle est elle-même le bain). Abraham Eléazar dit à propos du bain du roi : « Le roi en effet ne peut endurer cette mer de feu. Elle dérobe au vieil Albaon[441] toute sa force, consume sa forme et fait d'elle un sang rouge sang. De son côté la reine n'est pas libérée : elle doit descendre au fond de ce bain de feu[442]. »

203 De plus il n'est pas surprenant que la reine et le roi constituent une manière d'unité, car ils sont également entendus comme des degrés conduisant à un tel état. Cette situation est digne de remarque, ne serait-ce qu'à cause de l'interprétation que nous en avons donnée : le roi, en tant que dominante de la conscience, est, par la représentation mythique, presque identifié à cette figure archétypique qui personnifie l'inconscient et qui est l'*anima*. Ces deux figures, tout comme la conscience et l'inconscient, sont à certains égards diamétralement opposées l'une à l'autre, mais, de même que le masculin et le féminin s'unissent dans l'humain, le matériel psychique — s'il est permis d'user de cette expression — demeure le même dans l'état conscient et dans l'état inconscient. La situation diffère seulement en ce que, dans l'un des cas, il est associé au moi et dans l'autre, non.

204 L'*anima* sous son aspect négatif, c'est-à-dire quand, inconsciente, elle demeure cachée dans le sujet, exerce sur celui-ci une influence possessive. Les principaux symptômes de cet état de possession ou d'obsession sont d'une part des humeurs aveugles, des pulsions impérieuses et confuses et, d'autre part, une attitude rigide et inadé-

439. Cette explication ne convient qu'à l'*artifex* masculin. On sait que chez la femme la situation est inversée.

440. Ainsi chez Michel Maier (*Symb. Aur. Mens.* p. 336) : « *Qui per alienum ingenium et manum mercenariam operatur, aliena a veritate opera videbit. Et vice versa, qui alteri servilem praestat operam, uti servus in arte, numquam ad Reginae mysteria admitetur.* » (Celui qui opère par l'intermédiaire d'un esprit étranger et d'une main mercenaire verra des œuvres étrangères à la vérité. Inversement, celui qui prête à un autre un concours servile, tel un esclave dans l'art, ne sera jamais admis aux mystères de la Reine.)

441. *Materia prima, minera,* terre noire.

442. *Uraltes Chymisches Werk,* 1760, II, p. 72.

quate fondée sur des principes (confusion dans les idées). L'aspect négatif de l'*anima* signifie donc une forme particulière d'inadaptation psychologique. Tantôt celle-ci est compensée par la conscience et tantôt elle compense la conscience qui se distingue par une attitude contraire (et également incorrecte). En effet l'aspect négatif de la dominante de la conscience, bien loin d'être « voulu par Dieu », est la plus égoïste des tendances, qui, parce qu'elle s'est affublée d'un masque déterminé, cherche à jouer un certain rôle et à se donner une apparence avantageuse (identification avec la *persona*). L'*anima* qui adopte une telle attitude est une intrigante qui séduit le moi en l'entraînant toujours plus complètement dans son rôle et creuse en-dessous toutes les fosses où celui qui s'est laissé prendre à ce rôle est destiné à tomber.

205 Cependant une attitude consciente qui s'est détournée non seulement en imagination mais aussi en vérité des intentions qui avantagent le moi et son domaine et qui s'est soumise à des commandements dépassant la personne peut se glorifier de servir un *roi*. Cette attitude plus haute signifie également une promotion de l'*anima* qui passe du rang de séductrice à celui de guide[443]. La transformation de la substance royale qui, de lion, devient roi correspond à la transformation du principe féminin, serpent d'abord et ensuite reine. L'apothéose et le mariage représentent l'identification et l'égalité des droits, devenus possibles au niveau le plus élevé, entre la conscience et l'inconscient, ce qui constitue une *coincidentia oppositorum* libératrice.

206 Il serait bien sûr souhaitable qu'il existe une explication et une élucidation psychologiques de ce que paraît renfermer en lui le symbole du mariage. La psychologie ne se sent pas responsable de l'existence de réalités inconnaissables. Servante de la vérité, elle doit se contenter d'établir l'existence de certains phénomènes, si mystérieux soient-ils au premier abord. L'union de la conscience et de l'inconscient en tant que mariage royal est en premier lieu une notion mythologique qui, à un niveau plus élevé, reçoit le caractère d'un concept psychologique. Je dois souligner ici que le concept psychologique ne découle nullement du symbole mythologique, ni par la voie historique, ni par l'intermédiaire des cas observés, mais avant tout de l'observation empirique. Le cas présenté à titre de

443. Viens, élève-toi vers des sphères plus hautes !
S'il te pressent, il te suivra.
(*Faust*, 2e partie, apothéose finale, vers 12094-12095, trad. H. Lichtenberger.)

paradigme dans *Psychologie et Alchimie* fournit une excellente idée de la manière dont les matériaux se présentent dans la pratique. Il constitue un exemple entre des centaines de cas analogues et ne doit donc pas être considéré comme une « curiosité » individuelle.

207 L'union psychologique des contraires est une idée intuitive qui comprend en elle la phénoménologie de ce processus. Elle ne constitue pas une hypothèse explicative de ce qui, par définition, dépasse notre capacité de compréhension. Car lorsque nous disons que la conscience et l'inconscient s'unissent, nous déclarons en même temps qu'il s'agit d'un processus impossible à concevoir. L'inconscient est en effet inconscient ; il ne peut être ni saisi, ni conçu. L'union des opposés est un événement qui transcende la conscience et échappe par principe aux prises de l'explication scientifique. Les noces demeurent *reginae mysteria,* le secret de l'art dont le roi Salomon déclare, suivant le *Rosarium Philosophorum :* « C'est la fille à cause de laquelle la reine du Midi est venue de l'orient, telle l'aurore qui se lève, pour entendre, pour comprendre et pour voir la sagesse de Salomon. La puissance, l'honneur, la force et la domination ont été remis dans sa main, et sur sa tête a été placée la couronne de la royauté ornée de l'éclat de sept étoiles rutilantes ; elle est parée comme une épouse pour son époux et porte écrit sur ses vêtements en lettres d'or, en grec, en barbare et en latin : " Je suis la fille unique des sages, totalement inconnue des insensés[444]. " »

208 La reine de Saba, la Sagesse, l'art royal et la « fille des philosophes » sont si étroitement mêlés que le symbolisme fondamental apparaît visiblement : l'art est la reine du cœur de l'artiste ; il est à la fois sa mère, sa bien-aimée et sa fille. Et dans son art et ses allégories se joue son propre drame spirituel, son processus d'individuation.

444. In *Art. Aurif.* II, p. 294 et sv. (Éd. de 1550, pp. 98-99). Citation de l'*Aurora consurgens.*

# V

# ADAM ET ÈVE

# 1

## *ADAM COMME SUBSTANCE MYSTÉRIEUSE*

209 TOUT comme le roi et la reine, le couple des premiers parents fait partie de ces figures que l'alchimie utilise pour exprimer son symbolisme des opposés. Adam est cité de façon incomparablement plus fréquente qu'Ève et c'est pourquoi nous avons à nous occuper d'abord et surtout de lui. Il nous offre pour cela une riche matière, car il chatoie de toutes les significations possibles et pénètre de divers côtés à la fois dans l'univers de la pensée alchimique.

210 Ruland mentionne Adam comme synonyme d'*aqua permanens* par opposition à Ève qui signifie la terre. L'eau est la substance mystérieuse par excellence, donc le sujet de la transformation et en même temps l'agent de celle-ci. Puisque « l'eau » est synonyme de « Mercure », on comprend la déclaration de John Dee suivant laquelle « cet autre Mercure », qui apparaît au cours de l'œuvre est « celui des philosophes, le microcosme et Adam[1] ». Adam se présente encore comme la substance mystérieuse chez Rosinus. Il est rapproché du plomb et de « l'Azoch[2] », qui sont tous deux de nature hermaphrodite (comme Adam)[3]. Dorn dit de même que le *lapis* est désigné du nom « d'Adam qui porte en lui Ève de façon invisible[4] ». Cette idée archaïque se rencontre aussi à l'occasion chez

1. « *Iste est Philosophorum Mercurius, ille celeberrimus Microcosmus et Adam.* » (C'est le Mercure des philosophes, ce très célèbre Microcosme et Adam.) « Monas Hieroglyphica », *Theat. Chem.* 1602, p. 222. Traduction de R. Grillot de Givry, Paris 1925, p. 20.

2. Azoch = Azoth = *Mercurius duplex.* Cf. Ruland, *Lexicon,* s.v. Azoch.

3. « *Accipe Adam et quod assimilatur Adam ; nominasti hic Adam et tacuisti nomen foeminae seu Evae et non nominans eam, quia scis quod homines qui sunt tui similes in mundo sciunt quod illud quod tibi assimilatur est Eva.* » (Prends Adam et ce qui est assimilé à Adam ; tu as nommé ici Adam et as tu le nom de la femme ou Ève, parce que tu sais que les hommes qui sont tes semblables dans le monde savent que ce qui t'est assimilé est Ève.) *Art. Aurif.* I, p. 248.

4. « De Transmut. Met. », *Theat. Chem.* 1602, I, p. 578 : « *Quapropter ingenio et intellectu validissimis adseverarunt suum lapidem esse animalem, quem etiam vocaverunt suum Adamum, qui suam invisibilem Evam occultam in suo corpore gestaret*

les malades mentaux modernes[5]. La *Gloria Mundi* connaît également la nature double d'Adam : « Quand le Dieu tout-puissant a formé Adam et l'a placé dans le paradis, il lui a montré à l'avance deux choses avec ces mots : " Voici que cet Adam se compose de deux choses : l'une fixe et solide et l'autre fugitive[6]. " »

211 En tant que substance de transformation, Adam est donc le roi[7] qui est renouvelé dans le bain. Il est dit dans une poésie de Basile Valentin :

Adam était assis dans le bain
Où Vénus trouvait son semblable,
Bain qu'avait préparé le vieux dragon[8].

212 Même pour une imagination de l'âge baroque il y avait une certaine hardiesse à unir Adam et Vénus. Celle-ci correspond dans le poème à « la source qui s'écoule de la pierre et submerge son père en l'absorbant avec son corps et sa vie ». C'est donc une figure parallèle à Beya qui dissout Gabricus en atomes dans son corps. Dans l'article déjà cité de son *Lexicon* où Ruland mentionne Adam comme synonyme de l'eau, il ajoute qu'elle est également désignée

*ab eo momento quo virtute summi conditoris omnium unita sunt. Ea de causa merito dici potest Mercurium philosophorum nihil aliud esse, quam compositum eorum abstrusissimum Mercurium et non vulgarem illum.. est in Mercurio quicquid quaerunt sapientes... lapidis philosophorum materia nihil est aliud quam... verus hermaphroditus Adam atque microcosmus.* » (C'est pourquoi, grâce à un talent et à une intelligence très vigoureux, ils ont affirmé que leur pierre est animale et ils l'ont même appelée leur Adam qui portait dans son corps son Ève invisible à partir du moment où ils furent unis par la puissance du créateur suprême de toutes choses. Pour cette raison on peut dire à bon droit que le Mercure des philosophes n'est autre que leur très obscur Mercure composé et non le mercure vulgaire... Il y a dans le Mercure tout ce que cherchent les sages... La matière de la pierre des philosophes n'est autre que... le vrai Adam hermaphrodite et le vrai microcosme.) L.c. p. 589 : « *Natura in primis requirit ab artifice ut philosophicus Adam in Mercurialem substantiam adducatur.* » (La nature réclame avant tout de l'artiste que l'Adam philosophique soit amené à [l'état de] substance mercurielle.) L.c. p. 590 : « ... *compositio huius sacratissimi lapidis Adamici fit ex sapientum Adamico Mercurio.* » (La composition de cette très sacrée pierre Adamique se fait à partir du Mercure Adamique des sages.)

5. Adam comme premier père intimement lié à Ève. Nelken, *Jahrbuch für psychoanal. und psychopath. Forsch.* IV, p. 542.

6. « *Ecce Adam hic duo sunt ; fixatum et constans unum, fugax alterum.* » *Mus. Herm.* 1678, p. 228.

7. « *Et Adamus erat Dominus, Rex et Imperator* » etc. (Et Adam était seigneur, roi et empereur). « Gloria Mundi. » *Mus. Herm.* p. 269.

8. *Adam in balneo residebat,*
*In quo Venus sui similem reperiebat,*
*Quod praeparaverat senex Draco », etc.*
« De prima materia lapidis », *Mus. Herm.* p. 425.

comme « l'homme élevé[9] ». L'auteur est un disciple de Paracelse, aussi cette expression doit coïncider avec « le grand homme » de ce dernier, avec l'*Adech*[10] que Ruland déclare être « notre homme intérieur et invisible » (*interiorem hominem nostrum et invisibilem*)[11].

213 La substance secrète, le corps de transformation, apparaît donc ici comme étant l'homme « intérieur », l'homme primordial que désigne aussi, dans la kabbale, le nom d'Adam Kadmon. Adam, en tant qu'homme intérieur, est submergé par Vénus, la déesse de l'amour, ce qui constitue indiscutablement une représentation psychologique et exprime un état psychique déterminé et typique que symbolise encore de façon adéquate chez les gnostiques la relation amoureuse du *noûs* et de la *physis*. Il s'agit de « l'homme plus élevé spirituel », de la totalité plus compréhensive, supérieure au moi, que nous désignons comme *le Soi*. Le bain, l'immersion, la submersion, le baptême et la noyade — autant de synonymes alchimiques — symbolisent l'état inconscient et pour ainsi dire l'incarnation du Soi ou, plus exactement, ce phénomène inconscient par lequel le Soi « renaît », passe dans un état où il peut être expérimenté. Celui-ci est alors appelé *filius regius* (fils royal). Celui qui a préparé le bain est, comme l'indique le texte, le *senex draco*. Le vieux dragon représente un être primitif qui habite les cavités de la terre ; psychologiquement c'est une personnification de l'âme instinctive qui est la plupart du temps symbolisée par des reptiles. C'est comme si les représentations alchimiques voulaient exprimer par là que c'est l'inconscient lui-même qui prépare le processus de renouvellement.

214 On rencontre encore une allusion au bain d'Adam dans un manuscrit latin. Adam est interpellé dans les termes suivants par un personnage qui n'est pas désigné de façon plus précise : « Écoute, Adam, je veux te parler. Tu dois entrer dans le bain avec moi ; tu sais de quelle manière nous sommes influencés l'un par l'autre et comment tu dois passer à travers moi. Je m'approche donc de toi avec mes traits acérés que je dirige vers ton cœur, etc.[12]. »

215 Adam reprend ici le sens de substance de transformation. Il est le « vieil Adam » qui doit se renouveler. Les traits (*tela*) évoquent

9. « *Homo galeatus et altus* » (l'homme casqué et élevé) chez Hoghelande. (*Theat. Chem.* 1602, I, p. 162.)

10. Néologisme de Paracelse formé vraisemblablement de la réunion des noms d'Adam et d'Hénoch. Cf. *Paracelsica*, p. 79.

11. Dorn (*Th. Paracelsi Libri V de Vita Longa*, 1583) le nomme *invisibilis homo maximus*.

12. Manuscrit du XVIIIe siècle. *Incipit : Figurarum aegyptiorum. Explicit : laus Jesu in saecula*. Fol. 17. Collection de l'auteur.

d'une part le « trait de la passion » (*telum passionis*) qui est attribué à Mercure et d'autre part les flèches de la lune qui font écho, dans les écrits alchimiques, par l'intermédiaire de la mystique d'un Hugues de Saint-Victor [13] et d'autres, à la parole bien connue du *Cantique des Cantiques : « Vulnerasti cor meum »* (tu as blessé mon cœur), ainsi que nous l'avons vu dans un précédent chapitre. La personne qui parle dans notre texte doit appartenir au sexe féminin, car immédiatement auparavant il était question de « la cohabitation de l'homme et de la femme ».

216 L'un et l'autre de nos textes ont trait à une hiérogamie, ce qui présuppose une relation de proche parenté entre le *sponsus* et la *sponsa.* En fait la parenté d'Adam et d'Ève est aussi étroite que difficile à définir. D'après une tradition antique, Adam était androgyne avant la création d'Ève [14]. Ève est donc davantage lui-même que si elle était sa sœur. Le mariage d'Adam, qui n'a rien de biblique, est caractérisé comme une hiérogamie du fait que Dieu assiste à la cérémonie en tant que paranymphe [15]. La tradition kabbalistique se manifeste plus d'une fois dans les textes alchimiques à partir du XVI^e^ siècle. Nos deux textes sont de date plus récente et entrent donc dans le champ de cette tradition.

217 Nous devons maintenant nous pencher sur la question suivante : comment se fait-il qu'Adam ait été choisi comme symbole de la *prima materia* ou plus exactement de la substance de transformation ? La raison principale en est sans doute qu'Adam a été créé à partir du limon (*lutum*), donc à partir de cette *materia vilis,* répandue partout, qui, suivant l'axiome alchimique, constitue la *prima materia,* et qui est, par suite, si désespérément difficile à découvrir, bien qu'elle soit « placée devant tous les yeux ». Elle est un morceau du chaos, de la *massa confusa* non encore différenciée mais susceptible de différenciation, et par conséquent quelque chose comme un tissu d'embryon encore indifférencié. C'est pourquoi on peut en tirer toutes choses [16]. Ce qu'il y a ici d'essentiel pour nous dans la définition de la *materia prima* est sa désignation comme *massa confusa* et « chaos », comme l'état primitif « d'inimitié entre les éléments » (*inimicitia elementorum*), ce mélange désordonné que

13. CLXXVIII, col. 974.
14. Cf. Aug. Wuensche, *Schöpfung und Sündensfall des erstens Menschenpaares. Ex Oriente Lux,* édité par Hugo Winckler, 1906, vol. II, p. 10. Adam avait deux visages. Dieu le scia en deux moitiés : Adam et Ève.
15. Wuensche, l.c. p. 24.
16. Pour plus de détails, voir *Psychologie et Alchimie,* trad. fr. p. 406 et sv.

l'artiste ordonne progressivement au moyen de ses opérations. Correspondant aux quatre éléments, il existe en quelque sorte quatre stades du processus (tétramérie) qui sont caractérisés par quatre couleurs. La substance mystérieuse, d'abord chaotique, passe par ces différentes couleurs pour aboutir à l'unité finale de l'*Unum* ou *lapis* qui est en même temps un *homunculus*[17]. Ainsi le philosophe reproduit expressément l'œuvre divine de création décrite au chapitre 1er de la Genèse. Il n'y a donc rien d'étonnant à ce qu'il désigne sa *materia prima* comme Adam et qu'il regarde celui-ci comme composé et provenant, de même que celle-là, des quatre éléments. « C'est en effet à partir de quatre éléments que notre père Adam et ses fils... ont été créés[18] », dit la *Turba*. Gabir ibn Hajjan (Jaber, Jabir)[19] dit au *Livre des Balances :* « Il est dit dans le Pentateuque, au sujet de la création du premier être, que son corps fut composé de quatre choses, qui se transmirent ensuite par hérédité : le chaud, le froid, l'humide et le sec. En effet il fut composé de terre et d'eau, d'un esprit et d'une âme. La sécheresse lui vient de la terre, l'humidité de l'eau, *la chaleur de l'esprit et le froid de l'âme*[20]. » Adam en tant que composé des éléments (*compositio elementorum*) revient plus souvent encore dans la littérature tardive[21]. Réunissant en lui les quatre principes cosmiques il est, pour cette raison, appelé *microcosme*[22]. Le *Tractatus Micreris* dit[23] : « De même l'homme est appelé petit monde (*mundus minor*) et cela parce que la figure du ciel, de la terre, du soleil et de la lune se trouvent en lui, figure visible sur la terre et (en même temps) invisible ; c'est pourquoi il est appelé " petit monde " et c'est pourquoi les philosophes ont dit de lui : " Lorsque l'eau est tombée sur la terre, c'est alors que fut créé Adam, qui est le 'petit monde'[24]. " » Cette affirmation et des propos analogues se rencontrent en d'autres endroits encore. Ainsi il est

17. « *Secundus Adam qui dicitur homo philosophicus.* » (Le second Adam qui est appelé homme philosophique.) *Aurora consurgens,* parabole VI.
18. « *Et quatuor autem elementis pater noster Adam et filii ejus... creati sunt.* » *Turba,* Sermo VIII.
19. Le Latin Geber, auteur de la classique *Summa perfectionis,* était autrefois identifié à Jabir. L'état présent de la question est exposé dans von Lippmann : *Entstehung und Ausbreitung der Alchimie,* 1919, vol. II, p. 89.
20. Berthelot, *La Chimie au Moyen Age,* 1893, III, p. 148 et sv.
21. Par exemple chez Mylius, *Phil. Reform.* 1622, p. 168.
22. Le corps d'Adam provenait de la terre de Babylone, sa tête de celle d'Israël et ses membres des autres pays (*Talmud,* trad. Sanhédrin 38a.)
23. *Theat. Chem.* 1622, V, p. 109.
24. Le texte développe ici une comparaison entre la substance mystérieuse et Adam.

dit dans les *Pirké Rabbi Eliézer* que Dieu avait rassemblé des quatre coins de la terre la poussière de laquelle fut tiré Adam[25]. Rabbi Meir (IIe siècle) affirme pareillement qu'Adam fut fait de poussière prise du monde entier. Dans la tradition mohamédienne conservée par Tabari, Masudi et d'autres, il est dit que la terre s'était refusée à fournir la matière nécessaire à la création d'Adam et que l'ange de la mort avait alors apporté trois sortes de terres, noire, blanche et rouge[26]. L'ouvrage syrien *La Caverne aux trésors* rapporte : « Et ils virent comment Il prit un grain de poussière de toute la terre, et une goutte d'eau de toute la nature de l'eau, et un souffle de vent de tout l'air supérieur, et un peu de chaleur de toute la nature du feu. Et les anges virent comment ces quatre faibles éléments, le froid, le chaud, la sécheresse et l'humidité furent placés dans le creux de Sa main. Et Dieu alors forma Adam[27]. » Chez le poète Djelladedin Roumi, la terre à partir de laquelle Adam a été tiré a même sept couleurs[28]. Dans un recueil anglais d'énigmes du XVe siècle on lit les questions suivantes à propos de la création d'Adam : « Questions entre le maître d'Oxinford et son élève : De quoi fut fait Adam ? — De huit choses : 1° de terre, 2° de feu, 3° de vent, 4° de nuages, 5° d'air grâce auquel il parle et pense, 6° de rosée par laquelle il transpire, 7° de fleurs dont sont faits ses yeux, 8° de sel qui donne à Adam des larmes salées[29]. »

218 Ces matériaux permettent de reconnaître clairement en Adam une nature fondée sur la quaternité et l'ogdoade, de laquelle ne sont pas exclues toutefois les incertitudes caractéristiques portant sur le trois

25. « *(Deus) incepit autem colligere pulverem primi hominis e quatuor terrae angulis, videlicet rubrum, nigrum, album et viridem. Ruber pulvis factus est sanguis, niger fuit pro visceribus, albus pro ossibus et nervis, viridis factus est corpus.* » (Dieu commença à rassembler des quatre coins de la terre la poussière du premier homme, rouge, noire, blanche et verte. La poussière rouge devint le sang, la noire servit à former les entrailles, la blanche, les os et les nerfs, et la verte devint le corps.) R. David Ganz : *Chronologia Sacro-Profana.* Lugd. Bat. 1644, p. 24. Voir aussi : *Jewish Encyclopaedia,* Vol. I, 1906, s.v. Adam. On trouvera là d'autres références.

26. *Jewish Encycl.* s.v. Adam.

27. C. Bezold, *Die Schatzhöhle* (La caverne aux trésors). Trois manuscrits syriens inédits traduits en allemand, 1893, p. 3.

28. Alexander Kohut, « Die talmudisch-midraschische Adamssage in ihrer Rückbeziehung auf die persische Yima- und Meshiasage ». *Zeitschrift d. Deutsch. Morgenländ.* Vol. XXV, 1871.

29. Grimm, *Deutsche Mythologie,* I, p. 468, cite une version latine du *Rituale Ecclesiae Dunelmensis* (Xe siècle) ainsi que d'autres documents. Le texte ci-dessus est extrait de l'ouvrage de Reinhold Koehler, *Kleine Schriften zur erzählenden Dichtung des Mittelalters,* 1900, vol. II, p. 2. Les « questions » remontent à un dialogue anglo-saxon entre Saturne et Salomon. (Thorpes, *Analecta* 95.)

ct le sept (d'une part quatre éléments, quatre couleurs, quatre qualités, quatre « humeurs »[30] et d'autre part trois et sept couleurs[31]).

219 Dorn qualifie le « ternaire » de « propre à Adam » (*Adamo proprius*). Mais comme le ternaire est l'enfant de « l'unaire » (*unarius*). Le diable, dont la nature est binaire, n'a pas pu, selon l'auteur, l'attaquer directement, mais a dû commencer par Ève qui « était séparée de son mari comme le binaire naturel l'est de l'unaire[32] de son ternaire[33] ». Blaise de Vigenère, commentant la I^re^ épître aux Corinthiens XV, 47[34], écrit : « Car les éléments sont circulaires (c'est-à-dire disposés en cercle) comme le veut Hermès ; chacun d'eux est entouré de deux autres avec lesquels il s'accorde dans une de leurs qualités qui lui est appropriée : ainsi la terre se trouve entre le feu et l'eau, participant du feu par sa sécheresse et de l'eau par son humidité[35]. » Il poursuit : « Donc l'homme, qui est l'image du grand monde et qui est appelé pour cette raison microcosme ou petit monde (de même que le monde, créé à la ressemblance de son archétype et composé des quatre éléments, est appelé grand homme), possède aussi le ciel et la terre. En effet l'âme et l'intellect constituent son ciel, mais le corps et la sensualité sont sa terre. Si bien que connaître le ciel et la terre de l'homme est la même chose que d'avoir la connaissance pleine et intégrale du monde entier et des choses naturelles[36]. »

30. Chez Isidore de Séville (*De nat. rer.* IX). Cité dans la *Jewish Encycl.* s.v. Adam.

31. Cf. à ce sujet les sept fils d'Adam et les sept métaux sortis du sang de Gayomart. La même incertitude se retrouve dans la légende coranique des sept dormants (18^e^ sourate). Suivant les versions ils sont tantôt sept, tantôt huit jeunes gens, ou bien le huitième personnage est un chien ou encore il y a trois jeunes gens et un chien, etc. Voir les différents aspects de la renaissance dans C.G. Jung, *Gestaltungen des Unbewussten,* 1950, p. 75. Tantôt Adam possède les trois couleurs : rouge, noir, blanc, et tantôt les quatre : blanc, noir, rouge et vert. (*Jewish. Encycl.* s.v. Adam).

32. « *Item non ignoravit Evam a suo viro divisam tamquam naturalem binarium ab unario sui ternarii.* » (*Theat. Chem.* 1602 ; I, p. 527.)

33. *Theat. Chem.* 1602, p. 542. L'auteur dit ailleurs du diable : « *Scivit enim per ternarium Adami non patere potuisse aditum, unario protegente ternarium, binarium igitur Evae tentavit ingredi.* » (Il sut en effet que l'accès à Adam n'aurait pu s'ouvrir par le ternaire, puisque « l'unaire » protégeait le ternaire. C'est pourquoi il s'efforça d'entrer par le binaire d'Ève.)

34. « Le premier homme tiré de la terre est terrestre ; le second homme vient du ciel. »

35. « *Nam elementa circularia sunt, ut Hermes sentit, quodlibet a duobus aliis circumdatur, cum quibus convenit in una qualitatum ipsorum sibi appropriata, uti est terra inter ignem et aquam participans de igne in siccitate, et de aqua in frigiditate. Et sic de caeteris.* » *Theat. Chem.* 1661, VI, p. 3.

36. « *Homo igitur, qui magni mundi est imago, et hinc microcosmus seu parvus mundus vocatus (sicut mundus ad archetypi sui similitudinem factus, et ex quatuor elementis compositus, magnus homo appellatur) etiam suum coelum et terram habet.*

220 L'ordonnance circulaire des éléments dans le monde et dans l'homme fait allusion au *mandala* avec sa structure quaternaire qui symbolise le monde et l'homme. Dans ce contexte Adam serait le *quaternaire.* Il a été rassemblé des quatre points à partir de poussière de couleur rouge, noire, blanche et verte et « sa statue atteignait d'une extrémité du monde à l'autre [37] ». D'après un Targum, Dieu a pris de la poussière des quatre parties du monde et aussi du lieu céleste : « le centre du monde [38] ». Les quatre parties du monde se retrouvent en grec dans les quatre lettres du nom d'Adam : *anatolè* (levant), *dysis* (couchant), *arktos* (Grande Ourse = nord), *mesembria* (midi) [39]. Le livre syrien de *La Caverne aux trésors* rapporte en outre qu'Adam s'est tenu à l'endroit où devait se dresser la croix et cet endroit était le centre de la terre. De plus, Adam a été enterré au centre de la terre, sur le Golgotha. Il mourut un vendredi à la même heure que, plus tard, le rédempteur [40]. Ève eut deux paires de jumeaux : Caïn et Lebhûdhâ, Abel et Kelîmath. Ceux-ci, plus tard, s'épousèrent entre eux (quaternité de mariages). Le tombeau d'Adam est « la caverne aux trésors ». Tous ses enfants doivent servir devant son corps et ne pas s'éloigner de lui. A l'approche du déluge Noé prit avec lui le corps d'Adam dans l'arche. Celle-ci vola au-dessus du déluge, sur les ailes du vent, d'est en ouest et du nord au sud, et décrivit ainsi une *croix* sur les eaux.

221 Au centre où Adam fut enterré, « quatre extrémités se rejoignent, car lorsque Dieu créa la terre, sa puissance courut au-devant d'elle, et la terre courut après elle de quatre extrémités comme le vent ou une brise légère. Et là sa puissance demeura et entra dans le repos. Là s'accomplira la rédemption pour Adam et pour tous ses enfants ». Au-dessus de la tombe un arbre poussa, là où la croix devait plus tard être érigée, et ce fut aussi l'emplacement de l'autel

*Non anima et intellectus sunt ejus coelum ; corpus vero et sensualitas ejus terra. Adeo ut coelum et terram hominis cognoscere, idem sit quod plenam et integram totius mundi et rerum naturalium cognitionem habere.* » *Eod. loc.*

37. Voir R. David Ganz, *Chronolog. Sacro-Profana.* Lugd. Batav. 1644. Cet ouvrage contient les *Pirke* (chapitres) de Rabbi Eliézer. Notre citation se trouve au chap. XI (p. 24) à la suite de celle reproduite plus haut (note 27). « ... *Statura autem ejus (Adam) erat ab uno fine mundi usque ad alium.* »

38. *Jewish Encyclop.* s.v. Adam. Selon d'autres sources le *vert* se rapporte à la peau et au foie.

39. Cité par Zosime : Berthelot, *Alch. Grecs,* XLIX ; 6. *Id. Oracles Sibyllins,* III, 24 et sv.

40. Un vendredi, à la sixième heure, « Ève monta à l'arbre de la *désobéissance,* et à la sixième heure le Messie monta sur la croix. » Cf. plus loin l'interprétation que donne saint Augustin de la crucifixion comme mariage du Christ avec la *matrona.*

de Melchisédech. Lorsque Sem déposa le cadavre sur le sol « quatre parties se séparèrent et la terre s'ouvrit en forme de croix, et Sem et Melchisédech y mirent le corps. Et à peine l'avaient-ils mis que les quatre côtés se déplacèrent et enfermèrent le corps de notre père Adam, et les portes de la surface de la terre se refermèrent. Et ce lieu fut appelé *lieu du crâne* parce que le *chef* de tous les hommes y fut déposé et *Golgotha* parce qu'il était *rond*... et *Gabbatha* parce que *tous les peuples y ont été rassemblés*[41] ». « Là apparaîtra la puissance de Dieu : car les quatre extrémités (litt. les quatre angles) du monde (y) sont devenus une seule chose », disent les *Clémentines éthiopiennes*[42]. Dieu dit à Adam : « Je te ferai Dieu, mais pas maintenant, seulement dans un grand nombre d'années[43]. » Dans l'écrit apocryphe *La Vie d'Adam et d'Ève,* il est dit qu'Adam au paradis a obtenu l'Orient et le Nord, et Ève l'Occident et le Sud[44]. Les *Pirké Rabbi Eliézer* racontent qu'Adam fut enseveli dans la double caverne de Machpela. Ève, Abraham et Sarah, Isaac et Rébecca, Jacob et Lia reçurent la même sépulture : « C'est pourquoi la caverne a été appelée Kirath arbah (Tétrapole) parce que quatre époux (avec leurs épouses) y ont été ensevelis ensemble[45]. »

222 Je n'entends pas accumuler les textes sur la quaternité d'Adam, mais seulement mettre suffisamment en évidence le caractère quadruple de sa nature. Le nombre quatre signifie les fonctions qui orientent la conscience, les deux fonctions de perception (irrationnelles) et les deux fonctions de jugement (rationnelles). On pourrait donc dire que toutes les figures mythologiques qui sont caractérisées par la quaternité ont trait en dernière analyse à la structure de la conscience. On comprend aisément dès lors qu'Isaac Louria ait doté Adam de toutes les qualités psychiques. Le premier homme est la psyché par excellence[46].

41. Bezold, *Die Schatzhöhle,* 1883, p. 7 et sv.
42. L.c. p. 76.
43. Testament d'Adam. Riessler, *Altjüdisches Schriftum ausserhalb der Bibel,* 1928, p. 1087.
44. Kautzsch, *Apokr. u. Pseudepigr. des Alt. Test.* 1900, p. 517.
45. D. Ganz, *Chronolog. Sacro-Prof.* Pirke chap. XX, p. 46 : « *Idcirco quoque appellatur Kiratharbah (τετράπολις) quia in ea sepulti sunt quaterni conjuges.* » (C'est pourquoi [ce lieu] est également appelé Kiratharbah [tétrapole], parce qu'un groupe de quatre époux y est enseveli.) Ainsi que me l'a fait observer le Dr Schaerf, la caverne n'est pas identique à la Tétrapole, car Kiryat Arbah est une désignation d'Hébron où se trouve la caverne.
46. *De Revolutionibus Animarum,* ch. I, § 10 : « *In Adamo ergo protoplaste... continebantur omnes illae notiones sive Species supradictae a Psyche factiva usque ad singularitatem emanativam.* » (*Kabbala Denud.* 1677, t. II, pars III, p. 248.)

223 Les matériaux rassemblés ici sont à ce point suggestifs qu'un commentaire plus détaillé s'avère superflu. Adam représente non seulement la psyché, mais la totalité même de celle-ci. Il est ainsi, en tant que totalité psychique, un symbole du Soi et par là une manifestation de la divinité qui se dérobe aux représentations. Même si tous ces textes n'étaient pas accessibles à l'alchimiste, il lui suffisait d'avoir la connaissance du traité de Zosime ou de certaines traditions de la kabbale pour se libérer de toute incertitude quant au sens de la désignation de sa substance secrète comme Adam. Il est sans doute inutile de souligner l'importance que revêtent au point de vue psychologique ces affirmations historiques. Elles nous fournissent de précieuses indications sur la manière d'interpréter les symboles oniriques qui leur sont parallèles. En établissant la nature psychique d'idées considérées primitivement comme des propositions métaphysiques, loin de déprécier celles-ci, nous apportons une confirmation de leur réalité. Nous les soustrayons à l'inaccessible domaine métaphysique sur lequel, on le sait, l'intelligence humaine ne peut rien affirmer de démontrable, et ainsi nous en terminons avec l'insoluble question de la preuve de la vérité. Nous nous installons purement et simplement sur le terrain des faits en reconnaissant que la structure archétypique de l'inconscient ne cesse d'engendrer, au-delà de toutes traditions, des figures qui réapparaissent dans l'histoire de toutes les époques et de tous les peuples, et qu'il les revêt de cette numinosité et de cette signification qui, depuis toujours, leur appartiennent en propre.

2

# LA STATUE

224 Je désirerais ouvrir ici une parenthèse qui s'éloigne en apparence de notre sujet, mais s'y rapporte peut-être cependant à un niveau plus profond. D'après une ancienne tradition, Adam aurait été créé « statue sans vie ». Or, dans l'alchimie ancienne déjà, la statue joue un grand rôle. Dans un des plus anciens traités, celui où Comarios « philosophe et grand-prêtre » enseigne à Cléopâtre « l'art divin et sacré de la pierre philosophale »[47] on lit : « Après que le corps (*σῶμα*) a été caché dans l'obscurité, l'esprit l'a rempli de lumière. Puis l'âme s'est unie à lui, après qu'il est devenu divin par sa relation avec elle et il habite en elle. Car il a revêtu la lumière de la divinité et l'obscurité s'est enfuie loin de lui et tous se sont unis dans l'amour (*ἐν ἀγάπῃ*), le corps, l'âme et l'esprit (*πνεῦμα*), et ils sont devenus une seule chose en laquelle est caché le mystère. Par leur réunion le mystère s'est accompli et la maison a été scellée, et une statue (*ἀνδριάς*) a été érigée, remplie de lumière et de divinité[48]. » Il est clair que la statue désigne ici le résultat final du processus, la pierre des philosophes ou son équivalent.

225 Dans un sens quelque peu différent nous rencontrons la statue dans le traité de Senior Zadith[49]. Il s'agit ici de « l'eau extraite du cœur des statues ». Senior est identifié avec l'alchimiste arabe Ibn 'Umail Al-Tamini. On rapporte de lui qu'il ouvrait en Égypte les tombeaux et les sarcophages et qu'il emportait leurs momies[50]. On attribuait à ces dernières des vertus médicinales et c'est pourquoi,

47. Berthelot, *Alch. Grecs*, IV, XX.
48. L.c. p. 15.
49. Senior, *De Chemia*, 1566, p. 64 : « *Deinde caput, manus et pedes (leonis) colligo et calefacio eis aquam extractam a cordibus statuarum, ex lapidibus albis et citrinis, quae cadit de coelo tempore pluviae, etc.* » (Puis je rassemble la tête, les mains et les pattes [du lion] et je fais chauffer avec elles l'eau extraite du cœur des statues, de pierres blanches et jaunes qui tombent du ciel par temps de pluie.)
50. Stapleton, *Mem. of the Asiatic Soc. of Bengal*. vol. 12, 1933.

pendant longtemps, des morceaux de tels cadavres furent introduits dans la pharmacopée européenne sous le nom de *mumia*[51]. Il n'est donc pas impensable que la *mumia* ait également servi à des fins alchimiques. Chez Henri Khunrath elle figure comme synonyme de la *prima materia*[52]. Chez Paracelse, qui paraît être la source de Khunrath, la *mumia basalmita* est en rapport, de manière significative, avec l'élixir de vie et même le principe physique de vie[53]. Les statues de Senior pouvaient donc fort bien désigner des sarcophages égyptiens qui, on le sait, étaient des statues-portraits. On trouve dans le même traité la description d'une statue (d'Hermès Trismégiste) placée dans une chapelle souterraine. L'auteur dit : « Je vais rendre manifeste pour toi ce que le sage qui a fait cette statue a caché dans cette maison ; il y a écrit pour ainsi dire toute la science dans sa forme et enseigné toute la sagesse dans sa pierre et il l'a révélée à ceux qui savent voir. » Michel Maier ajoute (*Symbola*, p. 19) : « Car cette statue est celle du cœur de laquelle on extrait l'eau » et il mentionne qu'une statue de pierre qui rendait des oracles était consacrée à Hermès à Pharis d'Achaïe.

226 Chez Raymond Lulle, c'est une huile que l'on extrait « du cœur des statues ». Cette opération s'accomplit au moyen « d'un lavage de l'eau et d'un dessèchement du feu », donc d'une opération extrêmement paradoxale, ce qui fait clairement apparaître l'huile comme le principe médiateur et unifiant[54].

227 Il existe chez Thomas Norton un texte qui a trait à la pluralité des statues. Le voici :

51. On rencontre déjà dans les *Cyranides* la notice suivante : (*de hirco*) : « *Laudanum autem barbae ejus, i.e. mumia, vel ysopos aut sudor.* » (Du bouc : Quant à sa barbe, elle est laudanum, c'est-à-dire mumie, hysope ou sueur.) (Delatte, *Textes latins et Vieux Français relatifs aux Cyranides*. 1942, p. 29.)

52. *Von Hylealischen Chaos*, 1598, p. 310 et sv. : « *Universae creaturae fundamenta... contineantur in... Radicali humido, Mundi semine, Mumia, Materia prima, etc.* » (Les fondements de toute créature... sont contenus dans... l'humide radical, la semence du monde, la mumie, la matière première, etc.)

53. Voir à ce sujet : *Paracelsica*, 1942, pp. 85 et 119.

54. « *Et ideo per ablutionem aquae et dessicationem ignis semper extrahis oleum a corde statuarum.* » (Et c'est pourquoi tu extrais toujours l'huile du cœur des statues par l'ablution de l'eau et le dessèchement du feu.) *Codicillus*, 1563, p. 115. (Voir à ce sujet M. Maier : *Symbola*, p. 19.) A propos de l'huile Lulle déclare (*Codicillus*, p. 127) : « *Hoc oleum est tinctura, aurum et anima ac philosophorum unguentum.* » (Cette huile est la teinture, l'or et l'âme et l'onguent des philosophes.) Un successeur de Lulle, Christophe de Paris (*Elucidarius*, I, *Theat. Chem.* 1661, VI, p. 214) dit : « *Illud oleum seu aqua divina... et vocatur Mediator.* » (Cette huile ou eau divine... et elle est appelée *Médiateur*.) Il n'y a donc rien d'étonnant à ce que Dom Pernety cite finalement ce passage du *Codicille* dans les termes suivants : « C'est pourquoi vous tirez ce *Dieu* des cœurs des statues par un bain humide de l'eau et par un bain sec du feu. » (*Dict. Mytho-Hermét.* s.v. Statues, p. 472.)

Mais la sainte Alchimie mérite d'être aimée.
Elle traite d'une médecine précieuse
Telle que la font l'or et l'argent fins.
Il en est un exemple
Dans une cité de Catalogne.
Il fut fait, suppose-t-on,
Par le chevalier Raymond Lulle
En sept images, pour dévoiler la vérité.
Trois étaient de bon argent, offrant la forme de femmes pleines d'éclat.
Chacune des quatre (autres) était d'or et représentait un chevalier.
Sur le bord de leurs vêtements apparaissaient des sortes de lettres
Manifestant par des sentences ce qui y était montré [55].

228 Le nombre sept se rapporte aux dieux planétaires, c'est-à-dire aux sept métaux [56]. Il est remarquable que le nombre trois (Vénus, lune, terre) soit mis en relation avec l'argent (*luna*) tandis que le quatre est rapporté à l'or (*sol*), quand on sait que le trois est « masculin » et le quatre « féminin » [57]. Comme Lulle s'appuie sans aucun doute sur Senior, cette légende paraît être une concrétisation de la phrase de son devancier [58].

229 L'idée d'une substance précieuse cachée dans la « statue » est une tradition ancienne qui s'applique en particulier aux statues d'Hermès-Mercure, qui nous intéressent ici au premier chef. (Le pseudo-) Denys l'Aréopagite [59] dit que les païens faisaient des statues (ἀνδριάντας) de Mercure et cachaient à l'intérieur une image (*simulacrum*) qui était celle d'un dieu. De cette manière ils ne vénéraient pas la figure banale de Mercure, mais la belle image cachée

55. *But holy Alkimy of right is to be loved,*
*Which treateth of a precious Medicine,*
*Such as trewly maketh Gold and Silver fine :*
*Where of example of Testimonie,*
*Is in a city of Catilony.*
*Which Raymund Lully, Knight, men suppose,*
*Made in seaven Images, the trewth to disclose ;*
*Three were good Silver, in shape like Ladies bright,*
*Everie each of Foure were Gold and did a Knight :*
*In borders of their Clothing Letters like appeare,*
*Signifying in Sentence as it sheweth here.*
(Nortons Ordinall. *Theat. Chem. Brit.* 1652, p. 21.)

56. Norton cite dans la suite du texte : le fer, le cuivre et le plomb.

57. Cf. à ce sujet : « La Phénoménologie de l'esprit dans les contes, » in *Symbolik des Geistes,* 1948, p. 3.

58. Il existe des douzaines de traités de Lulle et je n'ai pu en consulter qu'une infime partie. C'est pourquoi j'ai renoncé à éclaircir l'origine de cette histoire.

59. Denys l'Aréopagite est cité dans la littérature alchimique. Cf. *Theat. Chem.* 1661, VI, p. 91.

dedans[60]. La première mention de tels Hermès nous est fournie par le discours d'Alcibiade, dans *Le Banquet* de Platon (215 A) : « J'affirme que Socrate ressemble à ces silènes que l'on voit dans les ateliers des sculpteurs. Les artistes les représentent habituellement avec un pipeau ou une flûte à la main. Si on ouvre la porte à deux battants qui s'y trouve, on voit qu'ils contiennent à l'intérieur de petites statues (*ἀγάλματα*) des dieux[61]. »

230 L'imagination des alchimistes dut voir un trait particulièrement significatif dans le fait que les statues contenant le dieu à honorer fussent précisément des statues de Mercure. Mercure est en effet le symbole favori pour représenter cette substance qui se transforme dans l'œuvre de l'état de matière première à celui de pierre philosophale parfaite. La figure d'Adam s'offrait sans peine pour servir de synonyme biblique au Mercure alchimique. D'abord en tant qu'androgyne en face du Mercure hermaphrodite et, en outre, dans son double aspect de *premier et de second Adam*. Le second Adam est, comme on sait, le Christ dont l'androgynie mystique est également établie dans la tradition ecclésiastique[62]. (Je reviendrai ultérieurement sur ces aspects d'Adam.)

231 Il faut à présent noter que, suivant la tradition mandéenne, Adam fut créé à partir des sept comme « colonne corporelle inanimée »[a] qui ne pouvait se dresser elle-même. Cette expression caractéristique de « colonne corporelle » revient souvent dans les textes et rappelle le mythe chaldéen transmis par les Naassènes dans lequel le corps de l'homme créé par les génies est appelé « statue » (*ἀνδριάς*)[63]. Ptahil,

60. « *Faciebant autem in iis (statuis) cum ostia, tum concavitates, quibus deorum quos colebant, simulacra imponebant. Apparebant itaque viles eiuscemodi statuae Mercuriales, sed intra se deorum ornamenta* (καλλωπισμούς) *continebant, etc.* » (Ils pratiquaient en elles [les statues] des portes ou des concavités où ils plaçaient des statues des dieux qu'ils honoraient. Ainsi ces statues de Mercure avaient une apparence commune, mais contenaient à l'intérieur les ornements des dieux.) (Denys l'Aréopagite : *De Coelesti Hierarchia*, II, § 5, dans la paraphrase de Pachymère : *P.G.* III, col. 162.)

61. Dans son commentaire sur ce passage du *Banquet*, R.G. Bury (*The Symposion of Plato*, 1909, p. 143) déclare : « L'intérieur (des statuettes) était creux et servait de cassette pour contenir des figurines des dieux en or ou en d'autres matières précieuses. » L'auteur cite d'autres passages parallèles encore.

62. Lire les méditations de sainte Thérèse d'Avila ou de saint Jean de la Croix sur Cant. I, 1 : « *Osculetur me osculo oris sui : quia meliora sunt ubera tua vino.* » (Qu'il me baise du baiser de sa bouche : car tes seins sont meilleurs que le vin.) La traduction de ce passage est habituellement édulcorée : « tes seins » sont remplacés par « ton amour » ou « tes amours ».

a. La colonne et la statue sont désignées en allemand par deux mots de la même famille : *Saüle* et *Bildsaüle* (litt. colonne-portrait) (N.d.T.).

63. Le texte correspondant d'Hippolyte est le suivant (*Elenchos*, V, 7, 6) : (Les Chaldéens appelaient le premier homme Adam) « et celui-ci, disent-ils, est l'homme qui

le créateur du monde, cherchait à infuser « l'âme dans la statue », mais Mândâ d'Hajê, le rédempteur, prit cette âme dans ses bras et acheva le travail sans Ptahil[64]. Il faudrait également faire observer ici que la littérature kabbalistique contient un ouvrage qui renferme une description de la *statue d'Adam*[65].

232 Comme le second Adam accompagne toujours la représentation du premier dans un esprit d'éducation chrétienne, il n'est pas difficile de comprendre pourquoi cette idée revient dans les œuvres des alchimistes[66]. Mylius écrit : « Tu parviendrais plus difficilement à rendre la vie à un homme que tu ne lui ferais rencontrer la mort. L'opération de Dieu est ici requise : c'est en effet un très grand mystère que d'engendrer des âmes et de donner au corps sans vie la forme d'une *statue vivante*[67]. » Cette *statua vivens* désigne le résultat final de l'œuvre. Celle-ci est, on le sait, conçue d'une part comme une reproduction de la création du monde, d'autre part, comme un processus de rédemption ; c'est pour cette raison que le Christ ressuscité sert de symbole à la pierre. Le texte rend, soit dit en passant, un son millénariste, en tant qu'il fait allusion à un âge

a produit la terre à lui seul. Il gisait inanimé (ἄπνουν), immobile, tranquille (ἀσάλευτον) comme une statue (ἀνδριάντα), image (εἰκόνα) de celui qui est là-haut, de l'homme Adamas que l'on célèbre et qui est engendré par de nombreuses puissances (δυνάμεων). »

64. Bousset, *Hauptprobleme der Gnosis,* 1907, pp. 34 et sv. Ce récit de la *Genzâ* (livre sacré des Mandéens) projette peut-être une lumière sur le passage de Senior où l'auteur dit du reptile mâle : « *proiiciet semen suum supra marmorem in simulachrum.* » (Il projettera sa semence sur le marbre, dans une statue.) *De Chemia,* 1566, p. 78.

65. Kohen, *Emek ha-Melech.* Cité dans la *Jewish Encycloped.* s.v. Adam.

66. Cf. le texte lourd de sens d'Ephrem le Syrien (*De Poenitentia*) : « *Duo Adam efficiuntur : unus, pater noster, in mortem, quia mortalis factus est, peccans : secundus, pater noster, in resurrectionem, quoniam immortalis cum esset, per mortem devicit mortem atque peccatum. Primus Adam, hic, pater : posterior illic, etiam primi Adam est pater.* » (Deux Adam sont créés : l'un, notre père, pour la mort, car il a été fait mortel, pécheur ; le second, notre père, pour la résurrection car, étant immortel, il a vaincu par la mort la mort et le péché. Le premier Adam, ici, est notre père ; le second, là, est le père du premier Adam lui-même.)

67. *Phil. Ref.* 1622, p. 19. Il n'est nullement certain que Mylius, qui ne livre que rarement ou jamais ses sources, soit l'auteur de cette pensée. Il se pourrait aussi bien qu'il l'ait prise quelque part. Mais je ne suis pas parvenu à découvrir l'origine d'un tel emprunt. Voici le passage dans son intégralité : « *Restat nunc pars altera philosophicae praxeos, longe quidem difficilior, longe sublimior. In quo omnes ingenii neruos, omnia denique mentis curricula multorum philosophorum elanguisse legimus. Difficilius etenim hominem faceres reviviscere quam mortem oppetere. Hic Dei petitur opus : Maximum quidem mysterium est creare animas, atque corpus inanime in statuam viventem confingere.* » (Reste maintenant la seconde partie de la pratique philosophique, beaucoup plus difficile, beaucoup plus sublime. Nous lisons que tous les ressorts du talent et, finalement, toute la carrière de l'esprit de nombreux philosophes s'y sont affaiblis. L'opération de Dieu est ici requise, etc.)

d'or sans souffrance, sans maladie et assurant la longévité[68]. Il est curieux de voir apparaître la statue dans les prévisions manichéennes relatives à la fin du monde rapportées par Hégémonius : le monde sera consumé par le feu et les âmes coupables seront enchaînées, « mais cela se produira lorsque *la statue* sera venue[69] ». Je n'ose pas décider si nous nous trouvons ou non en présence d'une influence manichéenne sur les alchimistes, mais je tiens pour digne de remarque que dans les deux cas la statue soit mise en relation avec l'état final et définitif. La tradition transmise par Hégémonius est confirmée par l'ouvrage original de Mani récemment découvert : les *Kephalaia*[70]. On y lit (p. 72, ch. XXIV, v. 33 et sv.) : « C'est aussi en ce temps qu'Il (le Père de la grandeur) forma l'envoyé et Jésus le brillant et la Vierge de lumière et la colonne de la splendeur et les dieux. » Au chap. LIX (p. 149, v. 29 et sv.) : « (La) quatrième fois qu'ils pleureront est celle où la statue (*ἀνδρίας*) se lèvera au dernier jour. » P. 150, v. 8 : « A cette heure même où la dernière statue se lèvera, ils pleureront. » Chap. LXII (p. 155, v. 10 et sv.) : « Le premier rocher est la colonne (*στῦλος*) de la splendeur, l'homme parfait qui a été mandé par le glorieux envoyé. » « Il a porté le monde entier et fut le premier-né de tous les portefaix. » Chap. LXXII, (p. 176, v. 3 et sv.) : « L'élément intellectuel (*νοερόν*) se rassemble en colonne de la splendeur, la colonne de la splendeur en homme primordial. » (P. 177, v. 2 et sv.) : « Les vêtements qui ont été appelés " grands vêtements " sont les cinq éléments intellectuels (*νοερά*) qui (rendus parfaits) ont le corps de la colonne (*στῦλος*) de la splendeur, de l'homme parfait. » Ces citations font apparaître nettement que la colonne et la statue désignent soit l'homme primordial, (l'homme parfait : *τέλειος ἄνθρωπος*), soit tout au moins son corps, et cela aussi bien au commencement de la création qu'à la fin des temps.

233 La statue se rencontre dans l'alchimie avec une autre acception encore, qui est digne d'être relevée : dans le traité *De igne et sale* de Blaise de Vigenère, l'auteur appelle le soleil « œil et cœur du

68. *Paracelsica*, 1942, p. 153 et sv.

69. « ... *et ita demittitur magnus ille ignis qui mundum consumat universum ; deinde demittunt animam, quae obiicitur inter medium novi saeculi, ut omnes animae peccatorum vinciantur in aeternum ; tunc autem fient haec, cum statua venerit.* » (Et ainsi est envoyé d'en haut ce grand feu pour qu'il consume le monde entier. Puis ils envoient l'âme qui est placée au milieu de l'ère nouvelle, afin que toutes les âmes des pécheurs soient enchaînées à jamais. Ces choses se produiront, quand la statue sera venue.) *Acta Archelai*, éd. Beeson, 1906, XIII, p. 21, lignes 20 et sv.

70. Schmidt, *Manichäische Handschriften der Staatlichen Museen*, Berlin, I.

monde sensible et image de Dieu invisible » et fait remarquer à ce sujet que saint Denys le désigne comme « la statue apparente et manifeste de Dieu »[71]. Cette expression se refère sans doute à celle du traité *Des Noms divins :* (ἥλιος) ἡ τῆς θειας ἀγαθότητος ἐμφανὴς εἰκών : ([le soleil] claire image de la bonté divine)[72]. Comme on le voit, Vigenère a ici traduit εἰκών non par *imago* mais par *statua,* ce qui ne correspond pas à la version donnée par Marsile Ficin dans son édition latine complète de l'Aréopagite (1502), que l'auteur devait avoir sous les yeux. Ainsi il demeurerait incompréhensible qu'il ait employé *statua,* à moins de supposer qu'il n'ait voulu éviter la répétition d'*imago* déjà utilisé à la fin de la phrase précédente (voir le texte en note). Il se peut d'autre part que le mot « cœur » ait évoqué en lui la phrase de Senior sur « le cœur des statues », ce qui, pour un alchimiste si érudit, serait très vraisemblable. Mais chez Vigenère une autre source doit être prise en considération : il résulte en effet de la lecture de son traité qu'il connaît le *Zohar.* Il est dit dans ce livre (*Chayé Sarah, ad* Gen. XXVIII, 22) que *Malkouth* est appelée statue en tant qu'elle est unie à *Tiphereth*[73]. Le texte de la Vulgate est le suivant : « *Et lapis iste quem erexi in titulum vocabitur domus Dei.* » (Et cette pierre que j'ai érigée en monument sera appelée maison de Dieu[74].) Cette pierre doit manifester ici clairement que le supérieur (*Tiphereth*) s'est uni à l'inférieur (*Malkouth*). *Tiphereth* est le « fils »[75] qui s'unit à la *Matrona* (*Malkouth*)[76] dans un mariage sacré (*hieros gamos*). La statue pourrait donc, si notre hypothèse est exacte, désigner, dans une acception kabbalistique, la pierre philosophale qui représente également

71. « *Nunc de igne terreno ad coelestem ut ascendamus, qui est sol, mundi sensibilis oculus et cor et Dei invisibilis imago. S. Dionysius manifestam et claram Dei statuam illum vocat.* » (Pour monter maintenant du feu terrestre au feu céleste qui est le soleil, œil et cœur du monde sensible et image du Dieu invisible. Saint Denys l'appelle statue apparente et claire de Dieu.) *Theat. Chem.* 1661, VI, p. 91.

72. Théophile d'Antioche, autorité plus ancienne (IIe siècle) que Denys, déclare : « Ἥλιος ἐν τύπῳ θεοῦ ἐστιν ἡ δὲ σελήνη ἀνθρώπου. » (Le soleil est à l'image de Dieu, la lune à celle de l'homme.) *Ad Autolycum,* Liv. II. Paris, 1605, p. 94c.

73. *Kabbala Denudata.* 1677, T. I, Pars I, p. 546.

74. Il s'agit de la pierre de Béthel érigée par Jacob à la suite du songe où il vit l'échelle reliant la terre au ciel.

75. « *(Filius) Clarissimum est quod ad Tiphereth pertineat.* » (fils est [le nom] le plus éclatant qui convienne à Tiphereth.) L.c. p. 202. *Sponsus,* l.c. p. 366.

76. Malkouth = *sponsa,* l.c. pp. 366, 477. « L'assemblée d'Israël » est également désignée de ce nom. Tiphereth et Malkouth sont en outre frère et sœur. L.c. p. 120. « *Matris quoque nomine vocatur Malchuth, quia mater est omnium sub ipsa existentium usque ad finem totius Abyssi.* » (Malkouth est également appelée du nom de mère, parce qu'elle est la mère de tous les êtres qui existent sous elle jusqu'à l'extrémité de l'abîme tout entier.)

l'union du masculin et du féminin. Le soleil est effectivement décrit comme *sponsus* au même chapitre du traité de Vigenère[77]. Saint Augustin étant cité quelques lignes plus loin, il est également possible que l'auteur se soit souvenu du passage de ce Père de l'Église où il est fait mention du « fiancé qui sort de sa chambre nuptiale » : « Le Christ est sorti comme un fiancé de sa chambre nuptiale ; ayant devant les yeux la carrière du monde, il a couru comme un géant, bondissant sur le chemin ; il est arrivé jusqu'au lit nuptial de la croix et il y a confirmé l'union ; là, comme il percevait les soupirs de la créature haletante, il s'est, par un commerce de piété, livré au châtiment à la place de son épouse. Il lui a aussi remis l'escarboucle, la pierre précieuse de son sang, et il se l'est unie comme épouse en un pacte éternel. " Je vous ai préparés, dit l'Apôtre, comme une vierge chaste destinée à être montrée au Christ, l'unique époux. " (II Cor. XI, 2.)[78] »

234 Puisque Adam, ainsi que nous l'avons vu, n'est pas seulement le principe de l'œuvre, la *materia prima,* mais aussi son terme, donc la pierre philosophale, et que cette dernière est le résultat du mariage royal, nous retrouvons dans « la statue de Dieu » (*statua Dei*) mise à la place de « l'image de Dieu » (*imago Dei*), ce qui est l'expression usuelle, un rapport avec la pierre de Béthel, telle que l'interprète la kabbale, c'est-à-dire une représentation de l'union de *Tiphereth* avec *Malkouth.* La statue décrit la matérialité inanimée d'Adam qui a encore besoin d'une âme vivifiante et symbolise ainsi l'une des principales préoccupations des alchimistes.

77. « *Pulchritudo eius (solis) cum sponso ex camera sua nuptiali prodeunte comparata. Et ipse tanquam sponsus procedens de thalamo suo.* » (La beauté du soleil est comparée à celle du fiancé s'avançant hors de sa chambre nuptiale. Et lui-même tel un époux sortant de sa chambre nuptiale. [Citation du Ps. XIX, 6].) *Theat. Chem.* 1661, VI, p. 92.

78. *Appendix, Sermo CXX,* 8 (Éd. Parisina 1838, T. V, 2662) « *Procedit Christus quasi sponsus de thalamo suo ; praesagio nuptiarum exiit ad campum saeculi, cucurrit ut gigas exsultando per viam : pervenit usque ad crucis thorum, et ibi firmavit ascendendo conjugium ; ubi cum sentiret anhelantem in suspiriis creaturam, commercio pietatis se pro conjuge dedit ad poenam. Tradidit quoque carbunculum, tanquam sui sanguinis gemmam, et copulavit sibi perpetuo jure matronam. " Aptavi vos, inquit Apostolus, uni viro virginem castam exhibere Christo.* " (II *Cor.* XI, 2) ».

## 3

## *ADAM COMME PREMIER ADEPTE*

235 ADAM n'est pas toujours dans l'alchimie composé des quatre éléments. L'*Introitus Apertus* rapporte que l'âme de l'or fut mêlée à Mercure dans le plomb et qu'« il en sortit ensuite Adam et son épouse Eve [79] ». Adam et Eve tiennent évidemment ici la place du roi et de la reine. Mais, en général, ou bien Adam est, en vertu de sa composition (les quatre éléments), la *materia prima,* et la substance mystérieuse elle-même [80], ou bien il les a emportées avec lui du paradis au commencement du monde, figurant ainsi en quelque sorte le premier adepte. Michel Maier rapporte qu'Adam a emporté du paradis l'antimoine (qui était ici l'arcane) [81-82]. Avec lui commence la série des philosophes. La *Gloria Mundi* s'exprime en ces termes : « Dieu dota Adam d'une grande sagesse, si bien que sans maître, grâce à la seule vertu de sa justice originelle, il put et sut parachever les sept arts libéraux et (il eut) la science de tous les

79. *Mus. Herm.* 1678, p. 688.

80. La *materia prima* en tant que « chaos » se compose de même des quatre éléments (*Theat. Chem.* 1661, VI, p. 228) en lutte les uns contre les autres. Le rôle de « l'œuvre » est de les réconcilier de manière à faire naître d'*Un,* le *filius philosophorum*. Les gnostiques d'Hippolyte pensaient de façon toute semblable : ils parlent de l'ascension et de la renaissance d'Adam par lesquelles il est spiritualisé. (Περὶ δὲ τῆς ἀνόδου αὐτοῦ, τουτέστι τῆς ἀναγεννήσεως ἵνα γένηται πνευματικός, οὐ σαρκικός κτλ). (Au sujet de son ascension, c'est-à-dire de sa renaissance, afin qu'il devienne spirituel et non charnel etc.) *Elenchos,* V, 8, 18. Il est appelé « puissant dans le combat » : la guerre a pour théâtre le corps qui se compose d'éléments en conflit (Πόλεμον δὲ λέγει τὸν ἐν σώματι, ὅτι ἐκ μαχίμων στοιχείων πέπλασται τὸ πλάσμα. *Elenchos,* l. c. 19).

81. « *Latere in antimonio plus virtutis medicinalis quam in ullo alio simplici ideoque etiam plus virtutis tingentis seu tincturae.* » (Dans l'antimoine se cache plus de vertu médicinale que dans aucun autre corps simple et aussi, par conséquent, plus de vertu tingente ou teinture.) *Symb. Aur. Mensae,* 1617, p. 368.

82. Mylius dit de son côté : « *Et ideo dicitur quod lapis in quolibet homine. Et Adam portavit secum de paradiso, ex qua materia in quolibet homine lapis noster vel Elixir eliciatur.* » (Et c'est pourquoi on dit que la pierre est en tout homme. Et Adam l'emporta avec lui du paradis, matière de laquelle notre pierre ou élixir est produite en tout homme.) *Phil. Refor.* 1622, p. 30.

êtres vivants, des herbes, des pierres, des métaux et des minéraux. Et, plus encore, il eut une claire intelligence de la Sainte Trinité et de l'Incarnation du Christ[83]. » Cette singulière conception est une tradition ancienne qui s'alimente principalement aux sources rabbiniques[84]. Ainsi saint Thomas d'Aquin est d'avis qu'Adam devait avoir eu également, grâce à la perfection de sa nature, la connaissance de toutes les choses naturelles[85]. Mais les sources juives sont encore plus explicites. Les *Pirke Rabbi Eliézer* font remonter à Adam la création de l'année bissextile intercalaire[86]. Maimonide rapporte que le premier homme a composé un livre sur les arbres et les plantes[87]. Il est dit dans la tradition arabe que Schûth (Seth) a hérité de lui la médecine[88]. C'est de lui, d'après les *Pirke*, que proviennent les tables sur lesquelles Dieu écrivit plus tard la Loi[89]. C'est sans doute à cette source qu'il faut faire remonter l'affirmation dont Bernard le Trévisan se fait l'écho et suivant laquelle Hermès Trismégiste aurait trouvé dans la vallée d'Hébron sept tables de pierre provenant de l'époque antédiluvienne. Ces tables contenaient la description des sept arts libéraux. Adam les avait placées là après avoir été chassé du paradis terrestre[90]. Dorn connaît du reste une autre version d'après laquelle Adam aurait le premier « pratiqué et inventé les arts » (*professor et inventor artium*). Il posséda la connaissance de toutes choses « avant et après la chute » et il prophétisa le renouvellement, c'est-à-dire le châtiment du monde par l'eau (déluge)[91]. Ses descendants auraient confectionné deux tables

83. *Mus. Herm*. p. 268.

84. Suivant l'opinion des Naassènes, les Chaldéens auraient identifié l'Oannès des Assyriens avec Adam. Ils l'auraient considéré comme l'image de l'homme adamique supérieur. (*εικόνα ὑπάρχοντα ἐκείνου τοῦ ἄνω, τοῦ ὑμνουμένου Αδάμαντος ἀνθρώπου.*) *Elenchos,* V, 6, 6.

85. *Summa theol.* I, 94. On rencontre la même idée dans la kabbale : « Et comme la figure de l'homme (Adam) contient la figure des choses d'en haut et des choses d'en bas, qui sont contenues en lui, et que dans cette figure sont contenues les choses d'en haut et celles d'en bas, le Saint Vieillard a été formé d'après elle, comme aussi le Petit Visage (Se'ir anpin, microprosopus). » *Zohar,* III, 141 b.

86. D. Ganz, *Chron. Sacr.-Prof.* p. 16 : « *Adam tradidit Enocho, qui introductus in mysterium embolysmi intercalavit annum.* » (Adam le transmit à Hénoch qui, initié au mystère de l'intercalation, intercala une année.)

87. Chwolsohn,*Die Ssabiers,* 1856, I, p. 189.

88. L.c. II, p. 601.

89. Ganz, *Chron.* p. 46 : « *Dixit Adam : hae sunt tabulae, quibus inscripturus est Sanctus benedictus digito suo.* » (Voici les tables sur lesquelles le Saint, béni soit-il, écrira de son doigt.)

90. « De Alchemia », *Theat. Chem.* 1602, I, p. 774 et sv.

91. « *Mundum per aquam esse renovandum vel potius castigandum, pauloque minus quam delendum.* » (Le monde doit être rénové ou plutôt châtié et, peu s'en faut, détruit par l'eau.) (« Congeries Paracelsicae », *Theat. Chem.* I, p. 617.)

de pierre sur lesquelles ils inscrivirent « tous les arts de la nature » en écriture hiéroglyphique. Plus tard Noé trouva au pied de l'Ararat une de ces tables sur laquelle était gravée l'astronomie[92].

236 Ces légendes doivent remonter également à la tradition juive et à des histoires comme celle qu'on lit dans le *Zohar* : « Alors qu'Adam était dans le paradis, Dieu, par l'intermédiaire du saint ange Rasiel[93] qui préside aux secrets d'en haut, lui fit remettre un livre dans lequel était écrite la sainte sagesse d'en haut. Dans ce livre soixante-douze modes de la sagesse étaient décrits en six cent soixante-dix chapitres. Grâce à ce livre, mille cinq cents clés de la sagesse lui furent livrées ; elles n'étaient connues d'aucun des saints d'en haut et étaient demeurées secrètes jusqu'à ce que ce livre eût été remis à Adam. A partir de ce moment il conserva ce livre secret et caché et utilisa tous les jours ce trésor du Seigneur qui lui découvrait les secrets d'en haut, secrets totalement ignorés des anges les plus élevés eux-mêmes, jusqu'au moment où il fut chassé du paradis. Comme il avait péché et enfreint le commandement du Seigneur, ce livre s'enfuit loin de lui... Il le transmit à son fils Seth. De Seth il échut à Hénoch et à partir de celui-ci... jusqu'à Abraham[94], etc. »

237 Dans les *Homélies* de Clément de Rome (IIe siècle), Adam apparaît comme le premier de la série des huit incarnations du « vrai prophète », ἀληθὴς προφήτης. Le dernier est le Christ[95]. Cette conception d'un être préexistant possédant le savoir a probablement trouvé sa source dans la tradition juive ou plutôt judéo-chrétienne, mais la Chine en a donné une personnification dans la figure de P'an Kou[96]. Celui-ci est représenté sous les traits d'un nain vêtu d'une peau d'ours ou de feuilles. Il a deux cornes sur sa tête[97]. Il

92. *Theat. Chem.*, I, p. 617 et sv.

93. De l'araméen : *ras* = secret.

94. Peter Beer, *Geschichte, Lehre und Meinungen aller bestandenen und noch bestehenden Sekten der Juden und der Geheimlehre oder Cabbalah.* 1822-1823, I, pp. 11 et sv. Le livre mystique *Sefer Rasiel* est l'un des plus anciens écrits de la kabbale (1re édition : Amsterdam 1701). Il est identifié avec le *Sifre de-Adam Kadmaa* cité par le Zohar. Cf. *Jewish Encyclop.* s.v. Adam. D'après une autre version le livre était fait de pierres précieuses et contenait les Noms saints qui sont ceux des incantations que Dieu donna en présent à Adam. Max Grunwald, *Monatsschr. f. Gesch. u. Wissensch. d. Judentums.* 1933, p. 167, note 4.

95. La série se compose d'*Adam*, Hénoch, Noé, Abraham, Isaac, Jacob, *Moïse et le Christ* (XVIII, 14, XVII, 4).

96. *P'an* signifie « coquille d'œuf », *Kou :* « ferme, affermir », « non-développé et non-éclairé, c'est-à-dire l'embryon ». (Hastings, *Encyclop. of Religion and Ethics,* IV, 141a).

97. Moïse est également représenté avec des cornes.

est sorti du yin et du yang, a formé le chaos, créé le ciel et la terre. Il fut assisté dans cette œuvre par quatre animaux symboliques, la licorne, le phénix, la tortue et le dragon[98]. Il est également figuré tenant le soleil dans une main et la lune dans l'autre. D'après une autre version il aurait eu une tête de dragon et un corps de serpent. Il s'est transformé en la terre avec toutes ses créatures et s'est ainsi manifesté comme un véritable *homo maximus et anthropos.* P'an Kou est un personnage taoïste dont l'existence ne paraît pas être établie antérieurement au IVe siècle après J.C.[99]. Il s'est réincarné dans Yuan-Shih T'ien Tsouen, la cause première, qui occupe la place la plus élevée dans le ciel[100]. En tant que source de la vérité, il annonce à chaque ère la science secrète qui promet l'immortalité. Il se changea en une nouvelle forme de la manière suivante : après l'achèvement de l'œuvre de la création, il abandonna sa forme corporelle et se trouva dans l'espace vide, où il resta planant sans but. C'est pourquoi il désira renaître dans une figure visible. Il trouva finalement une vierge sainte, âgée de quarante ans, qui vivait solitaire sur une montagne et se nourrissait d'air et de nuées. Elle était de nature hermaphrodite et représentait à la fois le yin et le yang. Elle recueillait tous les jours la quintessence du soleil et de la lune. P'an Kou fut attiré par sa pureté virginale et, à un moment où elle aspirait l'air, il se glissa en elle sous la forme d'un rayon lumineux et, de la sorte, elle devint enceinte. La grossesse dura douze ans et l'enfantement se produisit à partir de la colonne vertébrale. La mère fut depuis lors appelée « sainte mère de la cause première »[101]. La date relativement tardive de cette légende laisse ouverte la possibilité d'une influence chrétienne. Cependant l'analogie de la légende avec des conceptions chrétiennes et perses ne signifie pas pour autant sa dépendance à l'égard de telles sources.

238 La série des huit incarnations du « vrai prophète » est caractérisée par la position privilégiée du huitième, qui est le Christ. Le huitième prophète ne se contente pas de s'inscrire dans la série, mais il correspond au premier tout comme il représente un accomplissement

98. Comparer dans le christianisme la relation de l'anthropos avec le tétramorphe (l'ange, l'aigle, le lion et le bœuf).

99. Il doit avoir été en quelque sorte inventé par le philosophe taoïste Ko Houng au IVe siècle après J.C.

100. Il constitue un *increatum*, fait de lumière incréée et incorruptible.

101. Voir à ce sujet : E.V.C. Werner, *Myths and Legends of China*, 1922, p. 76 et sv. Claus W. Krieg (*Chinesische Mythen und Legenden* 1946, p. 7 et sv.) donne une très belle recension de la légende de P'an Kou dans laquelle il rassemble un grand nombre de thèmes taoïstes et alchimiques.

des sept et il indique l'entrée dans un nouvel ordre. Dans *Psychologie et Alchimie* j'ai indiqué, à l'aide d'un rêve moderne, que, tandis que le sept représente une série ininterrompue, le passage au huit signifie une hésitation, une incertitude et une reproduction du phénomène qu'on rencontrait à propos du trois et du quatre. Ce dernier problème est celui, bien connu, de l'*Axiome de Marie.* Il est remarquable que la série taoïste des « huit immortels » (hsien-yên) corresponde à la même ordonnance : il y a sept grands sages ou saints qui habitent, immortels, dans le ciel ou sur la terre, mais le huitième est une vierge qui balaye les fleurs tombées devant la porte méridionale du ciel [102]. On peut placer en parallèle le conte de Grimm « *Les sept corbeaux* » où figurent *sept* frères qui ont *une* sœur [103]. Dans ce contexte on évoque aussi *Sophia.* Irénée dit d'elle : « Ils appellent cette mère l'Octave, Sophia, Terre, Jérusalem, Esprit-Saint et, comme homme, Seigneur. » Elle se trouve « au-dessous et à l'extérieur du plérome » (*Adv. Haer.* I, V, 3). Cette conception paraît se rattacher aux sept planètes de Celse, l'adversaire d'Origène, et en particulier à la description donnée par Celse du « diagramme » des Ophites [104]. Ce diagramme correspond à ce que j'ai appelé un *mandala,* terme sous lequel je désigne aussi bien les schémas ordonnés que la conscience engendre que ceux qui apparaissent spontanément comme des productions de processus inconscients [105]. Malheureusement la description qu'Origène donne de ce diagramme ne brille pas par la clarté. Il apparaît toutefois que cette figure se compose de dix cercles ; ceux-ci sont vraisemblablement concentriques, car l'auteur parle d'une circonférence et d'un centre [106]. Le cercle le plus extérieur est désigné comme Léviathan, le plus intérieur comme Béhémoth, ce dernier coïncidant sans doute avec Léviathan, puisque celui-ci est qualifié de « circonférence » et de « centre » [107]. Il est en

102. Richard Wilhelm, *Chinesische Volksmärchen,* 1921, p. 69 et sv.

103. *Kinder- und Hausmärchen ges. durch die Brüder Grimm,* 1912, p. 44 et sv.

104. Origène, *Contra Celsum,* liv. VI, ch. 24.

105. Cf. *Psychologie et Alchimie* passim (cf. Index s.v. Mandala) ; C.G. Jung, *Commentaire sur le mystère de la fleur d'or,* trad. fr. Paris, 1979, ainsi que les cas présentés dans mon livre *Gestaltungen des Unbewussten.*

106. Origène, l.c. chap. 25 : « *Decem circulos a se invicem disjunctos complectebatur alter circulus, qui hujus universitatis anima esse ferebatur, et cujus nomen erat Leviathan.* » (Dix cercles séparés l'un de l'autre étaient entourés d'un autre cercle que l'on disait être l'âme de cet univers et dont le nom était Léviathan.)

107. Le texte dit (ch. 25) : « *In eodem (diagrammate) reperi eum qui vocatur Beemoth sub infimo circulo collocatum. Leviathanis nomen ab impii digrammatis auctore bis erat scriptum, in superficia scilicet et in centro circuli.* » (Je découvris aussi dans

même temps défini comme une *anima mundi* qui « circule à travers toutes choses »[108].

239 Origène s'était procuré un diagramme semblable à celui décrit par Celse et il y découvrit les noms des sept anges auxquels avait fait allusion ce dernier. Le prince des anges est appelé « dieu maudit » et eux-mêmes sont désignés, les uns comme « anges de lumière », les autres comme « archontes » (ainsi que le dit Celse). Le *Deus maledictus* se rapporte au créateur judéo-chrétien, ce que fait remarquer justement Origène. Jahvé apparaît clairement comme le prince et le père des sept archontes[109]. Le premier de ceux-ci a la forme d'un lion et se nomme Michel ; le deuxième est un taureau et porte le nom de Suriel ; le troisième, en forme de serpent, est Raphaël ; le quatrième, en forme d'aigle, se nomme Gabriel ; le cinquième apparaît comme un ours sous le nom de Thauthabaoth ; le sixième, comme un chien, sous celui d'Erataoth ; le septième enfin a la forme d'un âne : il est appelé Onoël ou Taphabaoth ou encore Thartharaoth[110].

240 Ces noms étaient vraisemblablement répartis entre les huit cercles intérieurs. Les sept archontes correspondent aux sept planètes et signifient autant de sphères avec des portes que le myste doit franchir dans son ascension. Ce serait là l'origine de l'*ogdoade* (octave) qui, on le voit, doit se composer des sept et de leur père Jahvé. Origène mentionne à cet endroit, comme « premier et septième », Jaldabaoth dont nous n'avions pas jusque-là entendu parler. Celui-ci est l'archonte suprême, ainsi que nous l'apprennent d'autres sources : il a la tête et la forme d'un lion[111]. Il correspond ainsi au Michel du diagramme ophite qui est nommé à la première place dans la liste des anges. Jaldabaoth signifie « enfant du chaos » ; il est donc le premier-né d'un nouvel ordre qui a succédé à l'état primitif de chaos. En tant que premier-né, Jaldabaoth a ceci de commun avec Adam qu'il est aussi le dernier de la série[112]. Il partage

le même [diagramme] celui qui est appelé Béhémoth placé sous le cercle inférieur. Le nom de Léviathan avait été écrit deux fois par l'auteur de ce diagramme impie : à la circonférence et au centre du cercle.)

108. « *Animam tamen omnia permeantem impium hoc diagramma esse ponit.* » (Ce diagramme blasphématoire déclare que c'est l'âme qui pénètre toutes choses.) L.c. ch. 25.

109. Ch. 27.

110. L. c. ch. 30.

111. L.c. ch. 31 : « *Nunc autem angelum leoni similem aiunt habere cum astro Saturni necessitudinem.* » (Ils disent que l'ange qui ressemble à un lion est apparenté à l'astre de Saturne.) Voir Bousset : *Hauptprobleme der Gnosis,* 1907, p. 351 et sv.

112. Dans la prière à Jaldabaoth le myste doit dire : « *Tibi, prime et septime... opus filio et patri perfectum.* » (A toi, le premier et le septième... œuvre parfaite pour le père et le fils.) Origène : l.c. ch. 31.

également cette propriété avec Léviathan qui, comme nous l'avons vu, constitue à la fois le cercle le plus extérieur et le centre. Ces analogies conduisent à penser à une disposition concentrique du diagramme [113]. L'ancienne image du monde dans laquelle la terre représente le centre immobile de l'univers se compose de « cieux », c'est-à-dire d'enveloppes circulaires ou sphères qui sont disposées de façon concentrique autour du centre et désignées des noms des planètes. La plus extérieure des sphères des planètes ou des archontes était celle de Saturne. Celle-ci serait suivie, à l'extérieur, de la sphère des étoiles fixes qui, dans le diagramme, correspond à Léviathan comme dixième cercle, si l'on ne devait pas postuler un espace pour le démiurge ou pour le père ou la mère des archontes, c'est-à-dire pour l'*ogdoade*. Ainsi qu'il ressort du texte, il s'agit ici d'une ogdoade [114] comme dans le système de Ptolémée exposé par Irénée [115]. Chez ce dernier la huitième sphère est Achamoth (Sophia, Sapientia) [116] et, par conséquent, de *nature féminine*, de même que d'ailleurs chez Damascius Saturne est mis en relation avec le sept et Rhéa avec le huit [117]. Dans notre texte également la vierge Prunicos est reliée au mandala des sept : « Ils ajoutent des paroles les unes aux autres, paroles des philosophes, des cercles inclus dans les cercles... une âme vivante [118] des puissances, qui s'écoule d'une certaine vierge Prunicos [119]. »

241 Les cercles planétaires « entourés de cercles » indiquent nettement une disposition concentrique comme, par exemple, les sept murailles circulaires d'Ecbatane mentionnées par Hérodote (I, 90) [120]. Les cré-

113. Leisegang (*La Gnose*, trad. fr., éd. de 1971, p. 125) donne une reconstruction différente. Mais il ne tient pas compte des sept sphères des archontes.

114. Origène : l.c. ch. 31.

115. *Adversus Haereses*, I, IV et sv.

116. Le démiurge est l'hebdomade, mais Achamoth l'ogdoade. Cf. Leisegang : *La Gnose*, trad. cit., p. 223.

117. « *Τῷ μὲν Κρόνῳ προσήκει ἡ ἑβδομάς μάλιστα καὶ πρῶτος ... τῇ δὲ Ῥέᾳ ἡ ὀγδοάς.* » (A Cronos convient en premier lieu et surtout l'hebdomade... à Rhéa l'ogdoade.) Damascius : *De Principiis* § 266. Éd. Ruelle.

118. A propos de l'appellation d'« âme vivante », on relèvera que, selon Irénée (I, IV, 2), les Valentiniens affirmaient que « l'âme entière du monde et du créateur du monde » était sortie du désir nostalgique de la Sophia pour l'auteur de la vie (le Christ).

119. « *Isti autem aliis alia addunt, Prophetarum dicta, circulos circulis inclusos ... virtutum ex quadam Prunico virgine manantem, viventem anima etc.* » (ch. 34). Selon Origène les gnostiques auraient comparé cette Prunicos à l'hémorroïsse de l'évangile (*Mat.* IX, 20-22) qui était malade *depuis douze ans*. Nous avons vu plus haut que T'ai yan, « la sainte mère de la cause première », fut enceinte pendant douze ans.

120. Sur le mandala comme plan d'une résidence primitive, voir *La Psychologie du transfert*, trad. fr. 1980.

neaux de ces murs sont tous de couleurs différentes. Ceux des enceintes les plus intérieures et les plus élevées sont, dans un cas, argentés et dans l'autre, dorés. Ainsi se trouvent clairement représentés les cercles planétaires concentriques qui sont caractérisés par différentes couleurs.

242 Pour introduire la description du diagramme, Celse parle de l'idée utilisée chez les Perses et dans les mystères de Mithra d'un escalier avec sept portes et une huitième en haut. La première porte est Saturne et elle est rattachée au plomb, etc. La septième est l'or et représente le soleil. Dans le contexte les couleurs sont également citées [121]. L'escalier représente « le passage de l'âme » (*animae transitus*) [122]. La huitième porte correspond à la sphère des étoiles fixes.

243 L'archétype des sept se retrouve dans la division et la dénomination de la semaine et de ses jours et dans l'*octave* musicale dans laquelle le dernier degré signifie chaque fois le commencement du nouveau cycle. Il peut y avoir ici une raison fondamentale expliquant que le huitième apparaisse comme féminin : il est la mère d'une nouvelle série. Dans la suite des prophètes de l'homélie clémentine, le huitième est le *Christ*. En tant que premier et second Adam, il ferme d'abord la série des sept (comme dans la série des prophètes chez Clément) et ensuite réunit en lui les sept vertus de l'Esprit-Saint, suivant les paroles de Grégoire le Grand : « Mais notre rédempteur, lorsqu'il parut dans la chair, a réuni les (sept) Pléiades puisqu'il a possédé en lui en même temps et pour toujours toutes les opérations de l'Esprit aux sept formes [123]. »

244 La double nature que l'on reconnaît à Adam se retrouve dans le Christ : il est à la fois masculin et féminin. Cette pensée apparaît chez Boehme dans l'affirmation que le Christ est, « dans son cœur, une vierge [124] ». Celle-ci est une ressemblance de Dieu, une image de la sainte Triade [125], éternelle, increée, non engendrée [126]. Là où est le « Verbe », la Vierge est aussi, puisque le Verbe est en elle [127]. Elle

121. « *Quia Solis et Lunae colores haec duo metalla referunt.* » (Parce que ces deux métaux rappellent les couleurs du soleil et de la lune.)

122. Origène, l.c. ch. XXII.

123. « *Redemptor autem noster in carne veniens, pleiades junxit, quia operationes septiformis spiritus simul in se et cunctas et manentes habuit.* » *Expositio moralis in tricesimum octavum caput Job.* Liv. XXIX, cap. 16.

124. All. « *Eine Jungfrau im Gemüte* ». Boehme, *Drey Principia Göttlichen Wesens,* (Trois principes de la nature divine) ch. 18, 22.

125. *Vom Dreyfachen Leben des Menschen,* ch. 5, 41.

126. L.c. ch. II, 15. Comparer l'*increatum* de Paracelse et des alchimistes. *Psychologie et Alchimie,* trad. fr. p. 411 et s.

127. L.c. ch. 6, 73.

est la « semence de la femme »[128] « qui broiera la tête du serpent (Gen. III, 15)[129] ». « Celui qui foule le serpent » est le Christ qui, de ce fait, est identifié avec la semence de la femme, c'est-à-dire avec la « Vierge ». Chez Boehme, la Vierge a également le caractère de l'*anima*, car elle est « donnée » comme « compagne » à l'âme[130] et se trouve en même temps comme une vertu divine, comme la « Sagesse » dans le ciel et au paradis[131]. Dieu a fait d'elle « son épouse »[132]. Elle exprime toutes les profondeurs de la divinité dans son infinité[133] et correspond à la Shakti indienne[134]. L'unité androgyne de Shiva et de sa Shakti est représentée dans l'iconologie tantrique par la *cohabitatio permanens*[135].

245 La pensée de Boehme a fortement influencé Franz von Baader qui emprunte à son devancier l'idée que Dieu a donné à Adam une aide (*adjutor*) au moyen de laquelle Adam « aurait dû enfanter sans épouse extérieure », c'est-à-dire comme Marie a enfanté sans homme. Mais Adam « se prostitua »[136] dans l'acte d'amour animal et encourut le risque de sombrer dans la nature bestiale. Dieu, discernant cette possibilité, créa également Eve « comme moyen contraire de salut pour éviter une chute plus profonde, qui autrement eût été inévitable, de l'homme dans la nature bestiale[137] ». Alors qu'Adam menaçait ainsi de sombrer, l'androgyne divin se retira de lui, mais fut conservé dans Eve comme « semence de la femme » à l'aide de laquelle l'homme se libérera de « la semence du serpent ». Et celui qui « est né de la Vierge Marie est le même qui dut se retirer d'Adam à cause de cette chute[138] ».

246 L'idée de la présence d'un couple androgyne divin dans l'âme humaine se rencontre déjà chez Origène : « On dit que, de même que le soleil et la lune, en tant que grands luminaires, se tiennent au firmament du ciel, il en est ainsi en nous du Christ et de

128. *Apologie contre Balthasar Tilken,* II, 227.
129. *Mysterium Magnum,* ch. 9, 11 et ch. 23, 38.
130. *Drey Principia,* ch. 17, 81.
131. L.c. ch. 13, 9 et sv.
132. *Menschwerdung Christi,* 1re part. ch. 11, 10.
133. *Vom Dreyfachen Leben des Menschen,* ch. 5, 56.
134. Arthur Avalon, *La Puissance du serpent.* Trad. fr. 1959.
135. Sur ce thème voir C.G. Jung, *Métamorphoses de l'âme et ses symboles,* pp. 351, 352 et passim.
136. L'expression provient de Paracelse. *Liber Azoth.* Éd. Sudhoff XIV, p. 574.
137. Franz von Baader, *Werke,* VII, p. 229.
138. J'emprunte ces détails sur Franz von Baader à l'ouvrage de David Baumgardt, *Franz von Baader und die philosophische Romantik,* 1927, sur lequel Mme Aniela Jaffé a aimablement attiré mon attention.

l'Eglise[139]. » De même Adam et Eve se trouvent en chacun, selon Grégoire le Grand pour qui Adam représente l'esprit et Eve la chair[140]. Ces citations suffisent sans doute à montrer la nature particulière du huit et à établir son affinité avec le principe féminin jusque dans la gnose chrétienne.

247 Après cette longue digression sur la nature humano-divine d'Adam, qui est le fondement de sa science et de sa sagesse, nous reviendrons à la description des qualités du premier homme.

248 Adam était expert en tous les arts[141], il a découvert l'écriture, les anges lui apprirent l'agriculture et tous les métiers jusqu'à l'art des métaux[142]. Un écrit du XI^e^ siècle cite trente sortes de fruits qu'il emporta avec lui du paradis[143]. L'*Aquarium Sapientum* affirme que le secret de la pierre fut révélé à Adam (*e supernis revelatum*) et fut recherché après lui par tous les saints patriarches « avec un ardent désir » (*singulari desiderio*)[144]. Suivant la tradition arabe, Adam construisit la Ka'aba dont l'ange Gabriel lui donna le plan et pour laquelle il lui remit une pierre précieuse. Celle-ci par la suite devint noire à cause des péchés de l'humanité[145].

249 Origène, de même que Clément de Rome, attribue à Adam le don de prophétie, parce qu'il a prédit l'union du Christ et de l'Église. Il a dit en effet : « C'est pourquoi l'homme quittera son père et sa mère et il s'attachera à sa femme et tous deux seront une seule chair » (Gen. II, 24. Cf. Matth. XIX, 15 et Marc X, 7). Ces paroles s'appliquent au Christ et à l'Église[146].

250 Je voudrais terminer la description de l'état excellent du premier homme par une légende arabe qui n'est pas dépourvue de signification profonde : comme Adam quittait le paradis, Dieu envoya vers

139. *In Genesis Hom.* I, 7.

140. « *Habet in se unusquisque Adam et Evam. Sicut enim in illa prima hominis transgressione suggessit serpens, delectata est Eva, consensit Adam : sic et quotidie fieri videmus dum suggerit diabolus, delectatur caro, consentit spiritus.* » (Chacun possède en lui Adam et Eve. En effet de même que, dans la première transgression de l'homme, le serpent suggéra, Eve prit plaisir, Adam consentit : ainsi nous voyons également que chaque jour, lorsque le diable suggère, la chair prend plaisir et l'esprit consent.) « In Septem psalmos poenitentiales », V, § 8. (*P.L.* vol. LXXIX, col. 608).

141. Alexander Kohut, *Die talmudische-midraschische Adamssage,* 1871, p. 80.

142. *Jewish Encycl.* s.v. Adam..

143. « Alfabet des Ben-Sira », J. Scheftelowitz, *Die altpersische Religion und das Judentum,* 1920, p. 218.

144. *Mus. Herm.* p. 97.

145. August Wuensche, « Salomos Thron und Hippodrom. Abbilder des babylonischen Himmelsbildes. » *Ex Oriente Lux.* Edité par Hugo Winckler, 1906, vol. II, p. 50.

146. *In Cant. hom.* II.

lui l'ange Gabriel pour lui présenter trois dons entre lesquels il pourrait choisir : la pudeur, l'intelligence et la religion. Adam choisit l'intelligence. Après quoi Gabriel ordonna à la pudeur et à la religion de rentrer sur-le-champ au ciel. Mais celles-ci s'y refusèrent, se retranchant derrière un ordre (de Dieu), celui de ne jamais se séparer de l'intelligence, avec laquelle elles se trouvent toujours encore. Car le Prophète a dit : « Ne vous soumettez jamais à celui qui ne possède pas trace d'intelligence [147]. »

147. « Le Livre des Balances. » Berthelot, *La Chimie au Moyen Age*, III, p. 140.

# 4

# *LES CONTRAIRES EN ADAM*

251 La nécessité de concevoir le premier homme comme « lumineux » a toujours été un sentiment répandu. De là provient l'assimilation au soleil et à son éclat. Les alchimistes n'insistent pas sur cet aspect, aussi me contenterai-je de le mentionner brièvement. En général la littérature non alchimique attribue à Adam une forme lumineuse qui surpasse en éclat le soleil. La chute lui fit perdre cette splendeur [148]. Ainsi se trouve indiquée sa double nature : il est d'une part une créature parfaite, rayonnante, et d'autre part, sa nature est obscure, terrestre. L'interprétation de la Haggadah fait venir son nom d'*adamah* = terre [149].

252 La double nature d'Adam apparaît aussi chez Origène : l'un est fait de terre, l'autre « à l'image et à la ressemblance de Dieu. Il est *notre homme intérieur,* invisible, incorporel, sans tache, immortel [150] ». Des idées semblables se rencontrent déjà chez Philon le Juif [151]. Il est digne de remarque que le Christ soit, de son côté, cette « image de Dieu », selon l'épître aux Colossiens (I, 15) : « *Qui*

148. Irénée, *Adversus Haereses,* I, 30, 9. Bousset, *Hauptprobleme der Gnosis,* p. 198. Bezold, *Schatzhöhle,* p. 3. A. Kohut, *Adamssage,* p. 72 et p. 87. *Jewish Encyclop.* s.v. Adam. A. Wuensche, *Schöpfung und Sündenfall des ersten Menschenpaares,* p. 11.

149. M. Gruenbaum, *Jüdische-deutsche Chrestomatie,* 1882, p. 180. L'hébreu *adamah* est également en relation avec : *dam* = sang. Adam serait donc celui qui provient de la terre *rouge.*

150. Origène, *In Gen. Hom.* I, 13 : « *Plasmavit Deus hominem, id est finxit de terrae limo. Is autem qui ad imaginem Dei factus est et ad similitudinem, interior homo noster est, invisibilis et incorporalis et incorruptus atque immortalis.* » (Dieu forma l'homme, c'est-à-dire le modela à partir du limon de la terre. Celui qui a été fait à l'image et à la ressemblance de Dieu est notre homme intérieur, invisible, incorporel, sans tache et immortel.)

151. Philon distingue l'Adam fait de terre et mortel et l'Adam créé à l'image de Dieu dont il dit : « Ὁ δὲ κατὰ τὴν εἰκόνα ἰδέα τις ἢ γένος ἢ σφραγίς, νοητός, ἀσώματος οὔτε ἄρρεν οὔτε θῆλυ, ἄφθαρτος φύσει. » (L'Adam [créé] selon l'image est une idée, de nature incorruptible.) *De Opificio mundi* § 134.

*est imago Dei invisibilis, primogenitus omnis creaturae.* » (Il est l'image du Dieu invisible, le premier-né de toute créature.)

253 Sa double nature se reflète dans l'idée de sa constitution d'hermaphrodite. Dorn déclare que les alchimistes ont appelé leur pierre Adam qui porte en lui « son Ève invisible et cachée ». « Le Mercure igné et parfait est le véritable Adam hermaphrodite[152]. » Cette idée se trouve déjà chez les Naassènes. « Ceux-ci, écrit Hippolyte, vénèrent (comme origine) de tout le reste, selon leur doctrine, un homme et fils d'homme. Cet homme est mâle-femelle (*ἀρσενόθηλυς*) : ils l'appellent Adam (Ἀδάμας). On a composé pour lui des hymnes nombreux et beaux. » Il cite comme exemple celui-ci : « De toi est le père et par toi la mère, les deux noms immortels, parents (*γονεῖς*) des éons, ô citoyen du ciel, ô homme au grand nom (*μεγαλώνυμε*)[153]. » De même Adam apparaît comme mâle-femelle dans la tradition juive[154]. Dans le midrasch cité plus bas (IIIe siècle), il est androgyne : l'homme et la femme avaient grandi ensemble en lui ne formant qu'un seul corps avec toutefois deux visages. Dieu coupa plus tard le corps en deux et donna un dos à chacune des moitiés[155]. Cette nature androgyne rapproche Adam de l'être primitif à la forme circulaire de Platon et aussi de l'idée perse de Gayomart. Cette conception a laissé peu de traces dans l'alchimie. Nous lisons par exemple chez Glauber qu'Adam avait la forme d'un *cercle* et Ève celle d'un *carré*[156]. Le cercle est d'ordinaire le symbole du soleil et de l'or. Dans ce dernier sens il apparaît comme étant en relation avec Adam dans *La Caverne aux trésors* où il est dit : « Alors Dieu forma Adam... Et comme les anges admiraient son aspect magnifique, ils furent émus par la beauté de son visage, tandis qu'il était enflammé d'un éclat splendide semblable à la *sphère*

152. *Theat. Chem.* 1602, I, p. 578.

153. *Elenchos,* V, 6, 4.

154. *Midrasch Bereschith Rabba* VIII et pass. Cf. Bousset : *Hauptprobleme der Gnosis,* p. 198.

155. Scheftelowitz, *Die altpersische Religion und das Judentum,* 1920, ch. 19, p. 27. Le dos d'Adam est riche de signification. Une légende islamique dit : « Alors Dieu conclut aussi un pacte avec les descendants d'Adam ; il toucha son dos et voici que tous les hommes qui naîtront jusqu'à la fin du monde sortirent en rampant de son dos, gros comme des fourmis et ils se rangèrent à sa droite et à sa gauche. » (Weil : *Bibl. Legenden der Muselmänner,* p. 34.) Dieu renvoya ensuite ces petites âmes dans l'*épine dorsale* d'Adam où elles moururent et furent rassemblées en *un seul* esprit. (Ghazali : *La perle précieuse dans la science de l'au-delà,* trad. allemande par Mohammad Brugsch, 1924, p. 7.) J'emprunte ces remarques à Aptowitzer, « Arabisch-Jüdische Schöpfungstheorien. » *Hebrew Union College Annual,* 1929, vol. VI, p. 217.

156. *Tract. de Natura salium, metallorum et Planetarum,* 1658, p. 12.

*du soleil,* et la lumière de ses yeux (était) comme le soleil, et l'aspect de son corps était comme la lumière du *cristal*[157]. » Un texte arabe attribué à Hermès raconte à propos de la création d'Adam que, lorsque vint le règne de la vierge (Eve), l'esprit et ange Hârus (Horus) naquit du désir unanime des planètes. Il tira son corps de la vierge. Il prit soixante esprits des planètes, quatre-vingt-trois des zodiaques, quatre-vingt-dix du ciel le plus élevé, cent vingt-sept de la terre, en tout trois cent soixante esprits, les mélangea et créa à partir d'eux Adamanus, le premier homme « d'après la forme du ciel le plus élevé »[158]. Le chiffre de 360 aussi bien que la « forme du ciel » ont trait à la figure du cercle.

254 Indépendamment de l'opposition homme-femme, il existe en Adam une contradiction fondamentale, l'antinomie entre la nature corporelle et la nature spirituelle, qui fut ressentie de très bonne heure. Elle s'exprime par exemple dans la pensée de Rabbi Jermia Ben Eléazar suivant lequel Adam avait un double visage comme l'indique le psaume CXXXIX, 5 : « Derrière et devant tu m'enserres »[159] ou dans l'affirmation islamique d'après laquelle l'âme d'Adam fut créée des milliers d'années avant son corps et qu'ensuite elle se refusa à entrer dans une forme de terre glaise, si bien que Dieu dut l'y faire entrer de force[160].

255 Selon une opinion rabbinique, Adam aurait même eu une sorte de queue[161]. Son premier état était des plus disgracieux. Alors qu'il était étendu encore inanimé sur la terre, il était de couleur verte ; des milliers d'esprits impurs, qui voulaient entrer en lui, l'entouraient en bourdonnant. Mais Dieu les chassa tous sauf l'un d'eux, Lilith, la « souveraine des esprits », qui parvint à adhérer au corps d'Adam, si bien qu'elle conçut un enfant de lui. Lorsque parut Eve, elle s'enfuit[162]. La démoniaque Lilith paraît être dans un certain sens un aspect d'Adam, car la légende veut qu'elle ait été créée à partir de la même terre que lui[163]. Il est un trait qui projette une lumière fâcheuse sur la nature d'Adam : des démons et des spectres innombrables sortaient de sa semence[164]. Cela se produisit pendant

157. Bezold, *Schatzhöhle,* p. 3.
158. R. Reitzenstein et H. Schaeder, *Studien zum antiken Synkretismus aus Iran und Griechenland.* Bibl. Warburg, 1926, p. 114.
159. *Jewish Encyclop.* s.v. Adam.
160. L.c.
161. L.c.
162. *Zohar,* I, 34 et III, 19.
163. D'après Ben Sira. Cf. Antonius van Dale, *Dissertationes de origine et progressu Idolatriae et Superstitionum.* Amstelodami, 1696, p. 112.
164. « *Ex nocturno seminis fluxu.* »

cent trente ans pendant lesquels il dut vivre séparé d'Ève et exclu de la communauté divine (*sub Anathemate excommunicationis*)[165]. Dans le gnosticisme l'homme primordial Adamas, qui n'est autre qu'une variante d'Adam[166], est placé en parallèle avec l'Hermès ithyphallique aussi bien qu'avec Corybas, le séducteur pédéraste de Dionysos[167], et avec les Cabires ithyphalliques[168]. Dans la *Pistis Sophia* nous rencontrons, sans méprise possible, un Adam Sabaoth, maître (τύραννος) des éons, qui combat contre la lumière de la Pistis Sophia[169] et se range ainsi nettement du côté du mal. D'après la doctrine des Bogomiles, Adam naquit du limon formé par Sathanaël, le premier fils de Dieu et le premier ange déchu. Sathanaël fut toutefois incapable de lui donner la vie et ce fut Dieu qui le fit à sa place[170]. Une autre assimilation d'Adam à Satan est évoquée par la tradition rabbinique suivant laquelle Adam s'assoira un jour sur le trône de Satan[171].

256 En tant que premier homme, Adam est l'*homo maximus*, l' Ἄνθρωπος, duquel sort le macrocosme, ou qui est lui-même le macrocosme. Il n'est pas seulement la *prima materia*, mais aussi une *anima universalis* qui est commune au moins à tous les hommes[172].

165. L.c. p. III et sv.

166. Dans la doctrine des Barbeliotes rapportée par Irénée (I, 29, 2 et sv.) l'Autogène envoyé par Ennoia et le Logos, et autour duquel se tiennent quatre lumières, produisit « l'homme parfait et véritable que l'on appelle Adamas ».

167. Cf. la scholie à Lucien : *De Dea Syria*, ch. 28. Éd. Rabe : 187, et Roscher, *Lexicon* s.v. κόρυβος 1392 B.

168. Hippolyte, *Elenchos*, V, 8, 9 sv.

169. Carl Schmidt, *Pistis Sophia, ein gnostisches Originalwerk*. 1925, p. 17, 2 et p. 27, 8. Sur Adam comme « tête de l'Éon » cf. Lidzbarski, *Das Johannesbuch der Mandäer*, 1905, p. 93, 4.

170. Euthymios Zigadenos, « Panoplia ». *Patr. Graec.* CXXX. La même idée se rencontre également dans le livre mandéen de la Genza.

171. A. Wuensche, *Die Sagen vom Lebensbaum und Lebenswasser*, 1905, p. 23.

172. Je dois à l'amitié du Dr S. Hurwitz d'avoir connu l'ouvrage de Murmelstein dans lequel la documentation sur Adam est rassemblée et exposée de la façon la plus claire. (Benjamin Murmelstein, *Adam, ein Beitrag zur Messiaslehre. Wiener Zeitschrift für d. Kunde d. Morgenlandes.* Vol. XXXV, p. 242 et sv. et XXXVI, p. 51 et sv.) Au sujet de l'âme universelle je renvoie le lecteur à XXXV, 269 et XXXVI, 52 et aussi à V. Aptowitzer, *Arabisch-jüdische Schöpfungstheorien*, Hebrew College Annual. Vol. VI, p. 205 et sv. (Cincinnati 1929) ; p. 214 (Haggadah) : « .. Tandis qu'Adam gisait encore étendu comme un corps sans vie, Dieu lui montra (c'est-à-dire à son esprit) tous les justes qui sortiraient un jour de lui. Chacun des justes tire son origine d'une partie différente du corps d'Adam ; l'un de la tête d'Adam, un autre de ses cheveux, un autre encore de son front, de ses yeux, de son nez, de sa bouche, de ses oreilles et de sa mâchoire. La preuve en est fournie par Job, XXXVIII, 4, où Dieu dit à Job (suivant l'interprétation du midrasch) : " Dis-moi comment tu as été créé, de quelle partie du corps d'Adam tu es tiré, de sa tête, de son front ou d'une autre partie de son corps ? Si tu me dis cela, alors tu pourras discuter avec moi. " »

Selon les Mandéens, il est « le mystère du monde »[173]. Cette idée est tellement répandue que je puis me contenter de quelques indications qui viennent contribuer à la détermination psychologique de cette figure. La conception de l'*anthropos* est sans doute entrée dans l'alchimie par l'intermédiaire de Zosime chez qui Adam possède déjà une double figure, la figure charnelle et celle de l'homme de lumière[174]. Déjà dans *Psychologie et Alchimie* j'ai traité de l'idée de l'*anthropos* d'une manière suffisamment exhaustive pour pouvoir me dispenser d'accumuler ici d'autres données sur ce thème. Je me bornerai donc aux matériaux qui, au point de vue de l'histoire des idées, sont à la base du système de pensée alchimique.

257 Chez Zosime déjà[175] on peut distinguer trois sources : l'une juive, la seconde chrétienne, la troisième païenne. Dans l'alchimie postérieure, l'élément païen et syncrétiste passe naturellement à l'arrière-plan pour laisser la place à la prédominance du fonds chrétien. Enfin au XVIe siècle, l'élément judaïque se fait plus important en raison de l'influence de la kabbale. Celle-ci, grâce tout d'abord aux efforts d'un Johannes Reuchlin[176] et d'un Pic de la Mirandole[177], était devenue accessible à des cercles assez étendus. Peu après, les humanistes apportèrent leur contribution tirée des sources hébraïques et plus précisément araméennes, en particulier du *Zohar*. Au XVIIIe siècle, on vit surgir un prétendu traité juif employant une abondante terminologie hébraïque, celui d'Abraham Eléazar[178], qui se donne pour le mystérieux *Livre des Ecorces* d'Abraham le Juif où Nicolas Flamel (1330-1417) aurait découvert le secret de l'art auri-

« Le premier Adam était si grand qu'il atteignait d'une extrémité du monde à l'autre si bien que les anges voulaient crier devant lui : " Saint ! ", mais Dieu le rapetissa en prenant des morceaux de ses membres qui demeurèrent étendus autour de lui. Adam dit à Dieu : " Pourquoi me voles-tu ? " Dieu lui répondit : " Je réparerai bien des fois tes pertes " ; c'est là le sens de ce qui a été dit : " Le fils de David ne viendra pas avant que toutes les âmes dans le corps ne soient devenues terre. Prends ces morceaux et transporte-les dans toutes les régions de la terre ; là où tu les jetteras, ils se changeront en poussière et la terre sera habitée là par tes descendants. Les endroits que tu réserveras aux autres peuples appartiendront aux autres peuples. " » Cette haggadah affirme donc que le genre humain tout entier était contenu dans Adam : toutes les âmes se trouvaient dans l'âme d'Adam et tous les corps dans son corps.

173. Lidzbarski, *Johannesbuch*, p. 168, 7.

174. Comparer le texte de Zosime dans *Psychologie et Alchimie*, trad. fr. p. 459 et sv.

175. Berthelot, *Alch. Grecs*, III, XLIX, 4-12.

176. Reuchlin, *De Verbo Mirifico*, 1494 et *De Arte Cabbalistica*, 1517.

177. *Apologia*, 1496.

178. R. Abrahami Eleazaris, *Uraltes Chymisches Werck*. etc. IIe édit. Leipzig, 1760, Édité par Julius Gervasius von Schwartzburg.

fère[179]. On y trouve le passage suivant : « Puis Noé devra me laver dans la mer la plus profonde à grand-peine et grand travail pour que ma noirceur s'en aille. Je dois demeurer étendue ici dans le désert au milieu de serpents nombreux, et il n'est personne qui en ait compassion. Je dois être attachée à cette croix noire et y être lavée par la détresse avec du vinaigre[180], et être blanchie de manière que l'intérieur de ma tête devienne semblable à ⊙ (soleil, or) ou à Maretz[181], et que mon cœur brille comme une escarboucle, et que le vieil Adam sorte à nouveau de moi. O Adam Kadmon, que tu es beau ! Et décoré du rickmah[182] du roi du monde ! Je suis jusqu'à présent noire comme Cédar[183]. Oh, que ce temps est long ! oh, viens donc, mon mesech[184], et libère-moi de mon vêtement, afin que ma beauté intérieure apparaisse... Oh, le serpent a séduit Ève ! C'est ce que je dois indiquer par la couleur noire qui colle à moi et qui a été provoquée par la malédiction de cette persuasion, et c'est pourquoi je suis indigne de tous mes frères. Sulamite affligée au-dedans et au-dehors, les gardiens de la grande ville te trouveront et te frapperont jusqu'à te blesser, ils t'arracheront ton vêtement en te bousculant et te prendront ton voile... Cependant je redeviendrai bienheureuse lorsque je serai de nouveau délivrée du poison apporté par la malédiction et qu'apparaîtront ma semence intérieure et ma première naissance. Car le soleil est le père et la lune est la mère. Et je ne connais nul autre fiancé qui doive m'aimer, parce que je suis si noire. Ah, veuille déchirer le ciel et faire fondre mes montagnes ! Tu as bien autrefois balayé comme de la poussière les puissants royaumes de Chanaan et tu les as broyés grâce au serpent d'airain de Josué et sacrifiés à l'algir afin que fût libérée celle qu'entouraient des montagnes nombreuses. »

258 Ces paroles sont, on peut le voir, prononcées par la personnification féminine de la *prima materia* dans l'état de *nigredo*. Elle cor-

179. Voir la préface du traité. Le manuscrit se serait trouvé en la possession du cardinal de Richelieu. Flamel aurait acheté ce livre, fait « d'écorces », à un inconnu, pour deux florins. Le traité est un apocryphe tardif du début du XVIII^e siècle. La première édition parut en 1735.

180. Cette phrase se trouve dans Michel Maier, *Symbola aureae Mensae*, 1617, p. 568 : « *Esse in Chemia nobile aliquod corpus quod de domino ad dominum movetur, in cujus initio sit miseria cum aceto, in fine vero gaudium cum laetitia.* » (Il existe en Chimie un certain corps noble qui se meut de maître à maître, au commencement duquel se trouve la détresse avec le vinaigre, et à la fin, la joie avec l'allégresse.)

181. Selon l'auteur, Maretz 🜃 signifie « terre » ; en hébreu : *eretz*.

182. Heb. *riqma* = vêtement aux couleurs variées.

183. Les habitants de Cédar vivaient dans des tentes noires.

184. Boisson mélangée, vin épicé.

respond sous cette forme à la *nephesch* des kabbalistes qui est une *anima vegetativa seu plastica* analogue à l'επιθυμητικον, ou *concupiscibile* (la faculté de désir) platonicien. Elle est le « désir » comme le dit Knorr en termes saisissants : « *Mater enim nil est nisi propensio Patris ad inferiora*[185]. » La noirceur provient du péché d'Eve. Sulamite, Eve (= Chawwa), terre s'unissent par contamination en une seule figure qui, d'un côté, contient en elle (le premier) Adam, comme la mère son enfant, mais de l'autre, attend le second Adam, l'Adam d'avant la chute, l'homme primordial, parfait, comme son bien-aimé et son fiancé. Elle espère être libérée par lui de sa noirceur. On se trouve en présence de la mystique du *Cantique des cantiques,* telle qu'elle se présente également à nous dans l'*Aurora consurgens* I. La gnose juive (kabbale) et la mystique chrétienne se rejoignent ici : d'un côté le *sponsus* et la *sponsa* se nomment *Tiphereth* et *Malkouth,* de l'autre *Christus* et *Ecclesia*[186]. La mystique du *Cantique des cantiques*[187] apparaît dans les cercles gnostiques-juifs aux III^e^-IV^e^ siècles ap. J.C., comme le montrent les fragments intitulés *Schiour Koma* (la mesure du corps). Il s'agit d'une « mystique judaïsée de façon seulement superficielle par la relation aux images du " bien-aimé " du Cantique des cantiques[188] ».

185. « La Mère n'est en effet rien d'autre que la propension du Père vers les choses inférieures. » « ... *Psyche, quae ipsis nephesch dicitur, sit spiritus vitalis, non quatenus plane corporeus sed insitus ille atque primitivus et seminalis, quem recentiores Archeum vocant, cum quo correspondet Philosophorum anima vegetativa seul plastica, et Platonicorum* τὸ ἐπιθυμητικόν *seu concupiscibile.* » (... La psyché qui est appelée par eux nephesch est l'esprit vital, non jusqu'au point d'être entièrement corporel, mais cet esprit inné, primitif et séminal que les modernes appellent *Archée,* et auquel correspond l'âme végétative ou plastique des philosophes et la faculté de désir ou concupiscible des Platoniciens.) Remarque de Knorr au § 7 du *Tractatus de Revolutionibus Animarum, Kabbala denudata,* T. II, p. III ; p. 247. Nephesch est une sorte d'âme de sang, d'où la défense de répandre le sang. (Lévitique, XVII, 14.)

186. « *(Adam) a Cabbalistis Adam Kadmon dicitur, ad differentiam Adami protoplastae... eo quod inter omnia a Deo emanata primum occupet locum, prout protoplastes in specie hominum : ita ut per illum nihil commodius intelligi queat, quam anima Messiae, quem et Paulus ad I Corinth. 15, vers. 45-49 indigitat.* » (Adam est appelé par les Kabbalistes Adam Kadmon, pour le distinguer d'Adam le premier homme... étant donné que parmi tous les êtres émanés de Dieu il occupe la première place, tout comme le premier homme dans l'espèce des hommes : de sorte que rien ne peut être signifié par ce nom d'une façon plus convenable que l'âme du Messie que *Paul* indique dans la 1^re^ aux Corinthiens XV, 45-49.) Remarque de Knorr au « Tractatus de Revolutionibus Animarum », *Kabbala denudata.* T. II, p. III, p. 244.

187. « L'amour du " roi " pour la " reine " est l'amour de Dieu pour " Sion ", ou de cette puissance primordiale qui est également appelée " Shalom " (paix ou accomplissement) pour la " Sulamite " qui... est chantée dans le Cantique des cantiques ». Ernst Mueller, *Der Sohar und seine Lehre.* II^e^ éd. 1923, p. 48.

188. Gerhard Scholem, *Kabbala. Encyclopaedia Judaica,* (IX, col. 630 et sv.). Je dois cette remarque à Mlle R. Schaerf.

La figure de Tiphereth appartient au système des *séphiroth* qui est conçu comme un arbre. Elle est au milieu de cet arbre. Adam Kadmon, lui, est représenté soit comme l'arbre tout entier, soit comme le médiateur entre l'instance la plus haute, *En-Soph,* et les séphiroth[189]. La Sulamite noire de notre texte correspond à *Malkouth* en tant que veuve qui attend l'union avec *Tiphereth* et par là la restauration de la totalité primitive. Adam Kadmon occupe donc ici la place de *Tiphereth.* Il fait déjà son apparition chez Philon et dans le Midrasch. C'est de cette source que provient la distinction entre l'Adam céleste et l'Adam terrestre que l'on rencontre chez Paul : « Le premier homme est fait de terre, terrestre, le second est du ciel » (I Cor. XV, 47), et aussi le verset 45 : « Le premier homme Adam fut créé âme (ψυχή) vivante, le dernier Adam, esprit (πνεῦμα) vivifiant. » Ainsi un homme primitif, hylique et psychique est opposé à un homme pneumatique qui lui succède.

259 On peut sans doute distinguer trois provenances principales dans les sources païennes : une origine égyptienne qui touche d'une part à l'homme-dieu Osiris et à sa très antique tradition et d'autre part à la théologie du roi, puis une origine perse qui dérive de Gayomart, et enfin l'influence de la doctrine hindoue du *purusha*[190]. La source chrétienne des idées alchimiques est l'enseignement paulinien sur le premier et le second Adam, que nous venons de citer.

189. *Kabbala denudata,* p. 28 et sv. *homo.* Aug. Wuensche (*Realencycl. für prot. Theol.* 9, 676, 14) dit : « Les écrits kabbalistiques ne projettent pas une entière clarté sur Adam Kadmon. Tantôt il est compris comme l'ensemble des séphiroth et tantôt il apparaît comme une première émanation existant avant les séphiroth et supérieure à elles... par laquelle Dieu... se manifesta et... se révéla en quelque sorte comme un prototype (macrocosme) à la création tout entière. Dans ce dernier cas, c'est comme si Adam Kadmon était une première manifestation interposée entre Dieu et le monde, en quelque sorte un *second Dieu* (δεύτερος θεός) ou le Verbe divin (λόγος). Cette manière de voir correspond à celle de la *Kabbala denudata* qui a été influencée notamment par Isaac Luria. Adam Kadmon est ici " un médiateur entre l'En-Sof et les séphiroth " » (*Jewish Encyclop.* s.v. Cabbala). Le Dr Hurwitz me renvoie au *Zohar* III, 48a : « Dès que l'homme fut créé, tout fut formé, le monde supérieur et le monde inférieur, car tout est contenu dans l'homme. » D'après cette conception Adam Kadmon est l'*homo maximus* qui représente le monde lui-même. L'homme et son prototype céleste sont en quelque sorte « jumeaux » (*Sanhedrin 46b*). Adam Kadmon est « l'homme suprême », le char du trône divin (*Merkabah*), la « couronne suprême » (*Kether*), *l'anima generalis.* Selon Isaac Luria il contient en lui les dix séphiroth. Elles sont sorties de lui en dix cercles concentriques qui sont sa *nephesch* (âme). Comparer le diagramme des Ophites dans Origène : *Contra Celsum.*

190. Pour le premier, je renvoie le lecteur à l'ouvrage de Bousset, *Hauptprobleme der Gnosis* (1907) et à Reitzenstein et Schaeder, *Studien zum antiken Synkretismus ;* au sujet du Purusha, à Deussen, *Geschichte der Philosophie,* 1906, I, 1, 228 et, en ce qui concerne les rapports avec la croyance au Messie à E. Abegg, *Der Messiasglaube in Indien und Iran,* 1928.

# 5

## *LE « VIEIL ADAM »*

260 APRÈS ces remarques préliminaires, revenons maintenant au texte d'Abraham Eléazar et en particulier à la remarquable partie centrale qui met en scène Adam. Le lecteur se trouve inopinément en présence du « vieil Adam » qui est manifestement assimilé à l'Adam Kadmon. Au lieu du « vieil Adam » on attendrait plutôt ici le « second Adam » ou « l'Adam primitif », étant donné surtout que le « vieil Adam » désigne d'abord et essentiellement « le vieil homme » chargé de péchés et non racheté, conformément à la parole de l'épître aux Romains (VI, 6) : « C'est pourquoi nous savons que notre *vieil* homme a été crucifié avec lui (le Christ), afin que le corps de péché soit détruit et que nous ne soyons plus esclaves du péché. » Que l'auteur fasse allusion à ce texte, le passage suivant nous le révèle : « Je dois être attachée à cette croix noire et être ainsi lavée par la détresse avec le vinaigre, etc. »

261 L'auteur voudrait se faire passer pour un juif, mais il est assez maladroit non seulement pour commettre un anachronisme, mais pour trahir chez lui une psychologie indubitablement chrétienne. Il fait preuve d'une bonne connaissance de la Bible et se révèle comme étant un familier du langage « biblique ». La langue de son livre est, au point de vue du style et de la grammaire, l'allemand courant du XVIIIe siècle. L'auteur a un penchant affirmé pour la rhétorique édifiante (serait-ce, en définitive, un théologien ?). Une chose en tout cas est claire, c'est que l'expression « le vieil Adam » ne peut normalement avoir dans la bouche d'un tel personnage, qu'*une seule* signification, celle du « vieil homme » que nous devons déposer (Eph. IV, 22), comme nous y invite Col. III, 9 : « Chassez le vieil homme avec toutes ses œuvres. » Notre auteur, à coup sûr, ne l'ignorait pas et il aurait pu aisément éviter la contradiction, je veux dire l'équivoque ainsi créée si, au lieu de « vieil Adam », il avait dit par exemple « Adam primitif », ce qui était tout à fait à sa portée.

262 Je dois ici m'excuser auprès du lecteur si je cherche une querelle de mots et discute, avec un pédantisme apparent, une petite contradiction de forme chez un auteur qui ne surveille pas son style outre mesure. Mais il s'agit ici de quelque chose de plus que d'un *lapsus calami :* un texte aux multiples nuances, qui crée des rapports inattendus (Adam et la Sulamite) et contamine les situations les plus distinctes, se rapproche, à ne pas s'y méprendre, de la structure des rêves et mérite qu'on en examine et qu'on en pèse avec soin le sens pour tenter de le déchiffrer. Une expression aussi vigoureusement frappée que « vieil Adam », dont l'interprétation ne laisse aucune échappatoire, ne se rencontre sans doute pas sans raison dans un « contexte onirique », même si le rêveur voulait s'excuser en alléguant une simple « méprise ». Quand bien même l'auteur — comme cela semble être le cas — a pu vouloir entendre par « vieil Adam » l'Adam primitif, il s'est trouvé contraint pour une raison qui, pour l'instant, nous échappe, de choisir l'expression « vieil Adam », en soi équivoque, mais ici ***absolument claire***. S'il s'agissait d'un simple rêve ce serait, de la part de l'interprète, une faute caractérisée, s'il se contentait de taxer d'erreur cette méprise supposée et de passer outre. Comme l'expérience ne cesse de nous l'enseigner, de tels quiproquos se produisent principalement aux endroits critiques où se croisent deux tendances opposées.

263 Ainsi mis en éveil, nous n'omettrons pas de garder présent à l'esprit, dans tout ce qui va suivre, le soupçon que « le vieil Adam » ne doit pas sa présence à un simple hasard, mais qu'il représente à tout le moins une de ces irritantes équivoques qui ne manquent pas dans les textes alchimiques : elles sont irritantes, car on ne sait pour ainsi dire jamais si elles proviennent d'une intuition consciente abusive ou contiennent un enseignement conscient ou enfin naissent d'une situation conflictuelle inconsciente.

264 Le « vieil Adam » peut manifestement « renaître » de la Sulamite, de la noire mère, puisqu'il est, à un moment donné, entré en elle de quelque manière. Mais il ne peut sans doute être alors question que du vieil Adam pécheur, car la noirceur de la Sulamite est une expression du « péché originel », ainsi que le laisse entendre le texte. Cette pensée recèle évidemment l'archétype de l'*anthropos* tombé au pouvoir de la nature, dont la connaissance consciente chez notre alchimiste paraît hypothétique. Si notre auteur s'était réellement tenu sur le plan de la pensée kabbalistique, il aurait su que l'Adam Kadmon, en tant qu'homme primordial spirituel, indique un *εἶδος*, une idée au sens platonicien, qui ne peut être confondue avec celle

de l'homme pécheur. En posant l'égalité : vieil Adam = Adam Kadmon, l'auteur *contamine une opposition*. Ce passage devrait être interprété de la manière suivante : la noire Sulamite donne naissance à l'opposition du vieil Adam et de l'Adam Kadmon. La relation évidente de la noire Sulamite avec la terre comme mère de tous les vivants fait apparaître d'une manière assez aisée à comprendre que son fils est l'Adam pécheur et non l'Adam Kadmon qui représente un épanouissement de la plus haute instance, l'*Aen Soph*. Malgré cela le texte fait sortir de la Sulamite ces deux réalités à la fois en opérant une contamination. Le « vieil Adam » et l'homme primordial apparaissent ainsi comme une seule et même chose et l'auteur peut, sans chercher plus loin, se justifier en soutenant que « vieux » a eu pour lui le sens de « primordial », ce que personne ne pourra lui contester.

265 L'apparition de l'Adam Kadmon n'est pas sans conséquences caractéristiques pour la Sulamite : elle signifie, comme le montre notre texte, une *solificatio,* c'est-à-dire l'illumination de « l'intérieur de la tête », ce qui est une allusion voilée, mais significative pour la psychologie de l'alchimie, à l'*illuminatio* ou *glorificatio* de l'adepte, c'est-à-dire de « l'homme intérieur ». Adam est *interior homo noster,* l'homme primordial en nous.

# 6

## *ADAM COMME TOTALITÉ*

266 Le *Tractatus de revolutionibus animarum* (§ 10) contient un passage important pour l'interprétation psychologique d'Adam : « Ezéchiel dit (ch. XXXIV, 31) : " Vous êtes Adam "[191], c'est-à-dire : " vous êtes appelés à bon droit du nom d'Adam. " C'est en effet le sens. Si le texte devait être compris littéralement, on objecterait avec raison que tous les peuples du monde ou païens sont, eux aussi, des hommes au même titre que les Israélites, à savoir des êtres à la station verticale. On devrait alors dire d'eux aussi : vous êtes des hommes. (Mais le sens est ici : le microcosme d'Adam se composait de vos âmes)[192]... (§ 11) : " Vous êtes Adam. (C'est comme s'il disait que les âmes des Israélites n'étaient rien d'autre que le véritable Adam, la première créature.) Et vous êtes ses étincelles et ses membres[193]. " » Adam apparaît ici, d'une part, comme constituant, en quelque sorte, le corps du peuple d'Israël tout entier[194], et d'autre part comme son *anima generalis.* Cette manière de voir peut être comprise comme la projection de « l'Adam intérieur ». L'*homo maximus* apparaît comme une *totalité,* comme le *Soi* du peuple ; par contre, en tant qu'*homme intérieur,* il corres-

191. Ezéchiel, XXXIV, 31 ne contient apparemment rien de semblable. La Vulgate dit pourtant : « *Vos autem greges mei, greges pascuae meae,* homines *estis.* » (Mais vous, mes troupeaux, les troupeaux de mon pâturage, vous êtes des *hommes.*) Le texte hébreu dit : « vous êtes hommes (Adam) ». Adam est ici un concept collectif.

192. Les parenthèses sont de l'éditeur Knorr von Rosenroth.

193. « ... *Inquit Ezechiel,* XXXIV, 31 : *Vos Adam estis. Id est, vos merito vocamini Adami nomine. Sensus enim est. Si literaliter textus intelligendus esset, objectio merito fieret, omnes etiam populos mundi sive gentiles eodem modo esse homines, quo Israelitae : statura nempe erecta. Ubi porro quoque dicendum fuisset : vos homines estis. Verum enim vero (sensus hic est, ex animabus vestris consistebat microcosmus Adami)...* » § 11 : « *Vos estis Adam. Quasi diceret omnes Israelitarum animas nihil aliud fuisse quam Adamus nimirum protoplasten : Et vos scintillae illius atque membra ejus extitistis.* »

194. Cf. encore l.c. ch. III, § 1, p. 225 et sv.

pond à la totalité de l'individu comme réunion de toutes les parties de l'âme, et donc, en premier lieu, du conscient et de l'inconscient. Le traité dit (§ 20) : « Et c'est pourquoi nos maîtres dirent aussi : " Le fils de David ne viendra pas avant que les âmes qui furent dans le corps du premier homme ne soient entièrement sorties[195]. " » La sortie des âmes hors de l'homme primordial peut être comprise comme la projection d'un processus d'intégration psychique : la totalité rédemptrice de l'homme intérieur (c'est-à-dire le Messie) ne peut être réalisée tant que la totalité des parties de l'âme n'est pas devenue consciente. On peut comprendre par là pourquoi il s'écoule un si long intervalle de temps avant qu'apparaisse le second Adam, l'Adam définitif.

267 Dans la conception kabbalistique, Adam Kadmon n'est pas simplement l'âme de tous, le *Soi* psychologique, mais aussi le processus de transformation lui-même, c'est-à-dire sa *trimeria* ou sa *tetrameria*, sa gradation en trois ou quatre degrés. La formule alchimique sur ce point est l'*Axiome de Marie* (la Copte ou la Juive) : « L'un devient deux, et le deux devient trois, et du trois vient l'un comme quatrième[196]. » Le traité de Rabbi Abraham Cohen Irira[197] dit : « Or Adam Kadmon est sorti de l'Un simple et, en tant que tel, il est l'unité ; mais il est également descendu, comme il est aussi tombé dans la nature elle-même, et ainsi il est le deux. Et il est de nouveau ramené à l'unité qu'il possède en lui et au summum, et ainsi il est le trois et le quatre[198]. » Cette spéculation est en rapport avec le *nomen essentiale,* le nom essentiel de Dieu, le *tetragrammaton,* c'est-à-dire les quatre lettres du nom divin « dont trois sont distinctes et une est prise deux fois[199]. » Cela a trait à la

195. « *Hinc quoque dixerunt Magistri nostri : Non veniet filius David, donec plene exiverint omnes animae, quae fuerunt in corpore (nimirum protaplastae).* » La parenthèse est de Knorr.

196. Berthelot, *Alch. Grecs,* VI, V, 6 : « τὸ ἓν γίνεται δύο, καὶ τὰ δύο γ', καὶ τοῦ γτου τὸ ἓν τέταρτον. » Voir à ce sujet *Psychologie et Alchimie,* tr. fr. p. 209.

197. Ou, plus exactement, R. Abraham Hacohen Herrera.

198. *Kabbala Denudata* 1677, T. I, P III, *Porta Coelorum,* cap. VIII, § 3, p. 116 : « *Jam Adam Kadmon emanavit ab uno simplici, adeoque est unitas : sed et descendit, et delapsus est in ipsam naturam suam, adeoque est duo. Iterumque reducitur ad unum, quod in se habet, et ad summum ; adeoque est tria et quatuor.* »

199. L.c. § 4 : « *Et haec est causa, quod nomen essentiale habeat quatuor literas, tres diversas, et unam bis sumptam ; quoniam He primum est uxor* τοῦ *Jod ; et alterum, uxor* τοῦ *Vav. Primum emanavit a Jod, via directa et alterum a Vav, via conversa et reflexa.* » (Et voilà pourquoi le nom essentiel a quatre lettres, trois différentes et une prise deux fois ; c'est que Hé est d'abord l'épouse de Yod, et en second lieu, l'épouse de Waw. Elle est émanée tout d'abord du Yod par voie directe, et ensuite du Waw par voie inversée et réfléchie.)

transcription non vocalisée YHWH (Yahweh) qui se compose de trois lettres dont l'une est redoublée. *Hé* (H) est de nature féminine et rattachée au *Yod* (Y)[200] et au *Waw* (W) en tant qu'épouse. La conséquence est, d'une part, que le *Yod*[201] à la première place et le *Waw*[202] à la troisième sont masculins et que le *Hé* féminin est dou-

200. On rencontre une autre conception du Yod dans le *Zohar* III, fol. 191 : « A l'heure où la bien-aimée (Cant. I, 5 et sv.) se tient, éprise d'un amour puissant, devant le bien-aimé ; quand le besoin qui naît de l'amour lui devient intolérable, elle se fait incroyablement petite, jusqu'à ce qu'il ne reste plus d'elle rien de visible, comme la petitesse du *point*, du *Yod*. Ainsi elle demeure invisible devant toutes ses compagnes. Et comme ce signe n'a en lui rien de blanc comme les autres (lettres), elle peut dire : " Je suis noire... comme les tentes de l'Obscurité. " Nous avons appris que le signe yod n'a en lui aucun espace intérieur blanc. » (E. Muller, *Der Sohar*, 1932, p. 350.)

201. « *Jod, quia simplex, est unum et primum quid, et simile uni, quod numeris, et puncto quod corporibus omnibus prius est. Punctum autem, secundum longitudinem motum, producit lineam, nempe Vav.* » (Yod, parce qu'il est simple, est quelque chose d'un et de premier et de semblable à l'un, parce qu'il est antérieur aux nombres, et au point, parce qu'il est antérieur à tous les corps. Quant au point, mû dans le sens de la longueur, il produit la ligne, c'est-à-dire Waw.) L.c. § I, p. 142. « *Littera yod quae punctum ipsum, facta est principium, medium et finis ; imo ipsa etiam principium Decadum et finis unitatum atque ideo redit in unum.* » (La lettre yod — qui est le *point* lui-même — est devenue le commencement, le milieu et la fin ; elle est en outre le principe des décades et la fin des unités et revient en conséquence à l'un.) (*Introductio in Librum Sohar*, sect. I, cap. XXXVII, § I. *Kabbala Denudata*, T. II, *Pars* I, p. 203.) Le passage suivant est éclairant en ce qui concerne la fonction du yod (l.c. sect. VI, cap. I, p. 259) : « *Quoniam Sapientia Benedicti videbat quod etiam in splendore hoc non possent manifestari mundi, cum Lux ibi adhuc nimis magna esset atque tenuis ; hinc iterum innuit literae huic Jod, ut denuo descenderet et perrumperet sphaeram splendoris atque emitteret lucem suam, quae paulo crassior erat.* » (Parce que la Sagesse du Béni voyait que même dans cette splendeur les mondes ne pouvaient pas être manifestés, étant donné que la lumière y était trop grande et trop subtile, il ordonna de nouveau à la lettre yod de descendre une nouvelle fois, de briser la sphère de la splendeur et d'émettre sa propre lumière qui était un peu plus grossière.) Le *point* est le *punctum internum* qui coïncide avec la *rosa interior*, la *congregatio Israel* (l'assemblée d'Israël), et la *Sponsa*. La rose a pour autres attributs : *soror, socia, columba, perfecta et gemella* (sœur, compagne, colombe, parfaite et jumelle). (*Tres Discursus initiales Libri Sohar. Comm. in Disc.* I, § 12 et sv. *Kabbala Denudata*, T. II, P. II, p. 151.) Yod pend « au sommet de la Couronne (Kether) » et descend dans la Sagesse (Hochmah) : « *Lucem atque influentiam insignem vibrabat in illam Sapientiam.* » ([Yod] faisant vibrer une lumière et une influence admirables dans cette Sagesse.) *Theses Cabbalisticae I, Kabbala Denudata*, T. I, P. II, p. 151. Yod est le vase (*vas*) ou le « petit vase » (*vasculum*) dans lequel se déverse la « *scaturigo maris* » (l'abondance de la mer) et d'où sort la « source qui fait jaillir en abondance la sagesse » (*fons scaturiens sapientiam*). Cf. *Pneumatica Kabbalistica, Diss.* I, cap. I, § 7 et 10. *Kabbala Denudata*, T. II, Pars III, p. 189 et sv.

202. « *Vav denotat vitam, quae est emanatio et motus essentiae, quae in se ipsa manifestatur : estque medium uniendi et connexionis, inter essentiam et intellectum.* » (Waw indique la vie qui est l'émanation et le mouvement de l'essence qui est manifestée en lui [Waw] ; et il est le moyen d'union et de connexion entre l'essence et l'intelligence.) Abraham Cohen Irira, *Porta Coelorum. Diss. VII*, cap. I, § 3. *Kabbala Denudata*, T. I, P. III, p. 141.

ble mais identique à lui-même, et ne fait donc qu'un. Le *nomen essentiale* constitue ainsi une triade. Mais puisque le *Hé* est double, il s'agit en même temps d'une tétrade ou quaternité[203] : cette perplexité s'accorde parfaitement avec l'*Axiome de Marie.* D'autre part le tétragramme comporte une bigamie et correspond d'une façon remarquable à notre diagramme d'Adam. Le caractère double du *Hé* féminin est également archétypique[204] en ce que la « *quaternité nuptiale* » présuppose la duplicité de la forme féminine et en même temps son identité, ce qui, d'ailleurs, est également le cas des deux hommes, ainsi que nous l'avons vu plus haut. Mais chez l'homme la distinction est normalement prépondérante, ce qui n'est pas étonnant, puisqu'il s'agit ici avant tout de productions de l'imagination masculine. Par suite la figure masculine coïncide avec la *conscience masculine,* domaine dans lequel la discrimination est aussi naturelle qu'absolue. La féminité, quant à elle, est double, certes, mais si peu discriminée que son identité s'impose. Cette figure double et pourtant identique correspond parfaitement à la figure de l'*anima* qui, à cause de son contenu qui est surtout « inconscient », porte en elle la marque de la non-discrimination.

268 Le même traité déclare (VIII, 9) : « C'est par l'Aen-Soph, c'est-à-dire par l'Un le plus général, qu'a été produit l'univers qui est Adam Kadmon, qui est l'un et le multiple, de qui et par qui sont toutes choses. » « Les distinctions des genres sont représentées par des cercles concentriques » (qui sortent de lui ou qui sont contenus en lui). Il est donc une sorte de schéma de structure psychique dans lequel les « différences spécifiques » (celles qui caractérisent les espèces) sont exprimées par des lignes droites, c'est-à-dire, sans doute, dans un système concentrique, par des rayons[205]. « Ainsi Adam

203. Au tétragramme se rattache toute une série de quaternités. Cf. le traité : *Porta Coelorum.* L.c. Diss. VII, cap. III, § 5, p. 145.

204. « *He designat ens, quod est compositum ex essentia et existentia.* » « *He ultimum est imago et similitudo intellectus vel mentis.* » (Hé désigne l'être qui est composé d'essence et d'existence. Hé est l'image et la ressemblance de l'intelligence ou esprit.) L.c. § 2 et 4.

205. Ce qu'on appelle « *differentiae numericae* » (les différences numériques) n'est pas sans rapport avec les *opposés.* Le texte dit : « *Differentias autem numericas referri ad bilanciformem, ubi facies faciei obvertitur, et duo vel plura ejusdem perfectionis, et speciei, tantum distinguuntur, ut* mas et foemina. *Quae differentiae numericae etiam denotantur per id, quod dicitur anterius et posterius, etc.* » (Les différences numériques évoquent la disposition des balances où les faces sont tournées l'une vers l'autre et où deux ou plusieurs [principes] de même perfection ou de même aspect ne se distinguent que comme *le mâle et la femelle.* Ces différences numériques sont également indiquées par ce que l'on appelle l'avant et l'après, etc.)

Kadmon indique l'ordonnance de toutes choses, les genres aussi bien que les espèces et les individus[206]. »

269 Autant d'un côté l'homme primordial est situé haut, autant est basse la place de l'homme pécheur, empirique. Le phénomène de contamination qui se présente si souvent à nous dans la psychologie du rêve et des primitifs n'est pas un simple événement fortuit, mais repose sur une certaine communauté : à un point quelconque les *opposés s'avèrent identiques* et c'est ce qui rend possible leur contamination. L'un des cas les plus courants est l'identité de l'animal et de Dieu. La possibilité d'un tel paradoxe repose sur l'aspect non humain de la psychologie divine aussi bien que de celle de l'animal. Tout comme l'âme divine règne au-dessus de l'âme humaine, l'âme animale a son fondement dans les profondeurs infra-humaines.

270 Le « vieil Adam » correspond à l'homme primitif, à l'*ombre* de notre conscience d'aujourd'hui et l'homme primitif repose sur l'homme-animal (l'Adam doté d'une queue)[207] qui a depuis longtemps disparu de notre conscience. L'homme primitif nous est devenu totalement étranger, si bien que l'on doit commencer par redécouvrir sa psychologie. Pour la psychologie analytique, ce ne fut pas une petite stupéfaction que de trouver tant de matériaux archaïques dans les productions de l'inconscient d'hommes modernes avec, en outre, les obscurités inquiétantes d'un monde animal d'instincts. Les « instincts » ou « pulsions » se laissent bien formuler en termes de psychologie ou de biologie, mais ils ne peuvent être domptés ou saisis, car ils sont en même temps des existences psychologiques qui se vérifient en tant que telles dans leur monde particulier d'images. Ce ne sont pas seulement des manifestations physiologiques ou biologiques univoques, mais simultanément des représentations imaginaires de caractère symbolique, dont le contenu possède par consé-

206. L.c. § 9, p. 118 : « *Ab Aen-Soph, i.e. Uno generalissimo, productum esse Universum, qui est Adam Kadmon, qui est unum et multum et ex quo et in quo sunt omnia... Differentias autem generum notari per circulos homocentricos sicut Ens, substantiam, hoc corpus, hoc vivens, istud sensitivum ; et haec rationale continet. Et hoc modo in Adam Kadmon repraesentantur omnium rerum ordines tam genera quam species et individua.* » (Par l'Aen-Soph, c'est-à-dire l'Un le plus général, a été produit l'univers, qui est Adam Kadmon, qui est l'un et le multiple, de qui et en qui sont toutes choses... Quant aux différences de genres, elles sont indiquées par des cercles homocentriques, telles que l'être, la substance, ce corps, ce vivant, cet [être] sensible ; et l'[être] rationnel contient cela. Et de cette manière tous les ordres de choses sont contenus en Adam Kadmon, tant les genres que les espèces et les individus.) Cf. à ce sujet : G. Scholem, *Les Grands Courants de la mystique juive,* trad. fr. 1950, p. 231 et sv.

207. Selon les Valentiniens l'homme fut revêtu d'un « vêtement semblable à de la peau ». (Irénée : *Adversus haereses,* I, 5, 5.)

quent un sens. L'instinct ne s'empare pas de son objet aveuglément et au hasard, mais avec une certaine conception ou signification psychique. Autrement dit, à chaque instinct se trouve en quelque sorte accouplée une image de situation *a priori,* ce qui peut être indirectement prouvé, par exemple, dans les cas de symbiose animale et végétale. Chez l'homme nous pénétrons par une vision intuitive, directe, dans ce monde étrange d'« idées magiques » qui se greffe sur les instincts naturels et dont la forme et le mode de manifestation sont non seulement expressifs, mais opérants [208]. Le monde des instincts, qui paraît si extraordinairement simple à l'homme cultivé rationnel, se révèle être, au stade primitif, un contrepoint complexe de faits psychologiques, de tabous, de rites, de classifications, de connaissances primitives qui imposent à l'instinct une forme restrictive pour ainsi dire *a priori,* c'est-à-dire préconsciente, et le font servir à un but plus élevé [209]. Dans des conditions naturelles, l'absence de limites de l'instinct qui croit vouloir simplement sa propre satisfaction est accompagnée d'une limitation spirituelle qui différencie cet instinct et le rend propre à des fins diverses.

271 La connexion primitive de l'image et de l'instinct explique le lien qui existe entre l'instinct et la religion, ce mot étant pris dans le sens le plus large. Ces deux sphères se tiennent dans un rapport d'opposition et de compensation, et je n'entends pas ici par instinct le seul *eros,* mais tout ce qui mérite le nom d'instinct [210]. La religion, au stade primitif, désigne le système régulateur psychique placé auprès du dynamisme de l'instinct. A un degré plus élevé, cette connexion primitive peut se perdre ; la religion devient alors facilement un antidote, un contrepoison de l'instinct ; la compensation primitive dégénère alors en conflit, la religion se raidit en un pur formalisme et l'instinct se trouve empoisonné. Un tel éclatement n'est sans doute pas un simple hasard ou une sorte de catastrophe dépourvue de sens. Il a bien plutôt sa place dans la nature des choses, dans la ligne de tout processus conduisant à une expansion, une différenciation plus grandes de la conscience. De même qu'il n'y a pas d'énergie sans tension entre les opposés, aucune conscience n'est

208. Cf. à ce sujet : « Instinct et Inconscient » dans *L'Energétique psychique,* trad. fr. Genève-Paris, 1956.

209. Au stade primitif les rites sont d'abord des gestes non interprétés. A un degré supérieur ils sont élaborés en mythes.

210. Le fait que la définition et la classification des instincts donnent lieu à une controverse des plus aiguës ne fait rien à l'affaire. Il reste que le mot « instinct » désigne quelque chose de communément connu et de compréhensible.

possible sans perception de la différence. Chaque fois que l'accent est plus fortement mis sur la différence, on aboutit à l'opposition et finalement au conflit qui entretient la nécessaire tension entre les contraires. Cette tension est indispensable d'une part pour produire davantage d'énergie, d'autre part en vue de la différenciation de ce qui est distinct, l'une et l'autre de ces opérations constituant des conditions *sine qua non* d'une évolution de la conscience. En dépit de son indiscutable utilité, le conflit entraîne aussi des inconvénients manifestes qui se transforment plus d'une fois en dommages. Dans ce cas il se produit un mouvement contraire qui tend à aplanir l'opposition entre les deux parties. Etant donné que de tels événements se sont renouvelés un nombre incalculable de fois au cours des millénaires sur lesquels a porté le développement de la conscience, les rites correspondants se sont également créés pour jeter un pont entre les opposés. On doit voir d'une part dans ce processus de réconciliation un rite accompli par l'homme, mais ce rite contient d'autre part un acte d'aide ou de réconciliation qui lui est ou lui a été fourni du côté divin. La plupart du temps ces rites sont liés à l'état primitif de l'homme ou aux événements qui se sont déroulés aux temps héroïques de la préhistoire ou des ancêtres. C'est d'ordinaire un état de pénurie, un besoin de l'humanité auquel vient remédier une intervention divine. Cette intervention est renouvelée dans un rite. Un simple exemple : quand le riz ne pousse pas bien, un représentant du totem du riz se fait une hutte dans le champ de riz, et là il raconte au riz comment, à l'origine, il est sorti de l'ancêtre du riz. Le riz se souvient ainsi de son origine et recouvre son pouvoir de croître. L'évocation rituelle du souvenir de l'ancêtre (anamnèse) a la même signification que l'ancêtre lui-même. (Voir fig. 3 en annexe.)

272 Le cas de pénurie par excellence consiste, ou bien dans un retrait des divinités favorables et une apparition des divinités néfastes, ou bien dans l'éloignement des dieux provoqué par une erreur, un crime des hommes. Ailleurs encore, comme dans la pensée taoïste, le ciel et la terre se sont écartés l'un de l'autre pour des raisons indiscernables[211] et ne peuvent se retrouver l'un avec l'autre que si le sage a restauré en lui-même le *Tao,* c'est-à-dire qu'il remet son ciel et sa terre en harmonie[a].

211. Voir plus haut la séparation de Tiphereth et de Malkouth comme cause du mal.

a. Pour illustrer ce que signifie « être en Tao » avec les synchronicités qui accompagnent cet état, je rapporterai l'histoire, qui m'a été contée par le regretté Richard Wilhelm, du faiseur de pluie de Kiao-Tchéou. Une grande sécheresse sévissait

273 De même que, dans l'état de pénurie, le riz s'étiole, ainsi l'homme se détériore soit à cause de la méchanceté des dieux, soit par sa propre ignorance et ses propres péchés, et il tombe ainsi dans un état de contradiction avec la nature primitive. Il oublie qu'il descend primitivement des ancêtres de l'homme et, pour cette raison, il a besoin de l'anamnèse de cette origine. Ainsi l'archétype de l'homme, l'*anthropos,* est constellé, et il forme le contenu essentiel des différentes religions. Dans l'idée de l'*homo maximus* s'unissent à nouveau le haut et le bas de la création.

à l'endroit où vivait Wilhelm ; depuis des mois il n'était pas tombé une goutte de pluie et la situation devenait catastrophique. Les catholiques multipliaient les processions, les protestants les prières, les Chinois brûlaient des bâtonnets d'encens et tiraient des coups de feu pour effrayer les démons de la sécheresse, mais rien n'y faisait. A la fin les Chinois dirent : « Nous allons chercher le faiseur de pluie. » Et l'on vit apparaître, venant d'une autre province, un vieil homme tout desséché. La seule chose qu'il demanda fut une petite maison tranquille quelque part et il s'y enferma pendant trois jours. Le quatrième jour les nuages s'amassèrent et il y eut une grande tempête de neige à une époque de l'année où l'on ne s'attendait pas à de la neige. Le résultat était extraordinaire et la ville était si pleine de rumeurs sur le prodigieux faiseur de pluie que Wilhelm alla lui demander comment il s'y était pris. Il lui dit, d'une façon tout européenne : « On vous appelle le faiseur de pluie. Voudriez-vous me dire comment vous avez fait la neige ? » Et le petit Chinois de lui répondre : « Je n'ai pas fait la neige ; je ne suis pas responsable. — Mais qu'est-ce que vous avez fait pendant ces trois jours ? -- Oh ! ça, je peux l'expliquer. Je viens d'un autre pays où les choses sont en ordre. Ici elles sont sorties de l'ordre, elles ne sont pas comme elles devraient être selon le commandement du Ciel. Par conséquent le pays tout entier n'est pas en Tao, et moi non plus je ne suis pas dans l'ordre naturel des choses, parce que je suis dans un pays en désordre. C'est pourquoi j'ai dû attendre trois jours pour me remettre en Tao, et alors, naturellement, la pluie est venue. » (Note extraite de l'édition anglaise. Elle provient du 3e volume de séminaires en anglais par C.G. Jung : *Interpretation of Visions,* p. 7. Publication pro manuscripto.)

7

# *LA TRANSFORMATION*

274 CONSIDÉRÉ du point de vue que nous venons d'indiquer, notre texte revêt un aspect non dépourvu d'intérêt et, en ce qu'il reflète une série de conceptions appartenant aux idées fondamentales de l'alchimie, il se révèle chargé d'un sens éclairant à bien des égards. Il existe un état de pénurie auquel correspond la *nigredo* alchimique. C'est la noirceur de la faute qui a revêtu la Terre nuptiale de la couleur noire. La Sulamite appartient à la même famille que les déesses noires (Isis, Artémis, Parvati, Marie) dont le nom est « Terre ». Ève a, comme Adam, mangé du fruit de l'arbre de la *connaissance* et a fait ainsi irruption dans le domaine des prérogatives divines — *eritis sicut dii, scientes bonum et malum :* vous serez comme des dieux, connaissant le bien et le mal (Gen. III, 5) —, c'est-à-dire qu'elle a par mégarde découvert la possibilité, jusqu'alors extérieure à la conscience, d'une conscience *morale*. Ainsi s'est trouvée manifestée une antinomie grosse de conséquences. Il en découle une séparation du ciel et de la terre, le paradis primitif est aboli, l'éclat lumineux de l'homme primordial s'éteint, *Malkouth* devient veuve, le yang aux rayons de feu remonte dans les régions supérieures et le yin sombre et humide enveloppe l'humanité de ténèbres, se dégrade par l'effet de crimes qui vont sans cesse en augmentant, et croît jusqu'à devenir les eaux noires du déluge qui, d'un côté menacent de tout noyer, et de l'autre doivent être prises anagogiquement comme une ablution de la noirceur. Noé acquiert également un autre aspect : il n'apparaît plus comme le rescapé d'une catastrophe, mais comme le Seigneur des Eaux qui administre celles-ci en ablution. Toutefois cette opération ne paraît pas suffire, car la Sulamite arrive bel et bien à l'opposé, c'est-à-dire dans la sécheresse du désert où le mal la menace, comme il menaça le peuple d'Israël

sous la forme de serpents venimeux [212]. Il est ainsi fait allusion aux longues fatigues de l'Exode qui représente dans un certain sens la reproduction de l'expulsion hors du paradis, en tant qu'il était aussi pénible de quitter les viandes et les marmites de l'Égypte que, pour les premiers parents, de contempler les champs pierreux auxquels l'homme aurait désormais à disputer sa subsistance. Cependant, même à cette autre extrémité, le but n'est pas atteint et il faut encore à présent que la Sulamite soit *attachée à une croix noire.* L'idée de la croix va plus loin que celle d'une opposition simple pour embrasser celle d'une double opposition, c'est-à-dire une *quaternité.* Dans l'esprit des alchimistes celle-ci indique en tout premier lieu les éléments réunis sur la croix :

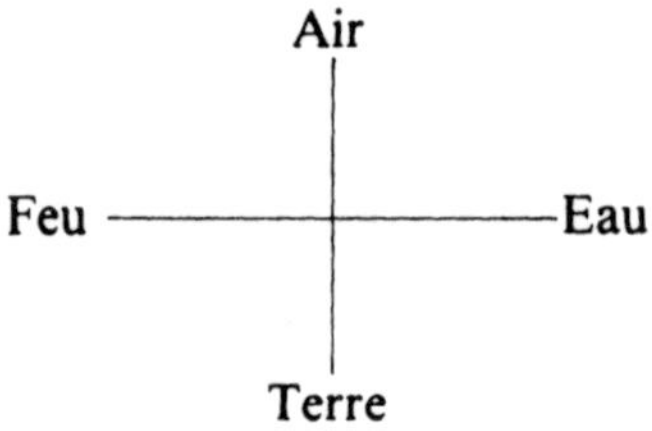


ou les quatre qualités réunies de façon analogue :

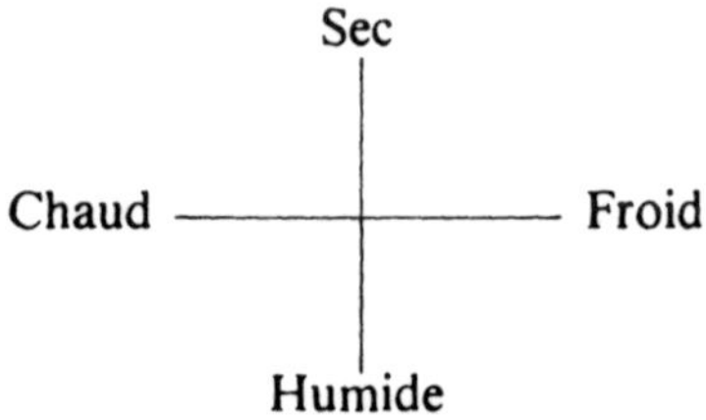


Nous avons appris à identifier cette fixation à la croix comme un état de suspension plein de tourment, si ce n'est comme un écartèlement dans les quatre directions de l'espace [213]. C'est pourquoi

212. Dans ce contexte Abraham Eléazar utilise le symbole (intelligible seulement dans l'optique chrétienne) du serpent d'airain élevé sur un poteau, qui est une préfiguration du Christ suivant Jean, III, 14.

213. Le châtiment infligé chez les Indiens d'Amérique au *medicine-man* coupable de s'être trompé consiste à l'écarteler, attaché à quatre chevaux, dans la direction des quatre points cardinaux. (Renseignement verbal dont je ne puis garantir l'exactitude. Ce qu'il y a là d'essentiel est l'idée.)

l'alchimie se donne pour tâche de réconcilier les quatre éléments en lutte les uns avec les autres et de les amener à l'unité. Dans notre texte il est mis fin à cet état quand la noirceur encore torturante du péché est lavée par « la détresse avec le vinaigre ». Il y a ici une claire allusion à l'hysope et au vinaigre dont fut abreuvé le Crucifié. Dans le texte de Michel Maier cité plus haut la « *miseria cum aceto* » représente la mélancolie de la *nigredo* par opposition à « *gaudium et laetitia* », la joie et l'allégresse de l'état racheté. L'ablution à l'aide de « la détresse avec le vinaigre » réalise finalement la blancheur et, en outre, une *solificatio* (illumination) de « l'intérieur de ma tête », ce par quoi il faut sans doute entendre le cerveau ou peut-être même l'âme. Puisque cette transformation doit se produire chez la Sulamite (et l'on ne peut comprendre les choses autrement), celle-ci éprouve, dans un certain sens, un sort analogue à celui de la Parvati indienne qui, affligée de sa noirceur, reçut des dieux une peau dorée. Il faut souligner ici que c'est la pierre ou l'hermaphrodite qui, d'une part, pendant son supplice, représente et souffre la distinction des éléments en tant que dieu écartelé, déchiré, cloué sur la croix du quaternaire, et d'autre part opère l'union des quatre et, en même temps, est en outre identique au produit de l'union. Les alchimistes ne purent s'empêcher d'identifier cet homme primordial avec le Christ, auquel notre texte substitue Adam Kadmon. Dans un manuscrit français du XVIII^e^ siècle (B.N., P.R. 14765, p. 123) on voit une illustration représentant cette figure. C'est le Christ apocalyptique (Apoc. I, 12 et sv.), « le Fils de l'Homme, ☿ » et « Jézoth le Juste », auquel est attribué le nombre éloquent de 4 × 4 sous la forme de seize points. (Figure 3.) Il porte, d'une façon peu orthodoxe, un vêtement féminin, ce qui est souvent le cas du Mercure hermaphrodite dans les figures alchimiques des XVII^e^ et XVIII^e^ siècles. Cette vision est inspirée de celles de Jean (Apoc. I et IV) et de celle de Daniel (VII, 9 et sv.). La neuvième séphira de l'arbre kabbalistique nommée *Yésod* (fondement) est interprétée comme la force génératrice et créatrice à l'œuvre dans l'univers. Alchimiquement elle correspond donc au *spiritus vegetativus,* au Mercure[214]. Celui-ci a, dans l'alchimie, un aspect phallique ; c'est aussi le cas de *Yésod* dans le *Zohar :* « Le Juste » ou « *Zaddik* », autre nom donné à *Yésod,* désigne directement l'organe

214. « *In naturalibus Jesod sub se continet argentum vivum quia hoc est fundamentum totius artis transmutatoriae.* » (Dans les choses naturelles Yésod contient en lui l'argent-vif, car c'est là le fondement de tout l'art transmutatoire.) *Kabbala Denudata,* 1677, T. I, p. 441.

de la génération[215]. De telles similitudes entraînent l'esprit moderne sur la fausse route d'interprétations partielles, comme celle qui ne voudrait voir dans *Yésod* que le pénis ou affirmerait à l'inverse que le caractère sexuel évident du langage ne repose pas sur une sexualité réelle. Mais dans le domaine de la mystique il ne faut jamais perdre de vue qu'aucun objet « symbolique » ne possède de signification simple. Il est toujours une chose *et* l'autre. La sexualité n'exclut pas l'esprit et *vice versa,* car tous les opposés sont contenus en Dieu. Que l'on songe par exemple à l'*unio mystica* de Siméon Bar Yochai dans le *Zohar* (III) que Scholem (l.c.) se contente de mentionner ! Le nombre quatre rencontré ici se rapporte aux quatre animaux de la vision d'Ezéchiel où chacun contient, à son tour, un quaternaire (Ezéch. X, 14)[216].

275 Puisque le soleil et l'or désignent en alchimie des notions équivalentes, la *solificatio* indique que « l'intérieur de la tête », quelle que soit la réalité entendue sous ces mots, est transformé en une substance très précieuse et en terre blanche. Le cœur, lui aussi, brille comme une « escarboucle ». Le *carbunculus* est, depuis le Moyen Age, synonyme de *lapis philosophorum*[217]. Dès lors l'allégorie est claire : de même que la tête brille, le cœur est embrasé d'amour.

215. « *(Jesod) personis denotat membrum genitale utriusque sexus.* » (Chez les personnes [Yésod] indique le membre génital de l'un et l'autre sexes.) p. 440. Le nom divin qui lui est attribué est El-Chai (Dieu vivant) : « *Quapropter pervolare semper Adonai ad Mensuram El-Chai* continua aestuat cupidine. » (C'est pourquoi Adonai *brûle d'un désir continuel* de s'envoler à la mesure d'El-Chai.) l.c. p. 441. Yésod signifie aussi « le ferme » et « le loyal » parce qu'il fait descendre l'influx (*influxum*) de Tiphereth dans Malkouth : « *ipse autem hic gradus firmus est inter Illum et Illam, ut natura seminis subtilissima e supernis demissa non dimoveatur.* » (Lui-même est en effet ce degré ferme entre Lui et Elle, afin que la nature très subtile de la semence qui est envoyée d'en haut ne soit pas détournée.) l.c. p. 560. Il a entre autres les épithètes suivantes : « *angelus redemptor, fons aquarum viventium, arbor scientiae boni et mali, Leviathan, Salomon, Messias filius Joseph etc.* » La neuvième séphira (Yésod) est désignée comme : *membrum foederis (seu circumcisionis)* (membre de l'alliance [ou de la circoncision]). L.c. I, II, *Apparatum in Librum Sohar,* p. 10. « Le *Zohar* fait un usage très fréquent du symbolisme phallique en rapport avec les spéculations concernant la séphira Yésod. » (G.G. Scholem, op. cit. trad. fr. p. 244.) L'auteur ajoute ici : « Naturellement il y a ici une large place pour des interprétations psychanalytiques. » Si la psychanalyse freudienne traduit les contenus psychiques en terminologie sexuelle, il ne lui reste plus rien à faire dans ce domaine, car l'auteur du *Zohar* l'a déjà fait avant elle. Cette école se contente de nous montrer tout ce que peut être un pénis, mais elle n'a jamais découvert ce que le phallus peut symboliser. On peut penser que, dans un cas de ce genre, le « censeur » a failli à sa mission. Scholem lui-même montre et souligne que dans ce cas la sexualité (en dépit de sa réalité toute crue) doit être comprise comme un symbole du *fundamentum mundi.*

216. Cf. à ce sujet *Aïon,* p. 370 et sv.

217. Chez Wolfram von Eschenbach l'escarboucle est une pierre dotée de vertus médicinales, qui se trouvait sous la corne de la licorne. Cf. *Psychologie et Alchimie,* trad. fr. p. 592.

276 La différence entre Parvati et la Sulamite consiste donc en ce que la première est transformée extérieurement et la seconde intérieurement. Extérieurement elle demeure en effet aussi noire qu'auparavant. A la différence de la Sulamite du *Cantique des cantiques* dont la peau est sombre, la nôtre affirme qu'elle est comme teinte en noir et qu'il suffit de la dévêtir pour mettre au jour sa « beauté intérieure ». A cause du péché d'Ève, elle a été amenée pour ainsi dire à cette teinte, à cette *tinctura* (teinture), et elle a contracté la couleur noire, comme dans la légende islamique la pierre précieuse donnée par Allah à Adam est devenue noire à la suite de la faute de ce dernier. Si on ôte de la Sulamite le poison de la malédiction, ce qui, manifestement, a lieu lorsque apparaît le bien-aimé, alors sa « semence intérieure », sa « première naissance », est mise en lumière. Cette naissance ne peut, d'après le texte, que se rapporter à l'apparition de l'Adam Kadmon. Il est le seul qui l'aime *malgré sa noirceur.* Cette noirceur semble pourtant être quelque chose de plus qu'une simple teinture, elle ne cédera donc pas de l'extérieur. Elle n'est compensée que par l'illumination intérieure et par la beauté du Fiancé. Puisque la Sulamite représente la terre dans laquelle Adam gisait enseveli, on peut également lui appliquer, à l'inverse, le sens de procréatrice maternelle. C'est en cette qualité que la noire Isis rassemble les morceaux de son époux et frère Osiris mort et démembré, et lui rend sa première forme. Adam Kadmon apparaît ici, de façon classique, comme le fils-amant qui s'engendre de nouveau dans la mère-amante moyennant le mariage sacré du soleil et de la lune. La Sulamite se produit en l'occurrence dans le plus ancien des rôles, celui de *hiérodule,* de *courtisane sacrée, d'Ishtar.* Elle est la prostituée (*meretrix*), suivant le nom que l'alchimie donne à sa matière mystérieuse.

277 Cet impressionnant retour en arrière de la Sulamite n'est nullement un trait de génie à porter au crédit de notre pseudo-Abraham, mais tout simplement la conception traditionnelle des alchimistes pour qui « notre enfant » (*infans noster*), le « fils des philosophes », est l'enfant du soleil et de la lune. En tant que cette naissance représente l'homme hermaphrodite primordial qui unit en lui le soleil et la lune, le fils est aussi le père de ses parents. L'alchimie est à ce point imprégnée par l'idée de l'inceste mère-fils que son système de pensée rapporte quasi automatiquement la Sulamite du Cantique elle-même au prototype dont elle est issue[218].

218. Notre passage est sans doute décisif en ce qui concerne l'origine et la provenance du traité, que Robert Eisler, sans avoir vu le livre, a mises en doute contre

278 Nous avons noté plus haut fort justement que le noir de la Sulamite semble être d'une nature tenace. A cela correspond l'apparition du vieil Adam au moment précis où se présente extérieurement l'Adam parfait *ante lapsum* (d'avant la chute), l'homme lumineux primordial. De même que, chez la noire Sulamite, il nous manque l'*albedo* (blancheur) définitive, totale, donc aussi l'apothéose ; ainsi l'indispensable confirmation de la transformation du premier Adam dans le second, qui est en même temps le père du premier, nous fait ici défaut. Par suite nous ne pouvons répudier le soupçon que, de même que le noir ne disparaît pas, le vieil Adam n'est pas définitivement transformé. Là pourrait résider la raison profonde pour laquelle, aux yeux de l'auteur, l'expression de « vieil Adam » n'est pas choquante, mais au contraire bienvenue. Il est, hélas, infiniment plus vrai qu'un changement en mieux ne peut entraîner la métamorphose complète de l'obscurité en lumière et du mal en bien, mais qu'il signifie tout au plus un compromis par lequel le meilleur domine un peu le pire. Cette complication provoquée par le « vieil Adam » se révèle ainsi ne pas être un pur hasard, puisqu'elle donne naissance à une quaternité qui se présente de la manière suivante :

Sulamite noire

Vieil Adam —— Adam Kadmon

Sulamite illuminée

ou encore :

Second Adam

Premier Adam —— Bien-aimée noire

Fiancée céleste

l'opinion de Scholem pour qui le traité est un faux de date tardive. (*Monatschrift für Gesch. und Wissensch. d. Judentums,* 1926, p. 194 et p. 202). Voir aussi Kopp (*Alch.* I, pp. 314 et sv.) qui établit l'existence d'une première édition de 1735 et regarde Gervasius von Schwartzburg comme l'auteur.

279 Cette composition correspond d'une certaine manière au mariage quaternaire que j'ai décrit et expliqué dans *La Psychologie du transfert*[219]. C'est un schéma structurel qui repose sur certains faits psychiques et se présente comme suit :

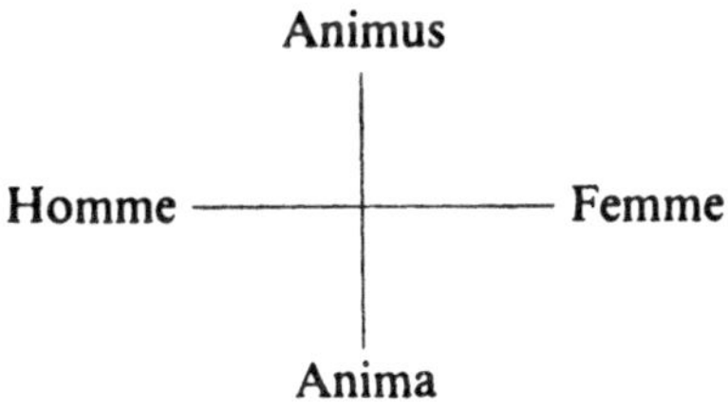


ou encore :

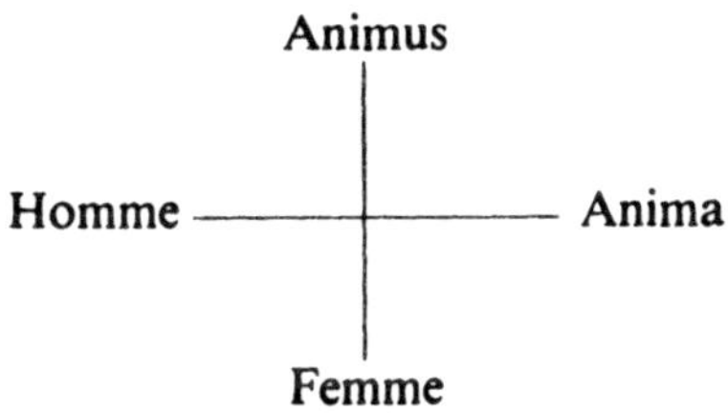


280 Bien que cette quaternité joue dans l'alchimie un rôle qui est loin d'être négligeable, elle n'est pas le résultat d'une spéculation alchimique, mais un *archétype* dont on retrouve la trace jusque dans le système primitif des classes de mariage (*four-kin system*). En tant que quaternité, c'est un *jugement de totalité* et il formule bel et bien la structure intégrale de l'homme. Cette dernière exprime d'une part la structure de l'individu, c'est-à-dire d'un moi (masculin ou féminin) en relation avec l'inconscient présentant les traits du sexe opposé, et d'autre part, la relation du moi avec l'autre sexe, sans laquelle l'individu est psychologiquement incomplet. (J'entends par là en premier lieu une relation psychique.) Mais *l'idée de transformation*, qui paraît caractériser si fortement l'alchimie, est absente de ce schéma. L'empirisme psychologique, en tant que discipline des sciences naturelles, n'est pas en mesure de déterminer si le moi conscient se tient « au-dessus » ou « au-dessous » de l'anima. Tout comme le moi, l'anima possède un aspect positif et un aspect néga-

219. *La Psychologie du transfert*, trad. cit., p. 82 et sv.

tif. La science n'a pas, d'une façon générale, à formuler des appréciations, bien que la psychologie possède un concept de « valeur » qui n'est autre qu'un concept d'*intensité :* un complexe de représentations possède une valeur plus grande quand son pouvoir d'assimilation se manifeste de façon plus forte que celui d'un autre[220]. Étant donné par conséquent que l'idée alchimique de transformation opère avec une note de valeur spirituelle, et qu'elle voit dans ce qui a subi la transformation quelque chose de plus précieux, de meilleur, de plus élevé et de plus spirituel, la psychologie ne peut, en tant que science expérimentale, placer en face d'elle rien qui lui corresponde. Mais comme l'appréciation, l'estimation, etc., en tant qu'elles relèvent de la fonction de sentiment, entrent sans conteste dans le champ de la psychologie, la valeur doit être prise en considération. Cela provient de ce que la valeur est saisie comme affirmation ou comme jugement dans la description de l'objet.

281 La valeur énergétique aussi bien que la valeur morale de la personnalité consciente ou inconsciente sont soumises aux plus grandes variations individuelles. D'une façon générale le conscient prévaut, mais avec de nombreuses limitations. Le schéma psychologique devrait donc, pour être plus en harmonie avec le schéma alchimique, être modifié par l'introduction de l'idée de transformation. En principe cette opération n'est pas impossible, étant donné que le processus par lequel on rend plus conscients l'*anima* et l'*animus* opère, en fait, une certaine transformation de la personnalité. Aussi la psychologie trouve-t-elle dans ces rapports un domaine d'élection. Sa méthode, sa thérapeutique, consiste avant tout à augmenter ou à créer la conscience et voit dans cette opération un moyen efficace en vue de la modification de la personnalité. L'aspect favorable du changement est apprécié comme une *amélioration,* et cela en se fondant avant tout sur les dires du patient. L'amélioration porte d'abord sur l'état de santé psychique et par suite il peut s'agir également d'une amélioration morale. De telles constatations sont toutefois la plupart du temps difficiles ou mêmes impossibles, car de pareilles appréciations débordent, à l'insu de celui qui les porte, dans un domaine où règne une vision des choses *a priori,* et où l'examen objectif cède le pas à l'arbitraire du jugement. Le problème de l'amélioration tout entier est une affaire si délicate qu'il est infiniment plus aisé de le régler par un parti-pris naïf que par la

220. Cf. *L'Energétique psychique,* trad. cit.

comparaison et l'étude attentives qui heurtent de front les « terribles simplificateurs[a] », hôtes habituels de pareils domaines.

282 Bien que le fait de la transformation et de l'amélioration soit indéniable, il demeure toutefois difficile de trouver, pour le traduire, une expression convenable qui ne prête pas à malentendu et de l'introduire dans un schéma. Le Moyen Age était, comme nos « simplificateurs », assez naïf pour savoir ce qu'est le « mieux ». Nous n'avons pas cette assurance et nous nous sentons en outre quelque peu responsables devant les gens qui sont d'un avis différent. Nous ne pouvons pas nourrir la joyeuse croyance que tous les autres ont tort. C'est pourquoi nous devrons sans doute renoncer à indiquer, dans la terminologie de notre schéma, quelle sorte de transformation est liée à la prise de conscience et à l'opération d'intégration (individuation) qui se fonde sur elle.

283 L'observateur naïf verra se dresser en face du vieil Adam imparfait, corrompu, l'homme primordial parfait et, face à la sombre figure d'Ève, un être illuminé et plus noble. Mais la manière de voir moderne est beaucoup plus réaliste lorsqu'elle dégage de la projection le schéma taillé à l'origine sur le patron mythologique et qu'elle y place, au lieu de figurants mythiques, des humains authentiques avec leur vraie âme. On y voit, en face de l'homme ou de la conscience masculine du moi, un *animus,* c'est-à-dire une figure masculine dans l'inconscient de la femme, ce qui engage celle-ci à surestimer l'homme ou à protester contre lui. A la femme et au moi féminin correspond chez l'homme l'*anima,* figure de la femme qui représente la source de toutes ces illusions, de toutes ces surestimations et de toutes ces dépréciations dont l'homme se rend coupable à l'égard d'une femme. Ce schéma ne fait apparaître nulle part que l'homme soit meilleur que l'*animus* ou *vice versa,* ou que l'*anima* soit un être plus noble que la femme. Il n'éclaire pas non plus la direction dans laquelle il y aurait une voie ouverte au développement. Une seule chose est certaine : quand, grâce à un long processus tant technique que moral, on est parvenu à une connaissance expérimentale de cette structure et à une prise de conscience de la responsabilité qui découle d'un tel savoir, il se produit à partir de là une *complétude* de l'individu qui se rapproche ainsi de la *totalité,* mais non de la *perfection* qui représente l'idéal dans une certaine vision du monde. Au Moyen Age la vision du monde a prévalu sur la réalité dans la mesure où l'on a attribué au plomb méprisable et

a. En français dans le texte. (N.d.T.)

vil la possibilité de devenir le métal noble, l'or, et que l'on a réservé à l'homme obscur, « psychique », le destin de pouvoir se hausser à l'état d'homme lumineux « pneumatique ». Mais de même que le plomb qui peut théoriquement devenir or ne connaissait jamais, en pratique, une telle métamorphose, ainsi l'homme moderne, dépouillé de toute illusion, scrute en vain l'horizon pour découvrir la possibilité d'une perfection définitive. Le besoin se fait alors sentir d'une observation objective des faits telle que l'exige une science pour pouvoir justifier ses prétentions, et, au lieu de tendre vers un idéal de perfection, on se contentera du résultat, plus accessible, d'une complétude qui s'en rapproche. Le progrès ainsi rendu possible ne conduit nullement à l'état exalté d'une spiritualisation, mais à une limitation et à une modération pleines de sagesse qui compensent le désavantage d'un moindre bien par l'avantage d'un moindre mal.

284 Ce qui par conséquent nous empêche de dresser un schéma psychologique correspondant pleinement à celui de l'alchimie est en dernière analyse la différence qui sépare la vision moderne des choses de celle d'autrefois, le romantisme médiéval de l'objectivité scientifique.

285 Cependant la vision critique que j'ai introduite ici et qui a sa source dans l'objectivité d'une psychologie scientifique se trouve déjà présente dans le schéma alchimique. De même que le vieil Adam réapparaît et se trouve donc présent dans le schéma tout comme l'Adam Kadmon, la noirceur de la Sulamite ne disparaît pas, ce qui donne à entendre que le processus de transformation demeure à tout le moins inachevé et que, selon toute apparence, il est toujours en cours. Cela étant, le vieil Adam n'est pas encore chassé et la Sulamite n'est pas encore devenue blanche.

286 Si nous appliquons ces considérations au schéma alchimique, nous lui apportons cette modification qui se refusait à entrer dans le schéma psychologique. Nous parvenons ainsi à une formule qui ramène les deux schémas au même dénominateur :

Adam Kadmon
L'homme psychique-pneumatique

Adam, l'homme psychique-hylique — La Sulamite noire

La Sulamite illuminée

287 Le point capital, c'est-à-dire le fait que la transformation ne soit pas encore achevée, ressort du texte qui reporte sa conclusion dans l'avenir et en fait un *desideratum,* « afin que soit libérée celle qu'entourent des montagnes nombreuses ». Il faut encore pour cela un miracle divin, il faut que Chanaan soit écrasé et incendié, que le ciel se déchire et que les montagnes se fondent, ce qui signifie manifestement un déploiement de puissance non négligeable. On peut conclure de là à l'importance des difficultés qui devront être surmontées pour parvenir à la complétude.

288 La mention des montagnes qui détiennent la Sulamite prisonnière place celle-ci en un curieux parallélisme avec Parvati dont le nom signifie « habitante des montagnes » et qui est la fille d'Himavat (l'Himalaya)[221]. Accablée de chagrin par sa noirceur qui lui valait les reproches de son époux Shiva, Parvati avait quitté le dieu et s'était retirée dans la solitude des montagnes. La Sulamite, dans le secret de sa solitude, parle ainsi : « Que dirai-je ? Je suis seule dans le secret ; pourtant je me réjouis, et du fond du cœur, de ce que je puis vivre dans le secret et me désaltère en moi-même. Mais sous ma noirceur j'ai caché un vert splendide[222]. »

289 L'état de transformation inachevée et seulement espérée et attendue paraît donc ne pas être un simple tourment, mais aussi un bonheur positif encore que secret. On tient ici la peinture d'un homme qui, au cours du voyage plein de péripéties de sa transformation psychique, transformation qui, à maintes reprises, offre l'aspect d'une souffrance plus que de toute autre chose, découvre un bonheur secret qui le réconcilie avec son isolement apparent. Dans son commerce avec lui-même il n'a pas rencontré un ennui et une mélancolie mortels, mais un interlocuteur avec lequel on peut composer, plus encore, une relation qui est comme le bonheur d'une vie secrète[223], comme un printemps intime qui fait jaillir d'une terre

221. Le *Cantique des cantiques* dit de la Sulamite (Cant. IV, 8) :
« Viens avec moi du Liban, ma fiancée,
Viens avec moi du Liban ;
Abaisse tes regards du sommet de l'Amana,
Du sommet du Senir et de l'Hermon,
Des tanières des lions,
Des montagnes des léopards. »

D'après Wittekindt (*Das Hohe Lied,* 1925, p. 166), le Liban, les lions et les léopards se rapportent à Ishtar.

222. Abraham Eléazar, II, p. 52.

223. « *Viriditate enim videtur praefigurari virginitas.* » (Par le vert en effet la virginité semble être préfigurée.) Guilelmus Mennens, « Aurei Velleris, etc... Libri III ». *Theat. Chem.* 1622, V, p. 434.

apparemment stérile jusque-là de jeunes pousses vertes, promesses des récoltes futures. Alchimiquement c'est la *benedicta viriditas* (le vert béni) qui, d'une part, en tant que *leprositas metallorum* (lèpre des métaux) signifie le vert-de-gris, mais traduit aussi d'autre part la présence secrète du divin esprit de vie au sein de toutes choses. « O vert béni, qui engendres toutes choses ! s'écrie l'auteur du *Rosarium*[224]. » Mylius écrit : « L'Esprit du Seigneur qui est un amour de feu n'a-t-il pas donné aux eaux, alors qu'il planait au-dessus d'elles, une certaine force ignée, puisque rien ne peut être engendré sans chaleur ? Dieu a insufflé à toute créature... une certaine germination, qui est le vert, pour que par elle toutes choses se multiplient... On qualifiait toutes choses de " vertes " parce qu'être vert signifie croître... On s'est donc plu à désigner cette puissance de procréation et cette conservation de toutes choses du nom d'âme du monde (*anima mundi*)[225]. »

290 Le vert traduit l'espérance et l'avenir et c'est là que réside le motif de la secrète joie intérieure qu'il serait autrement malaisé de justifier. Mais le vert, c'est aussi alchimiquement la perfection (*perfectio*). Arnaud de Villeneuve écrit : « C'est pourquoi Aristote dit dans son livre : *Notre* or et non l'or *du vulgaire*, parce que le vert qui est dans ce corps représente l'entière perfection de celui-ci, car, grâce à notre magistère, ce vert est bientôt changé en or très véritable[226]. » De son côté le texte d'Abraham Eléazar poursuit : « Mais je dois être comme une *yona* (colombe) dotée d'ailes, et j'arriverai et deviendrai libre à l'heure du soir, lorsque les eaux de l'impureté se seront écoulées, tenant une feuille d'olivier, car ma tête (sera) comme *l'asophol*[227] le plus beau et mes cheveux se dresseront, luisants comme la ☽ . Et Job dit (XXVII, 5)[228] que de ma

224. « *O benedicta viriditas, quae cunctas res generas !* » (« Ros. Phil. » in *Art. Aurif.* 1593, II, p. 220.)

225. *Phil. Ref.* 1622, p. 11 : « *Nonne spiritus Domini, qui est amor igneus, quum ferebatur super aquas, edidit eisdem igneum quendam vigorem, cum nihil sine calore generari possit ? Inspiravit Deus rebus creatis... quandam germinationem, hoc est viriditatem, qua sese cunctae res multiplicarent... Omnes res dicebant esse virides, cum esse viride crescere dicatur... Hanc ergo generandi virtutem rerumque conservationem Animam Mundi vocare libuit.* »

226. « *Unde Aristoteles ait in libro suo : Aurum nostrum, non aurum vulgi : quia illa viriditas, quae est in eo corpore, est tota perfectio ejus, quia illa viriditas per nostrum magisterium cito vertitur in aurum verissimum* ». « Speculum Alchimiae. » *Theat. Chem.* 1622, V, p. 605.

227. *Asophol* signifie or.

228. Il doit s'agir de Job, XXVIII, 5 : « La terre d'où sort le pain est ravagée en-dessous par le feu. » La Vulgate porte : « *Terra de qua oriebatur panis in loco suo, igni subversa est.* »

∇ [229] il sortira du sang. Car elle est comme du vrai △ [230], de la rouge *adamah* [231] brillante, mêlée à un △ plein d'éclat ; extérieurement, il est vrai, je suis empoisonnée, noire et vile ; mais quand je serai purifiée je deviendrai l'aliment des héros, comme du lion étranglé par Samson on vit ensuite couler le miel. C'est pourquoi Job dit : " *Semitam non cognovit illam avis, neque aspicit eam oculus vulturis* [232]. " Car cette pierre n'appartient qu'à ceux qui ont été éprouvés et élus par Dieu [233]. »

291 L'espoir de la sombre Sulamite est donc qu'un jour, « à l'heure du soir », c'est-à-dire sans doute au soir de l'existence, elle deviendra semblable à la colombe de Noé qui, ramenant dans son bec un rameau d'olivier, annonça la fin du déluge et apparut comme un signe de la réconciliation de Dieu avec le genre humain [234]. Le *Cantique des cantiques* dit de la Sulamite (II, 14) :

> « Ma colombe cachée au creux des rochers,
> en des retraites escarpées,
> montre-moi ton visage,
> fais-moi entendre ta voix. »

Sa tête sera dorée comme le *soleil* et sa chevelure [235] comme la *lune*. La Sulamite s'expliquerait ainsi en quelque sorte comme une *conjunctio solis et lunae*. Au soleil correspondent la tête d'or et les cheveux bouclés, qui sont des attributs du Bien-aimé (Cant. V, II). En fait elle est ici mêlée au bien-aimé, ce qui permet de constater que l'état parfait signifie la fusion du *sponsus* et de la *sponsa* en

229. La terre.
230. △ signifie le feu.
231. *Adamah* signifie « terre rouge », synonyme de laton.
232. Job, XXVIII, 7. Vulgate : « *Semitam ignoravit avis, nec intuitus est eam oculus vulturis.* » Manifestement l'auteur ne suit pas ici le texte de la Vulgate, mais paraît plutôt traduire la version de Luther. Le texte original peut être rendu ainsi : « L'oiseau de proie ignore le sentier, l'œil du vautour ne l'aperçoit pas. »
233. *Lapis candens fit ex tribus.*
*Nulli datur nisi quibus*
*Dei fit spiramine.*
(La pierre d'un blanc éclatant est faite de trois choses. / Elle n'est donnée à personne si ce n'est à ceux / A qui cela arrive par inspiration de Dieu.) Joh. de Tetzen, « Processus de Lapide Philosophorum. » *Johannis Ticinensis, Anthonii de Abbatia, Edoardi Kellaei Chymische Bücher.* Hambourg, 1691, p. 64.
234. Gen. VIII, 11.
235. Cantique des cantiques : V, 11 :
Sa tête est d'or, et d'un or pur ;
ses boucles sont des palmes,
noires comme le corbeau.

une *seule* figure, qui est l'enfant du soleil et de la lune[236]. La Sulamite noire, à qui ne messied pas la chevelure bouclée, deviendra la lune, qui se voit ainsi dotée de cheveux « dressés et luisants »[237].

236. L'hébreu *shemesh* (soleil) est employé au masculin comme au féminin. Le livre *Bahir* dit : « Et pourquoi l'or est-il appelé Zahab ? Parce que trois principes sont réunis en lui : le masculin (Zakhar) et c'est ce que signifie la lettre Zaïn ; l'âme, et c'est ce que signifie le Hé. Et quelle est sa fonction ? Le Hé est un trône pour le Zaïn... et Beth (garanti) est sa stabilité. » G. Scholem, *Das Buch Bahir*. 1925, p. 39, § 36. Sur la conjonction du soleil et de la lune, cf. la femme couronnée d'étoiles de l'Apocalypse.

237. Pour le thème des cheveux bouclés je renvoie à l'exposé sur Aelia Laelia Crispis, au chap. II du T. 1 : « L'énigme de Bologne. »

# 8

## *LE ROTUNDUM, TÊTE ET CERVEAU*

292 BIEN que la « tête d'or » dérive avant tout du passage cité du *Cantique des cantiques,* il convient de noter que ce thème apparaît également dans l'alchimie sans référence directe au poème biblique. « Sa tête était d'or fin », dit le traité *Splendor Solis* en parlant de l'homme démembré dont le corps était blanc « comme du sel »[238]. Dans l'alchimie grecque les adeptes se présentent comme « enfants de la tête d'or » (τῆς χρυσέας κεφαλῆς παῖδες)[239]. La substance « simple », c'est-à-dire l'arcane, est désignée comme « une tête d'or d'après le prophète divin Daniel »[240]. On raconte du pape Sylvestre II († 1003), connu pour avoir servi d'intermédiaire à la science arabe, la légende selon laquelle il aurait possédé une tête d'or qui lui rendait des oracles[241]. Cette histoire remonte peut-être au rite harranien de la tête oraculaire[242]. La tête a aussi la signification secondaire de *corpus rotundum* (corps rond), terme désignant la substance mystérieuse[243], ce qui est particulièrement important pour

238. Salomon Trismosin, *Aureum Vellus.*
239. Berthelot, *Alch. Grecs,* III, X, I.
240. « Χρυσέα κεφαλὴ κατὰ τὸν θεσπέσιον Δανιὴλ τὸν θεηγόρον. » Ce texte se rapporte à Dan. II, 32 où se trouve décrite la vision que le roi Nabuchodonosor eut en songe de la statue aux pieds d'argile. Voir Berthelot, *Alch. Grecs* IV, VI, I.
241. Thorndike, *A History of Magic and Experimental Science,* 1934, I, p. 705. Sylvestre II, antérieurement Gerbert de Reims, paraît s'être adonné à l'alchimie. On possède entre autres sur ce point le témoignage d'une lettre sur la quadrature du cercle qui aurait été adressée à Gerbert (début du XII$^{e}$ siècle), lettre figurant dans le ms Bod. Digby 83. Thorndike en attribue la composition à Gerbert lui-même.
242. Le symbole de la transsubstantiation dans la Messe dans *Les Racines de la conscience,* trad. cit.
243. Cf. à ce sujet : *Psychologie et Alchimie,* trad. fr. pp. 223 et sv. Comp. aussi la « chose ronde », la « tête du Maure » dans *Les Noces chymiques (Chymische Hochzeit,* 1616) de Christian Rosencreutz, p. 111, ainsi que la sphère d'or qui est chauffée par le soleil, p. 113, la *cibatio* (alimentation) à l'aide du sang des décapités, p. 117, tête de mort et sphère (*ibid.*) p. 120. Le crâne comme lieu d'origine de la *materia prima* chez Laurentius Ventura (*Theat. Chem.* 1602, II, p. 271). Cf. aussi « Platonis Lib. Quart. » (*Theat. Chem.* 1622, V, p. 151) : « *Vas... opportet esse*

l'étude de notre texte où l'intérieur de la tête devient de la terre dorée ou (et ?) blanche. Cette dernière est la *terra alba foliata* (terre blanche feuillée) bien connue des textes, qui, dans ce cas, correspondrait aussi au *cerveau.* Cette hypothèse se fonde d'abord sur le fait que « l'intérieur de la tête » représente en quelque sorte une traduction littérale du grec *ἐγκέφαλος μυελός* (moelle « encéphale », c'est-à-dire se trouvant dans la tête). Mais à côté de cette relation extérieure il en est aussi une intérieure : le cerveau est en effet un synonyme de la substance mystérieuse ainsi qu'il ressort d'une citation d'Hermès dans le *Rosarium : « Accipe cerebrum ejus, aceto acerrimo terite... quousque obscuretur.* » (Prends son cerveau et broyez avec un vinaigre très aigre... jusqu'à ce qu'il s'obscurcisse[244].) Si le cerveau présente un tel intérêt aux yeux de l'alchimiste, c'est qu'il est le siège de « l'esprit de l'eau supracéleste »[245], c'est-à-dire des « eaux supérieures » du 1er chapitre de la Genèse. Dans la *Vision d'Arislée* le cerveau du *rex marinus* est le lieu d'où naît le couple du frère et de la sœur[246]. Les *Tétralogies de Platon* nomment le cerveau « *mansio partis divinae* » (demeure de la

*rotundae figurae : Ut sit artifex hujus mutator firmamenti et testae capitis.* » (Le vase doit être de forme ronde : afin que l'artiste soit celui qui transmute ce firmament et ce sommet de la tête.) Dans le « Scriptum Alberti super arborem Aristotelis » (*Theat. Chem.* 1622, p. 525) il est dit : « *Caput enim vivit in aeternum et ideo caput denominatur vita gloriosa et angeli serviunt ei. Et hanc imaginem posuit Deus in paradiso deliciarum et in ea posuit suam imaginem et similitudinem.* » (Car la tête vit éternellement et c'est pourquoi la tête est appelée vie glorieuse et les anges la servent. Et Dieu a placé cette image dans le paradis des délices et il a mis en elle son image et sa ressemblance.) Et p. 526 : « ... *quousque caput nigrum aethiopis portans similitudinem fuerit bene lavatum etc.* » (... jusqu'à ce que la tête noire d'éthiopien qui porte la ressemblance ait été bien lavée.) Chez les Naassènes d'Hippolyte, la tête de l'homme primordial Edem signifie le paradis, et les quatre fleuves qui en sortent, les quatre sens. (*Elenchos,* V, 9, 15). Le même auteur rapporte un tour de magie où il est question d'une « tête qui parle » (*El.* IV, 41). Il existe une relation, du moins quant au sens, entre le texte d'Albert et le récit d'Hippolyte ; la source commune pourrait en être I Cor. XI, 3 : « ... *Quod omnis viri caput, Christus est ; caput autem mulieris, vir ; caput vero Christi, Deus.* » (... Parce que le chef de tout homme, c'est le Christ ; le chef de la femme, l'homme ; mais le chef du Christ, c'est Dieu.) On rapprochera du texte d'Albert le verset 7 : « *Vir quidem non debet velari caput suum quoniam imago et gloria Dei est.* » (L'homme, lui, ne doit pas se voiler la tête, car il est l'image et la gloire de Dieu.) En ce qui concerne la tête comme trophée de vengeance, voir, le *Peredur* des *Mabinogion.* Chez les alchimistes grecs déjà, la « chose simple » (ἁπλοῦν), c'est-à-dire la *prima materia,* est appelée *χρυσέα κεφαλή.* Berthelot, *Alch. Grecs,* IV, VI, I.

244. « Ros. Phil. » in *Art. Aurif.* 1593, II, p. 264.

245. « *Cum igitur spiritus ille aquarum supracoelestium in cerebro sedem et locum acquisierit* etc. » (C'est pourquoi, quand cet esprit des eaux supracélestes aura acquis son siège et sa place dans le cerveau...) Steebus : *Coelum Sephiroticum,* 1619, p. 117.

246. *Art. Aurif.* I, p. 147.

partie divine)[247]. Le cerveau est en effet un « voisinage de l'âme raisonnable » (*vicinitas cum anima rationali*) qui possède de son côté la « simplicité » (*simplicitas*) qu'elle a en commun avec la divinité[248]. Parce que, pour l'alchimiste, le cerveau semble participer de façon mystérieuse au processus[249], le très ancien maître chinois Wei Po-Yang (IIe siècle ap. J.C.) indique que « l'on atteindra sûrement la merveille lorsque le cerveau aura été entraîné de la manière convenable pendant le temps nécessaire[250] ». Des allusions au cerveau se rencontrent aussi dans l'alchimie grecque qui attribue un rôle à la « pierre encéphale » (*λίθος ἐγκέφαλος*) qui est identifiée avec la « pierre non-pierre » (*λίθος οὐ λίθος*[251]). Zosime appelle le cerveau (*κεφάλαιον*) la « pierre non-pierre, non donnée et don de Dieu » (*ἀδώρητον καὶ θεοδώρητον*), ainsi que le « mystère mithriaque »[252]. Le traité sur « La pierre de la philosophie » dit que l'alabastron est « la pierre encéphale (*λίθον τὸν ἐγκέφαλον*) la plus blanche »[253]. Dans la table des symboles de Penotus le cerveau est notamment rangé avec la *lune*, le mystère baptismal et les dieux infernaux[254]. La lune en tant que pleine lune signifie l'*albedo* et la pierre blanche[255] ;

247. « Lib. Platonis Quartorum », *Theat. Chem.* 1622, V, pp. 124, 127, 187.

248. *Lib. Plat. Quart.* l.c. p. 124. On lit page 128 : « ... *oportet nos vertere membrum (scl. cerebri seu cordis) in principio operis in id ex quo generatum est, et tunc convertimus ipsum per spiritum* in id quod volumus. » (Il nous faut, au début de l'œuvre, changer le membre [du cerveau ou du cœur] en ce dont il est né, et nous le changeons alors lui-même par l'esprit en *ce que nous voulons.*) « *Membrum* » est employé ici comme « partie du corps » (*membrum cerebri* p. 127). D'après le contexte il s'agit ici d'une transformation du cerveau en « la chose simple » avec laquelle, d'ailleurs, il est déjà en relation, « car c'est un triangle dans sa composition et il est plus proche que tous les membres du corps de la ressemblance de la simplicité. » (*Nam est triangulus in compositione et est propinquius omnibus membris corporis ad simulitudinem simplicis.*)

249. Ce point semble avoir particulièrement impressionné Albert le Grand qui croyait posséder des preuves de la formation de l'or dans la tête. Il dit : « *Maxima virtus mineralis est in quolibet homine, et maxime in capite* inter dentes, *ut suo tempore inventum est aurum in granis minutis et longis... propter hoc dicitur quod lapis est in quolibet homine.* » (Il existe en tout homme une très grande vertu minérale, et en particulier *entre les dents,* où l'on a trouvé en son temps de l'or en grains minces et longs... C'est pourquoi on dit que la pierre est en tout homme.) « Alia Axiomata Philosophica. » *Theat. Chem.* 1602, II, p. 134. S'agirait-il d'aurifications pratiquées à des époques anciennes ?

250. *Isis,* XVIII, 260.

251. Berthelot, *Alch. Grecs,* I, III, 1.

252. L.c. III, II, 1

253. L.c. III, XXIX, 4.

254. B. a Portu Aquitanus (alias Penotus), « Characteres secretorum celandorum », *Theat. Chem.* 1602, II, p. 123.

255. La « pierre blanche » était mise en relation par les alchimistes avec Apoc. II, 17 : « *Vincenti dabo manna absconditum et dabo illi calculum (ψῆφον) candidum : et in calculo nomen novum inscriptum, quod nemo scit nisi qui accipit.* » (Au vainqueur

le baptême a son analogue dans les enfants du roi marin qui sont unis et transformés dans la maison au fond de la mer[256] ; le rattachement aux démons infernaux peut être mis en relation avec le cerveau considéré comme siège de la conscience et de l'intelligence, car la conscience a une existence antidivine qui est tombée hors de la totalité divine[257].

293 Zosime constitue le trait d'union entre l'alchimie et le gnosticisme où nous rencontrons des idées semblables. Le cerveau (plus exactement le cervelet) a la forme d'une tête de serpent (*τὸ σχῆμα τῆς παρεγκεφαλίδος ἐοικὸς κεφαλῇ δράκοντος*[258]). Ce mauvais sujet de Corybas, qui est en rapport d'une part avec Adam et d'autre part avec l'Hermès Cyllénien[259], vient « de la tête d'en haut et du cerveau indiscernable » (*ἀπὸ τοῦ αχαρακτηρίστου ἐγκεφάλου*)[260] et pénètre toutes choses ; on ne sait « comment ni de quelle manière ». Hippolyte paraphrase à ce sujet Jean, V, 37 : « Nous avons entendu sa voix, mais nous n'avons pas vu sa forme », ce qui se réfère à un facteur au moins partiellement inconscient. Pour renforcer encore cet aspect, il ajoute qu'il se trouve « dans la forme de limon » (*ἐν τῷ πλάσματι τῷ χοϊκῷ*), c'est-à-dire dans l'homme[261]. « C'est, poursuit l'auteur, le Dieu qui habita le déluge et dont les psaumes disent qu'il appelle et crie sur les grandes eaux[262]. » Ainsi se trouve indiquée la nostalgie de l'inconscient qui aspire à la conscience. Lorsqu'on se rappelle que cette description remonte à une époque (IIe siècle environ) où n'existait pas le moindre soupçon de psychologie au sens moderne, on doit convenir que les esprits d'alors étaient parvenus, avec leurs pauvres moyens, à brosser un tableau saisissant de la situation psychologique. Cet Adam dont parlent les Naassènes

je donnerai de la manne cachée, et je lui donnerai un caillou blanc : et sur ce caillou sera inscrit un nom nouveau que nul ne connaît si ce n'est celui qui le reçoit.)

256. « Visio Arislei ». *Art. Aurif.* 1593, I, p. 148.

257. C'est pour cette raison que le diable est expressément appelé « Lucifer ». C'est aussi pourquoi Penotus rattache encore au cerveau le *serpent*. C'est à ce facteur que nos premiers parents doivent d'avoir accompli leur premier acte indépendant. Le Naas (serpent) des gnostiques et le *serpens mercurialis* jouent un rôle analogue.

258. Hippolyte, *Elenchos*, IV, 51, 13.

259. La série des homologues comprend Attis, Osiris, le serpent et le Christ.

260. *Ἀχαρακτηρίστικον* signifie littéralement : « qui n'est doté d'aucune marque particulière. »

261. Le texte ajoute : « *γινώσκει δὲ αὐτὸ (εἶδος) οὐδείς.* » (Et personne ne la connaît), ce qui constitue une nouvelle allusion à l'inconscience.

262. Ps. XXIX, 3 : « Clameur de Yahvé sur les eaux » et 10 : « Yahvé a siégé pour le déluge. » (B. de.J.) J'ai exposé dans *Psychologie et Alchimie*, trad. fr. p. 419, un passage alchimique parallèle de Michel Maier. Le texte cité ici se trouve dans l'*Elenchos*, V, 8, 13 et sv.

est un « roc ». « Celui-ci est l'Adam (ἀδάμας), la pierre angulaire (λίθος ὁ ἀκρογωνιαῖος) qui est devenue la tête (κεφαλήν) de l'angle. Dans la tête (κεφαλῇ) en effet se trouve le cerveau caractérisé (ou caractérisant : χαρακτηριστικόν) l'essence (οὐσία) à partir de laquelle toute la famille est caractérisée (χαρακτηρίζεται), 'et cet Adam, dit-il, je le range dans les fondements de Sion[263].' En tant qu'il allégorise, il parle de la forme (πλάσμα) de l'homme. Mais 'celui qui est rangé' est Adam (ἀδαμας), (l'homme intérieur, fondement de Sion). » « L'homme intérieur » est « l'Adam tombé de l'homme primordial (ἀρχανθρώπου).[264] »

294 Ces exemples montrent sur quelles bases primitives reposent les idées alchimiques. Si dans ce cas et dans des cas analogues on ne parvient pas à démontrer la continuité d'une tradition, on sera contraint d'admettre que les mêmes idées peuvent toujours réapparaître sur des bases archétypiques.

295 Après cette digression sur le cerveau nous reprendrons notre commentaire que nous avions abandonné au moment de rencontrer le thème de la « terre blanche ».

296 Dans « la terre blanche feuillée » on sème l'or, disent les alchimistes : « *Seminate aurum in terram albam foliatam.* » (Semez l'or dans la terre blanche feuillée.) Ainsi se trouvent réunis l'or et la terre blanche (de lune)[265]. Dans la vision chrétienne la terre et la

263. Cette pierre qui se trouve dans les fondements de Sion se rapporte peut-être à Zacharie, IV, 9 et sv. : « *Manus Zorobabel fundaverunt domum istam, et manus ejus perficient eam... 10. Et laetabuntur et videbunt lapidem stanneum in manu Zorobabel. Septem isti oculi sunt Domini, qui discurrunt in universam terram.* » (Les mains de Zorobabel ont fondé cette demeure et ses mains l'achèveront... 10. Et ils se réjouiront, et ils verront la pierre d'étain dans la main de Zorobabel. Ce sont les sept yeux du Seigneur qui parcourent toute la terre.) Ce passage a été appliqué par un alchimiste à la pierre philosophale en partant de l'hypothèse que les « yeux du Seigneur » se seraient trouvés sur la pierre du fondement.

264. *Elenchos*, V, 7, 35 et sv. Le passage entre parenthèses est incertain.

265. Le « Rosarium Phil. » (*Art. Aurif.* 1593, II, p. 336) dit : « *Seminate ergo animam in terram albam foliatam.* » Sur la *terra foliata* cf. Michel Maier, *Scrutinium Chymicum*, 1687, pp. 16 et sv. Le symbole provient sans doute de Senior : *De Chemia*, p. 25 : « *Similiter nominant hanc acquam Nubem vivificantem, mundum inferiorem et per haec omnia intelligunt aquam foliatam, quae est aurum philosophorum, quod vocavit dominus Hermes Ovum habens multa nomina. Mundus inferior est corpus et cinis combustus, ad quem reducunt Animam honoratam. Et cinis combustus et anima sunt aurum sapientum, quod seminant in terra sua alba, et terra margaritarum stellata, foliata, benedicta, sitiente, quam nominavit terram foliorum et terram argenti et terram auri.* » « *In quo dixit Hermes : Seminate aurum in terram albam foliatam. Terra alba foliata est corona victoriae, quae est cinis extractus a cinere...* » (Ils nomment de même cette eau Nuée vivifiante, monde inférieur, et par tous ces noms ils entendent l'eau feuillée, qui est l'or des philosophes, que le Seigneur Hermès a appelée l'œuf aux nombreux noms. Le monde inférieur est le corps et la cendre consumée

lune, reliées par la Mère divine, sont en rapport très étroit : il en est de même dans l'alchimie. *La conjonction a lieu dans la tête,* ce qui constitue une allusion à la nature psychique de cet événement[266].

en laquelle ils réduisent l'âme honorée. Et la cendre consumée et l'âme sont l'or des sages qu'ils sèment dans leur terre blanche et dans la terre des perles, étoilée, feuillée, bénie, altérée, qu'il a appelée terre des feuilles et terre de l'argent et terre de l'or. D'où Hermès dit : « Semez l'or dans la terre blanche feuillée. » La terre blanche feuillée est la couronne de victoire, qui est une cendre extraite de la cendre...) (p. 41). Le « Liber de Magni Lapidis Compositione » (*Theat. Chem.* 1602, III, p. 33) mentionne « *stella Diana* » comme synonyme de terre.

266. L'alchimie emploie la plupart du temps les termes *Luna* et *Terra* sans faire de différence entre eux. Le traité *Clangor Buccinae* contient les deux phrases suivantes presque immédiatement à la suite l'une de l'autre : « *Ergo* Luna *mater et ager in quo solare seminari debet semen.* » (La *Lune* est donc la mère et le champ dans lequel doit être semée la semence solaire...) et (*ait sol*) « *Ego enim sum sicut semen seminatum in* terram *bonam.* ». (Le soleil dit : « Je suis en effet comme une semence semée dans une bonne *terre.* ») (*Art. Aurif.* 1593, I, p. 464). Le couple qui engendre est toujours le soleil et la lune, et pourtant la terre est au moins aussi souvent la mère. Il semble d'une façon générale que la lune réprésente la bien-aimée et l'épouse, et la terre, l'aspect maternel. On lit dans l'*Introitus apertus (Mus. Herm.* 1678, p. 694) : « *Jam scias Virginem nostram terram, ultimam subire cultivationem, ut in ea fructus Solis seminetur et maturetur.* » (Sache désormais que notre terre Vierge doit subir une ultime culture afin que le fruit du soleil soit semé et mûrisse en elle.) La terre est la « mère des métaux et en général de toutes créatures. En tant que *terra alba* elle est la « pierre parfaite » (*lapis perfectus*) (« Epistola Arnaldi ». *Art. Aurif.* II, p. 490) ; cet état de « blancheur » (*albedo*) est appelé *luna plena et terra fructuosa.* (Mylius, *Philos. Ref.* p. 20.) De même que la Lune soupire après son bien-aimé, la terre attire à elle son âme. (*Riplaei Opp.* 1649, p. 78). La lune dit au soleil : « *Recipiam a te animam adulando.* » (Je recevrai l'âme de toi en te flattant.) (Senior, *De Chemia,* 1566, p. 8.) Le *Tractatus Micreris* dit : « *Aqua supra terram incidente, creatus est Adam, qui et mundus est minor.* » (A partir de l'eau tombant sur la terre fut créé Adam qui est aussi le petit monde.) (*Theat. Chem.* 1622, V, p. 109), ce qui, dans notre texte, rappelle l'action de Noé et du déluge. Le texte suivant du même traité est essentiel pour l'interprétation du *mundus minor : « Similiter homo dictus est mundus minor, eo quod in ipso est coeli figura, terrae, solis et lunae, ac visibilis super terram* ac invisibilis *figura, quare mundus minor dictus est.* » (De même l'homme a été appelé petit monde, parce qu'il y a en lui la figure du ciel, de la terre, du soleil et de la lune, ainsi qu'une figure visible sur la terre et *une invisible,* c'est pourquoi il a été appelé petit monde.) « *Terra dicitur mater elementorum, quia portat filium in ventre suo.* » (La terre est dite mère des éléments parce qu'elle porte le fils dans son ventre.) (Mylius : *Phil. Reform.* p. 185). La *Gloria Mundi* donne au « fils » une quasi double naissance, comme il convient à un héros : « *Quamvis in primo suo partu per Solem et Lunam generatur, et de terra in accretione sua siet...* » (Bien que dans sa première naissance il soit engendré par le soleil et la lune, et que dans sa croissance il soit de la terre...) (*Mus. Herm.* p. 221). « *Pater suscipit filium, hoc est terra retinet spiritum.* » (Le père reçoit le fils, c'est-à-dire que la terre retient l'esprit.) (Mylius : p. 137). Cette identification de la terre et de la lune se rencontre déjà dans l'antiquité : « *Quia totius mundi ima pars terra est, aetheris autem ima pars luna est : Lunam quoque terram sed aetheream vocaverunt.* » (Parce que la terre est la partie la plus basse du monde, et que la lune est la partie la plus basse de l'éther, ils ont également appelé la lune : terre, mais terre éthérée.) (Macrobe : *Le Songe de Scipion,* I.) Chez Phérécyde déjà la lune est la terre à partir de laquelle naissent les âmes. Chez

Comme nous l'avons dit, le concept de « psychisme » n'existait pas encore au Moyen Age dans le sens où nous l'employons aujourd'hui. Disons même qu'il n'est pas aisé à l'homme cultivé de notre époque de comprendre « la réalité du psychisme ou la réalité de l'âme »[267]. Il n'y a donc rien d'étonnant à ce que le Moyen Age ait éprouvé des difficultés bien plus grandes encore à concevoir quelque chose d'intermédiaire entre l'*esse in re* (être en réalité) et l'*esse in intellectu solo* (être dans l'intellect seul)[268]. La solution était l'être « métaphysique »[269]. L'alchimiste se trouvait donc en quelque sorte dans l'obligation de formuler ses données quasi chimiques en termes métaphysiques. Ainsi la terre blanche correspond à cette terre qui signifie l'humanité, elle « est élevée au-dessus de tous les cercles du monde[270] et a sa place dans le ciel spirituel de la très sainte Trinité[271] » où, pourrions-nous compléter, elle s'ajoute manifeste-

Firmicus Maternus (*Matth. V, praef.* 7) la lune est même « *humanorum corporum mater* » (la mère des corps humains). Au sujet de la connexion entre la lune et la fertilité de la terre, voir H. Rahner : *Zeitsch. für Kath. Theol.* 1940, p. 61 et sv.

267. Cf. à ce sujet *La Psychologie du transfert*, passim.

268. La preuve en est fournie par la querelle des universaux qu'Abélard tenta de résoudre, comme on le sait, par son « conceptualisme ». Cf. *Types Psychologiques*, trad. fr. Genève-Paris, 2e éd. 1958, p. 39 et sv.

269. C'est sur ce principe que reposent encore la théosophie et la métaphysique en général.

270. Le *presbyter* Jodocus Greverus (*Theat. Chem.* 1602, III, p. 785) dit : « *Accipe itaque tu, charissime, verborum meorum legitimum sensum, et intellige, quia philosophi similes sunt hortulanis et agricolis, qui primum quidem semina deligunt, et delecta* non in vulgarem terram, *sed in excultos agros aut horto rum jugera seminant...* » « *Habito autem Sole et Luna philosophorum tanquam semine bono, terra ipsa ab omnibus suis immunditiis et herbis inutilibus expurganda est et diligenti cultura elaboranda, in eamque sic elaboratam Solis et Lunae praedicta semina mittenda sunt.* » (Donc, mon ami très cher, reçois le sens légitime de mes paroles et comprends que les philosophes sont semblables à des jardiniers et des agriculteurs qui choisissent d'abord leurs semences et sèment celles qu'ils ont choisies, *non dans la terre vulgaire*, mais dans des champs cultivés ou dans les arpents de leurs jardins. Le soleil et la lune des philosophes étant pris... comme bonne semence, la terre elle-même doit être débarrassée de toutes ses saletés et de ses herbes inutiles, travaillée et cultivée avec soin, et, une fois qu'elle a été ainsi travaillée, les susdites semences du soleil et de la lune doivent y être introduites.)

271. « *Ubi terra, hoc est humanitas, exaltata est supra omnes circulos Mundi, et in coelo intellectuali sanctissimae Trinitatis collacata* ». (« De Arte Chimica. » *Art. Aurif*, I, p. 613). Cette terre est proprement le *paradis*. Elle est le « jardin de félicité et de sagesse » (*hortus felicitatis et sapientiae*). « *Donum manque Dei est, habens mysterium individuae unionis sanctae Trinitatis. O scientiam praeclarissimam, quae est theatrum universae naturae, ejusque anatomia, astrologia terrestris, argumentum omnipotentiae Dei, testimonium resurrectionis mortuorum, exemplum remissionis peccatorum, infallibile futuri judicii experimentum et speculum aeternae beatudinis !* » (Car c'est un don de Dieu, qui contient le mystère de l'union individuelle avec la sainte Trinité. O science très illustre qui est le théâtre de la nature tout entière et son anatomie, astrologie terrestre, preuve de la toute-puissance de Dieu, témoignage de la

ment à la Trinité comme quatrième et constitue ainsi une totalité[272]. Cette joyeuse hétérodoxie demeurait inconsciente et ses conséquences n'apparaissaient nulle part à la surface.

297 La conclusion que tire Abraham Eléazar (voir plus haut) requiert une explication. Il est déjà remarquable en soi qu'il cite précisément ce passage en liaison avec l'état d'accomplissement, la *conjunctio solis et lunae.* Cela n'est possible que si la conjonction signifie la réalisation du second Adam hermaphrodite, c'est-à-dire du Christ et de son corps mystique, l'Église. Dans le rituel chrétien, la conjonction a pour correspondant le mélange du pain et du vin au cours de la messe ou la communion sous les deux espèces. Il faut prendre ici la parole de Job comme si elle était prononcée par le Christ : « De ma terre, c'est-à-dire de mon corps, s'écoulera le sang. » Dans le rite grec orthodoxe la miche de pain désigne le corps du Christ. Le prêtre pique la miche avec une petite lance d'argent pour symboliser la plaie du côté d'où s'écoulent le sang et la grâce, et peut-être aussi, de façon analogue, l'immolation de la victime (*mactatio Christi*).

298 La terre alchimique est, comme nous l'avons vu, la substance mystérieuse qui est ici mise en relation d'une part avec le corps du Christ, et d'autre part, en tant qu'*adamah,* avec la terre rouge du paradis. Une très ancienne étymologie fait en effet dériver le nom d'Adam d'*adamah,* et c'est la raison pour laquelle la terre du paradis est également rattachée ici au corps mystique. (Cette pensée spécifiquement chrétienne convient fort mal à un traité qui se donne pour l'œuvre d'un Juif.) Il est toutefois curieux que cette *adamah* doive, ainsi qu'on le fait ressortir, « *être mélangée au feu* ». On doit soupçonner ici par-dessus tout une idée alchimique, celle de l'*ignis gehennalis* (feu de géhenne), du feu central[273] dont la chaleur

résurrection des morts, exemple de la rémission des péchés, épreuve infaillible du jugement à venir et miroir de la béatitude éternelle !) Jodocus Greverus, *Theat. Chem.* 1602, III, p. 809.

272. *Zohar,* I, 55 : « Il les a créés mâle et femelle. C'est pourquoi une figure qui ne contient ni mâle ni femelle n'est pas une figure supérieure (céleste). Cela est encore confirmé par la tradition secrète. Viens et vois ! En un lieu où le mâle et la femelle ne sont pas unis, le Saint — béni soit-il — n'habitera pas. » (Communication du Dr. S. Hurtwitz) Cf. le *logion* de Jésus tiré de l'Évangile des Égyptiens : «Ὅταν τὸ τῆς αἰσχύνης ἔνδυμα πατήσητε καὶ ὅταν γένηται τὰ δύο ἓν καὶ τὸ ἄρρεν μετὰ τῆς θελείας οὔτε ἄρρεν οὔτε θῆλυ. » (Quand vous aurez foulé aux pieds le vêtement de la honte et que les deux seront devenus un et le mâle avec la femelle, ni mâle ni femelle.) Clément d'Alexandrie, *Stromates,* III, 6, 45. D'après le *Zohar* (III, 7b) on distingue un principe masculin et un principe féminin dans la divinité elle-même (Aug. Wuensche, *Realencycl. für prot. Theol.* 9, 679, 43.)

273. « *Quamobrem in centro terrae ignis est copiosissimus aestuantissimusque (ex radiis solaribus ibi collectus) qui barathrum sive orcus nuncupatur, neque alius est*

et la puissance donnent à la nature de verdoyer et de croître, parce qu'en lui résident le *serpens mercurialis,* la salamandre que le feu ne brûle pas et le dragon qui se nourrit de feu[274]. Ce feu, sans doute, est une partie du feu de l'Esprit de Dieu, (« le feu divin de la colère », ainsi que l'a appelé Jacob Boehme), mais il signifie également un être comme Lucifer, qui fut le plus bel ange de Dieu pour devenir ensuite le feu infernal lui-même. Abraham Eléazar dit à ce sujet : « Ce vieux père procréateur[275] fut autrefois tiré du chaos primordial[276] qui signifie le dragon répandant △ (le feu). » Le dragon planant dans l'air signifie le *phyton* universel[277], le principe de toutes choses[278].

299 Une autre source de l'*adamah* mélangée au feu pourrait fort bien se trouver dans l'image apocalyptique du Fils de l'Homme (Apoc. I, 14 et sv.) : « Sa tête et ses cheveux étaient *blancs* comme de la laine blanche, comme la neige, et ses yeux étaient comme une flamme de feu, et ses pieds étaient semblables à de l'airain comme dans une fournaise ardente[279], et sa voix comme la voix de grandes eaux. Et il avait dans sa main droite sept étoiles, et de sa bouche sortait une épée aiguë à deux tranchants et son visage était comme le *soleil* qui brille dans sa force ». Ici la tête est également comparée au *soleil* uni à la blancheur (*albedo*) de la *pleine lune*. Quant aux pieds, qui forment la partie inférieure du portrait, ils sont placés en quelque sorte dans le feu et luisent comme de l'airain fondu. Nous rencontrons le « feu infernal » dans Job, XXVIII, 5 : « *Terra igne subversa est* » (La terre a été bouleversée par le feu), mais au-dessus croît le pain, — image de l'union d'opposés suprêmes. En vérité on

*ignis sublunaris : faeces enim sive terrestres reliquiae principiorum praedictorum, videlicet caloris solaris et aquae, sunt ignis et terra : damnatis destinata.* » (C'est pourquoi il existe au centre de la terre un feu très abondant et très ardent [il est rassemblé là à partir des rayons du soleil] qui est appelé abîme ou enfer et il n'existe pas d'autre feu sublunaire : les fèces ou résidus terrestres des principes désignés ci-dessus, à savoir la chaleur solaire et celle de l'eau, sont le feu et la terre : ils sont destinés aux damnés.) G. Mennens, « Aurei Velleris » etc. *Theat. Chem.* 1622, V, p. 370.

274. « *Ipsum enim est, quod ignem superat, et ab igne non superatur : sed in illo amicabiliter requiescit, eo gaudens.* » (C'est en effet ce qui vainc le feu et n'est pas vaincu par le feu : mais il se repose en lui de façon amicale, se réjouissant de lui.) Geber, *Summa Perfectionis,* 1541, ch. LXIII, p. 139.

275. Albaon = *Plumbum nigrum.*

276. Cette expression provient de Khunrath, *Confessio seu Von Hyleal. Chaos,* 1597.

277. Φυτόν : végétal. Cf. « L'Esprit Mercure », dans *Symbolik des Geistes,* 1948, p. 99.

278. Abraham Eléazar : I, p. 63.

279. Χαλκολιβάνῳ que la Vulgate rend par *aurichalcum.* Ce dernier terme vient de ὀρείχαλκος : alliage de cuivre.

aurait peine à reconnaître dans l'image apocalyptique le Fils de l'Homme qui est aussi l'incarnation de l'amour divin. Cette image se rapproche en réalité davantage des paradoxes de l'alchimie que du portrait que les Evangiles tracent du Christ : dans ce dernier la contradiction intérieure est devenue presque invisible depuis le « *Vade retro, Satanas !* » Mais dans l'Apocalypse et dans son esprit [280] cette opposition réapparaît et elle devient par la suite nettement distincte dans les symboles de l'alchimie.

300 Notre hypothèse suivant laquelle cette image apocalyptique n'était pas absente de l'esprit de notre auteur est confirmée par l'existence effective d'une figure du « fils de l'homme » dans un manuscrit de la Bibliothèque nationale de Paris (P.R. 14765). L'illustration porte la légende suivante : « *Jézoth le juste* ☿ ». *Yésod* est la neuvième séphira et elle se trouve au centre de la triade inférieure des séphiroth. En Yésod s'accomplit le mystère de l'*unitio* [281], c'est-à-dire l'union du haut, Tiphereth, et du bas, Malkouth. Yésod a de nombreuses significations que le manuscrit rattache au Mercure. Dans l'alchimie, celui-ci est, en tant qu'*anima,* le lien qui unit l'esprit et le corps, donc une fonction qui correspond à celle de Yésod. La nature double du Mercure le rend apte au rôle d'intermédiaire ; il est corporel et spirituel et constitue lui-même l'union des deux principes. D'une façon correspondante, Yésod est « le traité de paix » (*foedus pacis*) [282]. Il est appelé de même *panis* (pain) ou *princeps facierum :* prince des visages, qui sont le supérieur et l'inférieur [283] ; il est encore dit « sommet » (*apex*) touchant la terre et le ciel [284] ou « le proche » (*propinquus*), car il est plus proche de la gloire (la

280. Cf. le double aspect de la Tiphereth kabbalistique qui correspond au fils de l'homme. Il est dit de celui-ci (*Kabbala Denudata,* T.I, p. I, p. 348) : « *Ad dextram vocatur Sol justitiae (Mal.* IV, 2) *Sed ad sinistram (Sol) a calore Ignis Gebhurae* » (A droite il est appelé Soleil de justice [Malachie, IV, 2] mais à gauche [Soleil] venant de la chaleur du feu de Gebhura.) Il est dit du second jour, auquel est rattaché Gebhura : « *In illo creata est gehenna.* » (En lui fut créée la géhenne.) p. 439.

281. L.c. p. 165, s.v. *Botri.*

282. L.c. p. 210, 5 : « *Foedus Pacis autem seu perfectionis propterea dicitur, quia iste modus pacis et perfectionis autor est inter Tiphereth et Malchuth... Quia... modus ille, qui vocatur Col, est in coelo et in terra, ubi Targum hac utitur paraphrasi, quod uniatur cum coelo et cum terra.* » (Il est appelé traité de paix ou de perfection, parce que ce mode est l'auteur de la paix et de la perfection entre Tiphereth et Malkouth... Parce que... ce mode qui est appelé Col [= Tout], est dans le ciel et sur la terre, où le Targum use de cette paraphrase parce qu'il est uni au ciel et à la terre.)

283. L.c. p. 500.

284. L.c. p. 674 et p. 661.

Schekhina), c'est-à-dire de Malkouth, que de Tiphereth[285], ou encore « le fort d'Israël » (*robustus Jisrael*)[286]. Il unit en effet l'émanation du côté droit masculin (Netsach = force vitale) avec le côté gauche, féminin (Hod = beauté)[287]. Yésod veut dire « ferme, fidèle, stable » (*firmum, fidum, stabile*)[288] en tant qu'il permet l'émanation de Tiphereth dans Malkouth[289].

301 Le Mercure est souvent symbolisé par un arbre ; Yésod est appelé *frutex* (rejeton) et *virgultum* (pousse)[290]. Le premier est un *spiritus vegetativus* (esprit de vie et de croissance) ; Yésod reçoit l'épithète de *vivus* (vivant)[291] ou est désigné comme « *vivens per aeones* » (vivant à travers les âges)[292]. De même que Mercure représente la *prima materia* et donc la base du processus tout entier, Yésod signifie « fondement »[293]. « Dans les choses naturelles Yésod renferme en lui le vif-argent, parce que celui-ci est la base de l'art de la transmutation tout entier[294] » ; toutefois ce n'est pas l'*argentum vivum* ordinaire, mais « celui qui est appelé, non sans mystère, étoile[295] ».

285. « *Propinquus... et melior quam frater e longinquo, qui est Tiphereth.* » (Il est proche... et meilleur que son frère éloigné qui est Tiphereth.) l.c. p. 677.

286. « ... *quod robustus Jisrael sit nomen medium inter Nezach et Hod.* » (Parce que « Fort d'Israël » est le nom qui tient le milieu entre Netsach et Hod.) l.c. p. 14.

287. Netsach et Hod ont, en tant que *castella munita* (châteaux-forts) (l.c. p. 156) et *Botri* (grains de raisin) (l.c. p. 165), le sens de testicules.

288. Yésod est appelé, tout comme Tiphereth = « *amicus fidelis* » (p. 247) : « *In Sohar, in historia illius Puelli, dicitur quod Justus (Jessod) vocetur Amicus fidelis ad locum Cant. 7, 10. Vadens ad dilectum meum* » *etc.* « *Et hinc Jesod dicitur Amicus, quia unit duos dilectos et amicos : quia per ipsum fit unio Tiphereth et Malchuth.* » (Le *Zohar*, dans l'histoire de ce petit garçon, dit que le Juste [Yésod] est appelé l'ami fidèle, suivant le texte du *Cantique* VII, 10 : allant vers mon bien-aimé, etc. Et c'est pourquoi Yésod est dit ami fidèle, parce qu'il unit deux bien-aimés et amis : car c'est par lui que s'opère l'union de Tiphereth et de Malkouth.)

289. L.c. p. 560. Le symbolisme est d'ordre sexuel ; « *Ipse autem hic gradus firmus est inter illum et illam, ut natura seminis subtilissima e supernis demissa non dimoveatur.* » (Et lui-même est ce degré solide entre lui et elle, afin que la nature très subtile de la semence envoyée des régions supérieures ne soit pas troublée.) L'attribut de « *fortis* » et de « *validus* » s'applique à Tiphereth aussi bien qu'à Yésod.

290. L.c. p. 710.

291. L.c. p. 340.

292. L.c. p. 165.

293. L.c. p. 660 : « *Prov.* 10, 25 : *Et Justus fundamentum mundi.* » (Prov. 10, 25 : Et le juste est le fondement du monde.)

294. « *In naturalibus Jesod sub se continet argentum vivum, quia hoc est fundamentum omnius artis transmutatoriae.* » L.c. p. 441.

295. « *Hoc est illud quod non sine mysterio vocatur " stella "... et ab hac stella fluit influentia haec, de qua loquimur. Hoc argentum vivum... vocatur Aqua Sphaerica, etc.* » (C'est ce qui est appelé non sans mystère « étoile »... Et c'est de cette étoile que coule cette influence dont nous parlons. Cet argent vif... est appelé Eau sphérique.) l.c. p. 441.

De cette étoile coule l'eau du Dieu (*El*) bon[296] ou du vif-argent, l'*aqua sphaerica* ou « l'eau du baptême ». « Elle est dénommée " la fille de Matredi " (*filia Matredi*), c'est-à-dire du faiseur d'or qui s'adonne avec persévérance au travail et à la peine. Cette eau en effet ne coule pas de la terre et n'est pas extraite dans les mines, mais on la fait jaillir et on la réalise au prix d'un grand labeur et d'une grande endurance. Son épouse est appelée eau d'or ou eau qui émet l'or. Si l'artiste l'épouse, il engendrera une fille qui sera l'eau du bain royal[297]. » L'*aqua auri* (eau d'or) est identifiée à Yésod à partir de spéculations isopséphiques[298]. C'est à cela que paraît faire allusion la table aux seize signes de l'or ou du soleil (☉) qui se trouve sous les pieds de la figure du fils de l'homme dans le manuscrit de la Bibliothèque nationale. La *Kabbala Denudata* reproduit un camée[299] qui contient non 2 × 8 mais 8 × 8 = 64[300] nombres « qui représentent la somme du nom de l'eau d'or »[301].

302 Puisque la *prima materia* est encore nommée plomb et Saturne, il faut mentionner que le Sabbath est rattaché à Yésod, de même que la lettre Teth, qui est placée sous l'influence de la planète Schabtaï (= Saturne)[302]. De même que le Mercure, en tant que puissance volatile, est appelé « *avis, anser, pullus Hermetis* » (oiseau, oie, poulet d'Hermès), ou encore « *cycnus, aquila, vultur, phoenix* » (cygne, aigle, vautour, phénix), Yésod reçoit de son côté le nom de *pullus avis* (petit d'oiseau)[303], de même que Tiphereth ; on le

296. « *Aqua El boni, seu Argenti vivi.* » l.c. p. 442.

297. « *Haec (aqua) dicitur filia Matredi ; i.e. ... Viri aurificis laborantis cum assidua defatigatione ; nam haec aqua non fluit e terra, nec effoditur in mineris, sed magno labore et multa assiduitate elicitur et perficitur. Hujus uxor appellatur Aqua auri sive talis Aqua, quae aurum emittit. Cum hac si despondatur artifex, filiam generabit, quae erit Aqua balnei regii.* » l.c. p. 442. Cet exposé paraît provenir du traité alchimique *Aesch Mezareph* sur lequel Knorr a travaillé dans ses *Apparatus.*

298. Si la valeur numérique d'un mot coïncide avec celle d'un autre mot, on obtient ce que l'on appelle un isopsephos. (Gr. ψῆφος : calcul.)

299. De l'italien *cameo.* Latin médiéval : *cammaeus,* pierre précieuse taillée.

300. Le nombre 64 représente une totalité suprême comme multiple de 4. Il faut sans doute entendre de la même manière le nombre de 64 qui est celui des hexagramme du *Yi King,* qui représentent le chemin de « l'esprit de la vallée » c'est-à-dire du Tao, lequel se transforme comme un dragon ou un cours d'eau. Cf. Erwin Rousselle, « Drache und Stute », *Eranos-Jahrbuch 1934,* p. 28. Voir aussi : E.H. von Tscharner, *Der Vermächtnis des Lao-Tse,* Tiré à part de *Bund,* 13-20 juin 1934, p. II.

301. *Kab. Denudata,* l.c. p. 443.

302. L.c. p. 439 et p. 366 : « *In Sohar haec litera dicitur scaturigo vitae.* »

303. « Aphrokh : *pullus avis cujusque. Deut. 22, 6. Psalm. 84, 4. In Raja Mehimna R. Schimeon ben Jochai tradit per hoc nomen intelligi gradum Tiphereth, quatenus constat e sex membris suis quae sunt sex alae, quibus sursum volat et deorsum. Sed in Tikkunim sub initium Libri R. Bar, Bar Channa, haec appellatio dicitur referenda ad Justum sub mysterio Lucis reflexae ab imo ad summum. Verba sunt haec : Aeph-*

nomme en outre *penna, ala* (plume, aile)[304]. Les plumes et les ailes jouent également un rôle dans l'alchimie : l'aigle qui mange ses plumes ou ses ailes[305] ; les plumes du phénix chez Michel Maier[306]. L'idée de l'oiseau qui mange ses propres plumes est une variante de l'ouroboros, lequel est à son tour en relation avec le léviathan. *Leviathan* et *draco magnus* (grand dragon) sont des désignations de Yésod aussi bien que de Tiphereth[307].

303 L'épithète de « juste » décernée à Yésod dans le manuscrit concorde avec celle de Zaddik (*justus*) (voir note 303) que symbolise également le phallus. Yésod est, en cette qualité, dénommé *effusorium aquarum*[308] (déversoir des eaux), *fistula* (conduit), *canalis*[309], *scaturigo* (source jaillissante)[310]. Des allusions semblables se rencontrent aussi dans l'alchimie grâce à la relation entre Mercure et Cyllénius[311].

*rochim sunt flores qui fructum nondum praebent perfectum. Suntque Sephiroth sub notione arboris, quae ab imo sursum conversa est, et quidem circa Jesod.* » (Aphrokh : petit de tout oiseau. Deut. XXII, 6 ; Ps. LXXXIV, 4. R. Simeon ben Yochai rapporte dans la *Raya Mehimna* que l'on entend par ce nom le degré de Tiphereth comme le montrent ses six membres, qui sont six ailes, à l'aide desquelles elle vole vers le haut et vers le bas. Mais dans les *Tikkunim*, vers le début du Livre de R. Bar, Bar Channa, il est dit que cette appellation doit être appliquée au *Juste*, sous le mystère de la Lumière réfléchie du bas jusqu'au sommet. Voici les termes : Les aephrochim sont des fleurs qui ne présentent pas encore de fruit parfait. Et ce sont les séphiroth sous l'idée de l'arbre qui est tourné de bas en haut, et cela par référence à Yésod). l.c. p. 144. (Le début de la citation et son commentaire ne figurent que dans la traduction anglaise [N.d.T.])

304. L.c. p. 22 : « *Penna, ala : it. membrum, et quidem genitale... hoc nomen exponit de Jesod, cui cognomen Justi tribuitur.* » (Plume, aile ; id. membre, et membre génital... Il expose ce nom à propos de Yésod à qui est attribué le surnom de Juste.)

305. Voir *Psychologie et Alchimie*, trad. fr. p. 520, fig. 228. « *Phoenix... ex cujus pennis circa collum aureolis... Medicina ad omnes affectiones humanae naturae contrarias in temperiem sanitatis optatam reducendas utilissima... inventa et usurpata est.* » (Le phénix... à partir des plumes dorées qu'il a autour du cou... une médecine très utile pour ramener toutes les affections contraires à la nature humaine à l'équilibre souhaité de la santé a été inventée et utilisée.) *Symb. Aur. Mens.* 1617, p. 599.

306. « *Phoenix... ex cuius pennis circa collum aureolis... Medicina ad omnes affectiones humanae naturae contrarias in temperium sanitatis optatam reducendas utilissima... inventa et usurpata est.* » (Le phénix... à partir des plumes dorées qu'il a autour du cou... a été inventé et fourni un remède très utile pour ramener les affections contraires à la nature humaine à l'équilibre souhaité de la santé.) *Symb. Aur. Mens.*, 1617, p. 599.

307. *Kab. Denud.* T. I, Pars I, p. 499 et p. 737.

308. L.c. p. 330 : « *Iste enim est effusorium aquarum supernarum : et duae olivae super illud, sunt Nezach et Hod, duo testiculi masculini.* » (Il est en effet le déversoir des eaux supérieures : et les deux olives qui sont au-dessus de celui-ci sont Netsach et Hod, les deux testicules masculins.)

309. L.c. p. 544, *fons* p. 215.

310. L.c. p. 551.

311. Voir à ce sujet : « L'Esprit Mercure » dans *Symbolik des Geistes*.

304 Yésod se comporte comme une partie à l'égard du tout, et le tout est Tiphereth qui est désigné comme le *soleil*[312]. Les pieds du fils de l'homme apocalyptique qui paraissent luire dans le feu sont peut-être en rapport avec Malkouth, puisque les pieds assurent le contact de l'homme avec la terre. Celle-ci, qui est Malkouth, constitue « l'escabeau des pieds de Yésod » (*scabellum pedum ejus*)[313]. Mais Malkouth est aussi « la fournaise » (*fornax*), « le lieu destiné à la cuisson et à la décoction de l'influence émise par le mari pour la nourriture des foules[314] ».

305 La tête d'or aux cheveux argentés de lune et le corps de terre rouge mêlée de feu représentent l'intérieur d'une figure noire, empoisonnée et odieuse, telle qu'apparaît la Sulamite. Ces qualités doivent manifestement être considérées sous l'angle *moral,* bien qu'elles conviennent à la fois, sur le plan chimique, au *plumbum nigrum* de l'état initial. L'intérieur est « le second Adam », le Christ mystique, ainsi que le montre l'allégorie du lion étranglé par Samson et devenu la résidence d'un essaim d'abeilles produisant du miel. Il y a là une allusion à l'énigme posée par Samson aux Philistins : « De celui qui mange est sorti ce qui se mange et du fort est sorti le doux[315]. » Ces paroles évoquent le *corpus Christi,* l'hostie qui est « un aliment des héros »[316]. L'étrange mode d'expression et la conception plus singulière encore de la présence du Christ dans l'hostie rappellent le mystère alchimique. C'est pourquoi l'auteur peut affirmer avec Job (XXVIII, 7) que « le sentier (en) est inconnu et que l'œil du vautour lui-même ne peut le découvrir » : c'est un

312. *Kab. Denud.* l.c. p. 348.
313. L.c. pp. 156, 266, 439.
314. « *Sic vocatur Malchuth ex parte Gebhurah quae illam accendit, fervore judicii... estque locus destinatus ad coctionem et elixationem influentiae, a marito demissae ad nutritionem catervarum* ». « *Sic notum est : foeminam calore suo excoquere semen ad generandum, etc.* » (Malkouth est ainsi appelée [fournaise] à cause de Gebhura qui l'enflamme de la chaleur ardente du jugement... et elle est le lieu destiné à la cuisson et à la décoction de l'influence émise par le mari pour la nourriture des foules. Comme on le sait, la femme par sa chaleur cuit la semence en vue de la génération.) L.c. p. 465.
315. Jug. XIV, 14.
316. « ... *De Dei filio intelligit, qui in castigandis mundi sceleribus formidandum Leonem sat diu imitatus, paulo post, morte propinquante, dum SS. Eucharistiae Sacramentum instituit, in melleos favos longe suavissimos se ipsum convertit.* » (Il l'entend du Fils de Dieu qui, après avoir assez longtemps imité un lion redoutable en châtiant les crimes du monde, peu après, à l'approche de sa mort, se transforma lui-même dans les rayons de miel de beaucoup les plus suaves, en instituant le sacrement de la très sainte eucharistie.) Picinellus : *Mundus Symbolicus,* 1680, Lib. V, cap. XXII, p. 456.

mystère obscur, c'est « la pierre » réservée à « ceux qui ont été éprouvés et élus par Dieu ».

306 La pierre n'est pas absente de la kabbale : « Adonaï, nom de la dernière séphira, ainsi que Malkouth elle-même (le royaume), sont assez souvent appelés de ce nom (pierre), car Malkouth est le fondement de toute la création du monde [317]. » La pierre est même de la plus haute importance en ce qu'elle remplit en quelque sorte la fonction de l'Adam Kadmon comme « pierre maîtresse par laquelle toutes les foules d'en haut et celles d'en bas dans l'œuvre de la création sont amenées à l'être » [318]. Elle est dite « saphir, car elle tire des degrés supérieurs des couleurs diverses et opère dans la création tantôt d'une manière et tantôt d'une manière opposée, car elle donne, suivant les temps, le mal ou le bien, la vie ou la mort, la santé ou la maladie, la pauvreté ou la richesse » [319]. La pierre apparaît ici comme *puissance du destin,* c'est-à-dire bel et bien comme Dieu lui-même, ainsi que le prouve la référence donnée dans le texte à Deutéronome, XXXII, 39 : « Voyez maintenant que c'est moi qui suis Dieu et il n'y a pas de dieu auprès de moi. C'est moi qui fais mourir et qui fais vivre ; j'ai blessé et je guérirai, etc. » Knorr von Rosenroth à qui est empruntée la citation donnée plus haut [320] était lui-même un alchimiste et il s'est exprimé ici avec une clarté consciente [321]. La pierre est celle « que les bâtisseurs ont rejetée et qui est devenue la pierre d'angle [322] ». Elle occupe une place centrale dans le système des séphiroth, puisqu'il est dit d'elle qu'elle réunit en elle

317. « *Saepius Adonai nomen Sephirae ultimae, et ipsa Malchuth, Regnum, ita dicitur ; quoniam ipsum totius mundanae fabricae fundamentum extat.* » (*Kab. Denud.* T. I, P. I, p. 16.)

318. « ... *lapis capitalis, a quo omnes catervae superiores et inferiores in opere creationis promuntur in esse.* » Le *Zohar* (231 a) dit : « Et le monde ne fut créé que lorsqu'une pierre fut prise. Cette pierre est appelée pierre du fondement. Le Saint — béni soit-il — la prit et la jeta dans l'abîme (*tehom*). C'est à partir d'elle qu'il planta le monde. C'est le point central de l'univers. En ce point se tient le Saint des saints. Il est dit : " Qui a placé sa pierre angulaire ? " ((Job, 38, 6) ou " une pierre éprouvée, précieuse, pour fondement " (Is. 28, 16) ou encore : " La pierre que les bâtisseurs ont rejetée est devenue la pierre d'angle " (Ps. 118, 22). " Viens et vois : Cette pierre a été faite de feu, d'air et d'eau "... " cette pierre a sept yeux " (Zach. 3, 9). C'est la roche de Moriah, le lieu du sacrifice d'Isaac. C'est aussi le " nombril " du monde. »

319. « *Sapphireus, quia varium a supernis gradibus colorem trahit et in creatis mox hoc, mox contrario modo operatur : nam bonum nonnunquam, quandoque malum, nunc vitam, nunc interitum, nunc languorem, nunc medelam, nunc egestatem, nunc divitias ministrat.* »

320. L.c. p. 16 et p. 18.

321. Il dédie son ouvrage aux « Philosophes, Théologiens de toutes les religions et aux amis de l'art chymique (*philochymicis*). » Voir la page de titre, T. I, Pars. I.

322. L.c. p. 16 et p. 18.

les puissances d'en haut et les distribue à ce qui se trouve en bas[323]. Par sa position elle correspondrait donc approximativement à Tiphereth[324].

307 Je n'ai pas réussi à établir la présence du saphir comme arcane dans la littérature alchimique avant l'époque de Paracelse. Il semble que cet auteur en ait emprunté l'idée à la kabbale et l'ait introduite dans l'alchimie pour désigner la substance mystérieuse. Cette signification du saphir ressort d'un passage du *Paragranum :* « En outre, la vertu qui se trouve dans le saphir est donnée par le ciel au moyen de la solution, de la coagulation et de la fixation. Si donc le ciel est constitué de ces trois choses dans ses opérations jusqu'à ce qu'il les ait produites (les vertus du saphir), il est de même nécessaire que la rupture du saphir corresponde à ces trois opérations. Cette rupture est ce dont viennent les corps, et l'arcane demeure. Car, avant elle, tandis que le saphir existait, il n'y avait pas d'arcane. Mais ensuite, de même que la vie dans l'homme, l'arcane est donné à cette matière par le ciel[325]. » Cet exposé laisse apparaître l'influence des idées de la kabbale. L'élève de Paracelse, Adam von Bodenstein, explique dans son *Onomasticon :* « *Materia saphyrea :* ce liquide

323. L.c. p. 16 et sv.

324. La pierre se rapporte non seulement aux « choses d'en haut » mais aussi à Malkouth : « *In hoc nomine perpetuo mysterium literae* י *(Jod) involvitur, et quidem ut plurimum in Malchuth, quatenus in ista existit litera Jod. Informis enim massa et figura* του י *figuram habet lapidis ; et Malchuth est fundamentum et lapis cui totum aedificium superius superstruitur. De ea dicitur Zach. 3, 9 : Lapis unus septem oculorum.* » (Dans ce nom éternel est inclus le mystère de la lettre י [Yod], et cela au plus haut point dans Malkouth, car la lettre Yod existe en elle. La masse et la figure informe du י ont en effet la forme d'une pierre ; et Malkouth est le fondement et la pierre sur laquelle est construit au-dessus l'édifice tout entier. Il est dit d'elle en Zach. 3, 9 : « Une pierre unique qui a sept yeux. ») (*Kabbala Denudata,* P. I, p. 17.) Voir le chap. II du t. 1 du présent ouvrage : « Les Paradoxes », où j'ai traité du texte de Monoimos sur le iota. La « pierre inférieure » a une signification fâcheuse dans la légende midraschique d'Armillus, le « fils de la pierre ». On lit dans le midrasch des dix rois : « Et Satan descendra et aura un commerce avec la pierre à Rome. La pierre concevra et enfantera Armillus. » « Cette pierre est la femme de Bélial et, après qu'il a cohabité avec elle, elle devient enceinte et enfante Armillus. » Elle a « des yeux louches et rouges, deux têtes, des pieds verts ». « Ses cheveux sont rouges comme l'or. » C'est donc une figure typhonienne qui est conçue comme une contrepartie du second Adam. « Elle viendra vers les Edomites et leur dira : " Je suis votre sauveur ". » La pierre à Rome avait « la forme d'une très belle jeune fille, qui avait été créée au cours des six premiers jours de la création ». Armillus correspond dans la légende perse à l'Azi-Dahaka à trois têtes qui triomphe de Yima, l'anthropos. Cf. Murmelstein, « Adam. » *Wiener Zeitschrift f. d. Kunde d. Morgenland.* Vol. XXXVI, p. 75 et sv. On trouvera d'autres variantes dans S. Hurwitz, « Die Gestalt des sterbenden Messias », in *Symbolik des Geistes.*

325. *Das Buch Paragranum.* Éd. Strunz, 1903, p. 77.

dans lequel il n'y a pas de matière peccante[326]. » Dorn[327] rapporte « la fleur de saphir » (*sapphiricum Anthos*) à l'*arcanum Cheyri* de Paracelse[328]. L'*Epistola ad Hermannum* cite un certain G. Ph. Rodochaeus de Geleinen Husio[329] : « Alors s'élève la fleur de saphir de l'hermaphrodite, le mystère admirable du macrocosme. Une de ses parties, versée dans mille parties d'Ophirizum liquéfié, change celui-ci tout entier dans sa nature[330]. » Ce passage est tributaire de Paracelse.

308 L'expression *Lapis Sapphireus* ou *Sapphirinus* puise son origine, d'une part chez Ezéchiel (I, 22 et 26) où le « firmament » situé au-dessus de « l'être vivant » est comparé à un « cristal effrayant » (*crystallus horribilis*) et à « un saphir » (Ez. X, 1), et d'autre part dans l'Exode (XXIV, 10) : « *Et viderunt Deum Israel : et sub pedibus ejus quasi opus lapidis sapphirini et quasi caelum cum serenum est.* » (Et ils virent le Dieu d'Israël : et sous ses pieds comme un ouvrage de pierre de saphir et comme le ciel quand il est serein.) Dans l'alchimie, « notre or » (*aurum nostrum*) est « de cristal » (*cristallinum*)[331]. Le « trésor des philosophes » est « un certain ciel de verre, semblable au cristal, ductile comme l'or »[332]. La « teinture d'or » (*tinctura auri*) est « transparente comme le cristal, fragile comme le verre[333] ». *La Caverne aux trésors*, ouvrage syrien, dit que le corps d'Adam brillait « comme la lumière du cristal »[334]. Le cristal « qui apparaît également pur à l'intérieur et à l'extérieur » (*qui intus et extra ex aequo purus apparet*) est rapporté, dans le langage de l'Église, à la « pureté inviolée » (*candor illaesus*) de Marie[335].

326. « *Materia saphyrea : liquidum illud in quo non est materia peccans.* » (*Theophrasti Paracelsi de Vita Longa*, 1562.)

327. Voir à ce sujet : *Paracelsica*, 1942, p. 86 et sv.

328. Paracelse, *De Vita Longa*, p. 72.

329. « Corollarium de Hermaphrodito. » *Theat. Chem.* 1622, V, p. 899.

330. « *Tunc exsurgit Hermaphroditi flos Saphyricus, admirandum Maioris Mundi Mysterium. Cuius pars, si in mille liquati Ophirizo partes infundatur, id omne in sui naturam convertit.* » Je n'ai pu vérifier l'origine d'*Ophirizum* ; il s'agit vraisemblablement d'un dérivé d'Ophir dont l'or était d'une pureté proverbiale (Job, XXII, 24. Isaïe, XIII, 12). Le traité *Pandora* (éd. 1588, p. 304) donne pour « *purum aurum* », or pur : « *Obrizum aurum* ». Cela concorde avec Isidore de Séville : *Liber Etymologiarum* L. XVI, Chap. XVII : « *Obrycum aurum* ». Latin : *obrussa*. Grec : ὄβρυζον χρυσίον : or pur. Également cité par Jo. Fr. Mirandula, *Theat. Chem.* 1602, II, p. 392.

331. Mylius, *Phil. Ref.* 1622, p. 151.

332. Ce texte est sans doute en rapport avec « l'or transparent comme le verre » de l'Apocalypse, XXI, 21. *Theat. Chem.* II, p. 526.

333. Joh. Fr. Helvetius, « Vitulus Aureus. » *Mus. Herm.* 1678, p. 826.

334. C. Bezold, *Die Schatzhöle*, 1883, p. 3.

335. Picinellus, *Mundus Symbolicus*, 1680, Liv. XII, n° 93.

Selon Grégoire le Grand, le trône de la vision d'Ezéchiel a été justement comparé au saphir, car cette pierre a la couleur de l'*air*[336]. Ce Père compare également le Christ au cristal, et cela en des termes qui font de cette image le modèle direct de l'expression et de la vision alchimiques[337] : le corps du Sauveur, dit-il, ressemble à l'eau, car il a « parcouru avec agilité » toutes les vicissitudes de sa vie jusqu'à sa passion. Il est passé de la corruption à la fermeté de l'incorruption, comme l'eau s'affermit en un cristal immuable. Ce cristal est pour les justes une chose belle à contempler mais, pour les impies, une chose effroyable[338].

309 La relation entre l'eau et le cristal se rencontre également dans l'ouvrage kabbalistique *Siphra de Zeniutha*[339]. Il est dit au § 178 : « La seconde forme est appelée *rosée cristalline.* Elle est formée par la rigueur du royaume, du premier Adam qui entrait à l'intérieur de la sagesse du Grand Visage (*macroprosopos*)[340]. C'est pourquoi il

336. *Super Ezechielem, Lib. I, Hom. VIII : « ... quoniam lapis saphirus aerium habet colorem. Virtutes ergo coelestium lapide saphiro designatur, quia hi spiritus... superioris loci in coelestibus dignitatem tenent.* » (... puisque la pierre saphir a la couleur de l'air. Les vertus des êtres célestes sont donc désignées par la pierre saphir parce que ces esprits possèdent parmi les êtres célestes la dignité de la place la plus élevée.) Voir encore *Expositio mor. in Job.* Lib. XVIII, cap. XXVII.

337. Cf. *Aurora Consurgens* I.

338. *Super Ezechielem Lib. I, Hom. VII : « Crystallum... ex aqua congelascit, et robustum fit. Scimus vero quanta sit aquae mobilitas corpus autem redemptoris nostri, quia usque ad mortem passionibus subjacuit, aquae simile juxta aliquid fuit : quia nascendo, crescendo, lassescendo, esuriendo, sitiendo, moriendo usque ad passionem suam per momenta temporum mobiliter decucurrit... Sed quia per resurrectionis suae gloriam ex ipsa sua corruptione in incorruptionis virtute convaluit, quasi crystalli more ex aqua duruit ut in illo et haec eadem natura esset. Aqua ergo in crystallum versa est, quando corruptionis ejus infirmitas per resurrectionem suam ad incorruptionis est firmitatem mutata. Sed notandum quod hoc crystallum horribile, id est, pavendum, dicitur... omnibus vera scientibus constat quia redemptor humani generis cum judex apparuerit, et speciosus justis, et terribilis erit injustis.* » (Le cristal... se congèle à partir de l'eau et devient ferme. Nous savons combien grande est l'agilité de l'eau ; or le corps de notre rédempteur fut jusqu'à un certain point semblable à l'eau puisque jusqu'à la mort il fut assujetti aux passions : car, en éprouvant la naissance, la croissance, la fatigue, la faim, la soif, la mort, il a couru avec agilité à travers les moments du temps jusqu'à sa passion... Mais puisque par la gloire de sa résurrection il est passé de la corruption qui était la sienne à la force de son incorruption, il s'est durci à la manière du cristal à partir de l'eau afin qu'en lui cette même nature existât également. L'eau s'est donc changée en cristal lorsque l'infirmité de sa corruption s'est transformée par sa résurrection en la fermeté de son incorruption. Mais il faut observer que ce cristal est qualifié d'horrible, ce qui veut dire effrayant... il est évident pour tous ceux qui connaissent la vérité que le rédempteur du genre humain, lorsqu'il apparaîtra comme juge, sera éclatant de beauté pour les justes et terrible pour les injustes.)

339. « Commentarius generalis. » *Kabbala Denudata,* T. II, Pars II, Tract. IV, p. 61.

340. Le *macroprosopos* (grand visage) correspond à la triade supérieure du système de l'*atsilouth* (émanation) : *Kether* (couronne), *Binah* (intelligence), et *Hochmah*

apparaît dans le cristal une certaine couleur, une rougeur prononcée. C'est là cette sagesse dont il a été dit qu'en elle les jugements prennent leur racine[341]. » Bien que l'alchimie ait sans aucun doute subi l'influence de semblables comparaisons, la « pierre » ne se laisse pas ramener au Christ, en dépit de toutes les analogies[342]. Elle est le mystique apanage de l'alchimie, cette « pierre non pierre » (*λίθος οὐ λίθος*), ou « pierre qui possède un esprit » et que l'on trouve « dans les courants du Nil »[343]. Ce symbole ne se laisse en aucune manière réduire à l'état inoffensif d'une nouvelle version plus obscure, mais entièrement superflue, du mystère chrétien. Il se présente, en face du symbole chrétien, comme une image nouvelle, spéciale, dont les traits se dessinent progressivement au cours des premiers âges grâce à la réception de la pensée chrétienne dans des matériaux gnostiques. A l'époque tardive au contraire, on voit nettement apparaître des tentatives pour assimiler peu à peu, suivant une démarche inverse, la pensée alchimique à la pensée chrétienne. Ainsi que le montre clairement notre texte, il subsiste toujours, en dépit de tels efforts, une distance infranchissable entre ces deux mondes. La raison en est que le symbole de la « pierre » contient, malgré toutes les analogies, un élément qui ne peut s'unifier avec les principes spirituels de l'univers intellectuel chrétien. L'image choisie indique déjà à elle seule la nature particulière de ce symbole. « Pierre » constitue l'expression la plus parfaite de ce qui est inébranlablement ferme et collé à la terre. C'est la *materia* féminine, la matière, dont l'idée

(sagesse). *Comment. generalis* § 166 (l.c. pp. 56 et sv.) « *Certum quidem est quod macroprosopus, Pater et Mater, sint Corona, Sapientia et Intelligentia mundi Emanativi post restitutionem.* » (Il est certain que le macroprosopos, le Père et la Mère, se compose de la Couronne, de la Sagesse et de l'Intelligence du monde de l'Émanation après la restitution.) Cette triade est une *vraie Trinité :* « ... *e tribus punctis primis mundi inanitionis constituta sint tria capita superna, quae continentur in* Sene Sanctissimo. *Omnia autem tria* numerantur pro uno *in mundo Emanativo, qui est macroprosopus.* » (... Les trois têtes supérieures, qui sont contenues dans le *très saint Vieillard* sont constituées des trois premiers points du monde de l'inanition. Toutes les *trois sont comptées pour une seule* dans le monde de l'émanation, qui est le macroprosopos.) Le *λόγος μακρόκοσμος* ou *μακροπρωσόπος* se rencontre déjà chez Philon.

341. « *Forma secunda vocatur Ros crystallinus ; et haec formatur a Severitate Basiliae, Adami primi, quae intrabat intra Sapientiam Macroprosopi : hinc in crystallo color quidam emphaticus rubor apparet. Et haec est Sapientia illa de qua dixerunt quod in illa radicentur Judicia...* » *Basilia* (Royaume) se réfère à Malkouth. *Kabbala Denudata,* T. II, P. II, p. 61.

342. Le Christ est désigné comme pierre dans la langue des Pères de l'Église. Ainsi par exemple Grégoire le Grand : *Expositio in Reg.* Lib. IV, cap. VII : « *Lapis in sacro eloquio Dominum et redemptorem nostrum significat.* » (Dans le langage sacré la pierre désigne notre Seigneur et rédempteur.)

343. Berthelot, *Alch. Grecs,* III, VI, 5. Cf. *Psychologie et Alchimie,* p. 379.

pénètre dans la sphère du symbolisme spirituel. Les allégories herméneutiques de l'Église sur la « pierre angulaire » et « la pierre détachée de la montagne sans intervention des mains » (*lapis de monte sine manibus abscissum* [344]) n'ont pas joué ici un rôle causal, mais ont été adoptées par les alchimistes pour légitimer leur symbole, car « la pierre non-pierre » n'est pas d'origine chrétienne. La pierre est plus qu'une incarnation de Dieu, elle est une concrétisation, une matérialisation qui atteint jusqu'au plan inférieur du règne très obscur, inorganique, de la matière, à moins qu'elle n'en provienne. Elle tire son origine de cette partie de la divinité qui s'est placée en opposition avec le créateur puisque, suivant l'expression des Basilidiens, elle est demeurée latente dans la *panspermia* (la semence universelle), comme un principe formateur des cristaux, des métaux et des êtres vivants. Des domaines appartenant au royaume du diable comme le feu de l'enfer (*ignis gehennalis*) y étaient aussi inclus. Le serpent mercuriel tricéphale est lui-même une triunité (la « triade inférieure ») [345] qui répond, dans la matière, à la Trinité divine [346].

310 On est donc en droit de supposer qu'il y a véritablement dans l'alchimie une tentative en vue de l'*intégration* symbolique *du mal,* et cela, en localisant le drame divin de la rédemption dans l'homme lui-même. Ce processus paraît tantôt être plutôt une extension de la rédemption, par-delà l'homme, à la matière, et tantôt une résurrectoin de l'*ἀντίμιμον πνεῦμα*, de l'esprit qui contrefait Dieu ou de Lucifer, et la réconciliation de celui-ci avec l'Esprit supérieur venu à sa rencontre, démarche au cours de laquelle l'un et l'autre, le supérieur et l'inférieur, traversent un processus de transformation réciproque. Le texte d'Abraham Eléazar me semble donner quelque idée de ceci. La noire Sulamite franchit en effet les trois degrés de transformation qui, pour Denys l'Aréopagite déjà, caractérisent l'ascension mystique : la purification (*κάθαροις* : *emundatio*), l'illumination (*φωτισμός* : *illuminatio*) et la perfection (*τελεσμός* : *perfectio*) [347]. Denys cite à propos de la purification le Ps. L (Septante et Vulgate), verset 9 : « *Lavabis me et super nivem dealbabor* » [348], et, au sujet de l'illumination, le Ps. XII, 4 : « *Illumina oculos meos* » [349]. Les deux luminaires du ciel, le soleil et la lune, correspondent aux deux yeux dans la conception ancienne. L'auteur illustre enfin la perfec-

344. *Dan.* II, 34.
345. Cf. à ce sujet : « L'Esprit Mercure » dans *Symbolik des Geistes,* 1948.
346. L.c. p. 39 et sv.
347. *De Caelesti Hierarchia,* Cap. III, § 3.
348. « Tu me laveras et je deviendrai plus blanc que la neige. »
349. « Illumine mes yeux. »

tion à l'aide de la parole évangélique : « *Estote perfecti sicut et Pater vester coelestis*[350] » (Matth. V, 48). Ainsi se trouve représenté un aspect de l'approche de la divinité. L'autre aspect est manifesté par la figure apocalyptique du Fils de l'Homme que nous avons décrite plus haut.

311 La transformation de la Sulamite que dépeint notre texte doit être conçue comme un degré préliminaire du processus, tel qu'il peut émerger soudain de l'inconscient. Ce degré est comparable à un rêve qui cherche à esquisser le *phénomène de l'individuation* et utilise à cette fin des images tantôt religieuses et tantôt « scientifiques ». Voici les faits que l'on peut dégager si on les considère ainsi et qu'on les examine sous l'angle psychologique :

312 La *nigredo* correspond à l'obscurité de l'inconscient qui contient en premier lieu la personnalité inférieure, l'*ombre*. Celle-ci devient une figure féminine qui se tient en quelque sorte derrière l'ombre et la domine : l'*anima* dont la Sulamite est une illustration caractéristique. « *Nigra sum sed formosa* »[351] « belle » et non « odieuse », ainsi que notre pseudo-Eléazar voudrait le faire croire après avoir réfléchi encore une fois à la question. C'est que la nature est défigurée par le péché d'Adam et que « noir » doit être en conséquence « odieux » comme la noirceur du péché, en tant qu'état initial ténébreux, saturnien, pesant et noir comme le plomb. La Sulamite, la prêtresse d'Ishtar, représente la terre, la nature, la fécondité, tout ce qui prospère sous l'humide lumière de la lune, et aussi le « rien-que-la-vie » naturel. L'*anima* est l'archétype pur et simple de ce qui est vivant, au-delà des notions de sens et de responsabilité. Ce qui nous apparaissait tout d'abord comme inintelligible, le fait qu'inversant le rythme de la création le vieil Adam doive sortir d'elle à nouveau, devient désormais compréhensible, car si *un* être sait comment vivre la vie naturelle, ce sera évidemment le vieil Adam. Mais ici ce n'est plus tant le « vieil » Adam qu'un Adam rené de la fille d'Ève, un Adam restauré dans l'état primitif de sa nature. Le fait qu'Ève enfante à nouveau Adam et qu'une noire Sulamite mette une nouvelle fois au jour l'homme primitif dans son état naturel non racheté exclut le soupçon que l'épithète donnée à Adam provienne d'un *lapsus calami* ou d'une faute d'impression. Il y a là un système qui permet de deviner ce qui a conduit l'auteur à se dissimuler sous un pseudonyme juif. Le juif était, aux yeux d'un chacun, l'exemple

350. « Soyez parfaits comme votre Père du ciel. » (*Matth.* V, 48.)
351. *Cant.* I, 4 : « Je suis noire mais belle. »

le plus proche d'un non-chrétien, et donc un réceptacle pour tout ce dont un chrétien ne pouvait ou ne voulait pas se souvenir. Il était donc bien tentant de placer dans la bouche d'un soi-disant auteur juif ces pensées obscures, et la plupart du temps à moitié conscientes seulement, nées avec le mouvement du « Libre Esprit », la religion postchrétienne du Saint-Esprit, qui constituaient la sève vitale de la Renaissance. Comme les prophètes de l'Ancien Testament débutent avec Osée qui, sur l'ordre de Dieu, aima une autre Sulamite, ainsi les cours d'amour d'un René d'Anjou, le Minnesang et les « trouvères de Dieu » (*Gottesminne*)[a] sont contemporains des frères du Libre Esprit. Notre texte n'est rien d'autre qu'un écho tardif de ces événements qui, au long des siècles, ont modifié si profondément le visage du christianisme. Mais dans un tel écho se trouve aussi l'annonce voilée de développements à venir : ce même siècle a vu naître l'auteur de *Faust,* ouvrage aux répercussions immenses.

313 Avec le vieil Adam, la Sulamite demeure, elle aussi, inchangée. Et cependant l'Adam Kadmon est né, second Adam non chrétien, au moment précis où l'on attendait la transformation. Cette extraordinaire contradiction paraît à première vue insoluble. Mais elle devient compréhensible si l'on analyse avec soin le texte : *le changement survient à l'intérieur,* et ce n'est pas la première transformation, mais la seconde : la première est en effet présupposée. Le sujet de la transformation n'est pas l'homme ordinaire, autant que celui-ci puisse s'identifier avec le vieil Adam, mais l'*homme primordial,* l'archétype présent en chacun. La première transformation a donc lieu quand l'*anima* noire, qui représente l'aspect féminin de l'homme primordial, devient consciente. Tout homme se sent identique à elle sans l'être réellement. Il est beaucoup plus difficile pour l'homme de devenir conscient de l'aspect masculin de l'*anthropos* que de son côté féminin. Car il y a trop de noir dans cet archétype pour que l'on accepte de le prendre immédiatement à son propre compte, et il contient trop d'éléments bons et positifs pour que l'on puisse résister à la tentation de s'identifier à lui. C'est pourquoi il est plus aisé de voir le noir sous une forme projetée : « *Mulier, quam dedisti mihi sociam, dedit mihi, et comedi.* » (La femme que tu m'as donnée pour compagne me l'a présenté, et je l'ai mangé[352].) Cette parole conserve toute sa valeur jusque dans la psychologie la

a. Voir J.A. Bizet, *Suso et le Minnesang,* Paris, éd. Montaigne, 1944. (N.d.T.)
352. Gen. III, 12.

plus éclairée. Mais l'aspect masculin est tout aussi insondable que le féminin. Cependant il ne serait pas convenable que l'homme empirique, si enflé soit-il du sentiment de son moi, s'arroge la plénitude d'Adam, dans son élévation et sa profondeur. On a beau être homme, on n'a ni motif ni occasion de s'attribuer toute l'élévation et la beauté qu'un homme peut atteindre, de même qu'il répugnerait d'endosser la culpabilité de toute l'abjection et de toute l'ignominie qui ravalent l'homme au-dessous de la bête, à moins que le dérangement de son esprit n'« égare » quelqu'un au point de le faire s'identifier à l'archétype.

314 Lorsque l'aspect masculin de l'homme primordial « sort de nouveau », c'est là, certes, le « vieil Adam » qui est noir comme l'est la Sulamite, mais c'est pourtant aussi le « second Adam », l'Adam encore plus vieux d'avant la chute, *ante lapsum,* c'est-à-dire l'Adam Kadmon. L'ambiguïté de ce passage est sans doute trop parfaite pour que l'auteur, qui manifeste par ailleurs de médiocres talents de faussaire, en ait été conscient. L'avènement de la conscience représente, comme il est aisé de le comprendre, une grande *illumination,* car c'est une intériorisation de l'idée de l'homme primordial, unité archétypique, transcendant les sexes. Dans la mesure où cet homme est divin, on peut parler d'une *théophanie.* Lorsque la Sulamite espère devenir « une blanche colombe », c'est une allusion à un état futur de perfection. La blanche colombe donne à entendre que la Sulamite devient la *Sophia*[353] et l'*Esprit-Saint,* tandis que l'Adam Kadmon est un homologue transparent du Christ.

315 Si le système de pensée alchimique ne comportait que ces trois degrés qui correspondent à la *purification,* l'*illumination* et la *perfection,* l'on aurait peine à discerner ce qui autorise à les utiliser pour paraphraser les idées chrétiennes analogues, c'est-à-dire à soustraire celles-ci à la connaissance directe, bien qu'elles apparaissent à l'évidence, par exemple, dans la fixation à « la croix noire ». Le fondement d'un symbolisme tout différent de la symbolique chrétienne se manifeste toutefois dans le fait que le processus de transformation ne culmine pas dans le second Adam ou la colombe, mais dans la *pierre* qui, tout en nécessitant le concours divin, naît de l'homme empirique. C'est un dérivé physico-métaphysique de l'homme ou, en langage psychologique, un *symbole* qui signifie pour l'homme, d'une part une réalité engendrée par lui, et d'autre part un être supérieur à lui. Ce paradoxe ne peut sans doute être autre

353. Le destin de la Sulamite correspond dans un certain sens à la perte de la *Sophia* chez les gnostiques d'Irénée.

chose qu'un symbole du *Soi* qui peut être mis au jour, c'est-à-dire rendu conscient, et qui, en même temps, représente par définition une totalité *a priori* qui embrasse conscience et inconscient[354].

316 En dépit de toutes les analogies, cette pensée transcende l'univers des idées chrétiennes et traduit un mystère qui s'accomplit par l'homme et dans l'homme. C'est comme si le drame de la vie du Christ était désormais transporté à l'intérieur de l'homme qui en devient ainsi le vivant porteur. Par suite de ce déplacement, l'événement formulé dans le dogme est ramené dans le champ de l'expérience psychologique et ainsi rendu reconnaissable comme processus d'individuation.

317 Ce n'est évidemment pas le rôle d'une science empirique que d'apprécier la valeur de développements spirituels de ce genre du point de vue d'une vérité transcendante. Elle doit se satisfaire de constater l'existence de ces phénomènes et de les comparer avec des observations parallèles faites sur l'homme moderne. Elle est également autorisée à tenter hardiment de reconstruire la structure logique de semblables données psychologiques. Le fait que la science s'aventure dans des régions où la foi et le doute s'affrontent sur le problème de la vérité ne prouve nullement qu'elle songe à intervenir dans ce combat ou qu'elle prétend trancher la question de la vérité. Sa « vérité » consiste uniquement à constater des faits et à les expliquer sans idée préconçue dans le cadre d'une psychologie empirique. Il ne lui appartient en aucune manière de décider de la validité ou de l'absence de validité des faits, ou de vouloir même constater leur valeur morale ou religieuse. Si je dois tant insister sur ce point, c'est que ma méthode ne cesse de se voir suspectée d'être une théologie ou une métaphysique plus ou moins déguisée. La difficulté pour de tels critiques paraît résider en ce qu'ils sont manifestement incapables de s'assimiler *l'idée de la réalité psychique*. Un phénomène psychique est en effet quelque chose qui existe réellement, et un contenu psychique est aussi réel qu'une plante ou une bête. Bien que, par exemple, l'ornithorynque ne soit pas un animal qui se laisse déduire logiquement des principes généraux de la zoologie, il n'en existe pas moins de façon indubitable, si invraisemblable que cela puisse paraître au jugement *a priori*. Ce n'est pas une imagination ou une opinion, mais bien un fait que rien ne peut ébranler. Il est certain que l'homme peut faire de la métaphysique avec des représentations psychiques, et surtout avec des représentations aux-

354. Voir à ce sujet : *Psychologie et Alchimie*, p. 371 et sv.

quelles on a toujours attaché une valeur métaphysique. Mais ces représentations en soi ne sont aucunement métaphysiques : ce sont des phénomènes susceptibles d'être constatés empiriquement, qui sont parfaitement propres à constituer des objets de la méthode scientifique.

318 En nous servant des données de la kabbale qui, nous l'avons montré, ont pénétré dans l'alchimie, nous avons atteint dans l'interprétation du symbolisme d'Adam une ampleur et une profondeur difficilement surpassables. Cette interprétation inclut Ève en tant que principe féminin. Elle apparaît principalement comme « ce qui est en bas » (*inferiora*), c'est-à-dire comme Malkouth (le royaume), Schékhina (la résidence de Dieu) ou comme la Atarah (la couronne) qui correspond, en bas, à Kether, la couronne supérieure. Mais elle est également présente dans l'hermaphrodite du système des séphiroth dont la moitié droite est désignée comme masculine et la gauche comme féminine. Par conséquent l'Adam Kadmon, en tant qu'il personnifie la totalité de « l'arbre » (*arbor inversa :* arbre renversé), est androgyne, et le système lui-même est un symbole hautement différencié de la conjonction, et, comme tel, ternaire (trois colonnes de trois séphiroth chacune). Les Naassènes, d'après Hippolyte, divisaient de même l'Adam hermaphrodite en trois parties, comme celles de *Géryon*[355]. Celui-ci était doté d'un triple corps à partir de la ceinture[356] et il était propriétaire des splendides troupeaux de bœufs de l'île Erythia (dans la Terre Fortunée de l'Occident). Héraclès le tua d'une flèche et, à cette occasion, Héra fut blessée à la poitrine. Au cours du même voyage Héraclès menaça également de ses flèches le soleil à l'éclat trop ardent. La mort de ce Géryon est donc le dernier de la série de trois sacrilèges. « Car, poursuit Hippolyte, ils disent que dans ce (triple) Géryon il y a le spirituel (*νοερόν*), le psychique (*ψυχικόν*), et le terrestre (*χοϊκόν*), et ils soutiennent que la connaissance de Géryon est le commencement (ou le principe : *ἀρχήν*) de la possibilité de connaître Dieu, en disant : " Le commencement de la perfection est la connaissance de l'homme, mais la connaissance de Dieu est la perfection suprême. " (*ἀπηρτισμένη τελείωσις.*) Tout cela, disent-ils, le spirituel, le psychique et le terrestre, s'est déplacé et est descendu dans *un* homme, *Jésus* né de Marie. Et, disent-ils, ces trois hommes (le triple Géryon) parlaient par lui

355. Géryon est le fils de Chrysaor, né du sang de la Gorgone, et de l'Océanide Callirhoé.
356. *Elenchos,* V, 8, 4.

(le spirituel, le psychique et le terrestre), ensemble, chacun aux siens, à partir de sa substance particulière. Car il y a, selon eux, trois espèces de toutes les choses : angélique, psychique et terrestre, et il y a trois églises : elles se nomment l'élue, l'appelée et la captive[357]. »

319 La similitude de cette conception avec celle du système des séphiroth saute aux yeux[358]. Géryon concorde tout spécialement avec l'Adam Kadmon cosmogonique. « Il est l'homme mâle-femelle (qui se trouve) dans toutes choses » et que les Grecs appelaient « la corne céleste de la lune[359]. Car, disent-ils, tout est devenu par lui et sans lui rien n'est devenu[360]. Ce qui est devenu en lui est vie. Ceci, disent-ils, est la vie, la génération (γενεά) inexprimable des hommes parfaits (τελείων) qui était inconnue des générations précédentes[361] ».

357. *Elenchos,* V, 6, 6 et sv.

358. Des idées analogues se rencontrent dans les *Panaria* d'Epiphane (*Haer.* XXX, cap. III) : les Elxaïtes affirmaient qu'Adam était devenu le Christ. Il était descendu en Adam, avait revêtu son corps et était apparu à Abraham, Isaac et Jacob. Au sujet du tombeau d'Adam sur le Golgotha, cf. *Contra Tatianos Haer.* XLVI, cap. V.

359. « Osiris, croissant céleste de la lune » est un surnom d'Attis, *Elenchos,* V, 8, 4.

360. Jean, I, 3.

361. *Elenchos,* V, 8, 4 et sv.

# VI

# LA CONJONCTION

# 1

## *LA VISION ALCHIMIQUE DE L'UNION DES OPPOSÉS*

320 C'EST à bon droit que Herbert Silberer appelle la conjonction « l'idée centrale » de la voie alchimique[1]. Cet auteur a justement reconnu que le caractère de l'alchimie était surtout symbolique, tandis qu'un historien de l'alchimie, le chimiste E. von Lippmann, ne fait aucune mention du terme *conjunctio*, même dans l'index de son ouvrage[2]. Il suffit de posséder quelques notions de la littérature alchimique pour savoir que la préoccupation des adeptes était l'union finale des substances — quels que fussent les noms qu'ils donnaient à celles-ci. Ils espéraient par cette combinaison parvenir au terme de l'œuvre, c'est-à-dire à la production de l'or ou d'un de ses équivalents symboliques. La conjonction est sans aucun doute l'image primitive de ce que nous appelons aujourd'hui *combinaison chimique*. Mais il n'est guère possible de démontrer de façon évidente que l'ancien adepte pensait aussi concrètement que le chimiste moderne. Quand le premier parle de l'union des « natures » (φυσεις), d'un « alliage » du fer et du cuivre ou d'une « combinaison » de S et de Hg, il entend en même temps par là un symbole : Fe est Mars et Cu Vénus, si bien que leur amalgame est simultanément une aventure amoureuse. L'union des « natures » qui « s'embrassent » n'est pas tant physique et concrète, car ce sont les *naturae coelestes* qui se multiplient *nutu Dei* (sur l'ordre de Dieu)[3]. Quand le « plomb rouge » est grillé avec de l'or, il naît un « esprit », c'est-à-dire que le composé devient « spirituel »[4] et que de « l'esprit rouge » sort le « *mundi principium* » (principe du mon-

1. *Probleme der Mystik und ihrer Symbolik,* 1914, p. 79.
2. *Entstehung und Ausbreitung der Alchemie,* 1919.
3. *Turba Philosophorum,* éd. Ruska, 1931, p. 119, l. 27.
4. L.c. p. 127.

de)[5]. La combinaison de Hg et de S est suivie du « bain » et de la « mort »[6]. La combinaison de Cu et de l'*aqua permanens,* qui est habituellement le mercure, n'est pour notre esprit rien de plus qu'un amalgame. Mais les alchimistes y voyaient une mer mystérieuse, « philosophique », car « l'eau » était avant tout pour eux un symbole ou un postulat philosophique qu'ils espéraient découvrir ou croyaient avoir trouvé dans les « liquides » les plus divers. Les substances qu'ils cherchaient à combiner dans la réalité avaient toujours à leurs yeux (en raison du caractère inconnu de leur nature) un certain aspect numineux qui tendait peu ou prou à une personnification spirituelle. C'étaient des substances qui, tels des êtres vivants, « se fécondaient » mutuellement « et engendraient ainsi l'être vivant (*ζωον*) recherché par les philosophes »[7]. Les substances leur apparaissaient comme étant *de nature hermaphrodite* et la conjonction à laquelle ils aspiraient était une opération philosophique : *l'union de la forme et de la matière*[8]. Cette double nature contenue dans les substances explique les duplications souvent alléguées : les deux mercures, les deux soufres[9], et aussi la Vénus blanche et rouge[10], l'*aurum nostrum* et l'*aurum vulgi.* Il n'est donc pas étonnant dans ces conditions que les adeptes aient, ainsi que nous l'avons vu à satiété dans les pages qui précèdent, accumulé une quantité presque infinie de synonymes pour exprimer la nature mystérieuse des substances ; il y a là une attitude qui apparaîtra au chimiste comme entièrement stérile, mais qui fournira par contre au psychologue de précieux éclaircissements sur la nature des contenus projetés. Comme tous les contenus numineux, ceux qui nous occupent présentent une tendance à produire des *amplifications d'eux-mêmes,* c'est-à-dire qu'ils constituent les noyaux d'une accumulation de synonymes.

5. L.c. p. 127.
6. L.c. p. 126.
7. Berthelot, *Alch. Grecs,* III, XL, 2.
8. « Dialogus inter Naturam et Filium Philosophiae. » *Theat. Chem.* 1602, II, p. 99 : « *Mineralia tamen atque vegetabilia Hermaphroditae sunt naturae, eo quod utrumque sexum habeant. Nihilominus fit ex seipsis coniunctio formae et materiae, quemadmodum fit de animalibus.* » (Les minéraux et les végétaux sont de nature hermaphrodite, étant donné qu'ils ont l'un et l'autre sexe. Néanmoins il s'opère à partir d'eux une conjonction de la forme et de la matière, de la même manière que chez les animaux.)
9. « Rosinus ad Sarratantam. » *Art. Aurif.* 1593, I, p. 302 : « *Unde duo sulphura et duo argenta viva dicuntur et sunt talia quod unum et unum dixerunt, et sibi congaudent, et unum alterum continet.* » (C'est pourquoi on dit que les soufres sont deux et les argents-vifs deux, et ils sont tels qu'on les a dits un et un, et ils jouissent l'un de l'autre, et l'un contient l'autre.)
10. L.c. p. 302.

Ceux-ci représentent les principes qui doivent être unis comme un couple d'opposés[11], par exemple homme et femme, dieu et déesse, fils et mère[12], rouge et blanc[13], *agens et patiens,* corps et esprit[14], etc. L'opposition à unifier est la plupart du temps empruntée à la quaternité des éléments[15], ce qui n'apparaît sans doute nulle part plus clairement que dans le traité anonyme *De Sulphure* où il est dit : « Ainsi le feu commença à agir sur l'air et produisit le *Mercure.* L'eau commença à agir sur la terre et produisit le *Sel.* Mais la terre, n'ayant rien sur quoi elle pût agir, ne produisit rien, et le produit demeura en elle : il naquit seulement trois principes, et la terre devint la nourrice et la matrice des autres. » De ces trois sortirent le masculin et le féminin, c'est-à-dire manifestement le premier du soufre et du mercure et le second du mercure et du sel[16]. Tous deux produisent l'un incorruptible (*unum incorruptibile*), c'est-à-dire la *Quinta Essentia,* « et ainsi le carré répondra au carré »[17].

321 La synthèse de l'un incorruptible désignant la *Quinta Essentia* suit l'*Axiome de Marie,* le quatrième représentant la terre. La séparation inamicale des éléments correspond à l'état initial, au chaos et aux ténèbres. Des unions successives sortent un *agens* (soufre) et un *patiens* (sel), ainsi qu'un principe médiateur ambivalent, le Mercure. De cette trinité alchimique classique naît la relation de l'homme et de la femme, en tant qu'opposition suprême et essentielle. Le feu se tient au commencement et rien n'agit sur lui tandis que la terre se trouve à la fin et n'agit sur rien. Entre le feu et la terre il n'existe pas d'*interactio* et c'est pourquoi les quatre ne forment pas un cercle, ni par suite une totalité. Celle-ci est produite par la synthèse du masculin et du féminin. Ainsi la quaternité des éléments unis dans la

11. Le mélange et l'unification des éléments constituent l'*ordo compositionis* (l'ordre de la composition). « Platonis Liber Quartorum ». *Theat. Chem.* 1622, V, p. 182.) Dans le traité de Wei Po-Yang (IIe siècle ap. J.C.) il est dit : « *The way is long and obscurely mystical, at the end of which the Ch'ien (yang) and the K'un (yin) come together.* » Lu-Ch'iang Wu and Tenney L. Davis : « An ancient Chinese Treatise on Alchemy », etc. » *Isis,* vol. XVIII, p. 210 et sv.

12. Michel Maier, *Symbola Aur. Mens.* 1617 p. 178.

13. Homme rouge et femme blanche ou sable rouge de la mer et crachat de lune. *Mus. Herm.* 1678, p. 9.

14. *Mus. Herm.* p. 11.

15. C'est déjà le cas dans la *Turba* (l.c. p. 117).

16. La *copulatio* a lieu dans le *mercurius menstrualis* (« Exercit. in Turbam. » *Art. Aurif.* 1593, I, p. 161) ou dans le bain de l'*aqua permanens,* cette dernière étant également Mercure. Mercure est masculin et féminin, et tout à la fois l'enfant qui provient de l'union.

17. *Mus. Herm.* 1678, p. 622 et sv.

quintessence correspond, à la fin, au carré du début : « *respondebit quadrangulus quadrangulo* » (le carré répondra au carré).

322 La description alchimique du début correspond psychologiquement à un état primitif de la conscience qui menace constamment de se disloquer en phénomènes affectifs isolés, en quelque sorte dans quatre directions. Etant donné que les quatre éléments représentent la totalité du monde physique, cette dislocation signifie une décomposition en les constituants du monde, c'est-à-dire la chute dans un état purement physique et de ce fait inconscient. A l'inverse, la combinaison des éléments et la synthèse finale du masculin et du féminin signifient une production de l'art, c'est-à-dire le fruit d'un effort conscient. Le résultat de cette réunion est logiquement dénommé par l'adepte « connaissance de soi »[18], disposition qui est également requise pour la préparation de la pierre philosophale, auprès de la connaissance de Dieu[19]. L'œuvre exige la piété (*pietas*) qui ne représente rien d'autre que la *cognitio sui ipsius* (connaissance de soi-même)[20]. Cette pensée ne caractérise pas seulement l'alchimie tardive, mais elle apparaît déjà dans la tradition grecque, par exemple dans le traité alexandrin de Cratès (transmis par les Arabes). Il y est dit qu'une connaissance parfaite de l'âme rend l'adepte capable de comprendre les différents noms que les philosophes ont donnés à la substance mystérieuse[21]. Les *Tétralogies* de Platon soulignent que l'on doit, dans le cours de l'œuvre, tenir compte de la connaissance de soi tout comme des considérations de temps[22]. On voit clairement par là que le processus chimique de la conjonction représente en même temps une synthèse spirituelle. On a tantôt l'impression que la connaissance de soi opère l'union, et tantôt que le phénomène chimique en est la cause efficiente. Ce dernier cas est nettement le plus fréquent : la conjonction a lieu d'ordinaire

18. Je renvoie sur ce point à mon livre *Aïon,* 1951, p. 237 et sv. Traduction à paraître.

19. « *Si enim homo ad summum bonum pervenire cupit tunc... primo Deum, dein seipsum... agnoscere illum oportet.* » (Si en effet un homme désire parvenir au souverain bien... il lui faut connaître... Dieu d'abord et ensuite lui-même.) *Mus. Herm.* 1678, p. 105.

20. Dorn in *Theat. Chem.* 1602, I, p. 467 : « *Pietas autem est gratia divinitus prolapsa, quae docet unumquemque seipsum, vere ut est, cognoscere.* » (La piété est une grâce tombée de la divinité qui apprend à chacun à se connaître véritablement tel qu'il est.)

21. Berthelot, *La Chimie au Moyen Age*, 1893, III, p. 50.

22. « *Sit ergo diligens inspectio in tempora casus rei, sicut inspectio ejus in ipsum et perficitur opus.* » (L'on observera avec soin les temps de ce qui arrive à la chose, comme on l'observera en soi-même, et l'œuvre sera accomplie.) *Theat. Chem.* 1622, V, p. 144, et de même p. 141 : « ... *oportet inquisitorem sapientiae custodire seipsum.* » (Il importe qu'un chercheur de sagesse se garde lui-même.)

dans l'athanor, « *in vitro* »[23], ou, de façon plus vague, dans le « *vas naturale* », le « vase de la nature », ou dans la matrice[24]. Le vase est également désigné comme « tombeau » et l'union comme une mort partagée[25]. Cette situation est appelée « éclipse du soleil »[26].

323 La conjonction ne représente pas toujours une union immédiate et directe : elle a besoin d'un certain *medium*. Elle peut avoir lieu dans un tel *medium* suivant la maxime : « *Non fieri transitum nisi per medium.* » (Il ne se fait pas de passage si ce n'est par l'intermédiaire d'un milieu [ou médiateur][27].) « *Mercurius est medium conjungendi.* » (Le Mercure est le médiateur de la conjonction[28].) Il est « l'âme » qui représente « la médiatrice entre le corps et l'esprit[29] ». Cela est également valable pour les synonymes du Mercure tels que le « lion vert » (*leo viridis*)[30] et « l'eau spirituelle ou permanente » (*aqua spiritualis vel permanens*)[31], qui sont également des *media conjungendi* (médiateurs de la conjonction). Le *Consilium Conjugii* cite comme moyen de la combinaison le « parfum » ou « vapeur fumeuse »[32], ce qui rappelle la doctrine de Basilide sur le parfum du Saint-Esprit[33]. Ces expressions indiquent à l'évidence la nature « spirituelle » du Mercure médiateur, de même que l'*aqua spiritualis* encore appelée *aqua aëris* (eau d'air) est un principe vital et provoque la combinaison du masculin et du féminin[34]. L'eau a souvent

23. « ... *cum in vitro tuo conspexeris naturas insimul misceri...* » (... lorsque tu auras vu dans ton vase de verre les natures se mélanger ensemble...) *Mus. Herm.* 1678, p. 685.

24. « *Vas naturae scl. Matrix.* » « Exercit. in Turbam Phil. » *Art. Aurif.* I, p. 159. De même *Theat. Chem.* 1602, I, p. 180.

25. *Opera Georgii Riplaei*, 1649, p. 38 et 81. Egalement chez Laurentius Ventura : « *Effodiatur ergo sepulcrum et sepeliatur mulier cum viro mortuo...* » (Que l'on creuse donc une tombe et que l'on ensevelisse la femme avec son mari mort...) *Theat. Chem.* 1602, II, p. 291. Ce passage se réfère au Discours LIX de la *Turba*. Mais ici la femme est enterrée avec le dragon.

26. « *Magna illa Eclipsis Solis et Lunae.* » (Cette grande éclipse du soleil et de la lune.) *Mus. Herm.* p. 686. Voir à ce sujet : *La Psychologie du transfert,* tr. cit., p. 121 et sv.

27. Dorn in *Theat. Chem.* 1602, I, p. 48. De même l.c. p. 577 : « *Tertium esse necessarium.* » (Un troisième est nécessaire.)

28. Laurentius Ventura in *Theat. Chem.* 1602, II, p. 320.

29. Ventura l.c. p. 332.

30. G. Ripley in *Theat. Chem.* 1602, II, p. 125. De même in *Mus. Herm.* p. 39.

31. « Rosinus ad Sarratantam. » *Art. Aurif.* 1593, I, p. 281.

32. 1566, p. 74. Par opposition à la *luna odorifera* (la lune odoriférante) de ce texte, l'alchimie connaît l'*odor sepulcrorum* (odeur de sépulcres).

33. Μύρον εὐωδέστατον (parfum à l'odeur délicieuse). Hippolyte, *Elenchos,* VII, 22, 19.

34. « *Aqua aeris inter caelum et terram existens est vita uniuscujusque rei. Ipsa enim aqua solvit corpus in spiritum, et de mortuo facit vivum et facit matrimonium*

pour synonyme « la mer », lieu où se réalise le mariage chymique. Le *Tractatus Micreris* cite comme autres synonymes « le Nil d'Egypte », « la Mer des Indes », et « la Mer du Midi ». Les « merveilles » (*miracula*) de cette mer consistent en ce qu'elle adoucit et unit les opposés[35]. C'est donc aussi au mariage royal que se rapporte le « voyage sur mer » décrit par Christian Rosencreutz[36]. On sait que ce thème alchimique a été repris par Goethe dans le second *Faust* où il constitue l'explication profonde du sens et de la forme de la Fête égéenne. Karl Kerényi a mis en lumière, en des amplifications et une interprétation éclatantes, le contenu archétypique de la Fête. Les groupes de Néréides sur les sarcophages romains mettent en relief « le nuptial et le sépulcral ». « L'identité des noces et de la mort, de même que celle de la naissance et de la vie qui naît éternellement de la mort appartiennent aux conceptions fondamentales des mystères antiques[37]. »

324 Cependant le Mercure n'est pas seulement le médiateur de l'union, mais il constitue en même temps ce qui doit être uni, étant donné qu'il forme l'essence ou la *materia seminalis,* la matière séminale du masculin comme du féminin. Le *Mercurius masculinus* et le *Mercurius foemineus* sont unis dans et par le *Mercurius menstrualis (aqua)*[38]. Dorn en livre l'explication « philosophique » dans sa *Physica Trismegisti :* au commencement Dieu a créé *un* monde. Il l'a divisé en le nombre deux : le ciel et la terre. A l'intérieur est caché un troisième principe médiateur, l'unité originelle qui participe des extrêmes. Ceux-ci ne peuvent rien être sans le troisième, et ce dernier ne peut rien être sans les deux autres. Ce troisième principe est l'unité originelle du monde, le *vinculum sacrati matrimonii* (le lien du mariage sacré). Mais la division en deux était nécessaire *pour faire passer le monde unique de l'état de potentialité dans celui de réalité.* La réalité consiste en une multiplicité de choses. Mais *un*

*inter virum et mulierem.* » (L'eau de l'air qui existe entre le ciel et la terre est la vie de toutes choses. C'est en effet cette eau qui dissout le corps en esprit, fait un vivant du mort et réalise le mariage entre l'homme et la femme.) Mylius, *Phil. Ref.* 1622, p. 191.

35. « *...Siccum humectare, et durum lenificare, et corpora conjungere et attenuare...* » (... Humecter ce qui est sec, amollir ce qui est dur, unir et adoucir les corps.) *Theat. Chem.* 1622, V, p. 112.

36. *Chymische Hochzeit,* 1616.

37. K. Kerényi, *Das Aegaeische Fest,* 3e éd. 1950, p. 55.

38. « In Turbam Philosophorum Exercitationes. » *Art. Aurif.* 1593, I ; pp. 160 et sv.

n'est pas encore un nombre. Deux est le premier nombre avec lequel commence la pluralité et donc la réalité[39].

325 Il ressort de cette explication que le Mercure, cette substance désespérément évasive et universelle, ce Protée qui chatoie sous mille formes, dans toutes les couleurs, n'est autre que l'*unus mundus,* unité originelle, en soi indifférenciée, du monde ou de l'être, l'*ἀγνωσία* des gnostiques, l'Inconscience du tout premier commencement[40]. Je lui ai consacré une étude spéciale dans « L'Esprit Mercure »[41] et ne désire pas, de ce fait, me répéter ici. Je veux seulement faire ressortir que le Mercure des alchimistes représente une personnification et une illustration de ce que nous désignons aujourd'hui du nom d'*Inconscient collectif.* Tandis que l'idée de l'*unus mundus* est une spéculation métaphysique, l'inconscient peut être expérimenté au moins indirectement dans ses manifestations. Sans doute il constitue en soi une hypothèse, mais celle-ci possède une vraisemblance au moins aussi grande que celle de l'atome. Il résulte de l'important matériel expérimental aujourd'hui à notre disposition que les contenus de l'inconscient, par opposition à ceux du conscient, sont « contaminés » à un tel degré qu'ils diffèrent peu entre eux et peuvent par conséquent se substituer les uns aux autres, ce qui s'observe de la façon la plus nette dans les rêves. Cette absence relative de distinction entre les teneurs fait naître l'impression que tout est plus ou moins en rapport avec tout et que, malgré la diversité des apparences, il doit exister au fond quelque chose comme une unité. Les seuls contenus relativement clairs sont formés de thèmes ou de types autour desquels s'ordonnent les associations individuelles. Comme le montre l'histoire de l'esprit, ces archétypes sont d'une grande stabilité, ils sont si distincts qu'ils se laissent personnifier et dénommer, bien que leurs limites soient indécises et que, notamment, ils se recoupent avec les sphères des autres archétypes et

39. « *Sub isto binario spirituali et corporeo tertium quid latuit, quod vinculum est sacrati matrimonii. Hoc ipsum est medium usque huc in omnibus perdurans, ac suorum amborum extremorum particeps, sine quibus ipsum minime nec ipsa sine hoc medio esse possunt, quod sunt, ex tribus unum.* » (Sous ce binaire spirituel et corporel a été cachée une troisième chose qui est le lien du mariage sacré. Cette chose même est l'intermédiaire qui dure jusqu'au bout dans tous les êtres, participant de ses deux extrêmes à la fois, sans lesquels ni elle ni eux ne peuvent exister sans cet intermédiaire qu'ils sont, de trois choses [devenues] une seule.) *Theat. Chem.* 1602, I, p. 418.

40. Cf. à ce sujet la « montagne » dans laquelle tout savoir se trouve renfermé, mais sans différences ni opposés. (Abu'l-Qasim Muhammad, *Kitab al 'ilm al-muktasab* etc. Éd. par E.J. Holmyard, 1923, p. 24.) Voir pour plus de détails *Psychologie et Alchimie,* trad. fr. p. 545.

41. *Symbolik des Geistes,* 1948, p. 71 et sv.

qu'ils échangent certaines de leurs propriétés avec celles des autres. Le symbolisme du mandala en particulier révèle une nette tendance à concentrer l'ensemble des archétypes autour d'un centre commun, de même que tous les contenus de la conscience viennent se rapporter au moi. L'analogie est si frappante qu'un profane peu versé dans ce symbolisme tombe dans l'erreur de considérer le mandala comme une production artificielle du conscient. Il va de soi que des mandalas peuvent être imités artificiellement, mais cela ne prouve pas que tous les mandalas soient des imitations. Ils naissent bien plutôt spontanément et en dehors de toute influence, chez des enfants comme chez des adultes qui n'ont jamais été en contact avec des idées semblables [42]. On pourrait à la rigueur concevoir le mandala comme un reflet de la structure concentrique du moi, mais cette manière de voir ne serait fondée que si l'on pouvait démontrer la nature secondaire de l'inconscient. Or cet inconscient est sans conteste plus ancien et plus primitif que la conscience, et c'est pourquoi on pourrait aussi bien désigner l'égocentrisme de celle-ci comme un reflet ou une imitation de la manière dont est centré l'inconscient.

326 Le mandala symbolise, grâce à son centre, l'unité ultime de tous les archétypes, de même que la diversité du monde des phénomènes, et il constitue par conséquent l'homologue empirique de l'idée métaphysique de l'*unus mundus*. L'homologue alchimique en est la pierre philosophale avec ses synonymes, en particulier le *microcosme* [43].

327 L'explication de Dorn est en fait éclairante en tant qu'elle nous permet de pénétrer profondément dans le *mysterium conjunctionis* des alchimistes. S'il est vrai qu'il ne s'agit de rien de moins que d'une restauration de l'état cosmique originel et de l'Inconscience divine du monde, on comprend le pouvoir de fascination exceptionnel qui émane de ce mystère ; c'est en effet l'équivalent occidental des principes fondamentaux de la philosophie classique chinoise, l'union du yin et du yang dans le *Tao*, et aussi l'anticipation divinatrice de ce *tertium quid* que, sur la base de l'expérience psychologique et, en outre, des travaux de Rhine, j'ai appelé *synchronicité* [44]. Si le symbolisme du mandala est le correspondant *psychologique* de l'idée métaphysique de l'*unus mundus*, la *synchronicité* en est l'équi-

42. *Gestaltungen des Unbewussten*, 1950, p. 199 et sv.
43. *Psychologie et Alchimie*, trad. fr. p. 410.
44. « Die Synchronizität als ein Prinzip akausaler Zusammenhänge » dans *Naturerklärung und Psyche*. 1952.

valent *parapsychologique.* Certes, les phénomènes de synchronicité se produisent dans l'espace et dans le temps, mais ils manifestent une indépendance remarquable à l'égard de ces deux déterminants indispensables de l'être physique et, par suite, ils ne se conforment pas à la loi de causalité. Notre vision scientifique du monde, par sa conception causale, résout toutes choses en phénomènes individuels et s'efforce de les distinguer avec soin de tous les autres faits parallèles. Cette tendance est, certes, absolument nécessaire en vue d'une connaissance exacte mais, en ce qui concerne la vision du monde, elle présente l'inconvénient de dénouer les liens de l'interdépendance universelle des événements, c'est-à-dire de les rendre invisibles, ce qui rend de plus en plus difficile la reconnaissance des grandes connexions, c'est-à-dire de l'*unité du monde.* Pourtant tout ce qui survient se produit dans le même et unique monde et en fait partie. Pour cette raison les événements doivent offrir un aspect d'unité *a priori,* chose difficile à constater à l'aide de la méthode statistique. Autant que le permettent nos connaissances actuelles, Rhine paraît être parvenu à cette démonstration avec ses *Extrasensory Perception Experiments* (ESP)[45]. L'indépendance à l'égard du temps et de l'espace opère sur le plan phénoménologique une rencontre comme, par exemple, une *coïncidence signifiante* entre des événements distants et dépourvus de lien causal qui avaient été jusqu'à présent groupés sous les concepts purement descriptifs de télépathie, de clairvoyance et de « précognition ». Ces concepts n'ont aucune valeur explicative, car chacun d'eux représente pour lui-même un X qui ne se laisse pas distinguer de l'X de l'autre. La caractéristique qui convient à tous ces phénomènes, y compris l'*effet psychocinétique* de Rhine, et les autres faits que je rapporte dans l'ouvrage cité, est la *coïncidence signifiante* et c'est ainsi que j'ai défini le principe de synchronicité. Ce dernier marque une connexion, par exemple une unité entre des phénomènes dépourvus de lien causal, et représente ainsi un aspect d'unité de l'être que l'on peut désigner sous le nom d'*unus mundus.*

328 Le Mercure représente ordinairement le sujet mystérieux qui a pour synonyme la *panacée* (remède universel) et le *medicamentum spagiricum.* Dorn identifie ce dernier avec le « baume »

45. On trouvera l'exposé général de cette question dans J.B. Rhine, *New Frontiers of the Mind* 1937 et *The Reach of the Mind,* 1948. Discussion des phénomènes considérés dans *Naturerklärung und Psyche,* p. 15 et sv.

(*balsamum*)[46] de Paracelse qui est proche parent du *μύρον* des Basilidiens. En outre l'idée de baume en tant qu'*elixir vitae* est liée chez Paracelse à la désignation de *gamonymus* que l'on peut traduire par « (substance) au nom nuptial »[47]. Le baume qui « est placé plus haut que la nature » se trouve également, suivant Dorn, dans le corps humain et ressemble à une substance éthérée[48]. Il préserve les parties élémentaires du corps et assure leur continuité ; il constitue le meilleur des remèdes, non seulement pour le corps, mais aussi pour l'esprit (*mens*). Sans doute, il est fait d'une substance corporelle, mais en tant qu'union de l'esprit (*spiritus*) et de l'âme (*anima*) du remède spagirique, il est essentiellement spirituel (*spiritualis*)[49]. L'essence de la *Philosophia meditativa* consiste en une victoire sur le corps au moyen de l'*unio mentalis*. Mais cette « union » purement spirituelle ne donne pas encore la sagesse : seule l'union de l'esprit (*mens*) et du corps révèle le philosophe qui peut espérer et attendre l'union complète avec le monde unique, l'unité latente du monde. Dieu fasse que nous parvenions tous à ce but et qu'Il soit un en tous[50] !

329 Il est significatif, en ce qui concerne, non seulement la conception de Dorn, mais aussi l'alchimie en général, que l'*unio mentalis* ne représente pas encore le sommet, mais seulement la première étape du processus. Le deuxième degré est atteint quand *l'unio mentalis,*

46. *Balsamum* apparaît déjà chez Zosime en tant que synonyme d'*aqua permanens.* (Berthelot, *Alch. Grecs.* III, XXV, I.)

47. *Paracelsica,* 1942, p. 85 et sv.

48. « *Est enim in humano corpore quaedam substantia conformis aethereae, quae reliquas elementares partes in eo praeservat et continuare facit.* » *Theat. Chem.* 1602, I, p. 456.

49. « *Spagiricam autem nostram medicinam esse corpoream non negamus, sed spiritalem dicimus esse factam, quam spiritus spagiricus induit.* » (Que notre médecine spagirique soit corporelle, nous ne le nions point, mais nous disons qu'elle est devenue spirituelle, elle dont l'esprit spagirique s'est revêtu.) *Theat. Chem.* I, p. 456. Le « baume » a pour synonyme le *vin* qui est « double » : philosophique et vulgaire. L.c. p. 464.

50. « *Conclusimus meditativam philosophiam in superatione corporis unione mentali facta, consistere. Sed prior haec unio nondum sophum efficit, nec nisi mentalem sophiae discipulum : unio vero mentis cum corpore secunda sophum exhibet, completam illam et beatam unionem tertiam cum unitate prima sperantem et expectantem. Faxit omnipotens Deus ut tales efficiamur omnes et ipse sit in omnibus unus.* » (Nous concluons que la philosophie méditative consiste en la victoire sur le corps obtenue par l'union mentale. Mais cette première union ne rend pas encore sage mais seulement disciple spirituel [*mentalem*] de la sagesse : par contre la seconde union, [celle] de l'esprit avec le corps, révèle le sage qui espère et attend cette illustre troisième union, l'union complète et bienheureuse avec l'unité première. Fasse le Dieu tout-puissant que nous nous soyons rendus tels, et que Lui-même soit un en tous.) *Theat. Chem.* I, p. 456.

c'est-à-dire l'unité de l'âme et de l'esprit, *est combinée avec le corps.* Mais on ne peut s'attendre à un accomplissement du *mysterium conjunctionis* qu'au moment où l'unité esprit-âme-corps s'est combinée avec l'*unus mundus* de l'origine. Ces trois degrés de la conjonction sont devenus le sujet de représentations imagées utilisant le thème de l'*Assomption* et du *Couronnement de Marie,*[51] dans lesquelles la Mère de Dieu représente le corps. L'Assomption est proprement une fête nuptiale, la version chrétienne du *hiérosgamos,* dont la nature incestueuse primitive a joué un grand rôle chez les alchimistes. L'inceste traditionnel a depuis toujours signifié que l'union suprême des opposés exprime une combinaison de principes apparentés[52], mais non identiques. Cela peut être tout d'abord une *unio mentalis,* purement intrapsychique, de l'intellect ou raison avec l'*Eros* qui représente la sensibilité. Certes, l'importance d'une opération intérieure de ce genre n'est pas mince, car elle représente un progrès considérable de la connaissance aussi bien que de la maturité personnelles, mais sa réalité demeure uniquement potentielle et n'est assurée que par une combinaison avec le monde psychique du corps. C'est pourquoi les alchimistes ont figuré l'*unio mentalis* par le Père et le Fils et la « combinaison » de ceux-ci par la Colombe (*spiratio* commune du Père et du Fils), tandis que le monde corporel était représenté par le principe féminin ou *patiens :* Marie. Ils ont ainsi, au long d'un millénaire, préparé à leur façon le terrain pour le dogme de l'Assomption de Marie. Il est vrai que les vastes implications d'un mariage du principe paternel avec le principe « matériel », la corporéité maternelle, n'apparaissent pas immédiatement à partir du dogme et des motifs sur lesquels il se fonde. Cette définition dogmatique n'en jette pas moins un pont sur un abîme apparemment insondable : la séparation à première vue irrémédiable de l'esprit et de la nature, c'est-à-dire du corps. L'alchimie projette une vive lumière sur l'arrière-plan et les fondements du dogme : le nouvel article de foi exprime exactement sous une forme symbolique ce que les adeptes ont reconnu comme étant le mystère de la conjonction. En fait, la correspondance est telle que les vieux

51. Ainsi dans *Pandora,* 1588, Cf. *Psychologie et Alchimie,* trad. fr. fig. 232, p. 526.

52. Voir : *La Psychologie du transfert,* tr. cit., p. 82 et sv. Le symbolisme de l'inceste s'explique par l'entrée en jeu de la *libido* endogame. L'institution primitive du mariage entre parents (*cross-cousin-marriage*) a fait place à une pure exogamie qui laisse insatisfaite la revendication endogame. Cette dernière s'impose à l'attention dans le symbolisme de l'inceste.

maîtres auraient pu soutenir à bon droit que la définition de l'Assomption a inscrit dans le ciel le secret hermétique. D'un autre côté on ne manquera pas toutefois de prétendre que les alchimistes avaient précisément introduit sous une forme voilée le mariage mystique ou théologique dans leurs ténébreuses opérations. A quoi l'on peut répondre que non seulement le mariage alchimique est en soi plus ancien que les formulations de la liturgie et des Pères de l'Église, mais qu'il s'appuie en outre sur une tradition antique et préchrétienne[53]. La tradition alchimique ne se laisse pas mettre en parallèle avec les noces de l'Agneau apocalyptique. Le symbolisme hautement différencié de ces dernières (Agneau et ville : la Jérusalem céleste) est lui-même déjà un rejeton de l'archétype de la hiérogamie, d'où est également issue l'idée de la conjonction alchimique.

330 Les adeptes ont tenté, ou tout au moins jugé que c'était une entreprise digne d'examen, de réaliser leurs idées spéculatives sous la forme d'un corps chimique qu'ils imaginaient doté de toutes les vertus magiques. Telle est la signification littérale de leur combinaison de l'*unio mentalis* avec le corps. Aujourd'hui toutefois il nous est difficile d'introduire des considérations morales et philosophiques dans cette combinaison, comme le faisaient manifestement les « artistes ». D'un côté nous sommes trop bien instruits de la nature véritable des combinaisons chimiques, et d'autre part nous avons une conception beaucoup trop abstraite de l'esprit pour pouvoir encore être capables de comprendre comment une *veritas* peut être cachée dans la matière et comment doit être préparé un vrai *balsamum*. Mais l'ignorance médiévale en matière de chimie aussi bien que de psychologie et l'absence de toute critique de la connaissance en général faisaient que les concepts pouvaient aisément se chevaucher et que des rapports pouvaient être institués entre des choses qui n'ont pour nous aucun lien visible.

331 Le dogme de l'Assomption et le mystère de la conjonction alchimique expriment la même pensée fondamentale malgré l'extrême diversité de leur symbolisme. De même que l'Église insiste sur le fait que le corps physique de la Vierge a été transporté en toute réalité dans le ciel, l'alchimie croyait à la possibilité ou même la matérialité

53. Ce thème apparaît déjà chez l'alchimiste Démocrite qui doit avoir appartenu à une époque au moins aussi ancienne que le Ier siècle après J.C. C'est chez lui l'étreinte nuptiale des natures (φύσεις). (Textes dans Berthelot : *Alch. Grecs.* II, I et sv.) Il est significatif que le dernier et le plus grand spécimen d'*opus* alchimique, je veux parler du *Faust* de Goethe, se termine par l'apothéose de la Vierge-Mère, la reine et déesse Marie-Sophia. L'épithète de *dea* (déesse) se rencontre aussi chez Mechthilde de Magdebourg.

de sa pierre ou de son or (philosophique). Dans les deux cas la foi remplace la réalité empirique absente. Bien que la voie de l'alchimie soit dans son essence plus matérialiste que celle de l'Église, l'une et l'autre en restent cependant au second stade de la conjonction, à l'anticipation spirituelle qu'est l'*unio mentalis*. Dorn lui-même n'ose pas affirmer que lui ou un autre adepte ait parachevé le troisième stade au cours de son existence. Il y a naturellement eu, comme toujours et partout, nombre de charlatans et de naïfs qui ont prétendu posséder ou pouvoir produire la pierre ou la teinture d'or. Mais les gens sérieux parmi les alchimistes admettaient qu'ils n'avaient pas encore percé l'ultime secret.

332 Qu'il s'agisse du dogme ou du mystère de la conjonction, on ne doit pas s'arrêter aux impossibilités physiques, car ce sont des symboles en face desquels le rationalisme et ses séductions ne sont absolument pas de mise. Avec une telle arme on passerait à côté du but. Si les symboles ont un sens quelconque, ce sont ces tendances qui poursuivent un objectif bien déterminé et provisoirement impossible à reconnaître ; par suite ils ne peuvent s'exprimer qu'à travers des analogies. Dans cette situation incertaine, l'on doit se contenter de laisser les choses suivre leur cours et renoncer à vouloir connaître plus loin que le symbole. Une telle renonciation entraîne dans le cas du dogme une certaine crainte de porter peut-être atteinte à la sainteté d'une idée religieuse, tandis que dans le cas de l'alchimie on pensait, jusqu'à une époque récente, qu'il ne valait vraiment pas la peine de se rompre la tête avec des absurdités moyenâgeuses. Aujourd'hui toutefois, grâce à la compréhension psychologique, nous sommes en mesure de pénétrer également le sens des symboles alchimiques les plus singuliers et, lorsque ce résultat est atteint, il n'y a aucune raison valable pour ne pas appliquer la même méthode au dogme. Personne ne pourra nier en définitive que ce dernier se compose de vues qui sortent de l'imagination et de la pensée humaines. La question de savoir jusqu'à quel point cette pensée a pu être inspirée par le Saint-Esprit n'est pas entamée le moins du monde, et encore moins tranchée par la réflexion psychologique, et celle-ci n'inclut pas non plus la négation de quelque arrière-plan métaphysique possible. La psychologie est une science qui n'a absolument rien à faire avec les présupposés ou les possibilités métaphysiques. Elle examine son objet dans son contenu psychologique et se garde de tout empiètement spéculatif. Elle ne se livre pas à des débauches d'imagination sur les fondements inconnus de la psyché, elle ne présente pas une mythologie issue du cerveau, elle ne récite pas de

contes physiologiques et évite avant toutes choses de prétendre pouvoir apporter des arguments quelconques pour ou contre la validité de n'importe quelle conception métaphysique. J'ai déjà défini cette position à plusieurs reprises et en différents endroits pour m'opposer à l'opinion aussi enracinée qu'absurde suivant laquelle une explication psychologique serait nécessairement du psychologisme ou sa contrepartie, une proposition métaphysique. Le domaine psychique est un monde de phénomènes en tant que tel, que l'on ne peut réduire ni au cerveau, ni à la métaphysique.

333 Comme je l'ai déjà dit plus haut, les symboles sont des tendances dont le but est encore inconnu[54]. On doit sans doute admettre que les mêmes règles fondamentales jouent dans l'histoire de l'esprit et dans la psychologie de l'individu. En psychothérapie il arrive fréquemment que certaines tendances inconscientes, bien avant de devenir conscientes, laissent percer leur présence grâce à des symboles qui apparaissent la plupart du temps dans les rêves, mais aussi dans des imaginations à l'état de veille ou des actes symboliques. On a souvent l'impression que l'inconscient chercherait à pénétrer dans la conscience par toutes sortes d'allusions ou d'analogies, ou qu'il s'exercerait, sous une forme plus ou moins ludique, à capter l'attention du conscient. Ces phénomènes peuvent facilement être observés dans les suites de rêves. La série que j'ai rapportée dans *Psychologie et Alchimie* en fournit un excellent exemple[55]. Dans la communauté humaine les choses doivent se passer d'une manière qui rappelle ce que l'on décèle chez les individus. Les idées se développent à partir de germes dont on ne sait pas dès l'abord les conceptions qu'ils feront s'épanouir au terme de leur évolution historique. Nous en avons vécu dans un passé récent un exemple de première grandeur : l'Assomption de Marie n'est attestée ni par la sainte Écriture ni par la tradition des cinq premiers siècles de l'Église chrétienne. Elle a même longtemps été contestée officiellement ; elle ne s'en est pas moins développée peu à peu sous forme de *pia sententia* (opinion pieuse) avec la connivence de l'ensemble de l'Église médiévale et moderne ; elle a ainsi tellement gagné en force et en influence qu'elle est parvenue, tout comme les deux articles de foi

54. Cela n'est pas en contradiction avec l'explication suivant laquelle le symbole est la meilleure formulation possible d'une vision qui ne reconnaît pas clairement son objet. Une vision de ce genre repose toujours sur une tendance à représenter son objet à sa manière.

55. On trouvera un autre exemple dans : *Gestaltungen des Unbewussten,* 1950, p. 95 et sv.

qui ont subi une évolution parallèle, l'Immaculée Conception et l'infaillibilité pontificale, à faire passer au second plan la nécessité d'une preuve scripturaire et d'une tradition remontant aux premiers âges et, finalement, à obtenir d'être officiellement définie, bien que, manifestement, son contenu échappe à toute définition [56]. La déclaration du pape a fait une réalité de ce qui avait été depuis longtemps concédé. Le pas irrévocable ainsi accompli au-delà des limites du christianisme historique est une preuve éclatante de la vie autonome des images archétypiques.

56. On consultera sur ce thème l'ouvrage d'Heiler, « Das neue Mariendogma im Lichte der Geschichte und im Urteil der Ökumene » (*Ökumenische Einheit.* II^e cahier, 1951.)

## 2

## *LES DEGRÉS DE LA CONJONCTION*

334 L'IDÉE de la conjonction constitue un autre exemple du développement progressif d'une pensée au cours des siècles. Son histoire se déroule selon deux courants qui sont, pour la plus grande partie, indépendants l'un de l'autre ; le premier relève de la théologie et le second de l'alchimie. Tandis que celui-ci s'est tari depuis quelque deux cents ans en ne laissant que de rares traces, celui-là a fait éclore une nouvelle fleur dans le dogme de l'Assomption, ce qui permet de voir que le cours de son évolution n'est pas encore parvenu à son terme. Sans doute la différenciation entre les deux branches n'a pas encore dépassé le cadre de la hiérogamie archétypique ou, si l'on préfère, la conjonction est encore jusqu'à présent représentée par le couple mère-fils ou sœur-frère. On doit toutefois se hâter d'ajouter que, déjà au XVIe siècle, Gérard Dorn a reconnu l'aspect psychologique du mariage chymique et a manifestement entendu par là ce que nous dénommons aujourd'hui processus d'individuation. A mon avis, cette tentative signifie un pas au-delà des limites que le symbolisme archétypique a placées à la doctrine de l'Église aussi bien qu'à celle de l'alchimie. Aussi bien la vision de Dorn me paraît constituer une interprétation logique à un double point de vue : d'une part la différence entre l'opération chimique et le phénomène psychique ne pouvait plus à la longue demeurer cachée à un observateur attentif et critique, et d'autre part le symbolisme nuptial n'a jamais entièrement satisfait le penseur alchimique, puisqu'il se sentait constamment amené à utiliser, auprès de la hiérogamie, de nouveaux « symboles d'union » pour exprimer la nature malaisée à cerner de son « mystère ». C'est ainsi que nous trouvons la conjonction représentée par le dragon qui enlace la femme dans la tombe[57], par deux animaux qui se combattent[58], par

57. Emblème L du *Scrutinium Chymicum* de Michel Maier, 1687, p. 148. Voir également la *Turba Philosophorum*, Discours LIX. (Éd. Ruska, 1931.)
58. « Scrut. Chym. » p. 46. *Mus. Herm.* 1687, pp. 351, 357.

le roi qui se dissout dans l'eau[59], etc. Une situation semblable se rencontre dans la philosophie chinoise où le masculin ne suffit nullement à épuiser la signification du yang : celui-ci a aussi pour sens le sec, le lumineux, et la face sud de la montagne, tandis que le yin féminin a pour correspondants l'humide, l'obscur et la face nord.

335 Bien que le symbolisme ésotérique de la conjonction occupe une place éminente, il ne suffit donc nullement à représenter le *mysterium* dans la totalité de ses aspects. Auprès de lui le symbolisme de la mort, celui de la tombe et aussi, *last but not least,* le thème du combat, s'offrent dans une large mesure à notre examen. Manifestement on avait besoin de symboles très divers et même contradictoires pour décrire de façon compréhensive la nature paradoxale de l'idée de la conjonction. Chaque fois que l'on se trouve en présence d'une situation semblable, on peut en conclure avec certitude qu'aucun des symboles employés n'est suffisant pour exprimer la totalité. On est alors amené à rechercher une formule dans laquelle les aspects divers puissent s'unir sans s'entrechoquer. Dorn s'est hasardé à cette tentative avec les moyens qui étaient à la disposition de son époque. Il était d'autant plus autorisé à le faire que l'idée des « correspondances », encore vivante en ce temps, venait à son secours. Il n'y avait pour la mentalité de cette époque aucune difficulté spéculative à admettre une *veritas* qui fût la même en Dieu, dans l'homme et dans la matière. S'appuyant sur cette notion, il pouvait dès lors discerner que la réconciliation des éléments ennemis et l'union des contraires alchimiques correspondaient en somme à l'*unio mentalis* qui s'accomplissait simultanément dans l'esprit de l'homme, et non seulement dans l'homme, mais aussi dans la divinité (« *ut ipse [Deus] sit in omnibus unus* » : « afin que [Dieu] luimême soit un en toutes choses »). Dorn reconnaissait déjà très clairement, comme la réalité dans laquelle cette union avait lieu, cette instance qu'en termes psychologiques j'ai appelé le *Soi.* L'*unio mentalis,* l'unification intérieure que nous désignons aujourd'hui du nom d'individuation était conçue par Dorn comme un équilibre psychique des opposés « *in superatione corporis* » (dans la victoire sur le corps), donc une sorte d'*aequanimitas* établie au-delà des conditions corporelles : affectivité et vie instinctuelle[60]. L'esprit (*animus*) qui

59. « Merlini Allegoria ». *Art. Aurif.* 1593, I, P. 393.
60. « *Mens igitur bene dicitur esse composita, quoties animus cum anima tali vinculo junctus est, ut corporis appetitus et cordis affectus fraenare valeat.* » (L'esprit est donc dit bien composé chaque fois que l'« animus » est uni à l'âme par un lien tel qu'il a la force de réfréner les désirs du corps et les affections du cœur.)*Theat. Chem.* I, p. 451.

doit s'unir à l'âme (*anima*) dans l'*unio mentalis* est appelé par lui « *spiraculum vitae aeternae* » (souffle de vie éternelle) ; c'est donc une sorte de « fenêtre sur l'éternité », tandis que l'âme représente un organe de l'esprit qui a, de même, de son côté, le corps pour instrument. Elle se tient entre le bien et le mal et possède le libre choix (*optionem*) entre les deux. Elle vivifie le corps au moyen d'une *unio naturalis*, comme elle est à son tour dotée de vie par l'esprit (*spiritus*) « par une union surnaturelle » (*per supernaturalem unionem*)[61]. Pour rendre possible la réunion ultérieure, l'esprit (*mens*) doit être tiré hors du corps (*distractio*), ce qui ressemble à une « mort volontaire » (*voluntaria mors*)[62], car seul ce qui a été séparé peut être combiné. Dorn entend manifestement par cette *distractio* une division, une dissolution du composé ; celui-ci représente dans cette opération un état dans lequel l'affectivité liée au corps exerce une influence fâcheuse sur la *ratio* de l'esprit. Mais la séparation a pour but de soustraire l'esprit et le cœur à l'influence des émotions et d'établir ainsi une position où l'esprit tiendra sous son autorité la turbulente sphère corporelle, ce qui conduit pour commencer à une dissociation de la personnalité, donc à une véritable violence faite à l'homme purement naturel. Ce premier pas qui reflète une philosophie stoïcienne aussi bien qu'une psychologie chrétienne est indispensable en vue de la différenciation de la conscience[63]. La psychologie moderne se sert, elle aussi, de cette discrimination quand elle objective les tendances affectives et instinctuelles et qu'elle les confronte avec la conscience. La séparation de la sphère spirituelle et de la sphère vitale, et la subordination de cette dernière au point de vue rationnel ne sont toutefois pas satisfaisantes dans la mesure où la raison à elle seule ne peut rendre justice de façon complète ou suffisante aux données irrationnelles de l'inconscient. Il ne sert de rien, à la longue, de mutiler la nature vivante en lui imposant le primat du spirituel, et c'est pourquoi l'âme pieuse ne peut faire qu'elle ne retombe toujours à nouveau

61. *Eod. loc.*

62. Dorn cite dans ce contexte la « parole divine » (*verbum Dei*) : « *Qui diligit animam suam, perdet eam, et qui odit animam suam, in aeternum custodit eam.* » (Celui qui aime son âme la perdra, et celui qui hait son âme la garde à jamais.) L.c. p. 453. Cf. Matth. XVI, 25, Luc XVII, 33 et Jean XII, 25.

63. Cf. une représentation parallèle chez Wei Po-Yang (*Isis*, vol. XVIII, p. 238) : « Clos de tous côtés, son intérieur est entièrement fait de labyrinthes communiquant entre eux. La protection est assez complète pour repousser tout ce qui est diabolique et indésirable... La cessation de pensée est désirable et les tracas sont absurdes. Le ch'i (air, esprit, essence éthérée) divin remplit les quartiers... Quiconque le retient prospérera et quiconque le relâche périra. »

dans le péché, et l'homme rationnel doit sans cesse recommencer à s'irriter contre ses attitudes déraisonnables. Seul peut échapper à ce que ce conflit a d'intolérable quiconque parvient à recouvrir les autres faces au moyen d'une inconscience artificielle. Dans ces conditions le duel chronique entre l'âme et le corps apparaît comme une solution préférable, certes, mais nullement idéale. Elle offre toutefois l'avantage de demeurer consciente des deux faces à la fois. Tout ce qui est conscient peut être corrigé. Mais ce qui s'évade dans l'inconscient s'est pour toujours soustrait à la correction ; il peut développer à l'abri une végétation luxuriante et dégénérer toujours davantage. Par bonheur la nature veille à ce que les contenus inconscients fassent tôt ou tard irruption dans la conscience et créent ainsi le contrepoids correspondant. Une spiritualisation durable et sans complication est pour cette raison si rare que ses bénéficiaires sont canonisés par l'Église.

336 Les alchimistes ont vu à juste titre dans l'*unio mentalis in superatione corporis* (l'union mentale dans la victoire sur le corps) le premier degré seulement de la conjonction (de l'individuation), de même qu'Henri Khunrath faisait du Christ le *servator microcosmi* (conservateur du microcosme), mais non celui du macrocosme. Les alchimistes se sont en même temps efforcés d'obtenir (symboliquement) une *union totale des opposés* et l'ont jugée indispensable à la guérison de tout mal. C'est pourquoi non seulement ils supputaient, mais ils cherchaient à découvrir la voie et le moyen de réaliser cette entité qui unit en elle tous les opposés. Elle devait être à la fois spirituelle et matérielle, vivante et inanimée, masculine et féminine, vieille et jeune, et (vraisemblablement) moralement neutre. Elle devait être produite par l'homme et simultanément, en tant qu'*increatum*, être la divinité elle-même (*deus terrestris*).

337 La deuxième étape sur la voie de la production de cette entité était comprise comme la réunification de la position spirituelle et de la sphère corporelle. Pour désigner cette opération, l'alchimie connaît une grande quantité de symboles. L'un des symboles majeurs est celui des « noces chymiques » qui s'accomplissaient dans l'athanor. L'alchimie la plus ancienne demeurait si inconsciente de l'implication psychologique de son « œuvre » qu'elle entendait ses propres symboles comme de pures allégories ou — sémiotiquement — comme des noms secrets pour désigner les combinaisons chimiques, dépouillant en cela la mythologie, dont elle faisait un grand usage, de son sens propre pour ne plus y voir qu'une pure terminologie. Cet état de choses se modifia cependant par la suite et, dès le

XIVᵉ siècle, commença à poindre l'intuition que la pierre représentait plus qu'une simple combinaison chimique. Cette prise de conscience s'exprima principalement dans le parallèle entre la pierre et le Christ[64]. Mais Gérard Dorn est sans doute le premier à avoir reconnu l'implication psychologique comme telle, autant que les moyens intellectuels de son époque le lui permettaient. Cette attitude se manifeste quand on le voit exiger du disciple une bonne constitution physique et par-dessus tout morale[65]. Une attitude religieuse est indispensable[66]. C'est en effet dans l'individu que réside la *substantia coelestis naturae* (la substance de nature céleste) connue de quelques-uns seulement, le *medicamentum incorruptum* qui « peut être libéré de ses chaînes » par « ce qui lui est semblable et non opposé ». Le « remède spagirique » qui permet la libération de celui qui est caché en l'homme doit être « conforme à la substance » (*conforme substantiae*) de ce dernier. C'est grâce à ce remède que notre corps physique est préparé, en sorte que la *separatio* devient possible. En effet, quand le corps est préparé, il peut être plus facilement séparé du reste (*reliquis partibus*), l'âme lui refusant à cette fin tout ce qui excède le strict nécessaire. Se conformant au style de tous les alchimistes, Dorn omet naturellement d'indiquer en quoi consiste le *medicamentum spagiricum*. On peut seulement supposer que celui-ci était conçu comme physique ou peu s'en faut. Toutefois l'auteur précise aussitôt qu'une certaine *ascèse* est recommandable dans cette entreprise, ce qui peut constituer une allusion à un aspect moral que posséderait également la mystérieuse médecine. Il se hâte en tout cas d'ajouter que le « lecteur studieux » passera ainsi de la philosophie méditative à la philosophie spagirique et parviendra ensuite à la véritable et parfaite sagesse. Ces paroles sonnent comme si le *lector studiosus* s'était livré dès le début à la lecture et à la méditation et que cela aussi avait précisément constitué le remède ou

64. Des mentions anciennes de ce parallèle ont été rassemblées dans *Psychologie et Alchimie*, trad. fr. p. 452.

65. « *Impossibile est enim vitae malae hominem possidere thesaurum sapientiae filiis reconditum, et male sanum ad eum acquirendum vel inquirendum, multo minus ad inveniendum aptum esse.* » (Il est en effet impossible qu'un homme de mauvaise vie possède le trésor caché pour les fils de la sagesse, et qu'un homme en mauvaise santé soit apte à l'acquérir ou à le rechercher, et bien moins encore à le découvrir.) *Theat. Chem.* I, p. 457.

66. « *Admonendos esse discipulos putavi auxilii divini implorationis, deinceps accuratissimae diligentiae in disponendo se ad ejusmodi gratiam recipiendam.* » (J'ai pensé qu'il fallait avertir les disciples d'implorer le secours divin, et ensuite de prendre le plus grand soin de se disposer à recevoir une grâce de ce genre.) *Eod. loc.*

la préparation du corps[67]. Tout comme chez Paracelse la *theoria* correcte fait également partie du remède, il en va de même, chez les alchimistes, pour le *symbole* qui exprime les projections inconscientes. Ce sont bien ces dernières qui confèrent à la matière une efficacité magique, et, pour cette raison, elles ne doivent pas être séparées du processus alchimique dont elles sont des parties intégrantes.

338 Suivant la tradition ancienne, l'âme vivifie le corps et elle est de son côté vivifiée par l'esprit. Elle tend donc vers le corps et tout ce qui est corporel, sensible, émotionnel. Elle gît prisonnière « dans les chaînes » de la *physis* et est aiguillonnée par un désir « qui va au-delà de la nécessité physique » (*praeter physicam necessitatem*). Elle doit être appelée « par la persuasion de l'esprit » (*suasu animi*) hors de cet état de délaissement dans la matière et le monde. De la sorte le corps est soulagé, car il ne jouit pas seulement de l'avantage d'être vivifié par l'âme, mais il subit aussi l'inconvénient, en tant qu'instrument de cette dernière, d'avoir à servir ses désirs (*appetitus*). Les imaginations suscitées par les appétits de l'âme conduisent le corps à des actes vers lesquels il ne se serait pas porté sans cette impulsion, car l'inertie de la matière est sa propriété innée et son intérêt se borne à peu près à satisfaire ses pulsions physiologiques. La séparation signifie donc que l'âme et ses projections sont exclues de la sphère corporelle et de toutes les conditions du monde ambiant qui sont liées au corps. En termes modernes, nous dirons que cette opération consiste à se détourner de la réalité sensible, à opérer le retrait des projections de l'imagination qui la vivifient et prêtent aux « dix mille choses » leur apparence aussi attrayante que décevante. Cela signifie donc l'introversion, l'introspection et la méditation, c'est-à-dire l'exploration attentive des désirs et de leurs mobiles. Etant donné que, comme l'affirme Dorn, l'âme occupe une position médiane entre le bien et le mal, le disciple trouvera, grâce à ce processus, une foule d'occasions de découvrir le côté sombre de sa personnalité, ses désirs et ses motivations peu avouables, ses imaginations et ses ressentiments infantiles, bref, tous ces traits qu'on se dissimule à soi-même. Il sera ainsi confronté avec son *ombre* et, plus rarement, il rencontrera au contraire ces qualités positives dont on aime déjà, de toutes manières, à faire étalage. Il reconnaîtra son

67. « *Ego sum* (dit la Sagesse) *vera medicina, corrigens ac transmutans id quod non est amplius in id quod fuit ante corruptionem et in multo melius, item id quod non est, in id quod esse debet.* » (Je suis la vraie médecine, qui corrige et transmue ce qui n'est plus en ce qui fut avant la corruption et en beaucoup mieux, et de même ce qui n'est pas en ce qui doit être.) *Theat. Chem.* I, p. 459.

âme (*anima* et *shakti*) dont la magie crée pour lui un monde. Il parvient à cette expérience, suivant Dorn, grâce au concours de l'esprit (*animus*), terme sous lequel il faut entendre toutes les facultés mentales supérieures, raison, connaissance et discrimination morale. En outre, en tant que l'esprit représente quelque chose comme une « fenêtre sur l'éternité » et possède l'immortalité en sa qualité d'*anima rationalis,* il sert d'intermédiaire pour communiquer à l'âme un « influx divin » (*influxus divinus*) et la connaissance d'un ordre des choses supérieur, et c'est en cela qu'il s'acquitte du rôle qui lui incombe et qui est de vivifier l'âme. Cet ordre supérieur possède un caractère impersonnel et consiste, d'une part, en l'ensemble des valeurs intellectuelles et éthiques traditionnelles, par l'intermédiaire desquelles la culture et l'éducation sont imparties à l'individu, et d'autre part dans les structures de l'inconscient qui se présentent à l'individu comme des idées archétypiques. Les premières prennent d'ordinaire le pas sur les secondes. Mais lorsque, sous le poids de la vieillesse ou les coups de la critique, elles viennent à être ébranlées dans leur force de conviction, on voit aussitôt les archétypes accourir en masse dans la brèche. Avec une vue exacte de la situation, Freud a désigné les premières du nom de *Surmoi,* mais les secondes lui sont demeurées inconnues, car la foi en la raison et le positivisme du XIX$^{e}$ siècle n'avaient pas relâché leur emprise sur lui. Une vision matérialiste des choses ne peut s'accorder avec la réalité et l'autonomie de l'âme.

339 L'*arcanum* de l'alchimie est un de ces phénomènes archétypiques qui viennent combler une lacune de la vision chrétienne du monde, je veux parler du gouffre entre les opposés et en particulier entre le bien et le mal, sur lequel le christianisme n'a jeté aucun pont. Ainsi que je l'ai déjà dit en d'autres endroits, la logique ne sait que déclarer : « Il n'y a pas de troisième terme » (*tertium non datur*), mais la nature est faite exclusivement de ces tierces réalités, car elle est représentée par des effets qui résolvent pour leur part une opposition : une chute d'eau par exemple présuppose l'existence d'un « haut » et d'un « bas ». L'alchimie a fait porter sa recherche sur un effet qui guérit, non seulement les disharmonies du monde de la *physis,* mais aussi le conflit intérieur et spirituel, l'*afflictio animae,* et elle l'a désigné du nom de pierre philosophale. Pour parvenir à cet effet, elle a dû mettre fin à la sujétion, depuis toujours existante, de l'âme et du corps, et ainsi rendre conscient le conflit qui oppose l'homme purement naturel et l'homme déterminé par l'esprit. Ce faisant, elle découvre l'antique vérité que toute opération

de cette sorte représente une *mort* au moins figurée[68], ce qui explique la violente aversion que chacun éprouve lorsqu'il doit faire porter son regard sur ses propres projections et reconnaître ce faisant la nature de son *anima*. Il faut effectivement remporter une singulière victoire sur soi-même pour mettre en question l'image fictive de sa propre personnalité. C'est pourtant là ce qu'exige toute psychothérapie qui a l'ambition d'atteindre à une certaine profondeur : il se peut que cette discipline ne prenne conscience de sa naïveté qu'au moment où le praticien doit essayer sa médecine sur lui-même. On peut toutefois, comme le révèle bien souvent l'expérience, rendre plus aisé l'acte pénible que constitue la connaissance de soi en écartant le critérium moral au profit de l'objectivité dite scientifique ou d'un cynisme sans fard. Mais on n'aura ainsi acquis une certaine connaissance qu'au prix du refoulement d'une valeur morale. Le résultat de cette tricherie est que la connaissance est frustrée de son efficacité, car la réaction morale fait défaut. Les bases d'une dissociation névrotique se trouvent ainsi posées, ce qui ne correspond en aucune manière à ce que recherchait le psychothérapeute. Car le but de cette entreprise est bien de réaliser l'*unio mentalis,* c'est-à-dire une connaissance qui englobe les hauteurs et les profondeurs du caractère de l'individu.

340 Si, par la volonté du destin, un homme sent s'approcher de lui l'exigence de la connaissance de soi et qu'il se dérobe, cette attitude négative peut signifier aussi pour lui une mort effective. Une telle exigence en effet ne se serait pas présentée à lui s'il lui était demeuré possible de se jeter dans quelque chemin latéral plein de promesses. Mais il est parvenu à une impasse dont seule la connaissance de soi peut le libérer. Qu'il s'y refuse, et aucune autre voie ne lui reste ouverte. En général il n'aura pas non plus conscience de cette situation et, plus il est inconscient, plus il est exposé à des dangers imprévisibles. Il arrivera qu'on ne puisse pas se garer assez tôt sur le passage d'une automobile, qu'on fasse un faux pas lors d'une excursion en montagne, qu'en faisant du ski on croie pouvoir descendre une piste dangereuse et qu'au cours d'une maladie on perde tout à coup le goût de vivre. L'inconscient a mille voies pour mettre fin d'une façon extraordinairement soudaine à une existence dépourvue de signification. La connexion entre l'*unio mentalis* et le

68. La *distractio* signifie quelque chose que « certains appellent mort volontaire » (*voluntariam mortem nonnulli vocant*). Voir à ce sujet la mort du couple royal dans la série d'illustrations du *Rosarium Philosophorum*, 1550, commentée dans *La Psychologie du transfert*, trad. cit., p. 121 et sv.

thème de la mort est donc évidente, même si la mort consiste seulement en l'arrêt du progrès spirituel.

341 Le second degré de la conjonction consiste, déclare Dorn, en ce que l'*unio mentalis* est de nouveau unie au corps. Cette étape paraît revêtir une particulière importance, car ce n'est qu'à partir de ce moment que peut être atteinte la *conjonction* parfaite qui est l'union avec l'*unus mundus*. La combinaison nouvelle de l'esprit avec le corps veut manifestement dire que la connaissance active doit devenir effective. Une connaissance peut en effet aussi bien demeurer en suspens s'il n'en est pas fait usage. Mais le deuxième degré de la conjonction consiste en la réalisation de l'homme qui est parvenu à distinguer de façon approximative sa totalité paradoxale.

342 La grande difficulté du second degré provient de l'ignorance où l'on se trouve de la manière dont l'image paradoxale de l'homme intégral peut bien se réaliser. C'est la *crux* de l'individuation qui n'existe toutefois que pour quiconque ne s'engage pas dans la voie du cynisme, « scientifique » ou autre. La réalisation d'une totalité devenue consciente constitue un problème apparemment insurmontable et place la psychologie moderne en face de questions auxquelles elle ne s'aventure à répondre qu'avec hésitation et incertitude. Il est pour cette raison du plus haut intérêt de voir la manière dont la pensée, moins pesante grâce à son symbolisme, d'un « philosophe » médiéval a cherché à s'acquitter de cette tâche. Les textes qui nous sont parvenus ne nous encouragent pas à supposer que Dorn ait été conscient de toute l'ampleur de son entreprise. Bien qu'il conçoive clairement le rôle de l'adepte dans le processus alchimique en général, le problème ne se présente pas à ses yeux dans toute son acuité, car pour lui il ne se déroule que partiellement dans le domaine moral et psychologique et il est, pour une autre part, hypostasié dans certaines qualités mystérieuses du corps vivant ou dans une substance magique que recèle ce corps. Cette dernière projection étend une sorte de nuage qui estompe les angles et les arêtes tragiques du problème. A cette époque la croyance générale acceptait encore qu'il fût possible de démontrer des propositions métaphysiques (et notre siècle n'a pas achevé de se libérer de cette hypothèse un peu enfantine) et l'on pouvait ainsi bâtir dans l'au-delà des positions apparemment solides et telles qu'on les estimait pour toujours à l'abri du doute. On pouvait ainsi se ménager des allégements appréciables. Que l'on songe à ce que cela représente, dans la détresse et l'incertitude d'un dilemme moral ou philosophique, que d'avoir pour ainsi dire à portée de main une quintessence, une

pierre, une panacée ! Il est aisé de comprendre ce que constituait un tel recours si l'on considère la ferveur avec laquelle notre époque croit pouvoir faire disparaître magiquement les complications psychologiques au moyen d'hormones, de narcotiques, de chocs à l'insuline et autres. Les alchimistes étaient tout aussi incapables de pénétrer la nature symbolique de leur concept d'arcane que nous le sommes de reconnaître des symboles dans la foi aux hormones et aux chocs. Nous repousserions avec indignation une pareille interprétation comme une idée aussi impudente que ridicule.

## 3

## *LA PRODUCTION DE LA QUINTESSENCE*

343 L'ARGUMENTATION de Dorn se meut pour une bonne part dans la sphère des symboles et chemine à pas ailés sur les nuages. Mais cela n'empêche pas que son symbolisme laisse percer une signification que notre psychologie parvient plus ou moins à saisir. Il sait par exemple que le sage ne pourrait pas réconcilier les contraires si « une certaine substance céleste qui gît cachée dans le corps humain » ne venait à son secours. Cette substance c'est « le baume », « la quintessence », « le vin philosophique »[69], « une vertu et une puissance divine »[70] et en définitive « la vérité »[71]. Cette dernière est le remède souverain. Toutefois cette « vérité » n'est cachée qu'indirectement dans le corps, en tant qu'elle est en réalité constituée par l'*imago Dei* imprimée dans l'homme. Cette image de Dieu est en vérité la quintessence et la vertu du vin philosophique. Le vin est une image assez adéquate, puisque, sous la forme d'un liquide physique, il représente le corps et, en tant qu'alcool, l'esprit. Celui-ci semble correspondre à la « vertu céleste ». Cette vertu est universelle bien que partagée entre la multiplicité des individus. Mais elle est seulement *une* et revient donc, une fois libérée, à son état d'unité. « C'est là un des arcanes de la nature grâce auquel les sages ont atteint aux choses plus hautes[72]. » On peut préparer le « vin » à partir du grain[73] et pareillement à partir de toutes les autres semences[74]. L'essence que l'on extrait est

69. Le « vin philosophique » contient l'« essence céleste ». *Theat. Chem.* I, p. 464.
70. « *Virtus caelestique vigor* » l.c. p. 457.
71. « *At veritas est summa virtus et inexpugnabile castrum.* » (Mais la vérité est la vertu suprême et un camp retranché inexpugnable.) L.c. p. 458.
72. « *Libera tamen ad suam unitatem redit. Hoc est unum ex arcanis naturae, per quod ad altiora pertigerunt spagiri.* » L.c. p. 464.
73. *Grana* est également employé dans le sens de « grains de raisin ».
74. Sur les détails de ce processus voir plus loin.

portée à sa « plus grande simplicité » « par des mouvements de rotation continus [75] » au moyen desquels le pur se sépare de l'impur. Alors on verra « l'élément pur surnager, transparent, lumineux et de la plus pure couleur de l'air (donc bleu) [76] ». « Tu verras le ciel jusqu'alors spagirique (c'est-à-dire secret), ciel que tu peux orner d'étoiles inférieures tout comme le ciel d'en haut est garni d'étoiles supérieures [77]. » « Est-ce que, continue Dorn, les incrédules qui ont imité les physiciens ne s'émerveilleront pas de ce que nous touchons de nos mains le ciel et les étoiles ?... Nous avons par conséquent des étoiles inférieures dont chacune est individuellement produite par la nature dans ce monde inférieur grâce à leur conjonction (celle des étoiles) avec le ciel, qui représente celle des éléments supérieurs avec les éléments inférieurs [78]. J'entends déjà la voix d'un grand nombre, frémissant (de colère) contre nous, qui font retentir ces paroles : " Holà ! loin d'ici ! et qu'on fasse disparaître les hommes de cette espèce, qui disent pouvoir réunir le ciel et la terre [79] ! " »

344 « Le ciel est donc une matière céleste et une forme universelle contenant en elle toutes les formes distinctes mais procédant cependant de l'unique forme universelle. C'est pourquoi celui qui sait que les individus (c'est-à-dire les êtres distincts) peuvent être conduits par l'art spagirique jusqu'au genre le plus général et qu'une ou des vertus spéciales peuvent ensuite être insérées en lui (le genre le plus général), trouvera facilement la médecine universelle. Etant donné en effet qu'en toutes choses le commencement de la corruption est unique et universellement unique également la source des vertus qui

75. « *Assiduis rotationis motibus, rotae circulo.* » (Par des mouvements continus de rotation, par le cercle de la roue.) L.c.

76. Chez Joannes de Rupescissa (Jean de la Roquetaillade) (*La Vertu et la Propriété de la Quinte Essence,* 1581), la quintessence correspond au ciel (p. 15). Elle est également appelée « esprit de vin » et « eau de vie ». Elle est le « ciel humain » (p. 17) « de la couleur du ciel » (p. 19).

77. Dorn se réfère sans doute ici à la méthode magique décrite dans la IIe partie du traité d'Artephius : « Clavis majoris sapientiae » (*Theat. Chem.* 1613, IV, p. 236 et sv. et Manget, *Bibl. Chem.* 1702, I, p. 507 et sv.). Il s'agit d'une opération consistant à capter et à faire descendre les esprits planétaires qui sont nécessaires en vue de la combinaison de l'esprit ou de l'âme avec le corps, et de la transformation de ce dernier. Voir les représentations de la *conjunctio* dans le bain, dans le traité dit *Ripley Scroll* et ses variantes. (On trouvera un exemple dans *Psychologie et Alchimie,* trad. fr. p. 575.) (Voir aussi le bas-relief du portail de la Vierge de N.-D. de Paris reproduit par Fulcanelli dans *Le Mystère des Cathédrales* [fig. XIX] et intitulé par l'auteur : « le Bain des Astres. Condensation de l'Esprit Universel » [N.d.T.])

78. « *Sunt igitur stellae nobis inferiores individua quaevis a natura hoc in mundo inferiori producta conjunctione videlicet earum et caeli tanquam superiorum cum inferioribus elementis.* » Dorn, *Theat. Chem.* I, p. 466.

79. Dorn : l.c. p. 465 et sv.

rénovent, restaurent et animent. Qui, à moins d'être privé d'intelligence, révoquera en doute l'existence d'une pareille médecine ? »

345 Au moyen du traitement alchimique des « grains » (les grains de raisin), « notre mercure » est préparé par la plus haute exaltation. Toutefois la mixtion peut se faire de ciel nouveau, de *miel*[80], de *chélidoine*[81], de *fleurs de romarin*[82], de *mercuriale*[83], de *lis rouge*[84],

80. « L'élixir de miel préserve et purifie le corps humain de toute impureté tant intérieure qu'extérieure. » Bernardus G. Penotus, « De Medicamentis Chemicis. » *Theat. Chem.* I, p. 730. Le 1er chapitre du traité de Paracelse : *Lumen Apothecariorum Spagyrorum* est consacré au miel. La *prima materia* du miel consiste en « la douceur de la terre... Tout ce qui concerne la croissance (des êtres) s'y trouve rassemblé. » Le miel est la « *resina terrae* », « un esprit indien » qui est transformé par l'« influence estivale » en un « *spiritum corporalem* ». Le miel a constitué la nourriture de Jean-Baptiste. (Éd. Huser, 1590, VIIe partie, pp. 22 et sv.) Dans la « troisième élévation » le miel devient « mortel », un « poison » qui « conduit à la mort » comme le « *tartarus mortalis* ». (« Des maladies du Tartre », ch. XIV. Huser, 1589 : IIe part. p. 239.) Le miel contient du « tartre » (*Tartarum*) l.c. p. 223. En tant qu'*aqua permanens* (ὕδωρ θεῖον) il apparaît déjà chez Zosime (Berthelot, *Alch. Grecs* III, XXV, I). Ici et dans la *Turba* il constitue avec le vinaigre ou acide (*acetum*) un couple d'opposés. (Discours XXXVII, 16).

81. La *Chelidonia* apparaît dans la version de la *Turba* qui s'écarte d'une façon non négligeable du texte que donne Ruska. (Elle est reproduite dans l'*Art. Aurif.* I, p. I et sv.) : « *Quidam Philosophi nominaverunt aurum Chelidoniam, Karnech* », « *Geldum* ». (Certains philosophes ont appelé l'or chélidoine etc.) Ruska explique *Geldum* comme synonyme de *Chelidonium majus L. (Turba,* p. 28). Dioscoride (*Mat. Med.* 1554, II, p. 172) mentionne que les hirondelles guérissent la cécité de leurs petits à l'aide de cette herbe. Celle-ci figure encore dans le *Livre des Plantes* de Tabernaemontanus (1731, p. 106) comme remède des yeux, par ex. contre l'héméralopie. Dans le *Lexicon* de Ruland, *Chelidonia* est un pseudonyme de l'or (vraisemblablement à cause de la fleur jaune). On trouverait dans le gésier des jeunes hirondelles deux petits cailloux, les *lapides Chelidonii* (pierres de chelidonium) ; l'une est noire et l'autre rouge. En tant que remède des yeux (*succus Chelidoniae*) on l'emploie en vue de l'extraction de l'« humidité » (âme) du Mercure, en raison de sa couleur. (Dorn, « De Transmutatione Metall. » *Theat. Chem.* I, p. 582). Le « sel de chélidoine » en tant qu'emménagogue et solvant (l.c. p. 759). Chelidonia comme nom de la pierre (*Theat. Chem.* IV, p. 822), comme remède salutaire dans les maladies de l'esprit (*Theat. Chem.* V, p. 432). Chez Paracelse (*Paragranum*, IIe partie : *De philosophia*) les quatre chélidoines sont synonymes d'*anthos* (fleur). Voir à ce sujet le « Cheyri » dans : *Paracelsica,* 1942, p. 86 et sv. La chélidoine en tant que préservatif contre les orages. (*De Phil. occulta.* Huser, 1590 ; IXe partie, p. 361.)

82. *Ros* (rosée) = *aqua permanens.* Le romarin est, selon Tabernaemontanus, un *alexipharmacum* (p. 312).

83. La *Mercurialis testiculata* aurait été, comme le moly, découverte par Mercure ; elle aurait des sexes distincts et constituerait un emménagogue. (Tabernaemontanus, l.c. p. 940 et sv.) Pour Dioscoride (Lib. IV, p. 169), la mercuriale, introduite par voie vaginale, déterminerait le sexe de l'enfant. « *Mercurialis saeva est aqua aluminium in qua Mercurius generatur... est aurei coloris.* » (La mercuriale sauvage est l'eau d'alun dans laquelle est engendré le Mercure... elle est de couleur dorée.) Ruland : l.c. p. 334.

84. *Lilium* = Mercure et quintessence du soufre (et par suite rouge). (Ruland l.c.) « *Lilii Alchemiae et Medicinae... nobilissimum hoc omne quod ex altissimi conditoris manifestatione meditationibus hominum obtingere potest.* » (Les lis de l'alchimie et

de *sang humain*[85] avec le ciel du vin rouge ou blanc, ou du tartre[86]... On peut faire encore une autre mixtion, celle du ciel avec la clé philosophique[87], par le procédé de la génération (*generationis artificio*).

346 Ici Dorn observe tout de même que son lecteur doit avoir le souffle coupé et c'est pourquoi il ajoute : « Il est vrai que ces choses sont difficiles à comprendre (*vix intelligibilia*), je veux dire si l'on n'a pas une pleine connaissance des termes de l'art (*vocum artis*) ; nous avons jugé bon de les définir au second degré, là où auparavant nous avons achevé d'étudier la connaissance méditative. La connaissance méditative est donc une certaine solution (*resolutio*) indubitable, au moyen de la certitude conférée par l'expérience de quelconques opinions que l'on a conçues au sujet de la vérité. Quant à l'opinion, c'est une présomption (*praesumptio*) de la vérité, inhérente à l'esprit et indubitable. Mais l'expérience est la claire démonstration de la vérité, et la solution est le dépouillement du doute (*resolutio dubii depositio*). Nous ne pouvons parvenir à une meilleure certitude à propos d'un doute quelconque qu'en faisant l'expérience, et cela (nulle part) mieux qu'en nous-mêmes... Nous avons dit plus haut que la piété consiste en la connaissance de soi, et c'est pourquoi nous avons commencé par elle à exposer la connaissance méditative. Personne ne peut se connaître vraiment à moins de voir et de savoir auparavant, grâce à une méditation assidue, *ce qu'*il est lui-même, plutôt que *celui* qu'il est, de qui il dépend ou à qui il appartient et à quelle fin il a été fait et créé, et aussi par qui et par l'intermédiaire de qui. » Dieu a fait participer

de la médecine... tout ce très noble [don] qui peut échoir aux méditations de l'homme, de la manifestation du créateur suprême.) (Dorn, « De Transmut. metall. » *Theat. Chem.* I, p. 608) *Anthera* (sans doute étamines) *liliorum* comme contrepoison. (Paracelse, *Scholia in poëmata Macri.* Huser, 1590, VIIe partie, p. 268). Le *succus liliorum* (suc de lis) est « mercuriel » et « incombustible ». (J. Grassaeus, « Arca Arcani ». *Theat. Chem.* 1661, VI, p. 327.) « Conjonction » du lis blanc et du lis rouge (l.c. p. 335).

85. Le sang est un synonyme de la teinture rouge (= *aqua permanens*), un degré préliminaire de la pierre. (Ruland, *Lex. Alch.* 1612, p. 421.) *Sanguis hominis ruffi* (le sang d'un homme roux) = *Sulphur* = *Mercurius Solis* (le Mercure du soleil.) (L.c. p. 422).

86. Le traité « De Medicamentis Chemicis » *Theat. Chem.* I, p. 749, dit du *Tartarus* : « *Miranda praestat in spagyrica arte, nam eo mediante lux diei in primam materiam reducitur.* » (Il produit des merveilles dans l'art spagirique ; en effet, par son intermédiaire, la lumière du jour est réduite en la matière première.) Le *Saturnus calcinatus* est appelé par Ripley « *tartarus ex uvis nigris* » (tartre de raisin noir). (« Discursus Orthelii. » *Theat. Chem.* 1661, VI, p. 471.)

87. Ceci doit se rapporter au traité d'Artephius mentionné plus haut.

l'homme à sa gloire et l'a créé à son image. « De même que nous avons été créés à partir d'un limon très vil, méprisable et dont chacun fait fi, nous sommes, à cause de la matière dont nous sommes formés, portés vers tout ce qui est vil plutôt que vers celui qui avait autrefois fait de nous, à partir d'une matière vile, des créatures très précieuses, ornées de gloire et d'honneur à un degré inférieur de peu à celui des anges. » C'est avec la matière la plus vile que Dieu a fait l'or et les pierres précieuses. C'est pourquoi, connaissant notre nature et notre origine, nous devrions nous abstenir de tout orgueil (*elationis superbia*), car Dieu ne considère pas la personne, mais la pauvreté et l'humilité, et il hait l'orgueil. Seul celui qui a créé l'eau et le vin peut changer l'une en l'autre, et aussi transformer la terre en âme vivante (*animam viventem*) et Il lui a fait don de son image et de sa ressemblance pour la certitude de notre salut. Bien que, par le péché d'Adam, nous soyons devenus des rebelles, Dieu s'est réconcilié avec nous. « Qui donc sera de pierre (*lapideus*) au point de... ne pas se réconcilier avec son ennemi ? » Quiconque connaît Dieu connaîtra aussi son frère. C'est là la base de toute vraie philosophie. Quiconque a considéré avec soin toutes ces choses en lui-même et rejeté de son esprit tous les soucis mondains[88] percevra ainsi progressivement avec une joie extrême des étincelles de la clarté divine (*scintillas divinae illustrationis*) luisant de jour en jour davantage aux yeux de son esprit (*oculis suis mentalibus*). L'âme ainsi mue sera unie à l'esprit. « *Finalement le corps est contraint de consentir et d'obéir à l'union des deux* (anima et animus) *déjà unis*[89]. *C'est là cette admirable transmutation philosophique du corps en esprit* (spiritum) *et de ce dernier en corps, au sujet de laquelle les sages nous ont laissé cette parole : " Rends le fixe volatil et le volatil fixe "*[90], *parole dans laquelle tu tiens notre magistère.* Comprends-la de cette manière : " Du corps pesant (*pertinax :* tenace) fais une chose souple (*tractabile*) afin que, par l'excellence de l'esprit qui convient à l'âme, il devienne un corps très résistant pour supporter toutes les épreuves (*examina*)... L'or est en effet éprouvé par le feu... Venez là, vous qui recherchez des trésors en des tentatives si diverses, reconnaissez la pierre rejetée et devenue ensuite pierre d'angle, avant de chercher. C'est en vain que travaillent tous les

88. L.c. p. 470.
89. « *Corpus tandem in amborum jam unitorum unionem condescendere cogitur et obedire.* »
90. Peut-être le mot « spagirique » trouve-t-il là son origine : σπάειν = déchirer, et ἀγείρειν = rassembler.

explorateurs des parties cachées et très secrètes de la nature lorsque entrant dans une autre voie ils s'efforcent de découvrir les vertus des choses terrestres au moyen de ce qui est terrestre. Apprenez donc à connaître le ciel, non par la terre, mais les vertus de celle-ci par la puissance de celui-là... Cherchez la médecine incorruptible qui puisse non seulement transmuer les corps de la corruption en un équilibre véritable (*verum temperamentum*), mais conserver en outre très longtemps les corps équilibrés : vous ne pourrez jamais trouver une telle médecine ailleurs que dans le ciel. Le ciel en effet pénètre tous les éléments et les êtres qui en dérivent, les engendre et les réchauffe par sa vertu au moyen de rayons invisibles qui convergent de toutes parts au centre de la terre. Cet enfant des deux parents, à savoir les éléments et le ciel, retient en lui la nature, afin que l'on puisse trouver en lui chacun des parents en puissance et en acte. Qui sera fixé là (au centre de la terre), si ce n'est la pierre dans la génération spagirique[91] ? Apprends à partir de toi-même à connaître tout ce qui existe au ciel et sur la terre, en particulier parce que tout cela a été créé à cause de toi. Ignores-tu que le ciel et les éléments ont d'abord été une seule chose, qu'ils ont également été séparés par un artifice divin afin de t'engendrer naturellement, toi et tout le reste ? Si tu sais cela, le reste ne peut t'échapper. C'est pourquoi une séparation de cette sorte est nécessaire dans toute génération... Tu ne feras jamais l'un (*unum*) à partir des autres choses, si l'un n'est auparavant réalisé à partir de toi[92]. »

91. « *Quis haerebit adhuc nisi lapis in generatione spagirica ?* » Ce qui veut dire que le centre de la terre et la « pierre » se correspondent mutuellement.
92. *Theat. Chem.* I, p. 466 et sv.

4

## LE SENS DU PROCESSUS ALCHIMIQUE

347 C'EST ainsi que Dorn décrit le second degré dans le processus de la conjonction. L'esprit moderne ne verra dans des créations conceptuelles de ce genre que des productions nébuleuses d'une imagination qui rêve. Dans un certain sens elles sont aussi cela et, à ce titre, elles se prêtent au déchiffrement par la méthode de la psychologie complexe. Dans sa tentative pour rendre compréhensible une situation manifestement confuse, notre auteur en arrive, ainsi que nous l'avons vu, à une discussion sur le moyen de produire la quintessence qui est indubitablement requise, en vue de la combinaison de l'*unio mentalis* avec le corps. On est naturellement amené à se demander ce que vient faire ici le processus alchimique. L'*unio mentalis* représente de façon si évidente une attitude spirituelle et morale que l'on ne peut avoir aucun doute sur sa nature psychologique. Notre intellect voit aussitôt se dresser un mur séparant les phénomènes psychiques et les phénomènes chimiques. Ces deux domaines sont pour nous incommensurables, mais ils ne l'étaient pas pour l'esprit médiéval. C'est que celui-ci ne sait absolument rien des substances chimiques et de leurs combinaisons. Il voit seulement des matières énigmatiques qui, combinées ensemble, produisent de nouvelles substances inexplicables et donc mystérieuses. Dans cette obscurité profonde l'imagination se donne libre carrière et peut, en se jouant, combiner l'impensable. Son activité peut s'exercer sans rencontrer de limites et elle est capable de se représenter elle-même sans s'en apercevoir. La psyché de l'adepte se sert de la matière et des opérations chimiques à la manière du peintre qui traduit sa création intérieure au moyen des couleurs de sa palette. Par conséquent, lorsque Dorn prend ses matières et ses instruments chimiques pour décrire la combinaison de l'*unio mentalis* avec le corps, cela signifie tout simplement qu'il illustre les images dont il est porteur par des opérations chimiques. Il élit pour cela les matières convenables

comme le peintre prend les couleurs adéquates. Ainsi le miel doit entrer dans la mixtion à cause de sa propriété purificatrice. Dorn, disciple de Paracelse, a lu dans les écrits de son maître l'éloge chaleureux du miel « douceur des terres », « *resina terrae* » (résine de la terre), qui pénètre tout ce qui croît, « esprit indien » qui, sous « l'influence estivale », se change en un « esprit corporel ». C'est pourquoi son mélange possède non seulement la propriété d'éliminer les impuretés, mais aussi celle de changer l'esprit en corps, ce qui, dans la perspective de la conjonction projetée entre l'esprit et le corps, paraît être un signe particulièrement prometteur. Toutefois (comme on le sait généralement) la « douceur de la terre » n'est pas sans comporter un certain risque. Le miel en effet peut aussi se changer en poison, comme nous l'avons vu plus haut. Il contient, selon Paracelse, du « tartre » (*tartarum*), substance qui, comme son nom l'indique, n'est pas sans rapport avec l'Hadès, et « réduit la lumière du jour en la matière première ». C'est aussi un « Saturne calciné » (*Saturnus calcinatus*) ; il est donc apparenté à cette divinité maléfique. Dorn prend en outre la *chélidoine* qui guérit les maux d'yeux, et en particulier la cécité nocturne (héméralopie) et, ce qui est bien mieux, les ténèbres spirituelles redoutées par les adeptes (*afflictio animae,* mélancolie, etc.). Elle protège des « orages », et donc des tourmentes des émotions humaines. Elle constitue un ingrédient précieux, car sa fleur jaune évoque l'or philosophique, ce trésor suprême. De plus, ce qui est ici particulièrement important, elle extrait du Mercure son « humidité », son « âme »[93]. Elle concourt donc à la « spiritualisation » du corps et rend visible l'essence de l'esprit chthonien par excellence, le Mercure. Mais ce dernier est également le diable[94]. Voilà sans doute pourquoi David Lagneus intitule le paragraphe où est définie la nature du Mercure par ces mots : « *Dominus vobiscum*[95]. »

348 Dorn mentionne ensuite la plante *Mercurialis*. Cette plante fut autrefois découverte par Hermès lui-même, comme l'herbe magique d'Homère, le *moly*. Elle n'est donc pas dépourvue de vertus magiques. Elle se révèle particulièrement propre à aider la conjonction, car elle se présente sous une double forme : masculine et féminine et, pour cette raison, peut déterminer le sexe de l'enfant qui n'est pas encore conçu. On prétend que le Mercure lui-même est un

93. C'est-à-dire l'essence.
94. Cf. sur ce point : *Symbolik des Geistes,* 1948, p. 118.
95. « Harmonia Chemica. » *Theat. Chem.* 1613 ; IV, p. 820.

extrait de cette plante et, par conséquent, l'esprit destiné à devenir un médiateur (il est « capable de l'un et l'autre » : *utriusque capax*) et le « conservateur du macrocosme » (*conservator macrocosmi*). C'est pourquoi il rend les plus grands services pour l'union des choses « supérieures » avec les « inférieures ». En tant qu'Hermès Cyllénien (c'est-à-dire ithyphallique), il est en mesure de contribuer à (augmenter) la puissance attractive de la *sexualité* qui joue un grand rôle dans le symbolisme de la conjonction[96]. De même que le miel, il n'est pas sans présenter de danger à cause de son action vénéneuse, et l'on comprend que l'auteur juge souhaitable d'y mélanger du *romarin* comme contrepoison (*alexipharmacum*) ; cette plante doit également son utilisation au fait qu'elle est synonyme de Mercure, en vertu peut-être de l'adage : « *similia similibus curantur* » (les semblables sont guéris par les semblables). Dorn n'aura sans doute pas résisté à l'envie d'exploiter l'allusion alchimique contenue dans le nom du romarin (*rosmarinus :* rosée marine). Le symbolisme alchimique s'accorde avec celui de l'Église pour mentionner une « rosée de la grâce » qui est l'*aqua vitae* (*perpetua, permanens*), l'*ὕδωρ θεῖον* avec son double sens d'eau divine et d'eau de soufre. L'eau était également appelée « eau de mer » (*aqua pontica*) ou simplement « mer ». C'est la grande mer sur laquelle navigue l'alchimiste au cours de sa « pérégrination » mystique, guidé par le « cœur » de Mercure au pôle nord du ciel, auquel la nature elle-même fait allusion par la boussole[97]. C'est également le bain de la régénération, la pluie printanière qui fait croître la végétation, et enfin l'eau de l'enseignement (*aqua doctrinae*).

349 Le *lis* est un autre contrepoison ; mais ce n'est pas tout, il est bien plus que cela : son suc est « mercuriel » et même « incombustible », épithète qui évoque toujours une nature incorruptible, « éternelle ». Nous en avons confirmation dans le fait que le lis est conçu comme le Mercure et la quintessence, c'est-à-dire le degré le plus élevé que la « méditation humaine » puisse atteindre. Le lis rouge représente le masculin, et le blanc le féminin dans la conjonction, et par conséquent le couple divin qui s'unit dans la hiérogamie. Le lis est donc un vrai *gamonymus* (au nom nuptial) au sens de Paracelse.

350 Enfin la mixtion ne doit pas être dépourvue de ce qui unit proprement le corps et l'âme : le *sang humain,* qui est tenu pour le siège

96. *Symbolik des Geistes,* p. 121.
97. Cf. *Psychologie et Alchimie,* trad. fr. p. 472, et fig. 97 p. 262, et *Aïon,* 1951, p. 194.

de l'âme[98]. C'est un synonyme de la teinture rouge, degré préalable de la pierre ; en outre le sang était depuis longtemps considéré comme un charme magique, un « lien » (*ligamentum*) qui rattache l'âme à Dieu ou au diable, donc une médecine des plus puissantes, capable de combiner l'*unio mentalis* avec le corps. L'introduction du sang humain dans la préparation me semble assez étrange, si l'on admet que la recette pouvait être entendue au sens littéral. On se meut ici en terrain peu sûr. Bien que les ingrédients végétaux soient manifestement retenus pour leur valeur symbolique, on ne sait pas exactement jusqu'à quel point ce symbolisme signifie également une propriété magique. Dans ce dernier cas il faudrait prendre la recette au pied de la lettre. L'embarras augmente avec la mention du sang, car ou bien c'est un simple synonyme de l'*aqua permanens* et il peut signifier n'importe quel liquide, ou bien il désigne véritablement le sang, et l'on doit se demander où ce sang a été pris. Serait-ce celui de l'adepte ? Cette question ne me semble pas entièrement oiseuse du fait que Dorn dans cet ouvrage est fortement influencé, comme nous le verrons encore plus loin, par le *Liber Quartorum,* traité sabéen qu'il connaît manifestement, bien qu'il ne le nomme pas. Or les Sabéens avaient la réputation de s'être livrés à des sacrifices humains pour des fins magiques[99] et aujourd'hui encore le sang humain est utilisé pour signer les pactes avec le diable. Il n'y a pas si longtemps, un vagabond a été jeté, après avoir été enivré, dans les fondations d'un édifice où il a été emmuré à la hâte, pour consolider le fondement. Il est donc fort possible qu'une pratique magique du XVIe siècle ait utilisé du vrai sang humain en tant que partie prise pour le tout.

351 La totalité de ce mélange est maintenant combinée « avec le ciel du vin rouge ou blanc, ou du tartre ». Le « ciel » est, comme nous l'avons vu, le résultat du traitement alchimique qui consiste dans le cas présent à distiller au préalable le « vin philosophique ». Ce faisant, on sépare « l'âme » et « l'esprit » du corps et on les sublime un grand nombre de fois jusqu'à ce qu'ils soient libérés de tout « phlegme », c'est-à-dire de tout le liquide qui ne contient pas

98. De même chez Paracelse l'*anima,* la *Melosina,* vit dans le sang. (*Paracelsica,* 1942, p. 102.)

99. Voir à ce sujet la notice du *Fihrist-el-U'lum* de Mohammed ben Ish'Aq en-Nedim dans Chwolson : *Die Ssabier und der Ssabismus.* 1856, vol. II, p. 19 et sv. où est décrite la macération d'un corps humain dans l'huile et le borax. La tête du cadavre est alors utilisée pour rendre des oracles. On lira également le récit de Laurens Van Der Post dans *Les Racines de la conscience,* trad. fr. p. 259.

« d'esprit »[100]. Ce résidu, le « corps », est réduit en cendres « au moyen d'un feu très violent » et, en y ajoutant de l'eau chaude, on le transforme en une « lessive très énergique » (*lixivium asperrimum*) que l'on sépare de la cendre en la versant avec précaution du vase incliné. On procède de même avec le nouveau résidu, jusqu'à ce qu'il ne reste plus d'*asperitas* dans la cendre. La lessive est ensuite filtrée et on la fait s'évaporer dans un vase de verre. On obtient de cette manière le *tartarum nostrum* (notre caillou de vin : *calculus vini*), le « sel » naturel « de toutes choses ». Ce sel « peut être dissous en eau de tartre sur une plaque de marbre[101] dans un lieu humide et frais ». C'est la quintessence du vin philosophique ou encore du vin commun qui à présent est soumis à la rotation déjà mentionnée. Ainsi le pur est séparé de l'impur comme par un mouvement centrifuge et l'on voit un liquide « couleur d'air » (*aeris colore*) apparaître à la surface : c'est le *ciel.*

352 J'ai exposé en détail ce processus pour communiquer à mon lecteur une impression directe de la méthode alchimique. On ne peut guère supposer qu'il y ait là pur charlatanisme, car Dorn est un homme qui prend manifestement son sujet à cœur. Selon toute apparence, il croit ce qu'il dit et il a travaillé lui-même. Nous ignorons toutefois avec quel succès il a œuvré dans le domaine chimique, mais nous sommes suffisamment fixés sur les résultats de ses exercices de méditation.

353 Ce « ciel » représente pour lui la *substantia caelestis* qui gît cachée dans l'homme, la « vérité » secrète, la « vertu suprême » (*summa virtus*), le « trésor que les teignes ne dévorent point et que

100. Voir la description du *caput mortuum* chez Christianos : μέλαν καὶ ἄψυχον καὶ νεκρὰ καὶ ὡς εἰπεῖν ἄπνους. (Noire, inanimée et morte, et pour ainsi dire sans esprit [ou sans souffle].) Berthelot, *Alch. Grecs.* VI, XII, I. Le phlegme a également une signification morale : « *Item sapientiam tuam semina in cordibus nostris, et ab eis phlegma, choleram corruptam et sanguinem bullientem expelle, ac per vias beatorum perducas.* » (Sème pareillement ta sagesse dans nos cœurs et chasses-en le phlegme, la bile corrompue et le sang bouillant, et conduis-nous par les chemins des bienheureux.) (« Allegoriae Sapientum. » *Theat. Chem.* 1622, V, p. 66). Le résidu, la « terre noire », est la cendre dont le *Tractatus Micreris* dit : « *Ne cinerem vilipendas... in eo enim est Diadema quod permanentium cinis est.* » (Ne méprise pas la cendre... car en elle se trouve le Diadème qui est la cendre des choses permanentes.) *Theat. Chem.* 1622, V, p. 104.

101. Il y a dans l'homme un *marmoreus tartarus* (tartre de marbre) une « pierre très dure » (*lapis durissimus*). Ruland, *Lexicon Alchemiae.* 1602, p. 322. Les tasses de marbre et de serpentine protégaient du poison. (Hellwig, *Lex. Medico-Chymic.* 1711, p. 162.) « *Item scitote, quod spiritus est in domo marmore circundata, aperite igitur foramina, ut spiritus mortuus exeat.* » (Sachez de même que l'esprit se trouve dans une maison entourée de marbre ; ouvrez donc les ouvertures afin que l'esprit mort s'en aille.) (*Allegoriae Sapientum.* L.c. p. 66.)

les voleurs ne déterrent point ». Pour le monde il est la chose la plus vile mais « aux yeux des sages, il est plus aimable que l'or et les pierres précieuses » (*amabilis sapientibus supra gemmas et aurum*) ; c'est un bien qui ne passe pas et « que l'on emportera d'ici après la mort »[102]. Le lecteur avisé peut en déduire que l'adepte ne présente ici rien de moins que le royaume des cieux sur terre. Je présume que notre auteur n'entend pas exagérer, mais transmettre à son public un enseignement qui lui paraît essentiel. Il croit à la nécessité de l'œuvre alchimique comme à sa réussite ; il est convaincu que l'on a besoin de la quintessence pour « préparer » le corps[103] et que celui-ci est tellement amélioré par ce « remède » que sa conjonction avec l'esprit et l'âme peut être réalisée. La production du ciel à partir du vin est déjà un phantasme chimique à faire dresser les cheveux sur la tête, mais, quand l'adepte déclare vouloir mélanger son « ciel » avec ses « gamonymes » et ses autres herbes magiques, nous cessons complètement de comprendre. Pourtant si la première de ces recettes se compose essentiellement de phantasmes, il en va de même pour la seconde. C'est là ce qui fait l'intérêt de cette page, car les phantasmes signifient toujours quelque chose. C'est pourquoi la question se pose à nous : que veut dire ce processus en termes psychologiques ?

102. *Theat. Chem.* I, p. 458. Il est donc clair qu'il s'agit de la partie immortelle de l'homme.

103. « *Ad corporis igitur bonam dispositionem artificiatam, utimur spagirico medicamento...* » (C'est pourquoi, en vue de préparer par l'art une bonne disposition du corps, nous utilisons le remède spagirique.) (L.c. p. 457.)

# 5

## *LA SIGNIFICATION PSYCHOLOGIQUE DU PROCESSUS*

354 La réponse à cette question nous tient à cœur, car nous nous heurtons ici à un fait qui est également de la plus haute importance pour la psychologie moderne : l'adepte produit un phénomène de l'ordre des phantasmes qui revêt à ses yeux une signification particulière. Bien que, ce faisant, il continue à se mouvoir dans le cadre général des représentations alchimiques, il ne reproduit aucun schéma préétabli, mais crée, en suivant librement les idées qui lui viennent à l'esprit, une série individuelle de concepts et d'opérations correspondantes qui sont, comme il est aisé de le voir, de caractère symbolique. Il commence par la réalisation de la médecine qui doit lui servir en vue de la combinaison de l'*unio mentalis,* sa position spirituelle, avec le corps. Ici déjà commence l'ambiguïté : qu'est-ce que Dorn entend par *corpus ?* Est-ce son corps humain ou la matière chimique ? Apparemment c'est en premier lieu son corps vivant qui, nous le savons, ne veut pas ce que veut l'esprit. Mais à peine le processus chimique est-il entamé que le corps est ce qui demeure dans l'alambic lors de la distillation du vin, et ce « phlegme » est maintenant traité de corps subtil de l'âme dans le feu du purgatoire. La lie de vin doit, comme l'âme souffrante, passer par un grand nombre de feux destinés à la sublimer jusqu'à ce qu'elle soit assez pure pour que la quintessence « couleur d'air » puisse en être séparée.

355 Cette étrange identité, nettement posée comme un postulat et jamais admise de façon seulement problématique, représente cette « participation mystique » dans laquelle Lévy-Bruhl a vu à bon droit une caractéristique de la mentalité primitive[104]. Cela vaut aussi pour

104. L'opinion de Lévy-Bruhl a été récemment combattue par des ethnologues, mais non parce que la présence de ce phénomène chez les primitifs ne pourrait être prouvée : simplement parce qu'ils ne l'ont pas comprise. Comme tant d'autres spécialistes, ces critiques préfèrent ne rien savoir de l'inconscient collectif.

le fait incontestablement psychique de l'*unio mentalis* qui est à la fois une *veritas* substantielle, cachée dans le corps, laquelle coïncide à son tour avec la quintessence sublimée à partir du phlegme. Il n'est jamais venu à l'esprit des alchimistes d'émettre le moindre doute sur cette énormité intellectuelle. Naturellement nous pensons qu'une attitude de ce genre n'a pu convenir qu'aux « ténèbres » du Moyen Age. Je dois cependant souligner, au contraire, qu'à ce point de vue nous ne sommes pas nous-mêmes entièrement sortis de la forêt vierge, car j'ai entendu un jour, dans une discussion, un philosophe m'assurer avec le plus grand sérieux que pour lui « la pensée ne pouvait pas se tromper », tandis qu'un très illustre professeur auquel j'avais présenté quelques objections prononçait cette parole définitive : « Il faut que cela soit exact, car je l'ai pensé. »

356 Toutes les projections représentent des identités inconscientes ; chacune d'elles existe simplement en tant que donnée admise comme allant de soi, et, à ce titre, elle ne sera examinée et rejetée que bien plus tard, si elle l'est jamais. Ce que nous désignons aujourd'hui sous les noms d'esprit et de connaissance était projeté dans les choses au cours des millénaires et des siècles qui nous ont précédés, et de nos jours encore, plus d'une tête pensante attribue une valeur générale à des idiosyncrasies individuelles. L'inconscience primitive, semi-animale, est connue de l'adepte qui l'appelle *nigredo,* chaos, *massa confusa ;* il la voit comme l'état de l'âme ligotée par des nœuds difficiles à défaire dans le corps avec lequel elle forme une sombre unité (*unio naturalis*). Il voudrait la libérer de ces liens grâce à la *separatio* et atteindre une position inverse, psychique et spirituelle, c'est-à-dire une intuition consciente et rationnelle qui se révèle supérieure aux influences du corps. Mais, comme nous l'avons vu, une telle intuition n'est possible que si l'on est capable d'effectuer le retrait des projections, sources d'illusions, qui voilent la réalité des choses. Ainsi l'identité inconsciente avec l'objet sera dissipée et l'âme sera « libérée de ses chaînes ». Ce phénomène est bien connu de la psychologie, puisqu'une partie essentielle du travail psychothérapique consiste à rendre conscientes et à dissiper les projections qui ont faussé l'image que le patient se fait du monde et l'ont empêché de se reconnaître lui-même. Cette opération a pour but d'amener sous le contrôle de la conscience certaines conditions et certains états psychiques anormaux de nature affective, c'est-à-dire des symptômes névrotiques. L'objet déclaré du traitement est de parvenir à une position raisonnable à la fois psychique et spirituelle qui domine la turbulence des émotions.

357 Le retrait des projections ne peut se faire que dans l'étendue du champ de la conscience. Là où cette dernière n'atteint pas, rien ne saurait être corrigé. Nous voyons par exemple que les efforts de notre auteur n'ont pas suffi à lui faire reconnaître la projection, qui nous saute aux yeux, des contenus psychiques dans la matière et, par suite, à la dissiper. Ce fait montre clairement que sa faculté de compréhension se mouvait, à cet égard, à l'intérieur du cadre de la conscience de son époque, même si, à d'autres points de vue, elle atteignait à une profondeur plus grande que la « vision diurne » de ses contemporains. C'est ainsi que la sphère psychique qui représente le corps apparaît aux yeux de l'adepte comme étrangement identique à la préparation chimique qui se trouve dans la cornue. Et par suite l'alchimiste croit également que le changement qui survient dans celle-ci affecte aussi celle-là. Il est assez significatif que l'on entende rarement parler de l'application de la panacée ou de la pierre au corps humain. En général l'accomplissement du processus alchimique se suffit à lui-même. Il en est en tout cas ainsi chez Dorn, et c'est pourquoi son « ciel » chimique coïncide avec la substance céleste dans le corps : la « vérité ». Il n'y a pas là pour lui dualité mais identité, mais à nos yeux ce sont des données incommensurables, impossibles à unifier, car, grâce à notre connaissance des phénomènes chimiques, nous sommes capables de distinguer ceux-ci d'une manière satisfaisante, en d'autres termes, la conscience d'aujourd'hui permet le retrait de ces projections.

358 L'énumération des ingrédients qui doivent être mélangés au « ciel » donne un aperçu de la nature des contenus psychiques qui sont projetés dans la matière chimique. Nous reconnaissons sans peine dans le *miel* « la douceur des terres » [105], le *spiritus corporalis,* le baume de vie qui pénètre tout ce qui vit, pousse, verdoie. Ce symbole exprime psychologiquement une joie d'exister et un désir de vivre qui écartent et surmontent tout obstacle, toute obscurité. Là où règnent la joie et l'attente du printemps, l'esprit peut bien embrasser la nature et la nature l'esprit. La *chélidoine (chelidonium majus),* ce synonyme de l'or philosophique, correspond au *cheyri,* l'herbe magique de Paracelse (*viola petraea lutea*). Comme celle-ci la chélidoine a des fleurs jaunes à quatre pétales. Le cheyri est également mis en relation avec l'or en tant qu'il est l'équivalent de l'*aurum potabile.* Il fait aussi partie des *Aniada* de Paracelse « qui

105. Voir à ce sujet « *Thereniabin* », « *manna* », etc., le « miel sauvage » ou la « rosée de mai » chez Paracelse. (*Paracelsica,* 1942, p. 119.)

perfectionnent de bas en haut » : ce sont des plantes magiques que l'on cueille au printemps et qui assurent la longévité [106]. Dorn a commenté lui-même dans un écrit spécial le traité de Paracelse *De longa vita* dans lequel figurent ces indications. La chélidoine doit, comme le cheyri, sa signification particulière à la *quaternité* de ses feuilles dorées que mentionne l'adepte suisse [107]. La comparaison d'une chose avec l'or met toujours l'accent sur la *valeur* qui s'y trouve incluse : grâce à la chélidoine, la valeur suprême qui est identique à la quaternité du Soi est projetée dans la mixtion. Lorsqu'on dit de cette plante qu'elle extrait l'âme du Mercure, on entend exprimer cette vérité psychologique que l'image du Soi (la quaternité dorée) tire une quintessence de l'esprit chthonien.

359 Je dois ici, avec Dorn, concéder au lecteur que cette proposition est « difficilement intelligible » (*vix intelligibilis*). Je ne puis l'expliquer que par l'extraordinaire difficulté dans laquelle nous tombons inévitablement quand nous devons nous occuper sérieusement d'une disposition spirituelle qui n'est pas encore en mesure de distinguer nettement la matière de la psyché. Il s'agit ici de l'idée alchimique du Mercure, cet être double, à la fois matériel et spirituel. J'ai consacré à ce symbole une étude spéciale à laquelle je ne puis que renvoyer le lecteur [108]. J'ai montré dans cet ouvrage que le Mercure alchimique correspond extérieurement au vif-argent chimique, mais qu'intérieurement c'est aussi un *deus terrenus*, « un dieu terrestre », et une *anima mundi ;* autrement dit, il représente donc cette partie de la divinité qui, tandis que Dieu « imaginait » le monde, est demeurée pour ainsi dire attachée à la création [109], ou encore il ressemble à la Sophia gnostique, perdue dans la *physis,* dont Irénée nous a conservé la description. Mercure a le caractère que Dorn attribue également à l'âme. Il est « bon avec les bons, et méchant avec les méchants » (*bonus cum bonis et malus cum malis*) et occupe donc moralement une position médiane. De même que l'âme penche vers le corps terrestre, le Mercure apparaît le plus souvent en tant qu'esprit dans la matière, donc en tant qu'esprit chthonien et même souterrain, infernal (καταχθόνιος), comme c'est le cas dans notre texte. Il est donc l'esprit (non humain) qui tient l'âme captive de la physis, et c'est pourquoi elle doit être libérée de lui.

106. L.c. p. 86 et sv.

107. « ... Et le spagiriste fait des quatre une nature équilibrée comme celle contenue dans la fleur cheyri. » (*De Vita longa :* liv. III, ch. I, éd. Sudhoff, I, 3, p. 301.)

108. *Symbolik des Geistes,* 1948, p. 68 et sv.

109. Cf. entre autres *Mus. Herm.* 1678, p. 112.

360 Dans le langage de la psychologie, le Mercure représente l'inconscient, car celui-ci est, selon toute apparence, cet « esprit » qui touche de très près à la matière organique et possède toutes les propriétés paradoxales que l'on attribue au Mercure. C'est dans l'inconscient que se trouvent les « étincelles » (*scintillae*), c'est-à-dire les archétypes desquels il est possible d'extraire « une signification plus haute[110] ». L'« aimant » qui attire à lui ce qui est caché est le Soi ou, dans le cas présent, la *theoria* du Soi ou la représentation de son symbole que l'adepte utilise pour ainsi dire comme instrument[111]. L'« extraction » est représentée dans une gravure du traité *Pandora :* une figure couronnée et entourée d'une auréole soulève d'un tertre un « esprit », c'est-à-dire un être ailé, lui aussi porteur d'une auréole, caractérisé par une queue de poisson et des bras en forme de serpent[112]. Ce « monstre » représente le *spiritus mercurialis*, l'âme de la matière ou du monde libérée des chaînes, le *filius macrocosmi,* l'enfant du soleil et de la lune porté par la terre, l'*homunculus* hermaphrodite, etc. Tous ces synonymes décrivent, en fin de compte, l'homme intérieur, analogue ou complément du Christ. Je ne puis qu'inviter le lecteur désireux d'avoir de plus amples détails sur ce thème à se reporter à mes précédents exposés dans *Psychologie et Alchimie* et dans *Aïon*[113]. La chélidoine était une plante médicinale et magique particulièrement appréciée au Moyen Age, en particulier pour son suc jaune et laiteux. On l'utilisait pour provoquer la lactation. C'est aussi en allemand la « plante des sorcières »[114].

361 Après la chélidoine la recette mentionne « les fleurs de romarin » (*flores rosis marini*). Le romarin (*rosmarinus officialis*) était rangé parmi les contrepoisons par l'ancienne médecine, vraisemblablement pour des raisons symboliques en rapport avec son nom curieux, ainsi que je l'ai mentionné plus haut. La *rosée* qui vient de la mer (*rosmarinus*) représente pour les alchimistes un homologue parfait de l'*aqua permanens* qui, à son tour, n'est autre que le Mercure[115].

110. Cf « *extrahere cogitationem* » (extraire la pensée). (« Liber Quartorum. » *Theat. Chem.* 1622, V, p. 144.)

111. Voir *Aïon,* 1951, pp. 228 et sv.

112. Ed. de 1588, p. 253. Reproduit dans *Psychologie et Alchimie,* fig. 232 ; trad. cit. p. 526.

113. *Aïon,* 1951. (Trad. à paraître.)

114. Voir Baechtold-Stäubli, *Handwörterbuch des deutsches Aberglaubens,* 1935-36, s.v. *Schellkraut.*

115. Également citée en tant que « *ros Gideonis* » (rosée de Gédéon). (Cf. Juges, VI, 36 et sv.). Cette idée était déjà connue de l'Antiquité. Cf. Macrobe (*Saturnales,*

Mais ce qui confère au romarin sa signification essentielle, ce sont une senteur et un goût agréables. La « bonne odeur » du Saint-Esprit se rencontre non seulement chez les gnostiques, mais aussi dans le langage de l'Église[116], ainsi que, naturellement, chez les alchimistes. Toutefois, ceux-ci parlent plus fréquemment encore de la *puanteur* qui caractérise le monde infernal, l'*odor sepulchrorum*, l'odeur des sépulcres. Le romarin était en outre fréquemment utilisé dans les coutumes relatives au mariage et dans la confection des philtres. Il possède donc (alchimiquement) une vertu liante et il est d'un usage précieux en vue de la conjonction[117]. Le Saint-Esprit représente la *spiratio* qui unit le Père et le Fils, tout comme il apparaît à l'occasion chez les alchimistes dans le rôle de lien (*ligamentum*) entre le corps et l'âme. Ces différents aspects signifient autant de propriétés que l'adjonction du romarin introduit dans la « médecine physique ».

362 Avec la *mercuriale* nous rencontrons une plante magique qui, contrairement au romarin, est en relation, non avec l'amour, mais avec la *sexualité*. Nous nous trouvons donc cette fois encore en présence d'une « vertu liante » qui, nous l'avons vu, va jusqu'à permettre de déterminer le sexe de l'enfant. Le *lis rouge* représente, en tant que quintessence du soufre, le partenaire masculin du mariage chymique, donc le *servus rubeus* qui s'unit à la *foemina candida*.

VII, 16) « ... *Quodam proprietas... inest lumini (lunae), quod de ea defluit, quae humectat corpora et velut occulto rore madefaciat.* » (Il est dans la lumière qui s'écoule d'elle [la lune] une certaine propriété... qui humecte les corps et les mouille d'une sorte de rosée cachée.) La rosée comme substance qui éveille les morts et constitue l'aliment des saints dans le *Zohar* (fol. 128 b). La rosée de lumière dans le gnosticisme (Irénée : *Adversus Haeres.* I, 30, 3 et III, 17, 3.) La rosée est le Christ chez S. Romain (J.B. Pitra : *Analecta Sacra,* 1876, I, p. 237) ; elle est la grâce chez Raban Maur *(P. L. CXII, col. 1040). La rosée contient le « mellifluum coeli nectar »* (nectar melliflue du ciel) chez J. Chr. Steebus. (*Coel. Sephirot.* 1679, p. 139.) Hermès Trismégiste aurait voulu parler de la rosée quand il a écrit dans sa *Table d'Émeraude : « Pater eius est Sol, Mater luna.* » (Son père est le soleil et sa mère la lune.) (L.c.). Elle revient à de nombreuses reprises dans la *Turba.* (Par ex. Discours LVIII.)

116. S. Théodore Studite (J.B. Pitra : *Analecta Sacra,* I, 337) : « *Rectam fidem super unguentem olere fecisti.* » (Tu as donné à la foi droite de répandre une odeur meilleure que celle d'un parfum.) « *Odore scientiae totum perfudit orbem.* » (Il a inondé l'univers du parfum de la science.) (L.c. p. 341.) On rencontre dans le mandéisme « l'odeur de la vie puissante ». (M. Lidzbarski, *Ginza, der Schatz oder das Grosse Buch der Mandaeer,* 1925, p. 110, 13). Sur la bonne odeur de la Sagesse, cf. le parfum exhalé par la déesse-mère à l'intérieur et autour du temple de Hiérapolis (Lucien, *De Dea Syria*) et le parfum de l'arbre de vie dans le *Livre d'Hénoch* (E. Kautzsch, *Apokryph. und Pseudepigr. des Alt. Test.* 1900, II, p. 254.) Voir encore E. Nestle, « Der süsse Geruch als Erweis des Geistes », *Zeitschrift f. d. Neutest. Wissenschaft.* 1906, p. 95 et E. Lohmeyer, *Vom göttlichen Wohlgeruch.* 1919, pp. 41 et sv.

117. Baechtold-Stäubli, *Handwörterbuch* s.v. *Rosmarin.*

Avec cette figure l'adepte se mélange en quelque sorte lui-même au breuvage et, pour renforcer ce lien et le rendre indestructible, il utilise le sang humain comme autre ingrédient. Cet « étrange suc » qui sert aussi à sceller les pactes avec le diable affermira magiquement le *ligamentum matrimonii* (le lien du mariage).

363 Notre auteur veut que ce singulier mélange soit ensuite combiné au « ciel du vin rouge ou blanc, ou du tartre » (*tartarus*). Ainsi que nous l'avons vu, le « ciel » ou « teinture bleue » a été extrait par sublimation du phlegme du vin, du « caillou de vin ». De même que le phlegme représente la lie du vin évaporé, ainsi le *tartarus,* en tant qu'enfer ou royaume des morts, signifie le résidu ou dépôt d'un monde naguère vivant et désormais éteint. Chez Khunrath le *sal tartari mundi majoris* (le sel de tartre du monde majeur) est identique au *Sal Saturni* et au *Sal Veneris*[118]. Il contient la *scintilla Animae Mundi* (étincelle de l'âme du monde) ou il est même cette âme[119]. Le *tartarus* est le *sal sapientiae*[120]. Le sel de Saturne mentionné ici évoque Kronos enchaîné dans le Tartare. Plutarque identifie le Tartare et Typhon[121]. Ces indications correspondent à la nature « maléfique » de Saturne. Le « sel de tartre » a par suite une résonance infernale et ténébreuse qui rappelle la mort et l'enfer. En tant que plomb, Saturne est l'un des synonymes les plus répandus de la « matière première », et par suite la matrice de laquelle sort le *filius philosophorum*. Celui-ci est la *substantia caelestis* recherchée, le « ciel », etc.

364 Comment peut-on s'expliquer cette étrange potion magique ? Est-ce que Dorn veut dire réellement que l'on doive mélanger de telles plantes merveilleuses et, en distillant le « tartre », obtenir la quintessence à la couleur aérienne, ou bien se sert-il de ces noms et de ces procédés mystérieux pour exprimer une opération morale ? Je suppose qu'il entend à la fois l'un et l'autre, car il est établi que l'alchimiste travaille effectivement avec de telles substances et de tels systèmes de représentations, de même que, par exemple, le médecin disciple de Paracelse a usé dans sa thérapeutique de remèdes et de considérations de cet ordre. Mais si l'adepte a préparé de tels breuvages dans son alambic, il a sûrement choisi ses ingrédients pour leur signification magique. Il a donc opéré avec des *idées,* c'est-à-dire des phénomènes ou des états psychiques, en utilisant pour les

118. *Von Hylealischen Chaos,* 1597, p. 263 et sv.
119. L.c. p. 264.
120. L.c. p. 260.
121. *De Iside et Osiride,* ch. LVII, 3.

indiquer les substances correspondantes. Avec le miel il faisait entrer dans le mélange le plaisir des sens et la joie de vivre, et en même temps l'inquiétude et l'angoisse secrètes provoquées par le « poison », c'est-à-dire le danger mortel que renferme l'enchevêtrement du monde. Grâce à la chélidoine, ce qui donne aux enfants de la terre leur sens et leur dignité suprêmes, le Soi en tant que tout de la personnalité, le remède « sauveur », c'est-à-dire conférant la totalité, que la psychologie moderne elle-même a reconnu, était combiné avec l'amour spirituel, nuptial exprimé par le romarin ; et pour que l'élément inférieur, chthonien, ne fasse pas défaut, la mercuriale ajoute la sexualité en même temps que le *rubeus*, l'homme mû par les passions [122], représenté sous le symbole du lis rouge. Celui qui donne son sang pour cette préparation met son âme tout entière sur le plateau de la balance. Tous ces différents composants sont unis à la quintessence bleue, à l'âme du monde extraite de la matière inerte, à l'image de Dieu imprimée dans le monde, à un mandala engendré par un mouvement circulaire [123], ce qui signifie que l'homme conscient est livré au Soi, donc à ce nouveau centre de la personnalité qui prend la place du moi jusque-là régnant. De même que le Christ prend dans l'âme religieuse la direction du conscient et met un terme à l'existence du moi limité, ainsi le *filius macrocosmi*, le fils des grands luminaires et du sein obscur de la terre s'avance dans le royaume psychique de l'adepte et s'empare de la personnalité humaine, non seulement dans l'élévation lumineuse d'une conscience spirituelle, mais aussi dans les profondeurs ténébreuses que la lumière apparue dans le Christ n'avait pas encore saisies. L'alchimie devait avoir conscience de la grande ombre dont le christianisme ne s'était manifestement pas rendu maître et elle s'est par suite sentie autorisée à faire sortir un sauveur du sein de la terre par analogie avec le Fils de Dieu apparu d'en haut, et de manière à lui servir de complément.

365 La production du « ciel » est un rite symbolique qui est accompli dans le laboratoire. Cette opération doit produire sous une forme matérielle cette *veritas, substantia caelestis*, ce baume ou principe de vie qui est identique à l'*imago Dei*. Psychologiquement cela ne représente rien d'autre qu'une illustration du principe d'individuation au moyen de substances et de procédés chimiques ; c'est par

122. Telle était en effet la signification du *Rubeus* dans l'art de la géomancie, qui était fréquemment pratiqué à l'époque de Dorn.
123. Sur la rotation du mandala voir : *Gestaltungen des Unbewussten*, 1950, p. 225 et sv. et *Aïon* 1951, p. 370.

conséquent ce que nous désignons aujourd'hui sous le nom d'imagination active. Celle-ci représente une sorte de méthode qui tantôt est utilisée par la nature elle-même et tantôt est enseignée au patient par le médecin. En général elle se présente lorsque la « dissolution » (analyse !) a constellé les opposés à un point tel que l'unification, la réunion (synthèse) de la personnalité devient une nécessité impérieuse. Une situation de ce genre se produit fatalement quand l'analyse des contenus psychiques, de l'attitude du patient et en particulier de ses rêves, a rendu conscients les thèmes et les images complémentaires, compensateurs, de l'inconscient, et souvent aussi les contenus de ce dernier directement contraires à ceux du conscient, au point que le conflit apparemment insoluble entre la partie consciente et la partie inconsciente de la personnalité devient manifeste et donc critique. Là où cette confrontation se limite à certains aspects parcellaires de l'inconscient, le conflit est plus ou moins anodin et sa solution est simple ; le malade se place en toute lucidité avec un brin de résignation ou de ressentiment du côté de la raison et de la convention. Sans doute les thèmes inconscients se trouvent ainsi refoulés à nouveau et l'on revient en apparence à la situation antérieure, mais l'inconscient est satisfait jusqu'à un certain point, car le sujet doit désormais accomplir un effort conscient pour vivre selon ses principes et, en outre, des ressentiments importuns viendront constamment lui rappeler l'existence des valeurs refoulées. Quand par contre la connaissance de l'ombre est aussi complète que possible, il s'ensuit un conflit et un état de désorientation, un oui et un non d'égale force entre lesquels le jugement rationnel est désormais impuissant à trancher. La névrose clinique ne se laisse plus dès lors transformer dans la névrose moins voyante du cynisme, de la résignation ou du ressentiment ; en d'autres termes, le sujet ne peut plus user de tels masques pour dissimuler la présence de l'antithèse. Le conflit exige une solution réelle et réclame un troisième terme dans lequel les opposés puissent s'unir. La raison avec sa logique se trouve d'ordinaire contrainte d'abdiquer, car il n'y a pas de troisième terme dans une alternative logique. La solution ne peut être que d'ordre irrationnel. Dans la nature l'équilibre entre les contraires est toujours un processus, c'est-à-dire un phénomène énergétique : c'est une production symbolique au sens le plus propre du terme. On réalise en effet ce qui exprime les deux côtés à la fois, de même qu'une chute d'eau représente simultanément le haut et le bas et sert de médiateur entre eux. La chute d'eau est en l'occurrence l'incommensurable troisième terme. Dans l'état de conflit ouvert et non résolu, on voit surgir des rêves et des phantasmes qui, telle la chute d'eau, illustrent la tension et la nature des opposés, afin de préparer et d'amener la synthèse. Comme on l'a dit, ce processus peut se présenter spontanément ou être artificiellement provoqué. Dans ce dernier cas on choisit judicieusement un rêve ou une image et l'on se concentre sur cette représentation en se contentant de la retenir et de la contempler. On peut encore se servir comme point de départ d'un sentiment fâcheux et pénible. Dans ce cas il convient de rechercher quelle image sortira de cet affect, c'est-à-dire quelle figure l'exprime. On fixe alors cette représentation en concentrant sur elle toute son attention. En général elle se transforme, car l'attention portée sur elle suffit à l'animer. Les transformations doivent être notées avec soin et de façon continue ; elles reflètent en effet les phénomènes psychiques qui se déroulent à l'arrière-plan, dans l'inconscient, et cela sous forme d'images empruntées aux souvenirs de la mémoire consciente. C'est de cette manière que s'unissent la conscience et l'inconscient, de même qu'une chute d'eau relie le haut et le bas. On voit se dérouler à partir de là une chaîne de représentations imaginatives qui prennent peu à peu un caractère dramatique : le simple phénomène passif se mue en action. Celle-ci est d'abord représentée en des figures projetées, et le sujet observe des images comme si elles se succédaient sur une scène de théâtre. Autrement dit, on rêve les yeux ouverts. D'une façon quasi générale, il existe une tendance prononcée à se contenter de la distraction que procure le sens intérieur. Dans ce cas toutefois il n'y a pas de progrès réel, mais seulement des variations indéfinies sur le même thème, ce qui n'est pas du tout le but de l'exercice. L'action qui se déroule sur la scène demeure toujours pour l'observateur un phénomène lointain qui ne le concerne pas réellement, et moins il est touché, moins ce théâtre privé aura sur lui un effet cathartique. La pièce qui se joue ne demande pas seulement à être observée mais elle veut persuader le spectateur qu'il doit fournir sa participation. S'il comprend que c'est son propre drame qui se déroule sur cette scène intérieure, les péripéties et le dénouement ne peuvent le laisser indifférent. Il remarquera que les personnages qui s'avancent et l'action qui se noue offrent des rapports avec sa situation consciente, et que l'inconscient, qui lui met ces images dans l'esprit, lui parle par elles. C'est pourquoi il se sent contraint ou il est exhorté par son médecin à se mêler à la pièce et à faire de ce qui était d'abord une simple représentation théâtrale une véritable explication avec son propre vis-à-vis. Non, il n'est rien en nous qui demeure totalement exempt de contradiction ; il n'est aucune position de la conscience qui n'appelle, quelque part dans les coins sombres de la psyché, une négation, un complément compensateur, une approbation qui la renforce, ou un ressentiment. L'affrontement avec l'autre en nous est payant, car nous apprenons de cette manière à connaître des côtés de notre être que nous ne nous serions jamais laissé montrer par un autre et que nous n'aurions jamais admis nous-mêmes [124]. Il n'est pas seulement utile, mais important et très indiqué, de fixer par écrit tout ce processus au moment où il se produit, car on a besoin d'avoir des preuves écrites vis-à-vis de soi-même, pour pouvoir contrebalancer efficacement la tendance à s'abuser soi-même qui est toujours prête à se manifester chez l'homme. Un procès-verbal [a] est absolument indispensable pour retenir la réalité dans le commerce avec l'ombre. Ce n'est que par ce moyen pénible qu'il nous est possible d'acquérir une intuition positive de la nature complexe de notre propre personnalité.

124. Voir *Dialectique du Moi et de l'Inconscient*. Trad. fr. 1964, p. 231 et sv.
a. En français dans le texte. (N.d.T.)

6

## *LA CONNAISSANCE DE SOI*

366 DANS le langage de la philosophie hermétique, la confrontation de la conscience (du moi) avec son arrière-plan (l'ombre) se traduit par l'union de l'esprit et de l'âme dans l'*unio mentalis,* qui constitue le premier degré de la conjonction. Ce que je désigne du nom de « confrontation avec l'inconscient » était pour les alchimistes la « méditation » à propos de laquelle Ruland déclare[125] : « On parle de méditation lorsque quelqu'un a un colloque intérieur avec quelqu'un d'autre qui est invisible, comme par exemple avec Dieu qu'il invoque, avec lui-même ou avec son bon ange. » Cette définition quelque peu optimiste doit être immédiatement complétée en se référant aux rapports que l'adepte entretient avec son *spiritus familiaris* dont on veut seulement espérer qu'il est bon. Ainsi le Mercure est, à cet égard, un compagnon assez peu sûr, comme le montrent les témoignages des alchimistes. Pour saisir la signification psychologique du second degré, la jonction de l'*unio mentalis* avec le corps, il faut avoir présente à l'esprit la forme sous laquelle se manifeste l'état psychique qui naît d'une connaissance à peu près complète de l'ombre. On sait que l'ombre se tient, par définition, la plupart du temps en opposition par rapport à la personnalité consciente. Cette opposition est le présupposé requis pour qu'existe cette différence de potentiel dont sort l'énergie psychique. Sans elle l'indispensable tension serait absente. Là où une énergie considérable est à l'œuvre, l'on doit escompter une tension correspondante et une opposition intérieure. Les contraires sont nécessairement de nature caractérologique : l'existence d'une vertu positive a pour fondement une victoire sur la tendance opposée, c'est-à-dire sur le vice correspondant. Sans sa contrepartie la vertu serait pâle, irréelle et inefficace.

125. *Lexicon Alchemiae,* 1612, s.v. *meditatio.*

L'extrême opposition de l'ombre dans son attitude face au conscient est adoucie, mitigée par les phénomènes complémentaires et compensateurs qui se déroulent dans l'inconscient. Du choc de ce dernier avec la conscience naissent finalement les symboles unificateurs.

367 La confrontation avec l'ombre cause pour commencer un équilibre mort, un calme qui empêche le jugement moral de s'exercer et rend inefficaces ou paralyse même les convictions. Tout devient incertain et sujet de doute ; c'est la raison pour laquelle les alchimistes ont dénommé de façon adéquate cet état initial *nigredo, tenebrositas, chaos* et *melancholia.* C'est à bon droit que le grand œuvre débute par là, car c'est réellement une question presque insoluble que de savoir comment on peut aller au-devant de la réalité dans cet état de morcellement et de déchirement. Je dois toutefois prévenir ici mon lecteur, à supposer qu'il n'ait pas encore acquis une connaissance plus précise de l'alchimie ou de la psychologie moderne, que l'on parvient très rarement de nos jours à une situation pareille. Il n'est plus personne pour éprouver de la sympathie devant la perplexité d'un chercheur qui manipule les substances magiques ; seul un très petit nombre a éprouvé dans sa propre vie les effets d'une analyse de l'inconscient et il n'est pour ainsi dire personne à qui il vienne à l'idée de prendre pour sujet de méditation les indications *objectives* que fournissent les rêves. S'il arrive que l'on pratique aujourd'hui l'art vénérable de la méditation, c'est seulement à l'intérieur de cercles philosophico-religieux où l'on médite *sur* quelque chose, c'est-à-dire sur un thème *subjectif* choisi consciemment par le méditant ou proposé par un maître. C'est par exemple le cas des *Exercices* ignatiens ou de certaines méthodes théosophiques influencées par l'Inde. Le seul mérite de ces dernières voies est d'augmenter la concentration et de renforcer la conscience ; elles n'ont par contre aucune signification en ce qui concerne la synthèse de la personnalité. Le but qu'elles servent est au contraire de consolider le conscient devant l'inconscient et d'étouffer ce dernier. Elles n'ont en conséquence de valeur médicale et thérapeutique que dans les cas où la conscience menace d'être submergée par l'inconscient et où existe par suite le danger d'un intervalle psychotique.

368 La méditation et la contemplation ont généralement mauvaise presse en Occident. On les tient pour une forme particulièrement blâmable d'oisiveté ou pour un narcissisme morbide. On manque de temps pour se livrer à la connaissance de soi et d'ailleurs on ne croit pas que cela puisse mener à un but raisonnable quelconque. Et puis cela ne vaut pas la peine — on le sait d'avance — de se donner du

mal pour se connaître soi-même, car, n'est-ce pas, le premier venu peut savoir qui il est. Nous croyons exclusivement à l'action et nous ne nous posons pas de questions sur le sujet de l'action. Celui-ci est seulement jugé d'après certaines normes collectives. Quant à l'existence d'une psyché inconsciente, le public a tôt fait de croire qu'il en sait là-dessus plus que les spécialistes, et pourtant nous n'avons pas encore tiré la conclusion du fait que le regard porté sur lui-même par l'homme occidental est celui d'un étranger et que la connaissance de soi est l'un des plus difficiles et des plus exigeants de tous les arts.

369 Lorsque la méditation prend pour matière les productions objectives de l'inconscient devenues spontanément conscientes, les contenus conscients s'unissent aux teneurs « inconscientes », c'est-à-dire à celles qui ne proviennent pas d'une chaîne causale consciente, mais paraissent avoir leur source dans un phénomène inconscient en soi. Nous ne pouvons pas connaître la psyché inconsciente, sinon elle serait évidemment consciente. Nous soupçonnons seulement son existence, car nous avons de bonnes raisons de le faire. Une partie des contenus inconscients est projetée, mais la projection n'est pas connue en tant que telle. Déjà, pour pouvoir constater l'existence des projections, on a besoin de la méditation, c'est-à-dire de l'introspection critique d'une part et d'une connaissance aussi objective que possible de l'objet d'autre part. Or il est indispensable, pour faire l'inventaire du sujet, d'examiner les projections comme telles, car elles faussent la nature de l'objet et contiennent en outre des pièces qui font partie de la personnalité du sujet et devraient par conséquent lui être intégrées. C'est là un des chapitres les plus importants du long processus de la connaissance de soi. En effet puisque, sous l'empire des projections, nous sommes empêtrés de façon inadmissible dans ce qui nous est étranger, Dorn conseille non sans justesse une attitude quasi ascétique à l'égard du monde pour libérer l'âme de l'état d'encombrement et de captivité qui est le sien dans le monde des corps. Elle est aidée en cela par l'« esprit », c'est-à-dire l'élan qui l'emporte vers la connaissance de soi par-delà toutes les illusions et les nébulosités causées par les projections.

370 L'*unio mentalis* représente par conséquent, dans un langage qui est commun à la psychologie et à l'alchimie, la « connaissance de soi-même » (*cognitio sui ipsius*). S'écartant toutefois du préjugé moderne suivant lequel la connaissance de soi a pour terme le moi, l'alchimiste comprend le « Soi » comme une substance incommensurable au moi, cachée dans l'obscurité du corps, substance qui est

identique à l'*imago Dei*[126]. Cette conception coïncide pleinement avec l'idée hindoue du *Purusha-Atman*[127]. La préparation psychique du « magistère » telle que Dorn la représente constitue donc une tentative non influencée par l'Orient en vue de mener à bien une union des opposés analogue à celle des grandes philosophies orientales qui tendent à instaurer un principe libéré des contraires, tel que l'Atman ou le Tao. Dorn appelle *substantia caelestis* ce que nous dénommons aujourd'hui *principe transcendantal.* Cet « Un » (*unum*) est « *nirdvandva* » (libéré des dualités, c'est-à-dire des contraires), comme l'Atman (le Soi).

371 Dorn n'a pas inventé cette idée, mais il a seulement exprimé de façon plus claire ce qui était depuis longtemps le savoir secret de l'alchimie. Ainsi nous lisons déjà dans le *Liber octo capitulorum de Lapide philosophorum* d'Albert le Grand[128], à propos de l'*argentum vivum* (le *Mercurius non vulgi* c'est-à-dire le Mercure philosophique) : « ... L'argent-vif est froid et humide et Dieu a formé de lui tous les minerais (*minerae*), et lui-même est aérien et fuit le feu. Mais quand il sera demeuré quelque temps dans le feu, il accomplira des œuvres admirables et élevées, et lui seul est l'esprit vivant et il n'a pas au monde son égal qui puisse accomplir des œuvres comme celles qu'il opère. C'est l'eau éternelle (*aqua perennis*), l'eau de vie, le lait de vierge, la source, l'" alun ", [129] et (celui qui) en boit ne meurt pas. Quand il est vivant il accomplit certaines œuvres, et quand il est mort, il accomplit d'autres œuvres très grandes. C'est le serpent qui jouit de lui-même (*luxurians in seipsum*), qui se féconde lui-même, qui enfante en un seul jour, tuant tous les métaux par son venin. Il s'enfuit du feu, mais les sages ont fait, par leurs procédés, qu'il endure le feu, en le nourrissant de leur terre jusqu'à ce qu'il supporte le feu, et il accomplit alors des œuvres et des transmutations (*mutationes*) car, comme il est transmué, c'est-à-dire changé, il transmue[a]... On le trouve en effet dans tous les minerais

126. Cf. *Aïon,* 1951, p. 63 et sv.
127. Dans l'alchimie chinoise c'est le *chên-yên, l'homme parfait* (τέλειος ἄνθρωπος). « L'homme véritable est le point extrême de l'excellence. Il est et il n'est pas. Il ressemble à un vaste *bassin d'eau,* tout à coup s'enfonçant et tout à coup flottant. Quand il vient d'être rassemblé, il peut être classé comme blanc. Traitez-le et il tourne au rouge... Le blanc vit à l'intérieur, telle une *vierge.* La *forme carrée, la forme ronde,* le diamètre et les dimensions se mélangent et se restreignent mutuellement. Ayant existé avant le commencement des cieux et de la terre : noble, noble, élevé et vénéré. » Wei Po-Yang. *Isis* XVIII, p. 237 et sv.
128. *Theat. Chem.* 1613, IV, p. 948 et sv.
129. Ici *Alumen* est synonyme de Mercure. Cf. Ruland, *Lex. Alch.*
a. Cf. l'adage reçu : « Ce qui est *teint teint* à son tour. » (*N.d.T.*)

et il a un *symbolum*[130] avec tous. Mais il est fait de substance terrestre moyenne et de substance aqueuse ou d'une huile vivante moyennement (*mediocriter*)[131] subtile et d'un esprit très subtil. Il tient de l'élément terrestre et aqueux sa nature pesante (*ponderositatem*), son mouvement vers le bas, sa clarté (*luciditatem*), sa fluidité et sa couleur argentée... Mais l'argent-vif semble posséder de façon apparente une substance compacte, comme le *monocalus*[132] surpasse l'or lui-même par l'énormité de son poids (*per gravidinem sui ponderis immensi*)[133]. Tant qu'il est dans sa nature[134], il est d'une composition très solide (*fortissimae*)[135] et d'une nature uniforme, parce qu'il n'est pas (c'est-à-dire il ne peut être) séparé. Il ne se laisse en aucune manière diviser, car ou bien il se soustrait au feu avec toute sa substance, ou bien il demeure avec elle, immobile, dans le feu. C'est pourquoi on remarque nécessairement en lui (l'argent-vif) la cause de la perfection. » Puisque le Mercure est l'âme de l'or et, peut-on ajouter, de l'argent, la conjonction doit s'accomplir entre ces deux substances. « Notre secret final est d'avoir la " médecine " s'écoulant avant la fuite du Mercure... Car il n'y a pas de corps plus noble que le soleil et son ombre, la lune, sans lesquels aucun argent-vif doté de pouvoir de teindre n'est produit... Par conséquent celui qui sait unir l'argent-vif au soleil et à la lune parvient à l'" arcane " (*Archanum*) qui est appelé " soufre de l'art " ». Le Mercure est la *prima materia*. Au début de l'œuvre il

130. Au sens propre du terme : une pièce de monnaie brisée en deux, de sorte que les deux moitiés s'adaptent parfaitement. Cf. « Dialogus inter naturam et filium philosophiae » (*Theat. Chem.* 1602, II, p. 107) : « ... *concordantia et... discordantia, quam symbolizationem intelligimus.* » (La concordance et... la discordance que nous entendons comme symbolisation.) Le *symbolum* signifie la faculté des éléments de se combiner entre eux ; c'est l'amarre des éléments. (Raymond Lulle, « Theorica ». *Theat. Chem.* 1613, IV, p. 133.)

131. Pour *Medioxime :* modérément.

132. Ce terme vient probablement de *μονόκαυλος* : qui n'a qu'une tige. Il est vraisemblable qu'il y a ici une faute d'impression : *monocalus* est mis pour *monocolus* (*μονόκωλος*) : qui n'a qu'une jambe, ou pour le bas-latin : *monocaleus :* qui n'a qu'un testicule, demi-eunuque. (Du Cange, *Glossarium Mediae et Infimae Latin. sub his verb.*) Le dernier terme cité pourrait contenir une allusion à la nature androgyne du Mercure. Il est également permis d'évoquer la conjecture : *monocerus* (μονόκερως), car la licorne signifie le Mercure et se rencontre fréquemment dans les œuvres alchimiques du XVII^e^ et, plus spécialement encore, dans celles du XVIII^e^. (Cf. *Psychologie et Alchimie*, trad. cit. p. 548 et sv.) Horapollon décrit également comme animal à une seule corne le scarabée qui, dans le Papyrus de Leyde, est identique à *Osiris*. (Preisendanz, *Pap. Graecae Magicae*, II, p. 60.)

133. L'état du texte laisse ici à désirer. J'ai placé un point après *praeponderat* et fait commencer une nouvelle phrase avec : *dum in sua natura.*

134. L'auteur veut manifestement signifier la nature secrète du corps.

135. Ces mots désignent quelque chose comme la cohésion.

faut le dissoudre et convertir les corps dissous en « esprits ». La conversion a lieu au moyen de la putréfaction qui a pour synonyme la *nigredo,* le tombeau et la mort. Les esprits sont unis comme *sponsus* et *sponsa.* Notre pierre est de nature aqueuse, car elle est froide et humide. En effet une telle *dispositio* est dite disposition évidente ou manifeste du corps. Quant à la largeur, elle est cette disposition moyenne (*media*) par laquelle on va vers la profondeur. (La première) est le milieu entre la profondeur et la largeur comme entre deux extrêmes ou opposés, et le passage de l'un à l'autre des extrêmes ou des opposés est impossible si ce n'est par l'intermédiaire d'une disposition moyenne. (C'est possible) parce que la pierre est de nature froide et humide. » Le Mercure n'est pas seulement la pierre en tant que *prima materia,* mais aussi en tant qu'*ultima,* c'est-à-dire en tant que terme de l'œuvre. C'est pourquoi Albert le Grand cite Geber : « Car une est la pierre, une la médecine, et en cela consiste le magistère tout entier. »

372 Par ces mots Albert le Grand décrit trois cents ans avant Dorn la *substantia caelestis,* le *balsamum vitae,* et la *veritas occulta.* Cette description a en outre des racines encore bien plus reculées dans l'alchimie grecque. Mais je ne désire pas examiner ici ce point. Le riche exposé d'Albert le Grand est suffisant pour notre propos, car il dépeint une substance transcendantale dotée d'un grand nombre d'antinomies, comme il convient dans un tel cas. Des propositions univoques ne peuvent en effet être formulées qu'à l'égard d'objets immanents ; les réalités transcendantales par contre ne peuvent donner lieu qu'à des propositions antinomiques. Ainsi par exemple « elles sont et ne sont pas » (du domaine de l'expérience). La physique elle-même se trouve contrainte par l'expérience d'établir des propositions antinomiques quand elle veut illustrer des faits transcendantaux ; c'est ainsi que, pour décrire la lumière ou les plus petites particules matérielles, elle parle à la fois de corps et d'ondes. De même l'*argentum vivum* des alchimistes est d'une part le mercure matériel, mais d'autre part aussi un « esprit vivant » qui doit être caractérisé par tous les synonymes symboliques possibles ; mais il n'acquiert cet état que, lorsque avec l'aide de l'art, il a été rendu capable de supporter le feu. L'*argentum vivum* est une matière et n'est pas une matière : en tant que substance matérielle, il ne supporte pas le feu, mais l'art lui confère cette propriété et fait ainsi de lui un corps magique qui est, à son tour, si merveilleux que nous n'avons aucune chance de le rencontrer jamais dans notre réalité. On exprime clairement par là que le Mercure est le symbole d'une

idée transcendante qui devient, dit-on, visible en lui lorsque l'art lui a procuré la résistance au feu. On suppose en outre que cette *qualitas occulta* préexistait dans le Mercure sous une forme au moins potentielle, puisque ce corps représente la *prima materia* de tous les métaux, qu'il est le *pater metallorum* et qu'il peut être trouvé dans tous les minerais. Il ne constitue pas seulement la matière initiale du processus, mais son résultat, la pierre des philosophes. Il est donc de prime abord une exception significative parmi les métaux et, en général, les éléments chimiques. Il représente en quelque sorte la matière primitive à partir de laquelle Dieu a créé tous les êtres matériels. La transformation que l'art entreprend avec lui consiste entre autres en ce qu'un « poids énorme » et une totalité indivisible lui sont attribués. Cette affirmation qui sonne d'abord étrangement contient cependant un autre aspect si nous la rapprochons des conceptions modernes : la matière se compose de corpuscules élémentaires d'un poids extraordinaire, « énorme », qui possèdent, en un certain sens, une nature uniforme et sont apparemment indivisibles. Ils représentent les pierres à bâtir dont se sert la nature ; ils contiennent donc tout ce que la nature contient, et chacun d'eux représente l'intégralité du tout. Si l'on regarde sous cet angle l'affirmation d'Albert le Grand, on a presque le sentiment de se trouver en face d'une anticipation des grandes découvertes physiques de notre siècle. Ce faisant, nous reconnaîtrions seulement la vérité physique de cette intuition, mais non les implications symboliques qui lui étaient liées dans l'esprit médiéval.

373 Si nous nous sommes hasardés à mettre l'idée d'Albert le Grand en parallèle avec les protons et les quanta d'énergie, nous nous devons de tenter la même opération avec les propositions symboliques de notre texte. Celles-ci ont trait, comme le prouve l'interprétation grandiose de Dorn, à l'aspect psychologique du Mercure. Afin d'éviter d'inutiles redites, je dois ici inviter mon lecteur à se reporter à mes précédentes études sur le Mercure et le symbolisme du Soi dans l'alchimie. Quiconque sait l'extraordinaire importance que cette idée d'une totalité psychologique revêt dans la psychologie pratique aussi bien que théorique de l'inconscient cessera de s'étonner de voir la philosophie hermétique donner également à cette conception la primauté sur toutes les idées et tous les symboles, sous la forme de la pierre philosophale ; Dorn en particulier a rendu la chose évidente de façon complète et sans équivoque et il peut s'autoriser en cela des sources les plus anciennes. Il serait en effet totalement erroné de penser que l'alchimie ait attendu la fin du XVIe siècle pour s'aviser

d'une telle interprétation de son « arcane » : bien au contraire, l'idée du Soi constitue la clé des symboles centraux de l'art à toutes les époques, en Europe et en Asie Mineure comme en Chine. Ici encore je dois renvoyer à mes travaux antérieurs [136]. Il n'est malheureusement pas possible d'épuiser en un seul ouvrage les richesses de l'univers intellectuel de l'alchimie.

374 Je dois présentement me contenter d'indiquer qu'il existe à mon avis des rapports incontestables entre le symbole de la pierre et l'idée empirique du Soi. Si nous introduisons dans l'équation la notion moderne de Soi, les affirmations paradoxales de notre texte s'expliquent sans trop de difficultés. *Mercurius* est esprit et matière ; le Soi comprend, comme le montre son symbolisme, la sphère psychique aussi bien que la sphère corporelle. Ce fait s'exprime avec une particulière clarté dans les mandalas [137]. Mais le Mercure est aussi l'eau qui, comme le souligne notre passage, occupe une position intermédiaire entre le volatil (air, feu) et le fixe ou solide (terre), car elle se présente sous une forme liquide aussi bien que gazeuse, et même comme un corps solide, sous l'aspect de la glace. Le Mercure a en commun avec l'eau la nature aqueuse ; d'une part en effet il est un métal et s'amalgame avec les métaux sous une forme solide, et d'autre part il est liquide et susceptible d'évaporation. Il est une autre raison plus profonde qui le fait comparer si souvent à l'eau : grâce à sa ressemblance avec elle, il réunit en lui toutes les propriétés numineuses qu'elle possède. C'est ainsi que l'idée de l'*ὕδωρ θεῖον* et de l'*aqua permanens* a régné sur l'alchimie dont elle constitue l'arcane central, depuis les siècles reculés où cette eau était encore l'eau sainte et fécondante en bénédictions du Nil, jusqu'à la fin du XVIII^e^ siècle. Au long des âges chrétiens, et d'abord sous l'influence des idées gnostiques et hermétiques, cette eau a pris le sens du *Noûs* dont le cratère divin était rempli afin que les hommes désireux de parvenir à la conscience pussent se renouveler dans ce bain baptismal ; puis elle reçut l'acception d'*aqua doctrinae* d'une part et d'eau magique et miraculeuse d'autre part. La très ancienne identification de l'eau avec l'hydragyre, c'est-à-dire le mercure, a entraîné toute la tradition hermétique dans la sphère d'interprétation de l'eau, élément doté lui aussi depuis longtemps d'un caractère numineux. Cela a été d'autant plus aisé que l'eau possède, en tant que matrice et nourrice universelle, un aspect maternel pri-

136. *Aïon,* 1951.
137. Voir la démonstration dans *Gestaltungen des Unbewussten,* 1950.

mitif qui fait d'elle un symbole quasi inégalé de l'inconscient. De cette manière, l'idée de l'eau a pu évoluer progressivement jusqu'au paradoxe prodigieux du Mercure qui est, en tant que « fils immémorial de la mère », l'esprit hermétique et, en tant que corps chimique, un mercure qui a subi une préparation magique.

375 Le « serpent qui jouit de lui-même » est la nature de Démocrite qui « s'étreint elle-même »[138], symbolisée par le serpent qui dévore sa queue, l'*ouroboros* de l'alchimie grecque, type bien connu du Mercure. C'est le symbole par excellence de l'union des contraires, l'illustration alchimique de l'expression proverbiale : « Les extrêmes se touchent[a]. » De cette manière l'*ouroboros* symbolise le terme du processus mais non son début, la *massa confusa* ou « chaos », qui est caractérisé non par l'unification, mais par le conflit des éléments. L'expression : *« In uno die parturiens »* (enfantant en un seul jour) a également trait au Mercure, car celui-ci (sous la forme de la pierre) est appelé *filius unius diei* (fils d'un [seul] jour)[139]. Cette dénomination se réfère au texte de la Genèse (I, 5) : *« Factumque est vespere et mane dies unus. »* (Et il y eut un soir, et il y eut un matin : un jour.)[b] Ce fut le jour de la création de la lumière. En tant que « fils d'un (seul) jour » le Mercure est donc la *lumière.* Il est pour cette raison célébré encore comme *lux moderna* ou lumière au-dessus de toutes les lumières[140]. Il est donc le *fils du dimanche* (en tant que créé le jour du soleil)[c], de même que la planète Mercure est la plus proche du soleil et peut être considérée pour cette raison comme le « fils du soleil ». Saint Bonaventure, le *doctor seraphicus* (1221-1274), emploie d'une façon analogue l'expression « un seul jour » dans son *Itinerarium,* où il traite des trois degrés de l'illumination (*triplex illustratio*) : le premier degré consiste en ce que nous devons renoncer au « corporel » et au

138. Berthelot, *Alch. Grecs,* II, I, 3.

a. En français dans le texte.

139. Littéralement : *Filius unius (SVI) diei.* (Fils de [SON] seul jour). H. Khunrath, *Confessio,* 1597, p. 195.

b. « *Factumque est vespere et mane dies unus.* » (L'hébreu, comme on le sait, n'a qu'un adjectif numéral qui est à la fois cardinal et ordinal. La Vulgate [à la suite des Septante] a utilisé l'adjectif cardinal pour désigner le premier jour, mais non les suivants.) (N.d.T.)

140. P. ex. Mylius, *Phil. Ref.* p. 244 et « Rosarium Phil. » in *Art. Aurif.* II, p. 381 : « *Et illumino omnia luminaria lumine meo.* » (Et j'illumine tous les luminaires de ma clarté.)

c. All. *Sonntag ;* angl. *Sunday.* Le dimanche est le jour de la résurrection du Christ (*Dominica dies*) dont, suivant certains Pères grecs, le lever du soleil est une figure. (N.d.T.)

« temporel » pour atteindre le *primum principium* (le premier principe) qui est spirituel et éternel et se trouve « au-dessus de nous », c'est-à-dire « pour être conduits dans la voie du Seigneur ». « Il nous faut entrer dans notre esprit (*mens*) qui est l'*image de Dieu* éternelle, spirituelle et intérieure à nous ; c'est là entrer dans la *vérité du Seigneur ;* il nous faut passer (*transcendere*) vers la vérité éternelle et la plus spirituelle au-dessus de nous... Et cela c'est la triple illumination du jour Un[141]. » Ce « jour Un » est également celui où la lumière est apparue au-dessus des ténèbres. Je cite ce texte non seulement pour cette raison, mais parce qu'il évoque les trois degrés de la conjonction selon Dorn qui puisent manifestement leur origine dans les exercices de contemplation du haut Moyen Age. Le parallèle est clairement reconnaissable : il faut d'abord se détourner du monde du péché, puis se tourner vers le monde mental intérieur et la *substantia caelestis* cachée, l'*imago* et la *veritas Dei,* et troisièmement porter son regard sur l'*unus mundus* transcendantal, le monde potentiel, extra-temporel. Nous aurons à revenir sur cette dernière idée, mais il nous faut tout d'abord examiner l'affirmation d'Albert le Grand sur la nature du vif-argent.

376 La position intermédiaire attribuée au Mercure fournit à notre auteur l'occasion d'une réflexion curieuse : il lui semble que l'idée de la « largeur » (*latitudo*) exprime la « disposition moyenne » (*dispositio media*) par laquelle on atteint la *profondeur.* Cette disposition est « le milieu entre la profondeur et la largeur (*media est inter profunditatem et latitudinem*) comme entre deux extrêmes ou opposés (*contraria*) ». L'idée qui flotte vaguement dans l'esprit de l'auteur est évidemment celle d'une *croix,* car la profondeur sous-entend la hauteur[142]. Dorn indique ainsi la quaternité qui est la propriété du *Mercurius quadratus* (Mercure carré). Ce dernier est également constitué des quatre éléments dans la figure de la pierre[143]. Il tient donc le milieu de la quaternité cosmique et représente ainsi la *quinta essentia,* l'unité et l'extrait du monde physique, et par conséquent l'*anima mundi.* Comme je l'ai démontré ailleurs, ce symbole correspond à la représentation moderne du Soi.

141. « *Oportet nos intrare ad mentem nostram quae est imago Dei aeviterna spiritualis et intra nos, et hoc est ingredi in veritatem Domini ; oportet nos transcendere ad aeternum spiritualissimum et supra nos... haec est triplex illustratio unius diei.* » (Saint Bonaventure, *Itinerarium Mentis in Deum.*)

142. Cf. Ephésiens III, 18 : « ... *quae sit latitudo et longitudo et sublimitas et profundum.* » (... quelles sont la largeur, la longueur, la hauteur et la profondeur).

143. Le signe alchimique des quatre éléments est la croix.

7

# *LE MONOCOLUS*

377 C'EST manifestement pour mettre en relief l'unité du Mercure qu'Albert le Grand emploie le terme *monocolus* (forme qui est sans doute la plus correcte), *homme à une seule jambe*. Il me semble que nous nous trouvions ici devant un *ἅπαξ λεγόμενον*[144] de la littérature alchimique, car je ne l'ai rencontré nulle part ailleurs. Habituellement, quand les alchimistes utilisent un mot rare ou étrange, c'est pour faire ressortir le caractère extraordinaire de l'objet qu'il exprime. (On sait qu'il est également possible par cet artifice de faire apparaître ce qui est banal comme extraordinaire.) Même si le vocable *monocolus* n'apparaît qu'une seule fois, il n'en va pas ainsi de l'image correspondante, car le personnage à une jambe se rencontre dans d'assez nombreux manuscrits illustrés et, tout d'abord, dans le *Cod. Par.* P.R. 14675 intitulé *Abraham le Juif*[145] qui, comme l'indique le titre, était destiné à représenter ou à remplacer le *Livre des Ecorces* du même auteur que Nicolas Flamel décrit dans son autobiographie, ouvrage dont les alchimistes déploraient amèrement la perte et qu'ils recherchaient avec ardeur. Ce livre mythique a été également réinventé en Allemagne, mais cette découverte n'offre aucun rapport avec notre manuscrit[146]. Celui-ci contient à la page 324 la première d'une série de représentations de personnages à la jambe unique (fig. 4). A gauche un homme couronné et vêtu de jaune, à droite vraisemblablement un prêtre en vêtement blanc et portant la mitre. Chacun d'eux n'a qu'un pied. La légende placée sous l'image commence par un signe qui est celui du Mercure ☿ et se lit comme suit : « La n'en font qu'un. » Cette phrase se rapporte au texte qui précède : « Car il n'y a qu'une seule

144. C'est-à-dire « une expression usitée une seule fois ».
145. Voir plus haut § 297 et sv.
146. R. Abrahami Eleazaris *Uraltes Chymisches Werck* etc. Leipzig, 1760.

chose, une médecine, et en Laquelle consiste tout nôtre magistère, il n'y a que deux coadjuteurs qui se perfectionnent icy [147]. » Il s'agit, de toute évidence, du *Mercurius duplex.* J'ai indiqué plus haut à propos du soufre que, sous sa forme rouge, celui-ci est pour ainsi dire identique à l'or. Ce dernier est normalement « le roi ». Le sceptre rouge du roi peut constituer une allusion à ce trait. Il existe, ainsi que je l'ai montré, un soufre rouge et un soufre blanc. Le « soufre » est donc également double et identique au Mercure. Le soufre rouge représente le principe masculin, actif, du soleil, et le blanc celui de la lune. Etant donné que le soufre est en général de nature masculine et constitue la contrepartie du sel féminin, les deux figures masculines sont vraisemblablement les esprits (*animi*) de la substance mystérieuse qui est souvent désignée du nom de roi, comme par exemple chez Bernard le Trévisan. (Voir fig. 4 en annexe.)

378 Cette curieuse forme de séparation ou de réunion se retrouve à de nombreuses reprises dans notre manuscrit. L'illustration suivante (voir fig. 5 en annexe), p. 331, se présente ainsi : le roi qui se trouve à gauche a un vêtement bleu et un pied noir, celui de droite, un vêtement noir et un pied bleu. Le sceptre de chacun d'eux est rouge. La légende dit : « C'est ainsy que cela se fait : de sorte que ce qui était caché se rend manifeste [148]. » Ces paroles ont trait, comme le révèle le texte précédent, à la *nigredo* conçue au moment où elle se déclare. Cette opération a le sens de *mortificatio, putrefactio, solutio, separatio, divisio,* etc... C'est donc un état de dissolution et de décomposition qui précède la synthèse. Cette figure est suivie d'une autre dans laquelle les deux personnages sont séparés et ont chacun deux pieds. Celui de gauche porte la couronne spirituelle et celui de droite la couronne temporelle, ce qui correspond à la nature du soufre, occulte et spirituelle d'une part, terrestre et corporelle d'autre part, ainsi que nous l'avons vu dans le chapitre consacré à ce principe. Le personnage de gauche porte un vêtement dont la partie droite est bleue et la gauche, noire. Ces couleurs sont inversées dans le vêtement du personnage de droite. Ces figures sont donc complémentaires l'une de l'autre. Le texte explique : « Les couleurs de la 9e année et 1/2 ce mois de Janvier 1772 sont représentées par ces deux figures. De même aussy par la mortification de nôtre ☿ natu-

147. On peut lire dans le manuscrit latin *Figurarum Aegyptiorum* (coll. de l'auteur), fol. 19 : « *Duo tantum sunt coadjutores qui hic perficiuntur.* » (Il n'y a que deux coadjuteurs qui se perfectionnent ici.)

148. Le Ms. *Figurarum aegyptiorum* porte ici en légende : « *Sic fit, ut quod latuit pateat.* » (Les commentaires cités sont en français. [N.d.T.])

rel et de l'eau morte et réduite en une autre forme.... » On lit sous l'image : « Un très long temps et par la Putrefaction, Calcination, incineration, fixation, coagulation les Choses sont rendues fixes, mais cela se fait naturellement par Un très long temps. »

379 Il s'agit donc sans doute d'une *nigredo* devenue complète après une période correspondant à la durée de la grossesse, autrement dit, de la séparation totale du Mercure, des deux soufres, c'est-à-dire de la nature spirituelle et de la nature corporelle, ce à quoi répond chez Dorn la spiritualisation du corps et la production de l'*unio mentalis.* D'après notre illustration, l'une des formes est, sous le rapport des couleurs, *le reflet de l'autre.* Il est indiqué par là qu'il existe une relation de complémentarité entre la *physis* et l'esprit, et que l'*une représente le reflet de l'autre*[149]. Tel est sans doute le sens de l'expression : « De sorte que ce qui était caché se rend manifeste », par la vertu de l'*unio mentalis* ce qui était caché par sa projection dans la *physis* est rendu conscient. Dans la *nigredo,* « la nuit obscure de l'âme », les contenus psychiques se libèrent de leur attachement aux corps, et la nature ainsi que le sens de ce qui caractérise la relation sont reconnus.

380 Dans la figure suivante (p. 335), les deux personnages sont de nouveau l'un près de l'autre (voir fig. 6 en annexe). Les couleurs et les autres attributs demeurent les mêmes. Chacun a *un seul* pied bleu. La légende porte : « C'est pourquoi dit le Philosophe : celuyla obtient l'Art qui peut manifester le caché et cacher le manifeste. » On lit au-dessous : « *Hic artem digne est consecutus.* » (Celui-ci a dignement obtenu l'art.) et : « La couleur Bleue après la Saffranée qui conduira Jusques à l'Entière noirceur ou putrefaction après un très long temps. »

381 A la page 337 le roi (spirituel) qui figurait à gauche de la précédente image se présente avec une reine couronnée comme lui (voir fig. 7 en annexe). Il porte un vêtement de dessus noir et, dessous, un second vêtement bleu. Sa couronne est également noire, mais la partie intérieure de celle-ci, qui ressemble à une mitre, est restée dorée. Il a un seul pied bleu dont l'extrémité est noire, comme si on l'avait trempée dans l'encre. La reine, vêtue de vert, met la main dans la manche du roi qui est manifestement vide, ce qui semble indiquer que la reine tient la place de la moitié gauche, temporelle (corporelle), du roi, comme sa « meilleure moitié ». Ses pieds sont

149. Tout comme Albert suppose que l'or est l'argent « à l'intérieur » et vice versa. Je renvoie ici mon lecteur au rêve du mage blanc et du mage noir (voir plus haut).

noirs. Le texte déclare : « Il se fait actuellement une inconstante fixation, tantôt le mol s'endurcit, l'aqueux se fait terrestre et sec : c'est ainsy qu'il se fait un Changement de nature de l'un a l'autre, et une même couleur en forme d'un noir *Corbeau* et que le 🜍 (soufre) du mâle ☿ et de la Femelle sont devenus d'une même nature. » La légende dit : « Prenez donc au nom de Dieu tout puissant *cette terre noire,* réduisez la très subtilement et elle deviendra comme la tête d'un Corbeau. » Le texte placé auprès des deux figures expose, pour expliquer le *caput corvi,* que *Silène endormy* fut lié par des bergers à l'aide de guirlandes de fleurs présentant toutes les couleurs de l'arc-en-ciel, et qu'après avoir bu son vin, il dit : « *Je ris de mon lien.* Aussi les philosophes disent que quand la noirceur paroit Il faut se réjouir[150]. » On ajoute que « la ville de Troye a été réduite en cendres au bout de dix années de guerre ».

382 Cette image représente l'union du *monocolus* avec la terre (le corps). En tant que soufre du Mercure masculin, il signifie une puissance très active[151], le soufre rouge de l'or, l'*agens* du soleil. Le roi en vêtement safran n'était à l'origine ni plus ni moins que le soleil, mais il est maintenant devenu totalement noir, *sol niger,* et son vêtement bleu qui représente le ciel est lui-même voilé de noir[152]. Seule l'extrémité supérieure de sa couronne manifeste encore l'or solaire. Quant à Dame Terre, sa couronne identique (mais entièrement dorée) dénote en elle une nature équivalente à celle du roi. Tous deux sont des « soufres ». Le soufre du roi pourrait être désigné comme un *esprit* qui, enfouissant sa nature lumineuse dans l'obscurité, s'unit à la reine.

383 Cette terre est de nature aqueuse selon le quiproquo de Gen. I, 2 et 6 : « *Terra autem erat inanis... et Spiritus Dei ferebatur super aquas.* » (La terre était informe... et l'Esprit de Dieu était porté au-dessus des eaux) et : « *Fiat firmamentum in medio aquarum.* » (Qu'un firmament soit fait au milieu des eaux.) Le ciel peut donc embrasser la mer à la place de la terre. Cela rappelle le mythe d'Isis et d'Osiris : Isis s'unit à l'esprit d'Osiris mort et de cette union naît

150. Dom Pernety dit de la putréfaction : « Elle nous découvre l'intérieur du mixte... elle fait... l'occulte manifeste. Elle est la mort des accidentelles, le premier pas à la génération. » (*Les Fables Egyptiennes et Grecques,* etc. I, p. 179.)

151. Le pied du roi est le pied *droit.* Celui-ci depuis une époque reculée est regardé comme masculin et portant bonheur. C'est pourquoi il faut « partir du pied droit ». Le pied a en outre une incontestable signification *phallique.* (Cf. Aigremont, *Fuss- und Schuh-Symbolik und -Erotik,* 1909.)

152. Il est lui-même devenu « terre noire ». D'où le conseil : « Prenez cette terre noire. »

le dieu des mystères Harpocrate. Osiris joue un certain rôle dans les textes alchimiques. Ainsi le couple frère-sœur ou mère-fils est désigné simplement comme Isis et Osiris [153]. Chez Olympiodore [154], Osiris est le plomb en tant que matière mystérieuse et principe de l'humide [155] et, chez Firmicus Maternus, le principe vital [156]. L'interprétation alchimique de ce facteur par Mercure s'éclaire par l'assimilation d'Osiris à Hermès chez les Naassènes [157]. Comme Hermès, Osiris était représenté sous un aspect ithyphallique, ce qui n'est pas sans intérêt pour l'interprétation du *monocolus* [158]. L'époux d'Isis est le dieu-homme qui meurt et ressuscite comme le Christ. Il est de couleur noirâtre (μελάγχρους) [159] et, pour cette raison, est appelé *Aithiops* (Ethiopien, nègre) [160] ; dans le langage chrétien ce dernier nom désigne le diable [161] et, dans le vocabulaire alchimique, la *prima materia* [162]. Cette opposition caractérise le *Mercurius duplex.* Le vin en tant que sang d'Osiris joue un certain rôle dans les anciens écrits magiques [163]. Dans les textes égyptiens déjà, Osiris possède la nature du soleil et de la lune : il est donc hermaphrodite comme le Mercure [164].

384 Le corbeau (*corvus*) ou la tête de corbeau (*caput corvi*) est la désignation traditionnelle de la *nigredo* (*nox, melancholia,* etc.) c'est-à-dire de l'état de *putrefactio, mortificatio, separatio, solutio,* etc. Cette dénomination peut signifier la partie pour le tout ou encore la

153. Michel Maier, *Symbola Aurea Mensae,* 1617, p. 344 et sv.
154. Berthelot, *Alch. Grecs* II, IV, 42.
155. Correspondant au « principe de l'humide » (ὑγροποιὸς ἀρχή) mentionné par Plutarque : *De Iside et Osiride,* ch. 33.
156. « *Frugum semina Osirim dicentes esse.* » (Disant qu'Osiris est les semences des fruits.) « Liber de errore profanarum religionum », *Corp. Script. Eccles. Lat.* II, 2, 6.
157. Les Naassènes placent également Osiris en parallèle avec le Logos ainsi qu'avec le cadavre et la tombe. (Hippolyte, *Elenchos,* V, 8, 10, V, 8, 22, V, 9, 5, et V, 9, 8.)
158. Hippolyte, *Elenchos,* V, 8, 10. Bien que la mythologie grecque ne connaisse pas d'être à un pied, des noms comme Œdipe (pied percé), Mélampous (pied noir) et des idées comme celles de la dent unique et l'œil unique des Phorcides évoquent le même symbolisme.
159. Plutarque, *De Iside et Osiride,* ch. 22.
160. F.J. Delger, *Die Sonne der Gerechtigkeit und der Schwarze,* 1919, p. 64.
161. M.-L. von Franz, « Passio Perpetuae » in *Aïon,* 1951, p. 467 et sv.
162. *Theat. Chem.* 1602, III, p. 854. Dans le « Scriptum Alberti super Arborem Aristotelis » (*Theat. Chem.* II, p. 526) la *nigredo* ou *caput corvi* est désignée comme « *caput nigrum aethiopis* ».
163. Cf. R. Reitzenstein, *Die hellenistischen Mysterienreligionen,* 1910, p. 204.
164. H. Jacobsohn, *Die dogmatische Stellung des Königs in der Theologie der alten Aegypter.* Ed. par A. Scharff, 1939, p. 23 : « Salut à toi (Osiris)... qui t'élèves dans le ciel comme Rê, renouvelant ta forme comme la lune. »

partie « capitale », le « principe », tout comme par exemple « *caput mortuum* » qui, à l'origine, se réfère à la tête « noire » d'Osiris[165] et a désigné plus tard le « Mercure des Philosophes » par le passage à l'état incorruptible. C'est ainsi qu'il est invoqué par l'auteur anonyme du traité *Novum Lumen Chemicum :* « O notre ciel ! ô notre eau et notre Mercure !... ô tête morte ou fèces de notre mer !... Et ce sont là les épithètes de l'oiselet d'Hermès[166] qui ne se repose jamais[167]. » Cet *avis Hermetis* est le corbeau dont il est dit : « Et sachez que l'élément essentiel de l'art (*caput artis*) est le corbeau qui vole sans ailes dans la noirceur de la nuit et dans la clarté du jour[168]. » C'est un *esprit* jamais en repos, qui ne dort pas, la « pierre aérienne et volatile » (*lapis aereus et volatilis*), donc un être de nature contradictoire[169]. Il est le « ciel » et en même temps « les fèces de la mer ». Etant donné qu'il est en outre appelé « eau », on pense à l'eau de pluie qui vient de la mer et tombe du ciel. De fait, l'idée de nuages, de pluie et de rosée revient assez souvent dans les textes, et cela depuis une haute antiquité[170]. On lit déjà dans un

165. Cf. à ce sujet Von Lippmann, *Entstehung und Ausbreitung der Alchemie,* 1919, pp. 180, 303, 326.

166. L'oiseau d'Hermès est ailleurs l'oie.

167. *Mus. Herm.* pp. 581 et sv. : « *O coelum nostrum ! o aqua nostra et Mercurius noster !... o caput mortuum et foeces maris nostri... Et haec sunt aviculae Hermetis epitheta, quae nunquam quiescit.* »

168. « *Et scitote quod caput artis est corvus, qui in nigredine noctis et diei claritate sine alis volat.* » « Rosarium Phil. » in *Art. Aurif.* II, p. 258.

169. *Art. Aurif.* II, p. 259.

170. « *(Aqua) vocatur quoque rotunda aliqua nubes, mors itidem, nigredo utpote tenebrae et umbra...* » (L'eau est appelée aussi quelque nuage rond, ou encore mort, noirceur, en tant que ténèbres et ombre.) (« Liber Alze ». *Mus. Herm.* p. 324.) Jean de Roquetaillade (Rupescissa) l'appelle « une nuée perse ». (*La Vertu et la Propriété de la Quintessence,* 1581, p. 29.) L'eau est également citée en même temps que l'ombre dans la *Turba* (éd. Ruska, pp. 120 et sv.). « *Istud opus fit ita subito sicut veniunt nubes de caelo.* » (Cette œuvre se fait soudain de la manière dont les nuages viennent du ciel.) (*Theat. Chem.*, I, p. 204.) « *Aqua nubis* » (eau de nuée) = *Mercurius* (Mylius, *PHil. Ref.* pp. 108 et 304), de même chez Al-Iraqi (*Isis,* VIII, p. 420). « *Nebulae nigrae* » (nuages noirs) = *nigredo* (Mylius : l.c. p. 234), de même dans le *Tractatus Aureus Hermetis* 1566, p. 15. 'Ex *θαλάσσης ἀναβαίνει ἡ νεφέλη* (le nuage s'élève de la mer), *τὰ νέα ὕδατα* (les eaux nouvelles), *τὸ φάρμακον τῆς ζωῆς* (le remède de vie) « qui éveille les morts », tels sont les noms de l'eau dans le vieux traité de Comarios (Berthelot, *Alch. Grecs* IV, XX, 8), de même que chez Raban Maur, où le nuage représente « la consolation de l'Esprit-Saint et l'ascension du Christ » (*P.L.* T. CXII, col. 1007). A ce dernier symbole correspond la remarque de Comarios : « Les nuages qui s'élèvent de la mer apportent les eaux bénies (*τὰ ὕδατα τὰ εὐλογημένα*) » (Berthelot : l.c. IV, XX, 12). Augustin compare les apôtres au nuage porteur de pluie qui représente aussi « l'occultation du créateur dans la chair » (*occultatio creatoris in carne*) (*Enarratio in Psalm.* LXXXVIII, 7). Le Christ est également figuré par la « colonne de nuée » (*columna nubis*) qui conduisait les Israëlites

papyrus : « Je suis la mère des dieux appelée ciel, je suis Osiris, appelé eau ; je suis Isis que l'on nomme rosée... Je suis Eidolos (image) assimilé aux vrais *fantômes.* » Ainsi parle un magicien qui veut contraindre, par cette évocation, un « esprit familier » (*Paredros*) à venir à lui : il est lui-même un esprit et il est donc apparenté à « l'oiseau nocturne ». Dans la tradition chrétienne le corbeau est une allégorie du diable [171].

385 Nous sommes ici en présence de la forme archétypique primitive de l'esprit, qui est ambivalente ainsi que je l'ai montré ailleurs [172]. Cette ambivalence apparaît également, dans l'ancienne Egypte, dans la paire fraternelle Osiris-Seth ou, chez les Ebionites, dans l'opposition entre le Christ et Satan. Le corbeau nocturne (*nycticorax*) est en effet une allégorie du Christ [173].

386 Le *caput mortuum* ou colcothar désigne aujourd'hui le peroxyde de fer *rouge* qui reste après la distillation de l'acide sulfurique à partir du sulfate de fer, tandis que le *caput Osiridis* est noir et appelé encore *caput corvi.* L'*Aquarium Sapientum* l'assimile au Christ dont le visage était devenu « totalement privé de beauté » suivant Isaïe, LIII, 2 [174]. La *nigredo* dure la plupart du temps quarante jours, ce qui correspond aux quarante jours qui séparent Pâques de

dans le désert. (*En. in Psalm.* XCVIII, 10 ; de même dans l'*Ancoratus* d'Epiphane.) « *De te nubes fluunt* » (De toi s'écoulent les nuages) dit du Saint-Esprit Hildegarde de Bingen. (Rémy de Gourmont, *Le Latin mystique,* 1913, p. 136). La conception alchimique peut avoir subi l'influence du texte liturgique : « *Rorate coeli desuper et nubes pluant justum : aperiatur terra et germinet salvatorem* ». (Cieux, répandez la rosée et que les nuages fassent pleuvoir le juste : que la terre s'ouvre et fasse germer le sauveur.) On pense à l'expression des mystères d'Eleusis : « ὕε, κύε » (Fais pleuvoir, deviens féconde !) (Hippolyte, *Elenchos,* V, 7, 34). Chez les Mandéens le nuage signifie le principe féminin. On lit dans un texte : « Au-delà, au-delà je me tiens, moi et le nuage qui s'est élevé avec moi. » (Mark Lidzbarski, *Ginza,* 1925, p. 399.)

171. Hugo Rahner a traité en 1945 le thème du corbeau comme allégorie patristique du diable dans une conférence d'Eranos qui n'a pas été publiée dans l'*Eranos-Jahrbuch.*

172. « Phénoménologie de l'esprit dans les contes » dans *Symbolik des Geistes,* 1948.

173. Ce symbolisme repose sur le texte du Ps. CII (LXX et Vulgate) : ῾Ωσεὶ νυκτικόραξ ἐν οἰκοπέδῳ, « *Sicut nycticorax in domicilio.* » (Comme le corbeau nocturne dans sa maison.) Par ex. chez saint Eucher de Lyon, *De Spiritualibus Formulis V* ; de même chez Raban Maur (*P.L.* CXII, col. 1006). Voir la *crucifixion* du corbeau dans *Symbolik des Geistes,* p. 36. Se fondant sur une fable rapportée par Elien, selon laquelle le corbeau devenu vieux et ne pouvant plus nourrir ses petits se livre à eux en nourriture, Caussin dit : « *Corvus se pullis senio confectum praebet in pabulum : at Phoenix noster Christus Dominus... se nobis in coelestem alimoniam praebuit.* » (Le corbeau, accablé de vieillesse, s'offre en pâture à ses petits. Mais notre Phénix, le Seigneur Christ... s'est offert à nous en aliment céleste.) (*Polyhistor Symbolicus,* 1623, p. 271.) Le corbeau se révèle donc être une allégorie du Christ sous l'aspect de l'hostie.

174. « *Deformis omnino speciei* ». Cité dans *Mus. Herm.* p. 117.

l'Ascension, à la durée du jeûne du Christ ou à celle du séjour des Israélites dans le désert [175]. Dans la chaleur de la *nigredo,* « l'*anima media natura* (âme moyenne nature) exerce le pouvoir ». Les anciens philosophes auraient dénommé cette noirceur « tête de corbeau » ou « soleil noir » (*solem nigrum*) [176]. L'*anima media natura* correspond à l'âme du monde platonicienne et à la *Sophia* de l'Ancien Testament [177]. Le soleil est ici en quelque sorte enveloppé par elle et, par suite, de couleur noire. C'est un état d'incubation ou de grossesse. En tant que point de départ de l'œuvre, la noirceur revêt une grande importance [178]. Elle est en général appelée « corbeau » [179]. Dans notre contexte l'interprétation de la *nigredo* comme « terre » est remarquable [180]. Cette dernière est un principe féminin, à l'égal de l'*anima media natura* ou de la *Sophia.* Elle est l'élément qui apparaît hors des eaux dans le récit de la Genèse [181], mais elle est aussi la *terra damnata* [182].

387 Le *caput mortuum* ou *corvi* est, comme nous l'avons dit, la tête du noir Osiris et aussi de l'Ethiopien, ou encore celle du Maure des *Noces Chymiques* [183]. La tête est mise à cuire dans un chaudron et le bouillon est ensuite versé dans une *sphère d'or.* Cette opération souligne le parallélisme avec la *χρυσέα κεφαλή* (tête d'or) de l'alchimie

175. L.c. pp. 61 et 117.

176. Le « Liber de Arte Chimica » (*Art. Aurif.* I, p. 610) cite dans ce contexte une image trinitaire : trois soleils, noir, blanc et rouge. Dans le commentaire sur le « Tractatus Aureus Hermetis » (*Theat. Chem.* IV, p. 703) on lit que sur la montagne des philosophes il y a trois corbeaux : « *Niger qui caput est artis, albus qui medium et rubeus qui finem rerum omnium imponit.* » (Le noir, qui est le principe de l'art, le blanc qui est le milieu, et le rouge qui met un terme à toutes choses.) Le *Consilium Conjugii* (1566, p. 167) mentionne même quatre corbeaux. Dans le *Livre d'El-Habib* (Berthelot, *La Chimie au Moyen Age,* III, p. 100) Marie déclare que l'on doit reconnaître dans le rouge « la tête du monde ».

177. Mylius observe à ce propos (*Phil. Ref.* p. 19) que si Lucifer avait eu en lui l'*anima media natura* ou Dieu, il n'aurait pas été jeté en enfer.

178. « *Cum videris materiam tuam denigrari gaude : quia principium est operis.* » (Quand tu verras ta matière devenir noire, réjouis-toi, car c'est là le commencement de l'œuvre.) (*Art. Aurif.* II, p. 258). « *Caput corvi artis est origo.* » (La tête de corbeau est l'origine de l'art.) (*Theat. Chem.* I, p. 166.)

179. « *Antimonium, pix, carbo, caput corvi, plumbum, aes ustum, ebur ustum dicitur.* » (On l'appelle antimoine, poix, charbon, tête de corbeau, plomb, airain brûlé, ivoire brûlé.) (*Theat. Chem.* I, p. 166).

180. « *Ista nigredo nuncupatur terra.* » (Cette noirceur est appelée terre.) (*Art. Aurif.* II, p. 265.)

181. « *Et sic habes duo elementa, primo aquam per se, dehinc terram ex aqua.* » (Et ainsi tu as deux éléments, d'abord l'eau, par elle-même, ensuite la terre, de l'eau.) (l.c.)

182. « *Terra damnata seu caput mortuum.* » (Henricus Steiner, *Diss. de Antimonio,* 1699, p. 2).

183. Christian Rosencreutz, *Chymische Hochzeit,* 1616, p. 111.

grecque, que je puis me contenter d'indiquer en passant puisque je l'ai traité ailleurs. Le Maure des *Noces Chymiques* est probablement identique au *bourreau noir*, celui-là même qui *décapite* les personnalités royales. A la fin il aura lui-même la tête coupée [184]. Dans le cours du récit on assiste également à la décapitation d'un *oiseau noir* et une figure dans laquelle celui-ci s'est métamorphosé subit le même sort [185]. Ce supplice est rempli de signification sur le plan symbolique en tant que *separatio* de l'*intelligentia* par une *passio magna et dolor* que la nature inflige à l'âme. C'est une émancipation de la pensée qui a son siège dans la tête (*cogitatio*), une libération de l'âme hors des « liens de la nature » [186]. Elle correspond au dessein énoncé par Dorn de réaliser une *unio mentalis in superatione corporis*.

388 Le Maure (ou Ethiopien) est l'homme noir, c'est-à-dire pécheur, que saint Hilaire († 367) assimile déjà au corbeau (*corvus in formam peccatoris constitutus :* le corbeau réalisé sous l'aspect du pécheur [187]). Dans les *Noces Chymiques* on voit apparaître un *roi noir* et Mylius représente dans son « schéma 24 » la relation du roi et de la reine au moyen du symbole de deux corbeaux se battant entre eux [188]. De même que le corbeau représente l'âme noire de l'homme, le *caput corvi* représente la *tête de l'homme* ou plus exactement la boîte crânienne (*testa capitis*) qui, dans l'alchimie sabéenne, constitue le vase servant à la transmutation [189]. Les Sabéens étaient soupçonnés de pratiques magiques qui présupposaient le meurtre d'un homme. La *testa capitis videlicet capitis elementi hominis* (la tête du chef, c'est-à-dire du chef de l'élément homme) revêt donc un aspect assez sinistre, car il leur fallait un crâne humain parce qu'il contient le cerveau, siège de l'intelligence. « Et l'intelligence existe dans cet organe, car elle gouverne l'âme et

184. L.c. p. 92.
185. L.c. pp. 117 et 120.
186. Cf. « Platonis Liber Quartorum » (*Theat. Chem.* V, p. 186). Sur le rite sabéen de la décollation, voir mon étude sur les visions de Zosime dans *Les Racines de la conscience*, trad. fr. 1971, p. 154 et sv.
187. *Tract. in Ps.* CXLVI, 12.
188. *Phil. Ref.* p. 190. Ce sont les âmes du roi et de la reine qui s'affrontent ici. Cf. l'histoire d'Aristée dont il est dit qu'il vit son âme s'envoler de sa bouche sous la forme d'un corbeau. (Pline l'Ancien, *Hist. Nat.* Liv. VII, ch. 52). La *colombe* est la blanche image de l'âme, comme le corbeau en est le symbole noir. *Les Noces Chymiques* représentent un combat entre le corbeau et la colombe. L.c. p. 18.
189. « *Vas autem necessarium in hoc opere oportet esse rotundae figurae : ut sit artifex hujus mutator firmamenti et testae capitis...* » (Le vase nécessaire à cette œuvre doit être de forme ronde : afin que l'artiste soit celui qui transforme ce firmament et cette tête du chef.) « Lib. Quart. » *Theat. Chem.* V, p. 150 et sv.

l'aide à se libérer[190]. » « Le *corpus rotundum* a construit le crâne comme une citadelle autour de lui et il s'est entouré de cette protection et s'y est ouvert des fenêtres » qui sont les cinq sens. Mais « le corps rond, l'être vivant, la forme des formes et le genre des genres, c'est l'homme[191] ». Pour ce qui est du *rotundum*, il s'agit manifestement[192] non de l'homme empirique, mais de l'homme primordial, qui est rond, c'est-à-dire parfait, le τέλειος ἄνθρωπος. « Il a ensuite attiré l'âme vers le monde supérieur pour l'aider à acquérir sa liberté. Le monde supérieur a toujours un effet dans l'homme, et sa parfaite inspiration agit toujours dans la mort de l'homme (pour l'élever) jusqu'au firmament, et il ne manque pas de l'atteindre jusqu'à ce que ce qui est sorti du monde supérieur revienne en son lieu[193]. » Le « monde supérieur » est le « monde des mondes » ; c'est évidemment le « monde potentiel » (*mundus potientialis*) de Dorn, lequel s'est inspiré de ce texte — sans toutefois le citer —, comme en témoignent encore les images de la « citadelle », du « camp de la sagesse » (*castrum sapientiae*), et des « fenêtres » (*spiraculum vitae aeternae :* soupirail de la vie éternelle)[194].

389 Le vase rond ou citadelle est la boîte crânienne. « L'organe divin », dit le *Liber Quartorum*, « est la tête, car elle représente la

190. « *Locus superior est cerebrum, et est sedes intelligentiae.* » (Le lieu supérieur est le cerveau, et c'est le siège de l'intelligence.) L.c. p. 187.

191. « *Et animal forma formarum et genus generum est homo.* » (Et l'être animé qui est la forme des formes et le genre des genres, c'est l'homme.) L.c. p. 186.

192. « *Vas autem factum est rotundum ad imitationem superius et inferius. Est namque aptius rerum ad id cuius generatio quaeritur in eo, res enim ligatur per suum simile.* » (Le vase a été fait rond à l'imitation du [monde ?] supérieur et de l'inférieur. Il constitue en effet une chose des plus convenables pour ce que l'on cherche à engendrer en lui, car le semblable est lié par son semblable.) L.c. p. 150.

193. « *Mundus superior habet semper effectum in homine, et perfecta inspiratio eius scilicet hominis in morte sua, usque ad firmamentum, nec deest perventio, donec revertatur, quod egressum est de mundo superiori, ad locum suum.* » L.c. p. 186.

194. « *Videtisne relucens illud et inexpugnabile castrum (scl. sapientiae) ?* » (Voyez-vous ce camp brillant et inexpugnable [de la sagesse] ?) (*Theat. Chem.* I, p. 278.) « *Veritas est... inexpugnabile castrum. Hac in arce verus... continetur ille thesaurus, qui... asportatur hinc post mortem.* » (La vérité est... un camp inexpugnable. Dans cette citadelle est contenu... ce vrai trésor que... l'on emporte d'ici après la mort.) L.c. p. 458. Le *castellum* est une *allegoria Mariae.* (Ven. Godefridus Alb. *P.L.* T. CLXXIV, col. 32). Dorn distingue quatre châteaux forts qui sont en quelque sorte superposés : le château inférieur est de cristal et abrite le *philosophicus amor ;* le second est d'argent et contient la *Sophia ;* le troisième est de diamant (*adamantina*) et seuls quelques hommes « *per divinum numen assumpti* » (pris par la puissance divine) parviennent jusque-là ; le quatrième enfin est d'or, mais il est invisible (*non cadit sub sensum :* il ne tombe pas sous le sens), c'est un paradis (*perpetuae felicitatis locus, sollicitudinis expers et omni repletus gaudio perenni :* un lieu de félicité perpétuelle, exempt de souci et rempli de toute joie éternelle.) L.c. p. 279. A comparer avec les quatre degrés de la transformation dans le *Liber Quartorum*, qui sont exposés dans *Psychologie et Alchimie*, trad. fr. p. 339.

demeure de la partie divine, qui est l'âme ». C'est pourquoi le philosophe doit entourer « cet organe de plus de soins que les autres organes ». « A cause de sa forme ronde il attire le firmament et est attiré par lui... Et il est attiré pareillement par ce qui l'attire jusqu'à ce que l'attraction trouve son terme dans l'intelligence. L'homme est plus noble que les bêtes et plus proche du simple, et cela à cause de l'intelligence. » Le simple (*simplex*) ou la chose simple (*res simplex*) est l'Un (*Unum*)[195], la *natura caelestis* de Dorn, la chose ronde et parfaite, le firmament ou « ciel » dans l'homme[196]. « Platon, dit le texte, est d'avis que l'homme dont la justice est au plus haut parvient à l'abondante (*largam*) substance supérieure lorsqu'il est assimilé, par son travail, au lieu le plus élevé[197]. » Ce passage détaille la manière dont la production du « ciel » attire dans le microcosme le firmament étoilé et les influences (ou esprits) planétaires, et, d'autre part, comment, grâce à la même opération, l'homme s'approche de la « substance supérieure », de l'*anima mundi,* qui est aussi la « chose simple » ou « l'Un ».

390 Dans la *nigredo* le cerveau s'obscurcit. Le *Rosarium* rapporte une recette d'Hermès : « Prends son cerveau... Broyez-le avec le vinaigre très aigre ou avec de l'urine d'enfant[198] jusqu'à ce qu'il s'obscurcisse[199]. » Cet obscurcissement, cette plongée dans la nuit constituent également un état psychique qui, nous l'avons vu, était qualifié sans périphrase de « mélancolie ». L'*Aurelia Occulta* contient un passage dans lequel la matière de transmutation dans l'état de *nigredo* dit d'elle-même : « Je suis un vieillard débile et infirme surnommé dragon ; j'ai été pour cette raison enfermé dans une caverne afin que la couronne royale me rachète... Une épée de feu m'acca-

195. On lit dans l'*Elucidarium* d'Honoré d'Autun : « *Creatura in divina mente concepta est simplex, invariabilis et aeterna, in se ipsa autem multiplex, variabilis, transitoria.* » (La créature conçue dans l'intelligence divine est simple, invariable et éternelle ; mais en elle-même elle est multiple, variable et passagère.)

196. Il est rapporté dans le gnosticisme de l'Islam qu'au siècle de la Vierge l'ange Harus naquit du désir de celle-ci. Harus prit les esprits des planètes et des signes du zodiaque, des puissances du ciel et de la terre, 360 en tout, et créa à partir d'eux l'homme Adamus d'après la forme du ciel le plus élevé (rond, par conséquent). Comme Harus, Adamus était d'une taille gigantesque. Harus correspond à « l'homme d'en haut » (ἄνω ἄνθρωπος). Ce trait manifeste clairement une influence sabéenne. (Reitzenstein et Schaeder, *Studien zum antiken Synkretismus aus Iran und Griechenland,* 1926, p. 114.) Comparer « celui qui a le ciel pour tête » (ᾧ οὐρανὸς κεφαλή) et la description du microcosme dans le *Sacramentarium* d'Honoré d'Autun : la tête est ronde comme le ciel et les deux yeux sont le soleil et la lune.

197. *Theat. Chem.* V, p. 189.

198. Deux synonymes de l'*aqua permanens.*

199. *Art. Aurif.* II, p. 264.

ble de grands tourments et la mort brise ma chair et mes os... Mon âme et mon esprit m'abandonnent ; poison cruel, je suis assimilé à un corbeau noir. Tel est en effet le salaire de la méchanceté : je suis couché dans la poussière et dans la terre. Puissé-je pourtant de trois devenir un ; ô mon âme et mon esprit, ne m'abandonnez pas, afin que je contemple de nouveau la lumière du jour et que de moi sorte (*exoriatur*) cet illustre héros de la paix que le monde entier puisse apercevoir [200]. » (Figure 8.)

391 La description que notre texte d'Abraham le Juif donne des personnages royaux a une résonance toute mythologique : le soleil, roi du ciel bleu, descend vers la terre, c'est la nuit au sein de laquelle il s'unit à son épouse, la terre ou la mer. Il est permis de deviner derrière cette représentation l'image primitive d'Ouranos et de Gaïa. On évoquera de même, à propos de l'image du corbeau désignant cette relation, la nuit créatrice que l'hymne orphique nomme « oiseau aux ailes noires » et dit être fécondée par le vent (πνεῦμα) [201]. L'enfant issu de cette union, que nous pouvons mentionner dès maintenant, est l'*œuf d'argent* qui, dans la pensée orphique, contient en haut le ciel et en bas la terre, et reproduit donc, à lui seul, un cosmos, c'est-à-dire constitue le *microcosme*. Dans le langage de l'alchimie, c'est l'œuf philosophique (*ovum philosophicum*). L'alchimie française du XVIII^e siècle connaissait le roi, c'est-à-dire le soufre rouge (chaud) de l'or, et le nommait *Osiris,* tandis que le soufre humide (*aquosum*) était appelé *Isis*. Osiris était « le feu caché de la Nature, le principe igné... qui anime tout [202] », Isis « le principe matériel et passif de tout ». Le démembrement d'Osiris correspond à la solution, la putréfaction, etc. A propos de cette dernière Dom Pernety [203], à qui sont empruntées les citations que l'on vient de lire, déclare : « *Solutio corporis est coagulatio spiritus.* » (La solution du corps est la coagulation de l'esprit.) La noirceur est un attribut d'Isis. (Apulée dit du vêtement de la déesse : « *Palla nigerrima*

200. *Theat. Chem.* IV, p. 569 et sv.

201. Le traité *Introitus Apertus* dit : « *Moriente leone nascitur corvus.* » Quand le lion, c'est-à-dire la « concupiscence », meurt, la noirceur de la mort fait son apparition. « *O triste spectaculum et mortis aeternae imago : at artifici dulce nuntium !... Nam spiritum intus clausum vivificum scias, qui statuto tempore ab Omnipotente vitam hisce cadaveribus reddet.* » (O triste spectacle et image de la mort éternelle : mais nouvelle douce au cœur de l'artiste ! Car sache que l'esprit enfermé à l'intérieur est vivifiant et qu'au temps fixé par le Tout-Puissant il rendra la vie à ces cadavres.) *Mus. Herm.* p. 591.

202. Ailleurs il est donné comme le principe de l'humide, en plus parfaite conformité avec la tradition antique.

203. *Les Fables égyptiennes*, etc. I, ch. II et sv.

*splendescens atro nitore* » : Sa robe très noire luisait d'un sombre éclat.) Quand le ciel ou le soleil s'incline vers elle, sa noirceur les enveloppe.

392 Les liens qui rattachent les représentations alchimiques aux images primitives de la mythologie grecque sont trop connus pour que j'aie à en apporter la preuve. L'inceste cosmogonique du frère et de la sœur [204] et la création en général ont toujours servi de modèle au grand œuvre des alchimistes. Cependant nous recherchons en vain le *monocolus* dans la tradition gréco-romaine. Mais nous le rencontrons par contre dans la mythologie védique, et cela sous une forme qu'il est du plus haut intérêt de rapprocher de notre texte, en tant qu'attribut du roi-soleil *Rohita* [205] (le soleil rouge) qui est appelé *bouc à un pied* [206] (*aga ékapada*) [207]. Il est célébré avec son épouse *Rohinî* dans l'hymne XIII, 1, de l'*Atharvaveda.* De la déesse il est dit : « Lève-toi, cavale qui es à l'intérieur des eaux » et « la cavale qui est à l'intérieur des eaux s'est levée ». L'hymne débute par cette invocation à Rohinî qui s'unit ainsi à Rohita, lequel est monté à sa place la plus élevée dans le ciel. Le parallélisme avec notre texte français est si clair que l'on devrait immédiatement conclure à une dépendance littéraire pour peu que l'on pût supposer que l'auteur connaissait l'*Atharvaveda.* Mais il serait pratiquement impossible de fournir une telle preuve. En effet la littérature indienne n'a commencé à pénétrer en Occident qu'autour des années 1800, grâce aux travaux d'Anquetil du Perron [208]. Encore faut-il ajouter que l'œuvre de ce savant, *Oupnek'hat,* n'était rien de plus qu'un recueil d'*Upanishads* en langue persane accompagnées d'une traduction latine [209]. Quant à l'*Atharvaveda,* il n'a pas été traduit avant la seconde moitié du XIX^e^ siècle [210]. Nous sommes donc contraints, si

204. Cf. Kerényi, *Die Mythologie des Griechen.* 1951, p. 23 et sv.

205. Synonyme de *Surya* (soleil). *Atharvaveda* XIII, I, 32.

206. Sans qu'il soit besoin d'évoquer la chèvre « qui grimpe haut », le bouc possède une signification sexuelle, de même que le pied unique (voir plus haut). Dans la perspective de la situation (conjonction), cet aspect n'est pas dénué d'importance. (Voir les paragraphes 362 et sv. où il est question de la mercuriale.)

207. « Hymns of the Atharvaveda. » *Sacred Books of the East.* Vol. XLII, XIII, I, 6, p. 208. *Ekapada* est aussi le vers d'un seul pied (Gr. μονοποδία et μονοδιαῖος). *Aga ékapad* a les sens secondaires de « conducteur de troupeaux, pasteur » et de « non-né », c'est-à-dire éternel. Arthur A. Macdonnel, *Sanskrit-Engl. Dict.* 1893, *sub his verb.* et *Sacred Books of the East,* vol. XLII, p. 664.

208. Né en 1731, mort en 1805. *Oupnek'hat* fut publié de 1802 à 1804.

209. On sait la grande influence que cette œuvre exerça sur la pensée de Schopenhauer. *Oupnek'hat* contient un chapitre intitulé *Oupnek'hat Naraiin* qui est un extrait de l'*Atharvaveda.* Mais il n'y est pas question d'*ekapad.*

210. Grill, *Hundert Lieder des Atharvaveda.* 2^e^ éd. 1888.

nous voulons expliquer à tout prix cette ressemblance, d'invoquer une connexion primitive au niveau de l'archétype. (Voir fig. 8 en annexe.)

393 Il ressort de tout cela que notre *monocolus* représente l'union de l'esprit avec la réalité matérielle. Ce n'est plus alors l'*aurum vulgi* qui est un élément de la combinaison, mais le *spiritus auri,* l'esprit de l'or, en quelque sorte une seule moitié (la moitié droite) du roi. La reine est un « soufre », c'est-à-dire un extrait ou « esprit » de la terre ou de l'eau, par conséquent un esprit chthonien. L'esprit « masculin » correspond à la *veritas* ou *substantia caelestis* de Dorn, c'est-à-dire à la connaissance de la lumière intérieure, du Soi, de l'*imago Dei,* qui est ici unie à la figure chthonienne parallèle, l'esprit féminin de l'inconscient. Ce dernier est personnifié empiriquement par la figure psychologique de l'*anima,* laquelle ne doit pas être confondue avec l'*anima* de nos philosophes médiévaux qui représente seulement une « âme végétative » philosophique, un « lien entre le corps et l'esprit » (*ligamentum corporis et spiritus*). La reine des alchimistes équivaut à l'*anima* psychologique[211]. En conséquence la *conjunctio* apparaît ici comme l'union d'une conscience (esprit) différenciée par la connaissance de soi avec un esprit qui a été abstrait à partir de contenus jusque-là inconscients. On pourrait le concevoir aussi comme la quintessence d'images qui ont atteint le plan de la conscience, soit spontanément, soit grâce à l'action de l'imagination active, et dont l'ensemble représente une vision de nature morale ou intellectuelle formant contraste ou compensation par rapport au monde conscient. Au premier abord cependant, ces images sont rien moins que « morales » ou « intellectuelles » ; ce sont peu ou prou des évidences concrètes que l'on doit commencer par interpréter. L'alchimiste les utilise comme des espèces de « termes techniques » et cherche à exprimer à travers elles les propriétés secrètes dont il présume l'existence dans la matière. Le psychologue par contre ne les considère pas comme des allégories, mais comme d'authentiques symboles évoquant des contenus psychiques qui ne sont pas connus, mais seulement pressentis au fond de la psyché, des idées et des impulsions, des « idées-forces »[a] de l'inconscient. Sa réflexion se fonde sur la constatation expérimentale que des connexions qui ne peuvent être vérifiées dans le domaine sensible remontent à des créations de l'imagination, lesquelles proviennent à

211. Voir *Aïon,* 1951, p. 27 et sv.
a. En français dans le texte.

leur tour de causes psychiques. Ces dernières toutefois peuvent se dérober à une vérification directe et ne se découvrir qu'à travers leurs effets. Le psychologue est aidé dans cette tâche par le matériel d'imagination dont dispose la science moderne. Ces éléments sont produits en abondance dans les psychoses et les rêves, ainsi que par l'imagination active au cours du traitement psychologique, ce qui permet une étude précise, car le sujet qui fournit les images peut être interrogé. De cette manière les causes psychiques se laissent constater. Ces images offrent souvent une parenté si surprenante avec les thèmes mythologiques que l'on ne peut s'empêcher de considérer les causes des imaginations individuelles comme identiques à celles des images collectives mythologiques. En d'autres termes, on ne voit aucune raison de supposer qu'à d'autres époques l'imagination de l'homme ait fonctionné sur des bases entièrement différentes, ou que ses productions aient été déterminées par des « idées-forces » totalement distinctes de celles qui se manifestent de nos jours. Le panorama de la littérature des siècles et des millénaires écoulés permet de reconnaître avec suffisamment de certitude que de tout temps les faits humains ont été ressentis et pensés, au moins en général, de façon très semblable sinon identique. S'il n'en était pas ainsi on devrait renoncer à écrire l'histoire de manière intelligente ou à comprendre quoi que ce soit aux textes historiques. Naturellement il existe des différences qui invitent à chaque instant à la prudence, mais ces divergences sont la plupart du temps de nature superficielle et elles perdent de leur importance au fur et à mesure que l'on approfondit davantage le sens des thèmes fondamentaux.

394 Ainsi le langage des alchimistes est à première vue, lui aussi, totalement différent de la terminologie et de la manière de penser psychologiques. Mais si nous traitons les symboles suivant la méthode que nous appliquons aux phantasmes modernes, il s'en dégage un sens identique à celui que nous avions déduit de notre matériel psychologique. L'objection qui se présente à l'esprit est que l'on aura peut-être utilisé sans critique le sens dégagé des phantasmes modernes pour traduire un matériel historique, alors que les alchimistes auraient en réalité donné de celui-ci une interprétation toute différente. Mais la preuve du contraire nous est fournie par le fait que, dès le Moyen Age, d'authentiques alchimistes ont interprété leurs symboles dans un sens moral et philosophique. Leur « philosophie » n'est même, à tout prendre, que de la psychologie « projetée ». A cette époque, nous l'avons vu, l'ignorance dans laquelle on se trouvait de la vraie nature de la matière chimique favorisait

considérablement la projection. La spéculation n'est jamais plus active et plus abondante que lorsqu'elle s'exerce sur des choses qu'on ne comprend pas.

# 8

## *CONTENU ET SENS DES DEUX PREMIERS DEGRÉS DE LA CONJONCTION*

395 JE prie mon lecteur de noter ici que je ne m'écarte pas de mon sujet, mais que cette discussion m'est nécessaire pour projeter quelque clarté sur une situation en apparence très confuse. Cet état de choses provient de ce que, pour les besoins de l'amplification, nous avons décrit trois groupes de symboles répartis sur cinq siècles, puisque nous les avons puisés chez Albert le Grand, Gérard Dorn et un anonyme du XVIIIe siècle. Ces trois auteurs étudient les expériences et les figures centrales du « magistère », chacun à sa propre façon. On pourrait naturellement retenir d'autres descriptions, antérieures ou intermédiaires, du mystérieux phénomène de la conjonction, mais nous ne parviendrions qu'à rendre l'obscurité plus épaisse encore. Celles-ci suffisent pour notre dessein qui est de défaire la toile finement tissée des images alchimiques et de les rendre accessibles à l'intelligence.

396 Nous savons donc désormais que, lorsque Dorn parle de libérer l'âme des entraves du corps, il ne fait qu'exprimer sous une forme légèrement différente ce qu'Albert le Grand a en vue de son côté quand il parle de la délicate transformation ou préparation de l'*argentum vivum,* ou ce que l'auteur inconnu du manuscrit français décrit en dédoublant le roi à la robe safranée. Dans chacun de ces trois cas, on se trouve en présence de représentations de la substance mystérieuse. On entre ainsi dans l'obscurité, la *nigredo,* car l'arcane, le secret de l'art, est obscur. Si maintenant nous utilisons le vocabulaire de la psychologie moderne et que, suivant les indications éclairantes de Dorn, nous voyions dans la libération de l'âme « *e compedibus corporis* » (hors des entraves corporelles) le retrait des projections naïves dont nous nous sommes servis pour créer la « réalité » qui nous entoure et l'image de notre propre caractère, nous parvenons d'une part à la connaissance de nous-mêmes (*cognitio sui ipsius*) et d'autre part à une vision et une conception réalistes et

presque sans illusion de notre monde extérieur. Dépouiller la réalité des voiles de l'illusion est loin d'être toujours ressenti comme une entreprise agréable : c'est bien plutôt un travail pénible et même douloureux. Dans le traitement psychothérapique, cette phase requiert beaucoup de patience et de tact, car ôter son masque à la réalité n'est pas seulement difficile, mais souvent périlleux. Les illusions ne seraient pas si fréquentes si elles n'avaient pas un bon côté, en ce qu'elles recouvrent à l'occasion d'une obscurité salutaire un endroit pénible dans lequel on espère parfois que la lumière ne pénètrera jamais. La connaissance de soi n'est pas un processus isolé, mais elle n'est possible que si en même temps la réalité du monde ambiant est également reconnue. Nul ne peut se reconnaître lui-même et se distinguer de son prochain s'il possède de celui-ci une image déformée, de même que nul ne peut comprendre l'autre s'il n'a pas de rapport (vrai) avec lui-même. L'un conditionne l'autre et les deux processus vont par conséquent de pair.

397 Je ne puis songer à décrire ici le processus de la connaissance de soi dans tous ses détails. Si pourtant le lecteur désire s'en faire une idée, je l'inviterai à évoquer l'immense cohorte des préjugés et des attachements infantiles qui jouent un grand rôle non seulement en psychologie pathologique, mais aussi dans la vie dite normale, et introduisent des complications infinies dans l'existence humaine. L'œuvre accomplie par Freud dans ce domaine, dont il ne faut pas sous-estimer la valeur, souffre d'un seul défaut qui est d'avoir extrait trop hâtivement des acquisitions réalisées une théorie que l'on a alors utilisée comme fil directeur et comme norme pour la connaissance de soi. En d'autres termes, des projections n'ont été reconnues pour telles et dûment corrigées que dans la mesure où elles répondaient au présupposé portant sur les projections infantiles reconnues. Qu'en plus de ces illusions il y en ait beaucoup d'autres encore, on ne le soupçonne que faiblement dans la psychologie de Freud, et cela pour la raison que nous avons indiquée. Comme nous l'avons également vu chez Dorn, il est un grand nombre de choses, et des plus essentielles, que l'on postule comme évidentes et qui ne le sont pas, ainsi l'opinion alchimique suivant laquelle certaines matières ont des propriétés magiques, alors qu'il n'y a là en réalité que des projections créées par l'imagination. Quand on corrige progressivement celles-ci, on s'approche toutefois d'une limite qui, tout d'abord, ne peut être franchie. Elle est en règle générale fixée par l'esprit de l'époque et la notion qu'il se fait de la vérité, ainsi que par le degré de connaissance scientifique alors atteint.

398 La connaissance de soi est une aventure qui conduit dans des espaces et à des profondeurs inattendues. A elle seule une connaissance quelque peu compréhensive de l'ombre peut suffire à provoquer un désarroi et un obscurcissement considérables, car elle donne naissance à des problèmes de la personnalité dont on n'avait jamais eu jusque-là la moindre idée. On peut comprendre dès lors pourquoi les alchimistes ont donné à leur *nigredo* les noms de « mélancolie », « noir plus noir que le noir » (*nigrum nigrius nigro*), « nuit », « affliction de l'âme », « confusion » ou celui encore plus curieux de « corbeau noir ». En effet si le corbeau n'est pour nous qu'une allégorie quelque peu comique, il constituait aux yeux des adeptes le symbole connu du diable[212]. Mesurant justement le caractère périlleux de sa situation psychique, l'alchimiste éprouvait la nécessité aiguë d'avoir comme *familiaris* un « esprit favorable » qui lui servît d'auxiliaire dans son œuvre, et de se livrer au cours de celle-ci à l'exercice spirituel de la prière : tout cela afin de prévenir efficacement les conséquences du choc entre la conscience et les profondeurs ténébreuses de l'ombre. Pour la psychologie moderne non plus, la confrontation avec l'ombre n'est pas une affaire anodine, et c'est pourquoi on s'en dispense à l'occasion soigneusement et avec adresse. C'est de mauvaise grâce que nous donnons accès en nous à notre propre obscurité, et nous préférons nous contenter de l'illusion de l'honorabilité sociale. Il est bien certain que la plupart des alchimistes ont traité leur *nigredo* dans l'athanor sans se douter de ce qu'ils avaient entre les mains. Mais il est également assuré que des adeptes comme Morien, Dorn, Michel Maier et leurs pareils savaient à leur manière de quoi il s'agissait. C'est ce savoir et non une quelconque soif d'or qui faisait naître en eux la nécessité de se lancer dans une œuvre apparemment sans espoir à laquelle ils sacrifiaient leur fortune, leurs biens et leur vie. Leur « esprit » directeur était une foi en la lumière qui attirait à elle l'âme hors de sa prison corporelle. Mais cette âme apportait avec elle l'obscurité de l'esprit chthonien, de l'inconscient. Si la séparation revêtait une telle importance, c'est que l'âme devait être empêchée de se livrer à son activité pleine de ténèbres. L'*unio mentalis* représente donc un élargissement de la conscience et le gouvernement des mouvements de l'âme par l'« esprit de vérité » (*spiritus veritatis*). Mais comme l'âme était

212. Le corbeau est le symbole du diable chez saint Paulin d'Aquilée (*P.L.* T. XCIX, col. 253), « *nocturna avis* » (oiseau de nuit) chez Wolbero, abbé (l.c. T. CXCV, col. 1159). Voir le conte de « la princesse sur l'arbre », *Symbolik des Geistes,* 1948, p. 41 et sv.

l'essence vivifiante du corps et donc le principe de toute réalisation, ces philosophes ne pouvaient s'empêcher de constater qu'à ce moment le corps et son univers étaient morts[213]. C'est la raison pour laquelle ils désignaient cet état des noms de « tombeau », « putréfaction », « mortification », etc., et que se posait le problème de la réviviscence, de la réunion de l'âme avec le corps inanimé. S'ils avaient opéré la « réanimation » par une voie directe, l'âme eût été pour ainsi dire de nouveau happée par ses entraves antérieures et tout serait demeuré comme auparavant. Mais on ne devait pas abandonner à elle-même un seul instant l'essence volatile qui avait été enfermée et que l'on conservait avec tant de soin dans le vase hermétique, sinon ce Mercure fugitif se serait envolé et serait revenu à sa nature antérieure, ce qui, au témoignage des alchimistes, se produisait plus d'une fois. La voie directe et naturelle aurait consisté à laisser tout bonnement le champ libre à l'âme, qui se porte toujours vers les corps. Comme elle s'attache davantage à ceux-ci qu'à l'esprit, l'âme se serait séparée de ce dernier et serait retournée à son inconscience primitive, sans rien apporter de la clarté de l'esprit dans l'obscurité du corps. C'est pourquoi la réunion avec le corps constituait un problème. En termes psychologiques, cela signifierait que la connaissance acquise grâce au retrait des projections ne résiste pas au choc de la réalité et ne peut par suite se réaliser dans sa vérité, tout au moins dans la mesure et de la manière souhaitées. Nous savons bien que l'on peut, par la tension de la volonté, s'imposer un idéal tenu pour juste pendant un certain temps et à un certain degré, c'est-à-dire jusqu'au moment où des signes de fatigue se manifestent et que l'on sent tomber l'enthousiasme initial. La libre résolution se change alors en crispation de la volonté, et la vie réprimée se fraie, par toutes les fissures, un chemin vers l'air libre. Tel est malheureusement le sort de toutes les résolutions issues de la seule raison. C'est pourquoi, depuis les temps les plus reculés, les hommes ont eu recours dans de telles situations à des moyens artificiels, à des *actes rituels,* danses, sacrifices, identification avec les esprits ancestraux, etc. dans un effort évident pour évoquer, charmer, éveiller et rappeler à la mémoire ces couches plus profondes de l'âme que la lumière de la raison et la force de la volonté ne peuvent atteindre. On utilisait à cet effet des

213. Le « Tractatus Micreris » observe : « *Notum est quod anima antequam suo corpore mlsceretur, mortua fuerat, et ejus corpus similiter...* » (On sait que l'âme avant d'être mélangée à son corps était morte, et son corps pareillement.) (*Theat. Chem.* 1622, V, p. 106). Séparée du corps l'âme semble donc être morte.

idées mythologiques, c'est-à-dire archétypiques, qui expriment l'inconscient. C'est ainsi que, jusqu'à notre époque, l'habitude s'est conservée chez l'homme religieux de commencer et de clore la journée par une prière, c'est-à-dire par un « rite d'entrée et de sortie » [a]. Cet exercice atteint son but d'une manière aussi complète que possible. S'il en était autrement, il serait depuis longtemps tombé en désuétude. Lorsqu'il a perdu son efficacité chez un grand nombre, cela est toujours survenu chez des individus ou dans des groupes où les idées archétypiques étaient devenues inopérantes. Sans doute des idées de ce genre (les « représentations collectives » de Lévy-Bruhl) demeurent toujours vraies en tant qu'elles expriment les archétypes inconscients, mais les images et les mots qui les traduisent sont dans une large mesure influencés par les métamorphoses de l'esprit de l'époque. Celui-ci vient-il à se modifier, soit au contact d'une civilisation étrangère qui peut être plus avancée, soit par un élargissement de la conscience et de l'horizon consécutif à des découvertes ou à de nouvelles connaissances, le rite perd alors son sens et dégénère en pure superstition. Des exemples d'un tel phénomène nous sont offerts sur une large échelle par l'extinction de l'antique civilisation égyptienne et la mort des dieux de la Grèce et de Rome. Un processus analogue de grande ampleur s'observe actuellement en Chine.

399 L'exigence que fait naître une telle situation est une interprétation nouvelle et conforme à l'esprit du temps des archétypes qui représentent alors la compensation du changement intervenu dans le conscient. Ainsi le christianisme a constitué une formulation nouvelle et adaptée du mythe exprimant l'archétype, et ce mythe à son tour a rempli les rites d'une vie puissante. L'archétype est une *idée vivante,* qui ne cesse de donner lieu à des interprétations nouvelles dans lesquelles elle se déploie. C'est là ce que le cardinal Newman a fort justement vu à propos du christianisme [214]. La doctrine chrétienne est elle-même une traduction et un développement nouveaux de stades antérieurs, ainsi que la tradition de l'homme-dieu en particulier permet de le constater. Cette tradition ne fait que se poursuivre dans l'évolution du dogme chrétien, et l'on assiste ainsi au développement d'archétypes qui ne sont pas seulement ceux que contiennent les écrits canoniques du Nouveau Testament, mais aussi leurs parents très proches dont nous ne connaissons jusqu'à présent que les formes païennes, tel le dogme tout récent concernant Marie. Ce

a. En français dans le texte. (N.d.T.)
214. *Development of Christian Doctrine.* 1845.

dernier se rapporte incontestablement à la déesse-mère dont le culte va toujours de pair avec celui du dieu qui meurt précocement. Cette personnification n'est pas seulement païenne, mais elle est très clairement préfigurée dans la Sophia de l'Ancien Testament. La définition du nouveau dogme n'outrepasse pas, à proprement parler, le *depositum fidei* (dépôt de la foi), car l'idée de la déesse-mère se trouve naturellement impliquée dans l'archétype du dieu-fils et elle s'est développée de façon conséquente au cours des siècles chrétiens[215]. Le *depositum fidei* a pour correspondant au sein de la réalité empirique le trésor des archétypes, le *gazophylacium* (la chambre aux trésors) des alchimistes et l'inconscient collectif de la psychologie moderne.

400 L'objection des théologiens pour qui, si l'on admet un développement de cette nature, l'état final du dogme devrait être plus complet ou plus parfait qu'à l'âge apostolique ne résiste pas à l'examen. Il est évident que l'interprétation et la formulation de l'archétype deviendront, avec le temps, bien plus différenciées qu'elles ne l'étaient à l'origine. Un coup d'œil jeté dans l'histoire du dogme suffit à montrer qu'il en a bien été ainsi. Songeons par exemple à la Trinité qui, en tant que telle, n'est attestée nulle part dans les écrits canoniques. Il ne s'ensuit nullement que les chrétiens des premiers âges aient eu une connaissance moins parfaite des vérités fondamentales. Une telle hypothèse serait le fruit d'un intellectualisme pernicieux. Dans le domaine de l'expérience religieuse, ce qui compte, ce n'est pas le degré de formulation explicite d'un archétype, *mais la force avec laquelle on est empoigné par lui.* Ce n'est pas la manière dont je le pense qui importe, mais la manière dont je suis saisi par lui[216].

401 L'idée vivante est toujours parfaite et numineuse. Une formulation humaine n'ajoute rien et n'enlève rien, car l'archétype est autonome, et la question est seulement de savoir si l'homme est saisi par sa plénitude ou non. S'il peut plus ou moins le formuler, il saura mieux l'intégrer à sa conscience, en parler d'une façon plus diserte et en expliquer rationnellement le sens jusqu'à un certain point. Mais il ne le possède pas davantage ni plus parfaitement que

215. Définition de la maternité divine de Marie (Théotokos) au concile d'Ephèse (431) et de l'Immaculée Conception (1854).

216. Cf. Cor. XIII, 12 : « ... *cognoscam sicut et cognitus sum.* » (... je connaîtrai comme je suis connu.) (Et aussi Phil. III, 12 : « *Sequor autem, si quo modo comprehendam, in quo et comprehensus sum a Christo Jesu* » : Je poursuis pour tâcher de saisir, ayant été moi-même saisi par le Christ Jésus. [N.d.T.])

l'homme qui ne peut pas traduire en formule l'emprise qu'il exerce sur lui. La formulation intellectuelle n'a d'importance que lorsque le souvenir de l'expérience primitive menace de s'effacer ou que son caractère irrationnel devient insupportable à la conscience. C'est seulement un moyen auxiliaire, mais jamais l'essentiel.

402 Pour en revenir à notre débat, le christianisme était une « *unio mentalis in superatione corporis* », une union mentale dans la victoire sur le corps. Sous ce rapport précis, le rite remplissait son office, autant que faire se pouvait, à l'égard d'hommes faillibles. L'amour des Anciens pour le corps et la joie qu'ils puisaient dans la nature ne disparurent pas cependant, mais purent se donner libre cours dans la longue liste des péchés dont l'ampleur, à aucun moment, ne s'est réduite. La science de la nature dut toutefois marquer le pas dans le christianisme. Depuis l'Antiquité elle ne fleurissait plus que chez quelques individus et en secret, mais elle transmit néanmoins à travers les siècles certaines manières antiques de voir et fit ainsi éclore à la fin du Moyen Age un renouveau d'intérêt pour les corps naturels. Si les alchimistes n'avaient pas éprouvé à tout le moins le secret pressentiment que leur *unio mentalis* chrétienne n'avait pas encore réalisé la liaison avec le monde corporel, on ne parviendrait guère à expliquer leur élan quasi mystique vers la connaissance et en particulier leur symbolique, rivale de celle du christianisme, qui commença à se développer dès la fin du XIII$^{e}$ siècle. Plus que tout le reste, le parallèle institué entre le Christ et la Pierre témoigne clairement que le monde des corps revendiquait l'égalité et, par suite, l'accomplissement du second degré de la conjonction.

403 Ainsi était posée la question du mode suivant lequel la *conjunctio* pouvait être réalisée d'une manière effective. Dorn a répondu en proposant, à la place d'une victoire sur le corps, le processus typique de l'alchimie comportant les opérations de *separatio, solutio, incineratio, sublimatio,* etc., du vin rouge ou blanc. Cette méthode devait avoir pour objet de produire un analogue de la *substantia coelestis* reconnue comme vérité grâce à l'esprit, substance qui est innée en l'homme en tant qu'*imago Dei.* Quels que fussent les noms donnés à cette substance mystérieuse que les alchimistes s'efforçaient d'obtenir, c'était toujours une « substance céleste », c'est-à-dire une réalité transcendante, incorruptible par contraste avec la nature périssable des matières connues, morte comme un métal ou une pierre et cependant vivante comme un être organique, et constituant un remède universel. Un « corps » de ce genre ne pouvait évidemment pas se rencontrer dans le domaine de l'expérience. La ténacité

avec laquelle les adeptes ont poursuivi ce but durant dix-sept siècles au moins ne peut s'expliquer que par le caractère hautement numineux de cette idée. De fait, nous trouvons déjà dans l'alchimie de Zosime, comme je l'ai montré dans *Psychologie et Alchimie,* de claires allusions à l'archétype de l'*anthropos*[217], image toujours présente au plus profond de l'alchimie et dont la dernière manifestation est l'*homunculus.* L'idée de l'*anthropos* puise sa source dans la conception primitive de la présence universelle de l'âme qui conduisait les vieux maîtres à voir dans leur Mercure, entre autres choses, une *anima mundi,* et à déclarer que celle-ci, comme celui-là, se trouvait au sein de toute matière. Elle était imprimée dans tous les corps comme « raison d'être »[a], comme une image du démiurge incarné dans sa création et devenu son captif, ce qui évoquait le mythe de l'homme primordial englouti par la *physis.* Rien n'était plus aisé que d'identifier cette âme du monde avec l'*imago Dei* biblique. Celle-ci représentait la « vérité » révélée à l'esprit. Pour le penseur des âges anciens, l'âme n'était pas une simple notion intellectuelle, mais aussi une vision sensible, à savoir un corps de souffle ou une substance volatile mais physique dont on présupposait sans aucune difficulté qu'elle pouvait être extraite et fixée chimiquement grâce à une méthode appropriée. La préparation du phlegme de vin servait ce dessein. Comme je l'ai déjà fait remarquer, ce corps n'est en aucune manière pour Dorn l'esprit et l'eau du vin, mais leur résidu solide, donc la partie chthonienne et corporelle que l'on ne tient pas d'ordinaire pour ce que le vin a d'essentiel et de précieux.

404 Ce que l'alchimie recherchait par conséquent pour sortir de son dilemme est une opération chimique où l'on verrait aujourd'hui un *symbole.* La méthode qu'elle adopte est évidemment une allégorie qui traduit la *substantia caelestis* postulée et son équivalent chimique. A ce titre l'opération est donc, pour l'alchimiste, non point symbolique, mais adéquate et rationnelle. Mais pour nous qui savons qu'aucune incinération, aucune sublimation, aucune centrifugation de la lie de vin ne produit une quintessence « couleur d'air », la méthode est proprement fantastique si nous la prenons à la lettre. On ne peut guère supposer non plus que Dorn ait voulu parler de vin véritable ; il aura, à la manière alchimique, entendu le *vinum ardens,* le « vinaigre », le « sang spirituel », etc., c'est-à-dire le *Mercurius non vulgi* qui corporifiait l'*anima mundi.* De même que

217. Cf. le *chên-jên* chez Wei Po-Yang qui vivait aux alentours de 145 ap. J.C.
a. En français dans le texte (N.d.T.)

l'air entoure la terre, l'âme pour la pensée ancienne enveloppe le monde. Comme je l'ai montré ailleurs, nous pourrions sans peine faire coïncider l'idée du Mercure et celle de l'inconscient. Si nous introduisons le nom de ce dernier dans l'équation, la recette devient ceci : prendre l'inconscient dans une de ses formes les plus accessibles, les plus à portée, comme par exemple un phantasme spontané, un rêve, un état d'âme irrationnel, un affect ou quelque chose de semblable ; opérer avec lui, c'est-à-dire accorder à cette matière une attention spéciale, se concentrer sur elle et observer objectivement ses modifications ; ne pas se laisser rebuter par cette tâche et suivre attentivement et avec soin le cours des transformations des phantasmes spontanés ; ce faisant, veiller à ne laisser pénétrer aucun élément extérieur étranger à l'opération, car l'image possède en elle « tout ce dont elle a besoin »[218]. De cette manière on est sûr d'avoir évité toute intervention arbitraire et laissé constamment les mains libres à l'inconscient. Bref, l'opération alchimique nous apparaît comme l'équivalent d'une méthode psychologique : l'imagination active.

405 Je ne puis supposer que mes contemporains soient suffisamment renseignés sur cette méthode. Ce que l'on sait communément de la psychothérapie, c'est seulement qu'elle consiste en une certaine technique que le médecin emploie avec son patient. Les spécialistes savent jusqu'où cela peut les mener. On peut ainsi guérir pratiquement des névroses et même, sans aucun doute, des psychoses bénignes, de telle sorte qu'il ne reste de la maladie rien de plus que le problème humain général : qu'est-ce qu'on veut oublier de soi-même ? quel fardeau psychique doit-on prendre sur soi ? que peut-on s'interdire et se permettre ? doit-on exiger peu ou beaucoup des autres ? jusqu'à quel point doit-on renoncer à ce qui est le sens de la vie ou quel sens faut-il lui donner ? Le médecin a un certain droit de fermer sa porte lorsqu'une névrose n'engendre plus de symptômes cliniques, mais a débouché dans le domaine des problèmes généraux des hommes. Moins il en sait sur ces derniers, plus il a de chances de tomber sur des patients relativement raisonnables, capables de liquider le transfert qui s'instaure habituellement. Mais si le malade soupçonne le moindrement que la pensée du médecin va un peu plus loin qu'il ne veut bien le dire, il ne renoncera pas prématurément au transfert, mais y demeurera attaché contre toute raison, ce qui, tout compte fait, n'est pas totalement déraisonnable, mais

218. « *Omne quo indiget* », expression souvent employée à propos de la pierre.

plutôt compréhensible. Même des adultes souvent ne savent pas comment prendre le problème de la vie et par suite sont à cet égard si inconscients qu'ils tombent, sans critique, dans la première occasion qui s'offre de trouver une réponse ou une assurance quelconque. S'il n'en était pas ainsi, les sectes et les organisations en -isme auraient tôt fait de périr. Mais grâce à l'inconscience, à l'attachement infantile, à l'insécurité et au manque de compréhension de soi, qui sont sans bornes, on voit fleurir et prospérer des mauvaises herbes de toutes sortes.

406 Le médecin, qui est lui-même aux prises avec ce qu'il cherche à enseigner à ses patients, n'aborde pas si légèrement la question du transfert. Plus il sait combien il éprouve lui-même de difficulté à résoudre le problème de sa propre existence, et moins il peut manquer de percevoir l'angoisse et l'insécurité ou au contraire la légèreté et la dangereuse absence de critique de ses malades. Déjà Freud lui-même a considéré et traité le transfert comme une névrose au second degré. Il n'a pas pu se contenter de fermer sa porte, mais il s'est efforcé honnêtement de mettre fin au transfert par une analyse. Cette entreprise n'est toutefois pas aussi simple qu'elle ne le paraît quand on la formule en termes techniques. La pratique prend souvent une tournure assez différente de la théorie. On veut, assurément, mettre sur pied un humain tout entier et non une partie de lui-même. On découvre bien vite qu'il n'y a rien qui porte les humains et qu'on ne voit rien sur quoi ils puissent s'appuyer. Le retour aux parents est devenu impossible et, en conséquence, ils s'accrochent au médecin. Ils ne peuvent ni reculer ni avancer, car ils ne voient rien devant eux qui puisse leur servir d'appui. Toutes les possibilités dites raisonnables ont été essayées et ne se sont révélées d'aucun secours. Aussi il est des patients pour se rappeler la foi dans laquelle ils ont été élevés et certains y retrouvent leur chemin, mais ce n'est pas le cas pour tous. Sans doute on sait ce qui devrait être, mais on a suffisamment éprouvé le peu de résultats obtenus par la volonté et les résolutions lorsque l'inconscient ne va pas de pair. Pour s'assurer l'indispensable concours de celui-ci, les religions ont de tout temps appelé le mythe à leur aide, ou plutôt celui-ci constitue depuis toujours le pont entre la conscience impuissante et les « idées-forces » agissantes de l'inconscient. Mais nous ne pouvons croire artificiellement, par simple tension de la volonté, à ce que nous propose le mythe, si le mythe ne s'est pas déjà emparé de nous. Si nous sommes honnêtes, nous doutons de la vérité d'un mythe,, car la conscience de l'époque n'a aucun moyen de le com-

prendre. Les critères historiques et scientifiques ne sont pas propres à permettre la connaissance de la vérité mythologique qui ne peut être saisie que par l'intuition de la foi ou par la psychologie, et dans ce dernier cas l'intuition peut exister sans être pour autant opérante, lorsque l'expérience ne l'accompagne pas. C'est pourquoi l'homme moderne ne peut même pas atteindre la plupart du temps l'« union mentale » qui le rendrait capable de réaliser le deuxième degré de la *conjunctio*. Le concours du médecin peut sans doute lui donner l'intuition nécessaire à l'intelligence des éléments fournis par son inconscient, mais, lorsqu'on en arrive à la question de l'expérience effective, le praticien ne peut plus, par principe, lui être de quelque secours et il doit mettre lui-même la main à l'ouvrage. Il se trouve alors dans la situation de l'apprenti alchimiste qui s'instruit auprès d'un maître et apprend de lui tous les tours de main du laboratoire. Mais il arrive un moment où il lui faut bien se mettre lui-même à l'œuvre, car personne d'autre ne peut exécuter celle-ci à sa place, ainsi que le font ressortir les auteurs. Comme les anciens chercheurs, l'homme moderne commence avec une *prima materia* de peu d'apparence qui s'offre à lui d'une manière inattendue : sa matière n'est en effet rien de plus qu'une image méprisable, rejetée par les bâtisseurs à l'égal de la pierre, et comme elle trouvée sur le chemin où elle a été abandonnée, « *in via ejecta* ». Elle est « si vile » que les passants ne l'aperçoivent même pas. Il l'observera jour après jour et prendra acte de ses transformations. Cela durera jusqu'à ce que ses yeux s'ouvrent ou, comme le disaient les alchimistes, jusqu'à ce que les « yeux de poisson » (*oculi piscium*), les « étincelles » (*scintillae*) apparaissent dans la solution obscure. Les yeux de poisson demeurent en effet constamment ouverts et doivent par conséquent toujours voir, et c'est la raison pour laquelle les alchimistes les utilisaient comme symbole d'une attention sans défaillance. (Voir fig. 9 et 10 en annexe.)

407 La lumière qui se fait peu à peu chez le sujet consiste en ce qu'il comprend ses phantasmes comme un phénomène psychique réel qui lui advient personnellement. Bien qu'il le contemple en quelque sorte de l'extérieur et sans y prendre part, il est en même temps lui-même une figure qui agit et qui pâtit dans le drame de la psyché. Le reconnaître constitue un progrès aussi important qu'indispensable. Aussi longtemps en effet que l'on se borne à observer les phantasmes produits par l'imagination, on se trouve dans la situation de Perceval qui, dans sa stupidité, oublie d'interroger, parce qu'on ne se rend pas compte de sa propre participation. Dans ce cas, lorsque

le flux des images cesse, c'est comme s'il ne s'était rien passé, recommençât-on mille fois l'opération. Mais si nous reconnaissons notre participation, il faut bien que nous entrions dans le processus avec notre réaction personnelle, comme si nous n'étions pas nous-mêmes une figure imaginaire ou mieux comme si le drame qui se joue devant nos yeux était réel. Car c'est un fait psychique que ces images. Il est aussi réel que nous sommes réels en tant qu'êtres psychiques. Si nous n'accomplissons pas cette opération décisive, nous abandonnons à nos phantasmes les changements qu'ils subissent et demeurons nous-mêmes inchangés. « Mais celui qui ne devient pas Un ne pourra pas non plus produire l'Un », disent justement les alchimistes. Il peut se faire que, lorsque nous sommes le théâtre d'images dramatiques, nous entrions dans ce monde comme une *personnalité fictive*. Nous empêchons ainsi une participation effective ; bien plus, nous mettons même en péril notre conscience, car dans une telle situation le sujet devient aisément la victime de ses propres phantasmes et, par suite, des puissances de l'inconscient, dont le danger est bien connu du médecin. Mais si nous entrons dans l'œuvre avec tout notre être, celle-ci ne gagne pas seulement en caractère actuel, mais nous avons ainsi, grâce à notre attitude critique, un contrepoids aux imaginations qui avaient tendance à prendre un cours effréné. Ce qui en effet a maintenant lieu est l'opération capitale, *la confrontation avec l'inconscient*. C'est alors que commence la réalisation de l'intuition, c'est-à-dire l'*unio mentalis*. Ce que nous opérons à présent, c'est *le commencement de l'individuation consciente* dont l'objectif suivant est l'expérience et l'expression d'un symbole de la totalité.

408 Il arrive plus d'une fois que le patient continue d'observer ses images sans se rendre compte de ce qu'elles signifient. Il peut et doit en comprendre aussi le sens, ce qui toutefois ne présente d'utilité pratique qu'aussi longtemps qu'il n'est pas convaincu de la valeur des intuitions fournies par l'intermédiaire de son inconscient. Mais une fois que ce fait a été reconnu, le patient devrait savoir également qu'il lui est tombé entre les mains une possibilité de connaissance propre à lui permettre d'acquérir son autonomie et son indépendance à l'égard du médecin. Il éprouve cependant une grande répugnance à tirer une telle conclusion et c'est pourquoi il n'est pas rare qu'il s'arrête à la simple observation de ses images, et que le médecin qui n'a pas fait cette expérience sur lui-même ne puisse l'aider à franchir cet obstacle. Naturellement, je me place toujours dans le cas où il existe des raisons impérieuses de poursuivre le pro-

cessus. On ne se trouve pas ici en présence d'un impératif médical ou éthique, mais, le cas échéant, d'une sorte de commandement du destin ; c'est pourquoi il n'est pas rare que, parvenus à ce point, des patients à qui la faculté de compréhension ne fait en rien défaut marquent dans leur évolution un arrêt qu'il faut respecter. Cette expérience est assez courante et je dois en conclure que le passage d'une attitude purement *esthétique,* c'est-à-dire d'une attitude de perception, à une attitude de *jugement* critique ne se fait pas automatiquement. En fait la psychothérapie contemporaine en est à peu près parvenue à ce point et reconnaît l'utilité de percevoir et de traduire les phantasmes, soit par des mots écrits, soit par le crayon et le pinceau, soit encore par le modelage. On pourrait également penser à une formulation musicale, à condition que la musique fût réellement composée et transcrite. Toutefois je n'ai jamais observé de cas de ce genre dans ma carrière, quoique l'*Art de la fugue* de Bach paraisse présenter un tel exemple, de même que chez Wagner la représentation des archétypes constitue un trait fondamental de la musique. (Ces phénomènes cependant proviennent moins d'une nécessité personnelle que d'une compensation inconsciente de l'esprit de l'époque. Mais je ne désire pas m'étendre ici sur ce point.)

409 Cependant le passage au-delà de l'attitude purement esthétique demeure encore inconnu de la plupart. Moi-même je n'en ai que peu parlé et je me suis contenté là-dessus d'indications. Il ne s'agit pas en l'espèce d'une affaire que l'on puisse prendre à la légère. Voilà déjà trente ans que j'ai commencé à expérimenter cette voie sur moi-même et sur d'autres, et il me faut convenir que, si elle est praticable et conduit à des résultats satisfaisants, elle est également hérissée de difficultés. On peut la conseiller sans hésiter lorsqu'un patient est parvenu aux degrés de connaissance décrits plus haut. Mais si la tâche lui paraît trop difficile, il renoncera d'ordinaire dès le début et ne franchira jamais la passe dangereuse. Le péril que comporte un traitement psychique de la nature de l'analyse réside dans le risque de déclencher une psychose chez un sujet présentant des dispositions psychopathiques. Cette possibilité fort désagréable se vérifie dès les premiers temps du traitement, quand par exemple on touche à l'inconscient par l'analyse des rêves. Mais si le sujet atteint ce point sans incident grave, on n'a plus à redouter en général de danger sérieux. On se demandera naturellement quelle angoisse — si angoisse il y a — peut alors l'empêcher de passer à l'étape suivante, je veux dire l'attitude critique. (Celle-ci est évidemment conçue comme liant sur le plan intellectuel et moral.) La

réponse est qu'il existe des motifs suffisants d'angoisse et d'insécurité, puisque la participation du sujet aux phantasmes et son implication volontaire en eux paraît chose hasardeuse à l'esprit naïf, dans la mesure où cette insertion ne représente rien de moins qu'une *psychose anticipée.*

410 Il existe toutefois une différence considérable entre une psychose que l'on devance et une psychose réelle. Mais cette distinction n'est pas toujours perçue et reconnue au premier abord, ce qui peut créer une insécurité pleine d'angoisse et un sentiment de panique. A la différence de ce qui se produit dans une psychose réelle où le sujet est précipité et se trouve submergé par des images impossibles à maîtriser, qui sont des irruptions de l'inconscient, l'attitude critique consiste en une implication délibérée dans ces phantasmes qui fourniront une compensation aux positions individuelles et aussi — plus spécialement — collectives de la conscience. Cette implication se réalise dans le but précis d'intégrer à la conscience, à cause de leur contenu compensateur, les apports de l'inconscient et de donner ainsi naissance à ce sens intégral qui rend la vie digne d'être vécue et, chez un nombre non négligeable d'êtres, la rend tout simplement possible. Si cette insertion personnelle offre l'apparence d'une psychose, c'est que le patient intègre la même matière faite de phantasmes à laquelle le malade mental est immolé, parce qu'il ne peut l'intégrer mais est englouti par elle. Dans le mythe, le héros est celui qui triomphe du dragon et non celui qui est dévoré par lui. Et pourtant tous deux ont affaire au même dragon. Le héros n'est pas non plus celui qui n'a jamais rencontré le dragon ou encore celui qui, l'ayant aperçu, est allé affirmer qu'il n'avait rien vu. De même seul découvre et conquiert le trésor, « la chose précieuse et difficile à atteindre », celui qui ose affronter le dragon et ne succombe pas dans cette lutte. Un tel homme a véritablement le droit d'avoir confiance en soi, car il est entré dans le fond obscur de soi et il a ainsi conquis son Soi. Cette expérience lui donne foi et confiance, lui procure la *πίστις* dans la robustesse[a] du Soi, car tout ce qui l'a menacé de l'intérieur, il l'a fait sien et il s'est acquis par là un certain droit de croire que, tout ce qui pourrait le menacer encore à l'avenir, il sera en mesure de le dompter avec les mêmes moyens. Il est ainsi parvenu à une certaine assurance intérieure qui le rend capable d'autonomie, et il a également atteint ce que l'alchimiste désigne du nom d'*unio mentalis.*

a. All. *Tragfähigkeit :* litt. « capacité de porter ». On sait d'autre part que la *πίστις* est la confiance, la foi. (N.d.T.)

411 Cet état est ordinairement représenté sous une forme imagée par le mandala. De telles figures contiennent assez souvent de claires allusions au ciel et aux étoiles et veulent indiquer par là quelque chose comme le ciel « intérieur », le « firmament », ou l'« Olympe » de Paracelse, c'est-à-dire le microcosme. C'est là aussi la forme circulaire, c'est-à-dire le « ciel »[219] que Dorn veut obtenir « par des mouvements continus de rotation ». Comme il n'y a aucune chance pour qu'il ait jamais réalisé cette quintessence en tant que corps chimique et qu'il n'a du reste jamais prétendu l'avoir fait, on doit se demander s'il a effectivement en vue une telle opération matérielle ou s'il ne pense pas plutôt au grand œuvre alchimique en général, c'est-à-dire à la métamorphose du *Mercurius duplex* sous le synonyme de vin blanc et rouge[220] : on se trouverait ainsi devant une allusion à l'œuvre au blanc (*ad album*) et au rouge (*ad rubeum*). Cette dernière hypothèse me paraît plus vraisemblable. Dans tous les cas, c'est d'un travail de laboratoire qu'il est question. Dorn formule par là son intuition d'un centre mystérieux préexistant en l'homme, qui représente en même temps un cosmos, une totalité et, ce faisant, il a conscience de figurer le *Soi* dans la matière. Il complète l'image de la totalité en mélangeant du miel, des herbes magiques et du sang humain, c'est-à-dire ce qu'ils signifient, tout comme le fait un moderne qui associe de nombreux attributs symboliques au cercle qu'il dessine. L'alchimiste attire en outre l'« influence » des *planètes* (*stellae inferiores*) dans sa quintessence conformément à l'antique modèle sabéen et alexandrin, ou le « tartre » (*tartarus*) avec l'aspect mythologique de l'enfer. Les modernes ne procèdent pas autrement[221].

412 Voilà donc comment Dorn résout le problème de la réalisation de l'*unio mentalis,* c'est-à-dire sa combinaison avec le corps, grâce à laquelle il a parachevé le second degré de la *conjunctio.* Nous dirions que l'idée du Soi a pris forme par la production d'un équivalent psychique. Mais l'alchimiste joint à cette création de formes une vue plus puissante et plus originelle que notre pâle abstraction. Il ressent son opération comme un acte magique, efficace, qui, en conformité avec la substance choisie, fait naître des propriétés magiques. La projection de telles qualités indique que des actions du même ordre s'exercent dans la conscience ; en d'autres termes,

219. Cf. *Gestaltungen des Unbewussten,* 1950, p. 250 et le centre bleu des mandalas hindous.

220. Le rouge (=☉) et le blanc (=☾) sont les couleurs alchimiques.

221. Cf. *Gestaltungen des Unbewussten,* 1950, p. 144.

l'adepte sent qu'un effet numineux émane de la pierre ou de la substance, quel qu'en soit le nom, qui lui sert à désigner l'arcane. Notre rationalisme hésiterait à reconnaître des propriétés de ce genre aux images qu'un moderne trace d'après son intuition des contenus inconscients. Mais la situation n'est pas la même suivant qu'il s'agit de la conscience ou de l'inconscient. Celui-ci paraît, en fait, être influencé par de telles figures. On parvient à cette conclusion lorsqu'on étudie de près les réactions psychiques des patients devant les images qu'ils ont reproduites. Ces dernières exercent à la longue une influence apaisante et forment une sorte de base intérieure. Tandis que l'adepte a depuis toujours recherché au-dehors les effets de sa pierre en voyant en elle la panacée, la teinture d'or ou l'élixir de longue vie, et qu'on a commencé au XVI^e^ siècle seulement à faire allusion de façon moins équivoque à son action intérieure, l'expérience psychologique met essentiellement l'accent sur la réaction psychique à la formation d'images et réserve son jugement — *libera et vacua mente :* en conservant l'esprit libre et disponible — à l'égard de la possibilité d'effets objectifs [222].

222. Je fais ici allusion aux rapports entre l'archétype et le phénomène de la synchronicité.

# 9

## *LE TROISIÈME DEGRÉ DE LA CONJONCTION : L'UNUS MUNDUS*

413 La production de la pierre est généralement le but final de l'alchimie. Dorn constitue cependant une exception significative. Pour lui ce n'est là que l'achèvement du second degré. Il est en cela en parfait accord avec l'expérience psychologique. Celle-ci en effet ne voit dans la formulation effective et visible de l'idée du Soi qu'un simple « rite d'entrée » [a], un acte en quelque sorte propédeutique, une pure anticipation de la réalisation. L'existence d'une certaine assurance intérieure ne prouve nullement à elle seule la stabilité du résultat face aux influences fâcheuses ou même hostiles du monde ambiant. L'adepte devait constater par expérience comment l'accomplissement de son œuvre était constamment remis en question, soit par des circonstances extérieures défavorables, soit par des erreurs techniques, soit encore — croyait-il — par des interventions démoniaques, et il se voyait sans cesse obligé de tout recommencer. Quiconque voudra explorer aujourd'hui une voie psychique analogue pour éprouver son assurance intérieure au contact de la réalité fera des expériences semblables. Plus d'une fois ce qu'il aura bâti volera en éclats sous le choc du monde extérieur, et il devra sans se laisser abattre recommencer sans cesse à examiner les failles qui subsistent dans son attitude, et les taches obscures qui se manifestent encore dans son champ visuel. De même qu'on n'a jamais produit de pierre philosophale dotée de propriétés merveilleuses, on n'atteindra jamais empiriquement une totalité psychique, car la conscience est beaucoup trop étroite et trop unilatérale pour pouvoir faire l'inventaire complet de l'inconscient. Nous devrons toujours tout recommencer au début. Depuis longtemps les adeptes ont su qu'il s'agissait de la « chose simple » (*res simplex*) et l'homme moderne apprendra par

a. En français dans le texte.

l'expérience que l'œuvre ne saurait parvenir à bonne fin sans une simplicité aussi grande que possible. Mais la simplicité est ce qu'il y a de plus difficile.

414 L'Un et le simple constituent ce que Dorn appelle l'*unus mundus.* Ce « monde un » est la « chose simple »[223]. Le troisième et suprême degré signifie pour lui l'union de l'homme intégral avec l'*unus mundus.* Par ce dernier terme il entend, comme nous l'avons vu, le monde potentiel du premier jour de la création où rien n'existait encore *in actu,* c'est-à-dire dans le Deux et la pluralité, mais seulement dans le Un[224]. L'unité de l'homme réalisée par un procédé magique signifie pour Dorn la possibilité de produire également l'unité avec le monde, non pas avec la réalité multiple que nous voyons, mais avec un « monde potentiel » qui correspond au fondement éternel de toute existence empirique, tout comme le Soi est le fondement et la source originelle de la personnalité et comprend cette dernière dans le passé, le présent et l'avenir. Se fondant sur le Soi reconnu par la méditation et formulé alchimiquement, Dorn « attendait et espérait » l'union avec l'*unus mundus.*

415 Ce monde potentiel est le *mundus archetypus* des scolastiques. J'inclinerais à croire que la source immédiate où Dorn a puisé cette idée est à rechercher auprès de Philon d'Alexandrie, dans son traité *De mundi opificio*[225]. Le créateur, dit ce philosophe, a créé dans le monde intelligible un ciel incorporel, une terre invisible et l'idée de l'air et du vide.

416 Pour terminer, il a créé l'homme comme un « petit ciel » qui porte en lui « les images d'un grand nombre de natures pareilles aux astres ». Il y a là une claire allusion à l'idée de microcosme et, par suite, à celle de l'unité de l'homme psychique avec le cosmos. Le comportement du créateur à l'égard du monde intelligible est, pour Philon, l'« image », ou l'« archétype » de la relation de l'« esprit » au « corps ». Dorn a-t-il connu Plotin ? La chose n'est pas certaine. Dans la 4$^{e}$ *Ennéade* celui-ci discute le problème de savoir si toutes les âmes ne sont qu'*une* âme, et il croit avoir des raisons suffisantes pour répondre par l'affirmative. L'unité des âmes correspond en

223. Cette expression est employée par le *Liber Quartorum* pour désigner la substance mystérieuse.

224. Saint Thomas conçoit de façon analogue la *prima materia* comme un « *ens in potentia* » (être en puissance). (*Somme,* 1$^{re}$ partie. quest. 66, art. I.)

225. L'œuvre de Philon avait déjà été publiée alors (Dorn écrivait autour de 1590) dans la traduction latine de Petronillus (Lyon, 1561). Et notre auteur a sans doute pu utiliser cette édition.

somme à l'unité de l'être. Si je mentionne ici Plotin, c'est parce qu'il est un témoin ancien de l'idée de l'*unus mundus*. L'unité des âmes repose empiriquement sur le fait que toutes les âmes ont en commun une même structure fondamentale qui, pour n'être pas visible et tangible comme l'identité des structures anatomiques, n'en est pas moins aussi évidente que cette dernière.

417 La pensée que Dorn exprime sous la forme du troisième degré de la conjonction est universelle. C'est la relation et plus précisément l'identité de l'Atman personnel avec l'Atman suprapersonnel, et du Tao individuel avec le Tao universel. Cette manière de voir paraît à l'homme occidental peu réaliste, trop « mystique », et, tout d'abord, il ne voit pas bien comment un Soi pourrait s'être réalisé en entrant en relation avec le monde du premier jour de la création. Il a peine à faire entrer dans le champ de son observation un autre monde que le monde empirique. A vrai dire, son embarras ne fait pas que commencer, et il se traduisait déjà à propos de la production du « ciel », c'est-à-dire de l'unité intérieure. Des idées de ce genre sont impopulaires et désespérément nébuleuses. On ne sait pas au juste où elles ont leur place et sur quoi on peut les fonder. Ce pourrait être cela ou autre chose ; bref, l'homme moderne est ici au bout de son expérience et par suite il cesse d'ordinaire de comprendre et — trop souvent malheureusement — de désirer en apprendre davantage. C'est pourquoi je me permets de conseiller à mon lecteur disposé à la critique de différer son jugement et d'essayer tout d'abord d'éprouver sur lui-même le processus décrit plus haut ou alors de s'abstenir de juger, et d'admettre que ce domaine lui échappe. Pendant trente ans j'ai étudié ces phénomènes psychiques sous tous les angles possibles et je me suis assuré que les alchimistes aussi bien que les grandes philosophies de l'Orient traitent de telles expériences et que, si celles-ci nous apparaissent comme « mystiques », cela provient essentiellement de notre ignorance des choses de l'âme.

418 Quoi qu'il en soit, nous devrions comprendre le fait suivant et en mesurer la portée : la représentation visible du Soi ouvre une « fenêtre » sur l'éternité, et par cette voie les hommes du Moyen Age comme ceux de l'Orient se sont créé la possibilité de s'affranchir de l'emprise étouffante d'un monde d'images unilatéral ou de lui résister. Il est hors de doute que le grand œuvre parvenait à son terme avec la production du « ciel », c'est-à-dire de la « pierre », mais il est tout aussi certain que ce processus tendait à spiritualiser le « corps ». Cet aspect s'exprime clairement dans le symbole du liquide « couleur d'air » qui « surnage ». Il ne signifie rien de moins

qu'un « corps de glorification » (*corpus glorificationis*), c'est-à-dire le corps de résurrection dont la relation avec l'éternité est évidente.

419 De même que la pensée naïve trouve naturel qu'une pomme tombe d'un arbre à terre et qu'il lui semblerait absurde de dire que la terre se porte au-devant de la pomme, elle admet également sans difficulté que l'esprit puisse unilatéralement spiritualiser le corps sans être affecté par l'inertie et la pesanteur de ce dernier. Tous les effets contiennent pourtant un aspect contradictoire et il est impossible qu'une chose en modifie une autre sans subir elle-même de changement. Bien que l'alchimiste ait estimé savoir mieux que personne que, dans l'œuvre de la création, une partie au moins de la divinité, l'*anima mundi,* était entrée dans la créature matérielle et y demeurait captive — comme effet de l'acte créateur —, il croit néanmoins à la possibilité d'une spiritualisation unilatérale sans se rendre compte que cet effet a précisément pour condition une matérialisation de l'esprit, à savoir la quintessence bleue. En réalité son travail élève, certes, le corps dans le proche voisinage de l'esprit, mais il attire également l'esprit tout près de la matière. En sublimant la matière il concrétise l'esprit.

420 Cette vérité évidente était encore étrangère à l'esprit médiéval et n'a pénétré qu'en partie dans celui de l'homme moderne[a]. Cependant si une union doit intervenir quelque part ou en quelque manière entre des opposés tels qu'esprit-matière, conscient-inconscient, lumineux-sombre, elle devra se produire dans un troisième terme qui ne représente pas un compromis, mais un *novum,* tout comme les alchimistes voyaient le conflit cosmique des éléments aplani dans la « pierre non-pierre » (λίθος οὐ λίθος), donc dans une réalité transcendantale qui ne pouvait être caractérisée que par un paradoxe[226]. Le « ciel » de Dorn, équivalent de la pierre, est d'une part un liquide que l'on peut verser d'un flacon, mais d'autre part

a. « Spiritualiser le corps et corporifier l'esprit » est un adage alchimique des plus connus. On a peine à penser que C.G. Jung l'ait perdu de vue en écrivant cette page. (N.d.T.)

226. La haute antiquité du symbolisme de la pierre est démontrée non seulement par le fait qu'il appartient au monde de représentations des primitifs non encore disparus, mais aussi par sa présence dans les documents des civilisations anciennes. Ainsi on le rencontre dans les textes chourritiques de Boghazköy où le fils du père des dieux Koumarbi est la pierre Oullikoummi, diorite « effrayante » qui « a grandi dans l'eau ». La pierre philosophale est un homologue de la pierre que Cronos avait avalée et qu'il vomit ensuite la première quand Zeus obligea son père à restituer les enfants qu'il avait engloutis. Zeus l'érigea ensuite à Pytho comme objet de culte. Oullikoummi est un être titanesque et, chose intéressante, un dangereux ennemi des dieux. (H.G. Gueterbock, *Kumarbi. Istanbuler Schriften.* N° 16. 1946.)

aussi le microcosme lui-même. Pour le psychologue, c'est le Soi ; d'une part l'homme tel qu'il est, et aussi d'autre part la totalité indescriptible et supra-empirique de ce même homme. Sans doute cette dernière ne représente qu'un simple postulat, mais elle n'en possède pas moins un caractère de nécessité, étant donné que nul ne saurait prétendre avoir une connaissance complète de l'homme tel qu'il est. Ce n'est pas seulement l'homme psychique qui contient une part d'inconnu, mais aussi l'homme physique : nous voudrions comprendre cette part obscure dans une image complète de l'homme, mais nous n'y parvenons pas. L'homme lui-même est en partie empirique et en partie transcendantal : il est lui-même *λιθος ου λιθος*, une pierre non-pierre. De même nous ne savons pas si ce que nous concevons empiriquement comme physique n'est pas, dans le domaine inconnu qui s'étend au-delà de notre expérience, identique à ce que, de ce côté-ci de la frontière, nous distinguons du physique en le désignant comme psychique. L'expérience nous apprend que des phénomènes psychiques sont en relation avec des phénomènes matériels, sans toutefois que nous soyons en mesure d'expliquer non seulement la nature, mais jusqu'à la possibilité d'un tel rapport. Dès lors que l'élément psychique et l'élément physique sont placés dans une relation de dépendance réciproque, l'opinion a plus d'une fois été émise qu'ils pourraient être identiques dans une région située au-delà de celle où se borne jusqu'à présent notre expérience, sans toutefois que l'on doive entendre par là l'hypothèse arbitraire du matérialisme ou du spiritualisme.

421 En formulant cette supposition d'une identité de l'être psychique et de l'être physique, nous nous rapprochons de cette vision du « monde un » des alchimistes, de ce monde potentiel du premier jour de la création où rien n'était encore séparé. Avant Paracelse les alchimistes croyaient à la création *ex nihilo*. Pour eux le principe de la matière était Dieu lui-même. Mais Paracelse et son école supposent que la matière est un *increatum* (une chose incréée), donc coexistant avec Dieu et coéternelle à lui. Cette conception était-elle moniste ou dualiste ? Je n'ai pas réussi à en décider. Il est seulement certain que, pour tous les anciens « philosophes », la matière a un aspect divin, soit que Dieu demeure emprisonné dans la forme de l'*anima mundi* ou de l'*anima media natura* de la matière, soit que cette dernière constitue elle-même la « réalité » de Dieu. En aucun cas leur matière n'était séparée de Dieu [a] et, moins que toute autre,

a. All. « *entgöttlicht* » : litt. dé-déifiée. (N.d.T.)

celle, potentielle, du premier jour de la création. Il semble que seule l'école de Paracelse se soit laissé influencer par les paroles dualistes de la Genèse[227].

422 Si, dans ces conditions, Dorn voit l'accomplissement du *mysterium conjunctionis* dans l'union du ciel produit par les alchimistes et de l'*unus mundus,* il entend — *expressis verbis* — non une confusion de l'individu avec son entourage empirique ou même son adaptation à celui-ci, mais une *unio mystica* avec le monde potentiel. Une vision de ce genre a en fait pour nous une apparence « mystique », si nous utilisons cet adjectif avec le sens abusif qu'il a pris dans le vocabulaire moderne. Il ne s'agit pas ici toutefois de mots vides de sens, mais d'une manière de voir qui doit être traduite du langage médiéval en concepts modernes. Il ne fait pas de doute que l'idée du « monde un » est fondée sur l'hypothèse que la multiplicité du monde empirique repose sur la base d'une unité de ce même monde, et que deux ou plusieurs univers séparés dans leur principe ne peuvent exister ensemble ou être confondus l'un dans l'autre. Bien au contraire tout ce qui est séparé et distinct appartient suivant cette conception à un seul et même monde qui, toutefois, n'est pas sensible, mais représente un postulat dont la vraisemblance se trouve renforcée par le fait qu'il n'est pas arrivé jusqu'à présent à l'homme de découvrir un monde dans lequel les lois de la nature connues de nous n'aient pas cours. En outre le fait que le monde psychique, malgré les différences extraordinaires qu'il présente avec l'univers physique, n'a pas ses racines à l'extérieur de l'unique cosmos nous est attesté de façon irréfutable par les liens de causalité qui existent entre l'âme et le corps, liens qui indiquent leur constitution unitaire fondamentale.

423 Notre connaissance ne fait pas le tour de ce qui est, si bien que nous ne sommes pas en mesure de formuler des propositions de quelque genre que ce soit sur sa nature globale. La microphysique s'avance à tâtons dans l'inconnu de la matière comme la psychologie des profondeurs dans l'inconnu de la psyché. Ces deux voies d'exploration aboutissent à des découvertes qui ne se laissent illustrer que par des antinomies et développent des idées qui présentent à bien des égards des analogies remarquables. Si ce développement devait s'accentuer encore à l'avenir, on en arriverait à l'hypothèse que ces deux voies d'exploration de la réalité ont un seul et même

227. « La terre était vague et vide... et l'esprit de Dieu planait sur les eaux. » (*Gen.* I, 2. Trad. B. de Jér.)

objet. Il n'y a guère d'espoir, il est vrai, que l'être unitaire puisse jamais être représenté, puisque la seule ressource de la pensée et du langage est, dans ce cas, d'établir des propositions antinomiques. Mais nous savons aujourd'hui d'une façon qui ne laisse aucune place au doute que les phénomènes empiriques reposent sur une base transcendantale ; c'est là un état de choses qui, comme l'a déjà montré Sir James Jeans, peut s'exprimer par le mythe platonicien de la caverne. L'arrière-plan commun de la microphysique et de la psychologie dite des profondeurs est autant physique que psychique, c'est-à-dire qu'il n'est ni l'un ni l'autre, mais constitue un troisième terme, une nature neutre qui ne peut être saisie, au mieux, que d'une manière allusive, car son noyau est transcendantal.

424 L'arrière-plan de notre univers empirique apparaît en fait comme un *unus mundus,* un « monde un ». C'est là à tout le moins une hypothèse vraisemblable qui satisfait à la règle épistémologique : « *Principia explicandi non sunt multiplicanda praeter necessitatem* » (les principes d'explication ne doivent pas être multipliés plus qu'il n'est nécessaire). L'arrière-plan psychophysique transcendantal correspond à un mode potentiel en tant qu'il contient toutes les conditions qui déterminent la forme des phénomènes empiriques. Cela vaut évidemment tant pour la physique que pour la psychologie, ou, d'une manière plus précise, pour la macrophysique que pour la psychologie du conscient.

425 Dès lors si Dorn voit le troisième et ultime degré de la *conjunctio* dans une union ou une mise en relation de l'adepte qui a réalisé le « ciel » avec l'*unus mundus,* cela doit correspondre en termes psychologiques à une *synthèse de la conscience et de l'inconscient.* Le résultat de cette conjonction ou de cette égalité est théoriquement impossible à représenter puisqu'il provient de la combinaison d'une grandeur connue avec un X. Il en résulte toutefois pratiquement des transformations de la conscience aussi importantes que celles introduites dans la physique classique par la physique nucléaire. Quant à la nature des changements que Dorn escompte du troisième degré de la conjonction, on ne peut la constater qu'indirectement à partir du symbolisme utilisé par l'adepte. Ce qu'il désigne du nom de « ciel » est, comme nous l'avons vu, une anticipation du Soi. On peut en conclure que la réalisation de l'homme total vers laquelle on tendait était comprise comme la *guérison* de souffrances organiques ou psychologiques, puisque le « ciel » était qualifié de médecine universelle (*panacea, alexipharmacum, medicina catholica,* etc.). C'est aussi un « baume », un « élixir de vie », donc un breuvage magique

qui prolonge et fortifie l'existence, rajeunit l'être. C'est une pierre « vivante » (λίθος ἔμψυχος, bétyle), une « pierre qui possède un *pneuma* »[228], le *vivus lapis* du Nouveau Testament[229] qui représente, dans le *Pasteur* d'Hermas, l'homme vivant venant s'ajouter comme pierre de taille à la tour de l'Église. La qualité que l'on met en relief par-dessus tout est son incorruptibilité : cet être mystérieux dure longtemps ou éternellement ; bien que vivant il est immobile, il rayonne de vertus magiques et transforme l'éphémère en permanent et l'impur en pur ; il s'accomplit et se multiplie de lui-même (*multiplicatio*) ; il est le simple, donc l'universel, l'union de tous les opposés ; il est placé en parallèle avec le Christ et appelé sauveur du macrocosme. Mais le « ciel » représente aussi la similitude de l'homme avec Dieu (*imago Dei*), l'*anima mundi* qui se trouve dans la matière et, en définitive, la « vérité ». C'est l'être « aux mille noms ». C'est le microcosme c'est-à-dire l'homme total (τέλειος ἄνθρωπος), le *chên-yên, homunculus* et *hermaphrodite.* Les noms et les significations du *caelum* que j'énumère ici ne constituent qu'un choix restreint parmi une multitude vertigineuse d'appellations.

426 On se trouve fatalement assez embarrassé pour formuler en un concept rationnel une expérience psychique de ce genre — car c'est bien de cela qu'il s'agit. Il est certain que les noms que j'ai cités traduisaient le degré le plus haut de la plénitude et de l'universalité et caractérisaient donc une expérience au même niveau. Nous ne pourrions comparer celle-ci qu'au *mysterium ineffabile* de l'*unio mystica,* au *Tao,* au contenu du *samadhi* hindou ou à l'expérience du *satori* dans le bouddhisme Zen. Nous atteignons ainsi la sphère de l'indescriptible par excellence et de l'extrême subjectivité où tous les critères de la raison demeurent courts. Chose remarquable, cet événement est empirique, puisque nous en avons des expressions concordantes provenant aussi bien de l'Orient que de l'Occident, de l'époque présente que d'un passé reculé, et attestant son insurpassable importance subjective. Notre connaissance de la nature physique ne nous fournit aucun point d'appui qui nous permette d'établir cette expérience sur quelque base de valeur universelle. Elle est et demeure un mystère du monde vécu de la psyché et ne se laisse saisir que comme un événement numineux dont la réalité ne peut toutefois être mise en doute, ou alors il faudrait hésiter à croire que la

228. Berthelot, *Alch. Grecs,* III, VI, 5.
229. Ire ép. de Pierre, II, 5 : « ... *ipsi tanquam lapides vivi superaedificamini.* » (Vous-mêmes, comme pierres vivantes, entrez dans la structure de l'édifice. [Trad. Crampon]). Cf. *Eph.* II, 20, texte cité plus haut.

lumière émise sur une certaine longueur d'ondes est rouge : seul un daltonien peut considérer une telle affirmation comme déplaisante.

427 Mais que signifient les déclarations des alchimistes sur leur arcane, si on les interprète psychologiquement ? Pour répondre à cette question il nous faut garder présente à l'esprit l'hypothèse de travail que nous nous sommes posée pour expliquer les rêves : *les images des rêves et, d'une façon générale, les images spontanées, sont des symboles, c'est-à-dire les meilleures formulations possibles de situations encore inconnues, c'est-à-dire inconscientes, qui sont la plupart du temps dans un rapport de compensation à l'égard du contenu de la conscience, de l'attitude consciente.* Si nous appliquons cette loi fondamentale à l'arcane alchimique, nous parvenons à la conclusion que la plus saillante de ses propriétés, l'unité et l'unicité (*unus est lapis, una medicina, unum vas, unum regimen unaque dispositio*[230]), présuppose une *conscience dissociée.* Nul en effet s'il est un avec lui-même n'a besoin de l'unité comme remède et, pourrions-nous ajouter, pas davantage celui qui est inconscient de sa dissociation, car il faut un état de détresse *consciente* pour que l'on fasse appel à l'archétype de l'unité. On peut en déduire que les alchimistes à tendance philosophique étaient des gens qui ne se sentaient pas à leur aise dans l'univers psychique de leur époque, c'est-à-dire la foi chrétienne, bien qu'ils fussent convaincus de la vérité de celle-ci. Nous ne trouvons dans la littérature grecque ou latine aucune confidence qui nous fasse douter de la foi des alchimistes, mais bien au contraire une foule de témoignages attestant la fermeté de leurs convictions chrétiennes, chaque fois qu'il s'agit de traités chrétiens. Étant donné que la religion chrétienne est *expressis verbis* un système de « salut » fondé sur un « plan de salut » divin et que Dieu représente l'unité par excellence, il faut se demander pourquoi les alchimistes pouvaient bien éprouver encore ce manque d'unité en eux-mêmes et avec eux-mêmes, alors que leur foi leur offrait apparemment l'unité et la concorde. (Cette question n'a rien perdu de son actualité, bien au contraire !) La réponse apparaît d'elle-même si nous étudions les autres propriétés attribuées à l'arcane.

428 Celle qui se présente maintenant à nous est la nature physique de la réalité recherchée. Bien que les alchimistes attachent précisément la plus haute importance à ce trait, et que la « pierre » représente,

230. « (Il n'y a qu') une seule pierre, une seule médecine, un seul vase, un seul régime et une seule disposition. » « Ros. Phil. » in *Art. Aurif. II,* p. 206.

en somme, la « raison d'être [a] » de leur art, il est impossible que cette pierre ait un caractère purement physique, puisqu'on souligne à chaque instant qu'elle est vivante, qu'elle possède « une âme et un esprit », et même qu'elle est un homme ou un être semblable à l'homme. On disait également de Dieu que le monde est sa manifestation physique, mais cette vue panthéiste fut combattue par l'Eglise, car « Dieu est Esprit » et en aucune façon matière. En tant qu'il connaissait la croyance chrétienne, l'alchimiste devait savoir qu'il n'y avait encore là, d'après sa propre conception, que le second degré de la conjonction, et que la « vérité » chrétienne n'était pas encore parvenue au stade de la réalisation effective. Sans doute l'âme était entraînée par l'esprit dans la région supérieure de l'abstraction, mais le corps était privé d'âme, alors qu'il exigeait d'avoir part à la vie. Cette situation incommode ne pouvait demeurer inaperçue de l'adepte. Il ne parvenait pas à avoir le sentiment d'être une totalité et, malgré tout ce que pouvait représenter à ses yeux la spiritualisation de son existence, il lui était impossible de se débarrasser de ce *hic et nunc* : la vie corporelle dans un monde physique. L'esprit s'élevait contre son orientation vers la *physis* et *vice versa.* Malgré toutes les assurances contraires, le Christ ne représente pas un facteur unifiant, mais une « épée » qui divise l'homme spirituel de l'homme physique [b]. Les alchimistes possédaient, à la différence de certains modernes, suffisamment de finesse pour apercevoir la nécessité et l'opportunité d'un développement plus complet de la conscience ; c'est pourquoi ils se tenaient ferme à leurs convictions chrétiennes et ne retombaient pas dans un état moins conscient. Ils ne pouvaient ni ne voulaient s'opposer à la vérité chrétienne, et c'est la raison pour laquelle il serait également inexact de les taxer d'hérésie. Ils voulaient bien plutôt rendre effective l'unité anticipée par l'idée de Dieu en s'efforçant de réunir l'*unio mentalis* au corps.

429 Cette tentative naissait du sentiment puissant que ce monde est malade et que tout est corrompu par suite du péché originel. Ils percevaient que l'âme n'a de possibilité de salut que si elle s'arrache à sa dépendance naturelle à l'égard du corps, ce qui n'entraînait toutefois aucune modification, aucune amélioration de l'état de vie physique. Certes, le microcosme, c'est-à-dire l'homme intérieur, pouvait être sauvé, mais non le corps, cette chose corrompue. Cette intuition

a. En français dans le texte (N.d.T.)

b. Cf. Matth. X, 35 : « Je ne suis pas venu apporter la paix, mais l'épée. » (N.d.T.)

était une cause et une occasion suffisantes pour entraîner une dissociation de la conscience en une personnalité physique et une personnalité psychique. Tous pouvaient confesser avec Paul : « Misérable que je suis ! qui donc me délivrera du corps de cette mort ? [231] » Ils s'employaient donc à découvrir le remède qui guérit tous les maux du corps et les écartèlements de l'âme, le *φάρμακον ἀθανασίας* (remède d'immortalité) qui libère le corps de sa corruptibilité, l'*elixir vitae* qui confère la longévité des patriarches bibliques, voire l'immortalité. Comme la plupart d'entre eux étaient médecins, ils avaient de nombreuses et importantes occasions de se pénétrer de la fragilité et de la caducité de l'existence humaine et de faire naître en eux cette impatience qui refusait d'escompter seulement dans l'au-delà un état de choses plus supportable et plus en accord avec la bonne nouvelle du salut. Ce sont précisément cette insatisfaction et ce malaise aigu qu'exprimaient l'exigence de l'homme physique et son incapacité de tolérer la dissociation. Les alchimistes se trouvaient ainsi placés face à une tâche des plus ardues, celle d'unir l'homme physique mené par une volonté autre avec sa vérité spirituelle. Comme ils n'étaient ni des incroyants ni des hérétiques, ils ne pouvaient ni ne voulaient rien changer à cette dernière pour, en quelque sorte, mieux l'accommoder au corps. En outre celui-ci était dans son tort, puisqu'il s'était attiré le péché originel par suite de sa faiblesse morale. C'était donc le corps avec toute son obscurité qui devait faire l'objet de la préparation. Celle-ci avait lieu, comme nous l'avons vu, grâce à l'extraction d'une quintessence qui représentait l'équivalent physique du ciel et du monde potentiel et que pour cette raison on appelait *caelum*. C'était la quote-part du corps : une substance incorruptible et par conséquent pure et éternelle, un *corpus glorificatum* capable et digne d'être conjoint à l'*unio mentalis*. Ce qui restait du corps était une *terra damnata*, un résidu qui devait être abandonné à son destin. La quintessence, le « ciel », correspondaient par contre à la matière primitive et incorrompue du monde, à un mode d'expression de Dieu adéquat et obéissant, dont la production faisait par conséquent « espérer et attendre » la conjonction avec le « monde un ».

430 Cette solution est évidemment un compromis au détriment de la *physis*, et néanmoins une tentative remarquable en vue de jeter un pont sur la dissociation entre l'esprit et la matière. Pourtant ce n'est pas une solution radicale, car le processus ne se déroulait pas dans

231. Romains, VII, 24.

son véritable objet, mais représentait une projection stérile : le *caelum* ne pouvait en effet être fabriqué dans la réalité ; c'était un espoir qui devait s'éteindre avec l'alchimie et qui fut, selon toute apparence, définitivement rayé de l'ordre du jour. Mais la dissociation a subsisté et elle a opéré des effets contraires : d'une part elle a entraîné une connaissance de la nature et une médecine bien supérieures et, d'autre part, elle a donné congé à l'esprit dans une proportion qui saisirait d'effroi l'homme médiéval s'il pouvait contempler le tableau de notre époque. L'*elixir vitae* de la science moderne a déjà accru la durée de vie que l'on est en droit d'escompter et espère parvenir encore à de meilleurs résultats. L'*unio mentalis* par contre n'est plus qu'un pâle fantôme et la *veritas christiana* en est réduite à la défensive. Quant à une vérité qui serait cachée en l'homme, il n'en est désormais plus question du tout. L'histoire a implacablement réalisé ce que le compromis alchimique avait laissé inachevé : l'homme physique a été amené au premier plan de façon inattendue et il s'est rendu maître de la nature à un degré qui dépasse l'imagination. Mais avec lui son âme *empirique* est également devenue consciente : elle s'est affranchie de la tutelle de l'esprit et a pris une forme si concrète que les traits individuels eux-mêmes sont devenus l'objet de l'observation clinique. Elle a depuis longtemps cessé d'être un principe de vie ou une abstraction philosophique au point qu'on la suspecte d'être un épiphénomène de la chimie cérébrale. L'esprit ne lui donne plus la vie, on pense plutôt qu'il doit son existence à l'activité psychique. La psychologie peut aujourd'hui se donner le nom de science, ce qui est une énorme concession de la part de l'esprit. Ce qu'elle demandera aux autres sciences de la nature et en particulier à la physique demeure l'affaire de l'avenir.

10

## *LE SOI ET LES LIMITES DE LA THÉORIE DE LA CONNAISSANCE*

431 AINSI que je l'ai déjà exposé à diverses reprises, les affirmations concernant la pierre, considérées sous l'angle psychologique, décrivent *l'archétype du Soi*. La phénoménologie du Soi est représentée par le symbolisme du mandala. Celui-ci dépeint le Soi comme une structure concentrique et souvent sous la forme de la quadrature du cercle. Toutes sortes de symboles secondaires exprimant généralement la nature des opposés à unifier lui sont coordonnés. La structure est d'ordinaire ressentie comme la figuration d'un état central ou d'un centre de la personnalité qui est essentiellement distinct du moi. Elle est de nature numineuse comme l'indiquent la nature de la représentation et les symboles utilisés pour la caractériser (soleil, étoile, lumière, feu, fleur, pierre précieuse, etc.). Tous les degrés d'appréciation émotionnelle s'y rencontrent, depuis le dessin d'un cercle abstrait, incolore, indifférent, jusqu'à l'intensité suprême d'une expérience d'illumination. Tous ces aspects peuvent être constatés dans l'alchimie, à cette seule différence qu'ils y apparaissent comme projetés dans la matière, tandis qu'ici ils sont perçus comme des symboles psychiques. L'*arcanum chymicum* s'est donc transformé en expérience psychologique sans rien perdre de son caractère numineux originel.

432 Si maintenant nous nous rappelons à quel point l'âme s'est humanisée, je veux dire réalisée, nous mesurons combien elle exprime aussi aujourd'hui le corps avec lequel elle coexiste. On se trouve là en face d'une conjonction du deuxième degré qui hantait les rêves des alchimistes, mais qu'ils ont été incapables de rendre consciente. A ce titre la transformation en donnée psychologique constitue un progrès considérable, mais seulement *lorsque le centre vécu par l'expérience joue le rôle de* spiritus rector *dans la vie quotidienne*. De toute évidence les alchimistes savaient pertinemment, eux aussi,

que l'on pouvait avoir la pierre en poche sans jamais réussir à faire de l'or, ou posséder un flacon d'*aurum potabile* sans en avoir jamais goûté la saveur douce-amère. Une telle éventualité demeurait toutefois très hypothétique : jamais en effet ils n'ont tenté d'utiliser leur arcane dans la réalité, puisqu'ils n'ont jamais réussi à le produire. Il convient cependant de ne pas majorer la portée de cet échec ; elle est comme reléguée à l'arrière-plan par la fascination qui, dans l'âme des alchimistes, rayonnait de l'archétype pressenti et ressenti. Il en est allé de l'alchimie comme du christianisme, qui n'a pas été, lui non plus, frappé d'un coup fatal du fait que la parousie du Seigneur tardait à venir. La charge émotionnelle qui accompagne toujours la vitalité d'une idée archétypique entraîne, lors même qu'il n'existe qu'un minimum de connaissance rationnelle, une expérience anticipée de la totalité à laquelle un supplément de connaissance différenciée ne saurait ajouter rien d'essentiel, tout au moins en ce qui concerne le caractère total de l'expérience. Sans doute cependant un meilleur développement de la compréhension peut renouveler sans cesse la vitalité de l'expérience. Comparée à la nature inépuisable de l'archétype, la connaissance rationnelle que l'on en tirera demeure en effet peu de chose, et c'est déjà commettre une surestimation injustifiée de la connaissance que d'admettre qu'au stade final le savoir consécutif à l'illumination est plus parfait que celui obtenu au stade initial de l'expérience numineuse. On a soulevé une objection de cet ordre contre la thèse du cardinal Newman sur le développement du dogme, en omettant de voir que la compréhension rationnelle ou la formulation intellectuelle de l'expérience n'y ajoute rien, mais tout au plus favorise son renouvellement. C'est l'expérience qui est la chose essentielle, et non son illustration ou son élucidation intellectuelle qui ne se révèlent dotées de sens ou d'utilité que là où l'accès à l'expérience originelle est obstrué. La différenciation du dogme n'exprime pas sa vitalité, mais elle est nécessaire au maintien de cette vitalité. De même l'archétype qui se trouve au tréfonds de l'alchimie a besoin d'être interprété afin que son caractère vivant et numineux reçoive une illustration et qu'il soit au moins conservé pour notre science. L'alchimiste a lui aussi illustré du mieux possible son expérience, sans jamais toutefois la comprendre au même degré que l'explication psychologique permet aujourd'hui de le faire. Mais sa compréhension imparfaite ne signifie nullement une déficience du caractère total de son expérience de l'archétype, pas plus que notre compréhension plus vaste et plus différenciée ne saurait lui ajouter quoi que ce soit.

433 Le passage dans le domaine psychologique introduit un changement considérable, car la connaissance de soi fait surgir certaines conséquences éthiques qui non seulement sont des objets de la science, mais réclament en outre une réalisation pratique. Celle-ci dépend toutefois des capacités morales de chacun, auxquelles nous savons par expérience qu'il ne faut pas trop se fier. Leurs limites sont d'ordinaire aussi étroites que celles de la raison. Mais la morale subit le même sort que la raison. Le Soi qui désire se réaliser s'étend de tous côtés par-dessus la personnalité égotique. Il est, de par sa nature compréhensive, plus clair et plus obscur que cette dernière et, par suite, place le moi devant des problèmes qu'il préférerait de beaucoup éluder. Tantôt c'est le sentiment moral qui faiblit, tantôt c'est l'intuition, et tantôt l'un et l'autre, jusqu'à ce que finalement le destin en décide. Le moi ne manque jamais d'arguments moraux et rationnels que nous ne pouvons ni ne devons écarter aussi longtemps que nous pouvons nous y tenir. Car nous ne pouvons avoir quelque certitude d'être sur la bonne route que lorsque la « collision des devoirs » se règle pour ainsi dire d'elle-même et que nous sommes transformés en victimes d'une décision prise au-dessus de notre tête ou de notre cœur. C'est là que se manifeste la présence numineuse du Soi, qu'il est sans doute difficile, autrement, d'éprouver. *C'est pourquoi l'expérience du Soi représente une défaite de l'ego.* L'énorme difficulté de cette expérience consiste en ce que le Soi ne peut être distingué que sur le plan conceptuel et non dans la pratique de ce que l'on a depuis toujours nommé « Dieu ». Ces idées paraissent reposer l'une et l'autre sur une seule et même puissance numineuse qui détermine la réalité. Le moi n'entre alors en ligne de compte que dans la mesure où il peut lui faire opposition, défendre son existence et, en cas de défaite, continuer à s'affirmer. L'explication de Job avec Yahvé constitue le type d'une telle situation. Je veux simplement, par cette allusion, indiquer la nature du problème soulevé ici. On ne doit pas cependant tirer de cette constatation générale la conclusion hâtive que, dans l'expérience individuelle, on a chaque fois affaire à une *hybris* (démesure) du moi conscient qui mérite d'être vaincue par l'inconscient. Il n'en est nullement ainsi, car il arrive très souvent que la conscience et la responsabilité du moi sont trop faibles et ont bien plutôt besoin d'être renforcées. Ce sont là toutefois des questions de psychothérapie pratique : si je les mentionne, c'est uniquement parce que l'on m'a accusé de sous-estimer l'importance du moi et de pousser de façon inconvenante l'inconscient au premier plan. Cette

étrange insinuation a été lancée du secteur des théologiens. Il est clair que mon critique n'a pas songé au fait que les expériences mystiques des saints suivent exactement les mêmes lois que d'autres effets de l'inconscient.

434 Différant en cela de l'idéal alchimique qui consistait dans la production d'une substance mystérieuse, d'un homme, d'une *anima mundi* ou d'un *deus « terrenus »* dont la réalisation était attendue comme une rédemption qui arracherait l'homme à tous ses maux, l'interprétation psychologique (préparée par les alchimistes) conduit à l'idée de la totalité humaine. Cette idée a d'abord une importance thérapeutique en ce qu'elle tente de formuler de façon intelligible l'état psychique qui se dessine lorsqu'on jette un pont sur une dissociation, celle du conscient et de l'inconscient. La compensation alchimique correspond à l'intégration de l'inconscient par la conscience, qui entraîne une modification de l'un et de l'autre. La conscience éprouve avant tout un élargissement, un recul des limites de son horizon. Cela signifie en premier lieu une amélioration essentielle de l'ensemble psychique, du fait que la conscience cesse d'être troublée par l'opposition de l'inconscient. Mais pour cela il faudra — car tout bien doit se payer cher — que le conflit qui était auparavant inconscient soit placé à la lumière de la conscience et que celle-ci soit grevée d'une lourde hypothèque, car c'est d'elle que l'on escompte désormais la solution du conflit. Et pourtant la conscience paraît être aussi mal équipée et aussi mal préparée pour remplir cette mission qu'elle l'était chez les alchimistes du Moyen Age. Comme ceux-ci, l'homme moderne a besoin d'une méthode spéciale qui consiste à explorer et à formuler les contenus inconscients afin de tirer la conscience de sa situation difficile. Ainsi que je l'ai montré plus haut, le résultat que l'on peut escompter de l'effort psychothérapique est une certaine expérience du Soi. Les faits montrent que cette attente est légitime. Il n'est pas rare qu'il s'agisse d'une expérience véritablement numineuse. Il est superflu de tenter de décrire son caractère intégral. Celui qui a vécu un tel événement sait ce dont je veux parler. Et, pour qui n'est pas passé par là, toute description demeurera insuffisante. En outre la littérature universelle renferme une foule de récits de ce genre. J'ignore toutefois s'il est des cas où une simple description a entraîné une expérience.

435 Il n'y a pas lieu de s'étonner que des expériences numineuses surviennent au cours d'un traitement psychique et que l'on puisse s'attendre avec une certaine probabilité à leur apparition, car elles se produisent très souvent en dehors de tout traitement dans des états

psychiques exceptionnels qui peuvent même les causer. Ces phénomènes ne relèvent pas exclusivement de la psychologie pathologique, mais peuvent également être observés à l'intérieur des limites de la normale. Toutefois la méconnaissance de ces expériences spirituelles intimes par l'esprit moderne et les préjugés qui règnent à leur sujet incitent à les ranger parmi les anomalies psychiques et à les classer dans le registre psychiatrique sans faire le moindre effort pour les comprendre. Mais on ne se débarrasse pas pour autant de leur réalité, pas plus qu'on ne les explique.

436 Il n'est pas davantage surprenant que toute tentative en vue d'une compréhension adéquate et correspondant à la nature numineuse de l'expérience ait à se servir des idées parallèles d'ordre religieux ou métaphysique, car non seulement celles-ci ont depuis toujours un lien évident avec l'expérience, mais elles sont en outre constamment employées pour la formuler et l'élucider. L'essai d'explication scientifique se trouve ainsi placé dans la situation grotesque d'être accusé à son tour de proposer une interprétation métaphysique. Cependant ce reproche sera adressé par celui-là seul qui croit être lui-même en possession d'idées métaphysiques et veut prouver qu'elles déterminent des faits métaphysiques correspondants ou les expriment de façon correcte. Il me paraît à tout le moins hautement invraisemblable que, lorsqu'un homme dit : « Dieu », il doive exister un dieu tel qu'il se le représente, ou qu'il parle nécessairement d'un être réel. Il ne peut jamais en tout cas prouver que son assertion possède son correspondant sur le plan métaphysique, de même qu'on ne peut pas lui prouver qu'il a tort. Il s'agit donc dans la meilleure des hypothèses d'un *« non liquet »* (cela n'apparaît pas) et il me semble que, dans ces conditions, il est recommandable, devant la limitation des facultés humaines, d'admettre que nos idées métaphysiques sont avant tout des images et des opinions anthropomorphiques qui n'expriment en rien des faits transcendantaux ou ne peuvent le faire que d'une manière très hypothétique. Nous savons déjà pertinemment que le monde physique qui nous entoure ne concorde pas nécessairement avec l'image que nous en percevons. *Physical* et *perceptual world* sont deux choses bien distinctes. Ce fait ne nous encourage certes pas à penser que notre image métaphysique du monde coïncide avec la réalité transcendantale. En outre les affirmations concernant cette dernière diffèrent entre elles dans une proportion tout simplement incalculable, si bien qu'avec la meilleure volonté nous ne pourrions savoir qui, en fait, a raison. Les confessions religieuses ont depuis longtemps reconnu cet état de choses ;

c'est pourquoi non seulement aucune d'entre elles ne s'est contentée de se donner pour vraie, mais toutes ont en outre déclaré qu'elles n'étaient pas d'origine humaine et constituaient la vérité directement inspirée et révélée par Dieu. Chaque théologien parle de « Dieu », sans plus, et donne ainsi à entendre que son dieu est *l'unique Dieu.* Mais l'un parle du Dieu paradoxal de l'Ancien Testament, l'autre du Dieu d'amour incarné, un troisième du Dieu qui a une épouse céleste, etc., et chacun critique l'autre, mais ne se critique pas lui-même.

437 Rien ne nous prouve mieux l'extrême incertitude des affirmations métaphysiques que leur infinie variété. Mais il serait totalement erroné d'en déduire qu'elles sont entièrement dépourvues de valeur, car il reste à expliquer le fait que de telles assertions aient pu être énoncées : il doit y avoir à cela des raisons. D'une manière ou d'une autre l'homme est amené à formuler des propositions métaphysiques. La cause de cette situation est controversée. Nous savons seulement avec une certitude empirique suffisante que, dans les cas authentiques, il ne s'agit pas d'inventions arbitraires, mais d'événements numineux spontanés qui adviennent à l'homme, donnant lieu à des assertions et à des croyances religieuses. C'est pourquoi on trouve au point de départ des grandes confessions religieuses comme à celui de nombreux petits mouvements mystiques quelques personnalités historiques dont la vie a été marquée par des expériences numineuses. Ainsi que de nombreuses études sur des cas de ce genre m'en ont donné la conviction, des contenus jusque-là inconscients se présentent alors à la conscience et s'imposent à elle de la même manière que le font les irruptions de l'inconscient dans les cas relevant de l'observation psychiatrique. Jésus lui-même est apparu à ses proches dans une telle lumière, comme l'indique Marc, III, 21. Mais les « inspirés » présentent une différence considérable par rapport aux cas pathologiques en ce qu'ils trouvent tôt ou tard une audience plus ou moins large et étendent ainsi leur action sur des siècles. La rayonnante personnalité spirituelle des fondateurs de religions, leur vie exemplaire, le caractère moral de leur apport ne jouent aucun rôle, dans le contexte qui nous occupe, pour expliquer le fait que leur action triomphe du temps. La personnalité est seulement une racine du succès ; il y a eu et il y aura encore et toujours d'authentiques personnalités religieuses auxquelles le succès est refusé : que l'on songe à Eckhart [a]. Mais si le succès vient à s'affirmer, ce crité-

a. Les écrits de Maître Eckhart (+ vers 1327) furent condamnés par Rome en 1329 et redécouverts en 1847 par le professeur strasbourgeois Karl Schmidt. (N.d.T.)

rium démontre que la « vérité » exprimée par ces personnages rencontrait un consensus général, c'est-à-dire qu'il s'agissait de quelque chose qui « était dans l'air » et que par suite on avait « parlé du fond du cœur » à la multitude des autres. C'est, nous ne le savons que trop, le cas pour le mal comme pour le bien, pour le vrai comme pour le faux.

438 Le sage qui n'est pas écouté passe pour le fou et le fou qui se fait le premier et le plus éloquent héraut de l'insanité générale est tenu pour un prophète et un guide (*Führer*). Par bonheur il arrive aussi plus d'une fois que l'inverse se produise, faute de quoi l'humanité aurait succombé depuis longtemps à sa propre stupidité.

439 Si donc celui que, par stérilité intellectuelle, on stigmatise du nom de « malade mental » n'exprime pas de « vérité », ce n'est pas qu'il soit privé de personnalité, mais c'est qu'il ne rencontre pas de *consensus*. Dès lors que l'on a suscité un écho, on a dit « vrai ». Dans le domaine métaphysique ce qui est vrai est ce qui a du crédit, et c'est pourquoi les affirmations métaphysiques sont toujours liées à un désir peu commun de les voir reconnues et appréciées, car l'estime est leur seul critère de vérité qui fait qu'elles subsistent ou qu'elles s'écroulent. Toutes les prétendues preuves métaphysiques sont d'inévitables pétitions de principes, comme en témoignent à l'évidence pour tout esprit raisonnable les preuves de l'existence de Dieu.

440 La prétention à l'estime ne suffit naturellement pas à établir une vérité métaphysique. Il faut qu'elle coïncide avec l'existence d'une nécessité pressante au sein de la multitude. Comme cette nécessité naît toujours d'un état de détresse, une explication réclame également l'étude de la situation psychique chez celui qui se laisse convaincre par une proposition métaphysique. Il s'avérera alors que l'affirmation de l'inspiré ne fait que rendre conscientes des idées et des manières de voir qui viennent compenser l'état général de détresse. Ces images ou ces conceptions n'ont nullement été pensées ou inventées de façon consciente par l'être inspiré, mais elles lui sont advenues d'une manière vécue et il en a été pour ainsi dire la victime volontaire ou involontaire. Il a été saisi par une volonté qui transcende la conscience, à laquelle il n'avait pas la possibilité d'opposer une résistance efficace. On conçoit qu'il ressente comme « divine » cette supériorité qui l'accable. Je n'ai rien à objecter à une telle qualification, mais je ne puis, avec la meilleure volonté du monde, y voir une preuve de l'existence d'un Dieu transcendant. En supposant qu'une divinité bienveillante inspire effectivement une

vérité salutaire, comment se comporte-t-elle dans tous les cas où c'est une demi-vérité ou une folie malfaisante qui a été insufflée et qui a rencontré une rapide audience ? Sans doute, on aura recours alors à un diable ou — suivant le principe : *Omne malum ab homine :* tout mal vient de l'homme — à l'homme lui-même. Cette explication métaphysique du type « ou bien... ou bien » est chose difficile à appliquer, étant donné que la plupart des inspirations se situent entre les deux extrêmes : elles ne sont en effet ni totalement vraies ni totalement fausses et doivent donc théoriquement leur existence à la coopération de la puissance bonne et de la puissance mauvaise. Il faudrait pour cela présupposer une sorte de plan de travail commun en vue d'un certain but à moitié bon ou émettre l'hypothèse qu'une des puissances gâche l'œuvre de l'autre ou encore — troisième possibilité — que l'homme est en état de s'allier à une puissance démoniaque pour trahir le dessein de Dieu d'inspirer une vérité parfaite, l'idée d'une demi-vérité inspirée par Dieu devant être écartée. Comment, dans les deux cas, concilier l'explication avancée avec la toute-puissance divine ?

441 C'est pourquoi il me paraît plus prudent, dans l'estimation la plus conservatrice, de ne pas mettre tout de suite en cause dans la généralité des cas le plus haut facteur métaphysique, mais de conserver une attitude plus nuancée en attribuant la responsabilité des inspirations et des événements analogues à une grandeur psychique inconsciente, « psychoïde »[232], située dans une région plus humaine. De la sorte il serait possible de porter un meilleur jugement, non seulement sur l'insondable mélange de vérité et d'erreur que l'on rencontre dans presque tous les cas d'inspiration, mais aussi sur les nombreuses contradictions de la Sainte Ecriture. L'*aura* psychoïde qui entoure la conscience nous fournit des possibilités d'explication meilleures et plus acceptables et elle se trouve en outre placée dans le domaine empirique. Elle représente un monde « d'images » d'une relative autonomie parmi lesquelles se trouvent également les images variées de Dieu qui, quels que soient le lieu et la forme de leur apparition, sont toujours appelées « Dieu » et tenues pour tel par l'homme naïf en raison de leur caractère numineux (qui équivaut à l'autonomie). Les différentes confessions viennent appuyer cette antique manière de voir et leurs théologiens croient être en mesure, grâce aux paroles inspirées par Dieu, de formuler sur lui des affirmations valables. De telles assertions se donnent toujours pour défi-

232. Voir *Les Racines de la conscience,* trad. fr. 1971, p. 540 et sv.

nitives et indiscutables. C'est pourquoi l'écart le plus insignifiant par rapport à l'opinion régnante a toujours suffi à provoquer un schisme irréconciliable. Un objet déclaré hors de discussion ne peut et ne doit pas être matière de pensée. On peut seulement l'affirmer et il ne saurait par suite y avoir de conciliation entre des affirmations divergentes. Et c'est ainsi que le christianisme — qu'on y songe : la religion de l'amour fraternel ! — offre le spectacle lamentable d'un grand schisme et d'un grand nombre de petits dans lesquels chaque fraction s'est emprisonnée sans recours dans le piège de sa possession exclusive de la vérité.

442 On croit pouvoir affirmer Dieu, le définir, porter des jugements sur lui et le distinguer des autres dieux comme étant le seul vrai. Il faudrait tout de même se rendre compte que, lorsqu'on parle de Dieu ou des dieux, on évoque des images sujettes à discussion du domaine psychoïde. Certes, l'existence d'une réalité transcendantale est évidente en soi, mais il est extrêmement difficile pour notre conscience de construire des modèles intellectuels qui illustrent l'aspect de nos perceptions. Nos hypothèses sont incertaines et tâtonnantes et rien ne nous offre l'assurance qu'elles puissent en définitive être justes. Que le monde intérieur et extérieur repose sur des fondements transcendantaux, cela est aussi certain que notre propre existence, mais il est également assuré que la vision immédiate du monde intérieur des archétypes donne lieu pour le moins à autant de doutes sur sa justesse que la perception du monde extérieur. Si nous sommes convaincus de posséder une vérité définitive concernant les réalités métaphysiques, cela signifie tout simplement que des images archétypiques ont pris possession de nos facultés de penser et de sentir et que celles-ci ont de la sorte perdu leur caractère de fonctions disponibles. Le préjudice subi se manifeste en ce que l'objet de l'intuition est tenu pour absolu et indiscutable et s'entoure d'un tel tabou affectif que quiconque ose réfléchir à son sujet devient automatiquement un hérétique et un blasphémateur. Dans tous les autres domaines, chacun trouvera raisonnable de soumettre à une critique objective l'image subjective que l'on s'est formée d'un objet. Mais la raison n'a plus cours en face de l'état de possession ou d'emprise, car l'archétype numineux se révèle le cas échéant le plus fort, puisqu'il peut se réclamer d'une nécessité vitale. C'est en général le cas lorsqu'il compense un état de détresse dont aucun raisonnement ne saurait venir à bout. Nous savons qu'un archétype peut intervenir avec une puissance irrésistible dans la vie d'un homme aussi bien que dans l'existence d'un peuple. Rien d'étonnant dès lors à ce qu'il

soit désigné comme « Dieu ». Etant donné toutefois que l'on ne se trouve pas toujours dans un état de détresse immédiate ou qu'on ne le ressent pas constamment comme tel, le destin offre également des moments plus calmes pendant lesquels la réflexion est possible. Quand on considère alors sans opinion préconçue l'état de possession, d'« emprise », on doit admettre le fait que la *κατοχή*[233] en elle-même ne fait ressortir rien de clair qui puisse servir à caractériser avec certitude la nature du phénomène, bien que celui-ci s'accompagne également de ce trait que le sujet se sent toujours porté à formuler des affirmations déterminées. La vérité et l'erreur sont si proches l'une de l'autre et se ressemblent si souvent à s'y méprendre qu'aucun individu jouissant de son bon sens ne pourrait oser *ne pas* douter des choses qui lui arrivent dans l'état de « saisissement ». La première épître de saint Jean (IV, 1) donne ce conseil : « N'ajoutez pas foi à tout esprit, mais éprouvez les esprits pour voir s'ils viennent de Dieu. » Cet avertissement a été formulé à une époque où de nombreuses occasions s'offraient d'observer des états psychiques exceptionnels. Bien que nous croyions, comme alors, avoir d'assez bons critères de discrimination, la légitimité de cette conviction doit toujours demeurer assujettie à une certaine réserve, car nul jugement humain ne peut prétendre à l'infaillibilité.

443 Dans cette situation extrêmement incertaine, il me paraît pourtant bien plus prudent et plus raisonnable de considérer qu'il existe non seulement un inconscient psychique, mais un inconscient psychoïde, avant de prétendre formuler des jugements métaphysiques incommensurables avec la raison humaine. On n'a pas à redouter que l'expérience intérieure perde de ce fait quoi que ce soit de sa réalité et de sa vitalité. Une attitude de prudence et de discrimination n'empêche jamais une expérience, bien au contraire.

444 Que l'homme, en tant que mesure des choses, soit placé davantage au centre du champ de vision par une méthode psychologique, le fait est incontestable. Mais, ce faisant, on ne lui attribue pas une signification illégitime. Les grandes religions universelles, le bouddhisme et le christianisme, ont déjà, chacune à leur manière, assigné à l'homme une place centrale, et le christianisme a encore souligné cette tendance qui est la sienne en érigeant en dogme que Dieu lui-même est devenu vrai homme. Aucune psychologie au monde ne saurait aller plus loin que cet ennoblissement.

233. Saisissement, possession.

## *ÉPILOGUE*

445 L'ALCHIMIE, par la richesse de son symbolisme, nous donne de plonger nos regards dans une tentative de l'esprit humain que l'on peut mettre en parallèle avec l'observance religieuse, l'*opus divinum,* avec toutefois cette différence que le « travail » alchimique ne représente pas une activité collective, formelle, étroitement définie, mais plutôt, en dépit de toute la similitude de ses principes fondamentaux, une entreprise individuelle dans laquelle l'homme pris à part jette son être tout entier dans la balance pour atteindre ce but transcendantal : la production d'une *unité.* C'est une œuvre de réconciliation entre des oppositions en apparence incompatibles qui, d'une façon caractéristique, ne sont pas entendues simplement comme l'inimitié naturelle qui règne entre les éléments physiques, mais aussi en même temps comme un conflit moral. Puisque l'objet de l'ascèse alchimique est perçu au-dehors aussi bien qu'au-dedans, sous un aspect physique et à la fois psychique, l'œuvre s'étend en quelque sorte à travers la nature tout entière et son but consiste en un symbole qui revêt un caractère empirique et tout en même temps transcendantal.

446 De même que l'alchimie, tâtonnant pour ainsi dire dans le noir, a cherché laborieusement sa route au cours de bien des siècles, à travers d'innombrables variations de ses présupposés théoriques et de ses expériences pratiques, ainsi la psychologie de l'inconscient, commencée avec les travaux de C.G. Carus, a repris le sentier perdu de l'alchimie. Fait remarquable : l'événement s'est produit au moment de l'histoire où l'effort de l'alchimie atteignait sa plus haute expression poétique dans le *Faust* de Goethe. A l'époque où Carus écrivait, il ne pouvait toutefois soupçonner qu'il édifiait le pont philosophique menant à une future psychologie empirique qui devait reprendre d'une façon quasi littérale la vieille recette alchimique : « *In stercore invenitur* » (on la trouve dans le fumier). Cette fois on

ne découvrirait plus l'unité projetée dans la substance vile et méprisable qui, rejetée par chacun, pouvait être trouvée partout sur les chemins, mais dans l'obscurité douloureuse de l'âme humaine qui, entre-temps, était devenue accessible à l'expérience clinique. Là seulement se rencontraient ces antagonismes, ces phantasmes grotesques et ces symboles obscènes qui avaient fasciné l'esprit de l'alchimie et l'avaient égaré autant qu'illuminé. Et le psychologue sentait se poser à lui le même problème qui, pendant mille sept cents ans, avait tenu l'alchimie en haleine : que faire de ces antagonismes ? peut-on les rejeter et s'en débarrasser ? ou faut-il reconnaître leur existence, et est-ce notre tâche de les accorder et de faire surgir, à partir de leur multiplicité et de leurs contradictions, une unité qui, naturellement, ne naîtra pas d'elle-même, mais viendra couronner l'effort de l'homme — *Deo concedente* ?

447 C'est à un chercheur disparu, hélas, prématurément, Herbert Silberer, que revient le mérite d'avoir le premier découvert les fils secrets qui mènent de l'alchimie à la psychologie de l'inconscient. Toutefois l'état des connaissances psychologiques était à cette époque trop à ses débuts et trop encombré par des présuppositions de caractère personnel pour que l'on pût embrasser le problème d'ensemble de l'alchimie sur le plan psychologique. Il fallait d'abord en finir avec une double sous-estimation : celle de l'alchimie et celle de l'âme. Nous sommes aujourd'hui en mesure de voir à quel point l'alchimie a préparé les voies à la psychologie de l'inconscient, et cela de deux manières : tout d'abord en léguant sans le vouloir, dans l'amoncellement de ses symboles, un matériel de représentations symboliques d'une extraordinaire valeur pour les méthodes d'interprétation moderne, et ensuite en indiquant, par ses essais délibérés de synthèse, des processus symboliques que nous découvrons dans les rêves de nos patients. Nous pouvons voir aujourd'hui comme la démarche alchimique en vue d'unir les opposés, telle que je l'ai décrite dans ces pages, peut représenter également l'itinéraire d'un individu isolé vers l'individuation, avec toutefois cette différence non négligeable qu'un individu ne peut jamais égaler à lui seul l'abondance et l'ampleur des symboles de l'alchimie. La supériorité de cette dernière consiste en ce que ce sont les siècles qui ont présidé à son édification, tandis qu'un sujet individuel ne dispose, dans la courte durée de son existence, que d'une expérience et d'une faculté de représentation limitées. C'est pourquoi décrire la nature du processus d'individuation à partir de cas particuliers est une tâche si difficile et si ingrate. Tel aspect apparaît davantage chez celui-ci et

tel autre chez celui-là ; l'un commence plus tôt, l'autre plus tard et les présupposés psychiques présentent des variations infinies, si bien que les observations individuelles ne permettent jamais d'indiquer que telle ou telle version, telle ou telle phase. Il n'existe pas, dans la sphère de mon expérience, de cas offrant un caractère assez général pour manifester toutes les variations et avoir, par suite, valeur de paradigme. Quiconque voudrait s'essayer à présenter une description du processus d'individuation à partir de quelques observations particulières devrait se contenter d'une mosaïque sans queue ni tête, faite de pièces séparées, et il serait réduit pour être compris à compter sur quelqu'un travaillant dans le même domaine et possédant la même expérience. C'est pourquoi l'alchimie m'a rendu le service inappréciable de m'offrir ses matériaux dont le volume propose à mon expérience un champ d'action suffisant, et cela m'a procuré la possibilité de décrire le processus d'individuation sous ses principaux aspects.

FIN DU TOME 2

*ILLUSTRATIONS*

Figura Iohannis Tercia

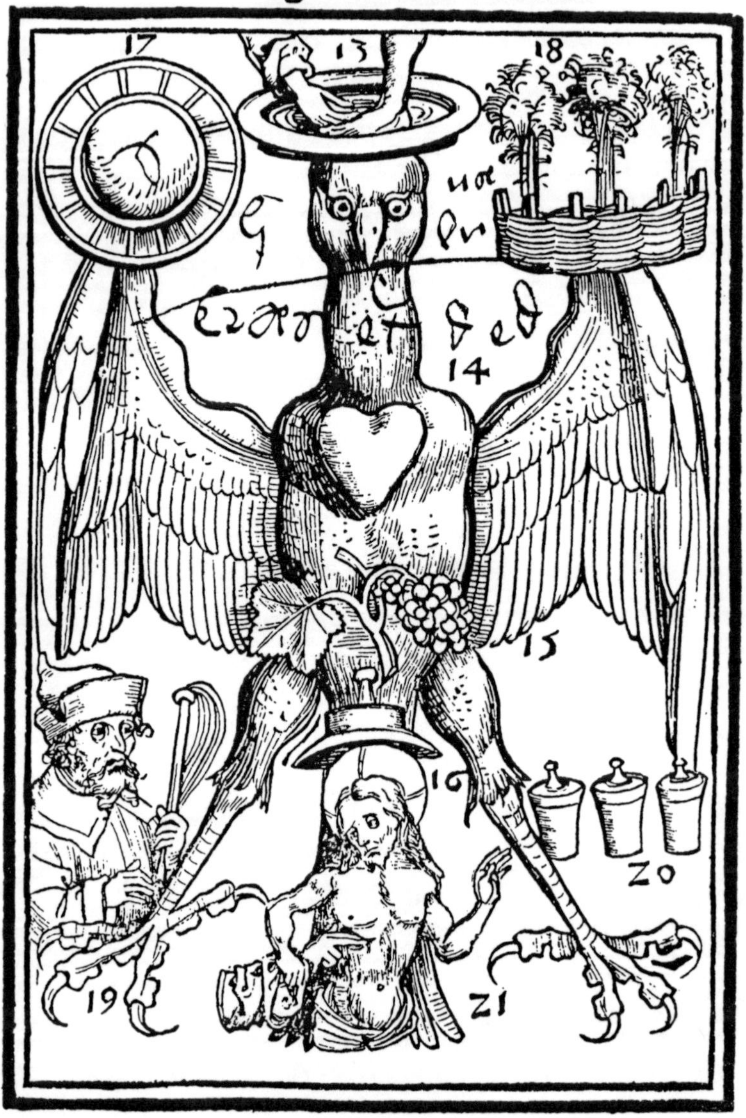


*Fig. 1. - Extrait de l'Hexastichon de Sebastien Brant. 1503.*

**p. 89, § 120.**

Secunda Luce Imago

c iij

*Fig. 2. - Extrait de l'Hexastichon de Sebastien Brant. 1503.*

**p. 89, § 120.**

*Fig. 3. - L'homme primordial.*

**p. 203, § 271.**

*Fig. 4. - Les deux unijambistes.*

**p. 305, § 377.**

*Fig. 5. - « La manifestation de ce qui est caché ».*

**p. 306, § 378.**

*Fig. 6. - Le pouvoir temporel et le pouvoir spirituel.*

**p. 307, § 380.**

*Fig. 7. - Le couple royal.*

**p. 307, § 381.**

*Fig. 8. - La* Nigredo *(Théatr. Chem., 1613, IV, p. 570).*

**p. 309, § 384.**

*Fig. 9. - Représentation moderne du thème des yeux.*

**p. 331, § 406.**

*Fig. 10. - Autre représentation du thème des yeux.*

**p. 331, § 406.**

La Bibliographie et l'Index ont été établis
par M. Piette.

# *BIBLIOGRAPHIE*

## *A. Anciens recueils de traités alchimiques de différents auteurs**


ALCHEMIA, DE . *Opuscula*. Nuremberg, 1541.
I Gebrus Arabs (Geber): Summae perfectionis (p. 20-205).
II Tabula smaragdina Hermetis Trismegisti (p. 363).

ARS CHEMICA, *quod sit licita recte exercentibus, probationes doctissimorum iurisconsultorum*. Strasbourg, 1566.
I Septem tractatus seu capitula Hermetis Trismegisti, aurei (p. 7-31 encore appelé : « Tractatus aureus »).
II *Consilium coniugii* de massa solis et lunae, cum suis compendiis (p. 48-263), habituellement cité comme « Consilium coniugii ».

ARTIS AURIFERAE, *quam chemiam vocant*... 2 vol., Bâle, 1593.
Vol. I
I Turba philosophorum (deux versions : p. 1-65 ; p. 65-139).
II Allegoria super librum Turbae (p. 139-145).
III Aenigmata ex Visione Arislei philosophi et allegoriis sapientum (p. 146-154) habituellement cité comme Visio Arislei.
IV In Turbam philosophorum exercitationes (p. 154-182).
V Aurora consurgens, quae dicitur Aurea hora (p. 185-246).
VI Rosinus ad Euthiciam (p. 246-277).
VII Rosinus ad Sarratantam episcopum (p. 277-319).
VIII Practica Mariae prophetissae in artem alchimicam (p. 319-324).
IX Liber secretorum alchemiae compositus per Calid filium Iazichi (p. 325-351).
X Liber trium verborum Kallid acutissimi (p. 352-361).
XI Tractatulus Aristotelis de practica lapidis philosophici (p. 361-370).
XII Authoris ignoti philosophici lapidis secreta metaphorice describentis opusculum (p. 389-392).
XIII Merlini allegoria profundissimum philosophici lapidis arcanum perfecte continens (p. 392-396).
XIV Rachaidibi, Veradiani, Rhodiani, et Kanidis philosophorum regis Persarum : De materia philosophici lapidis, acutissime colloquentium fragmenta (p. 397-404).


* Les auteurs et les traités mentionnés dans ces recueils ne sont plus cités dans la bibliographie générale (B) : en italique, les abréviations usuelles. Les noms des auteurs les plus connus sont cités sous leur forme française et non latine.

XV Tractatulus Avicennae (p. 405-437).
XVI Clangor buccinae (p. 448-544).
XVII Liber de arte chimica incerti authoris (p. 575-631).
Vol. II
XVIII Liber de compositione alchemiae quem edidit Morienus Romanus (De transmutatione metallorum) (p. 3-54).
XIX Scala philosophorum (p. 107-170).
XX Tractatus opus mulierum et ludus puerorum dictus (p. 171-204).
XXI Rosarium philosophorum (p. 204-384).
XXII Arnaldi de Villa Nova... thesaurus thesaurorum et Rosarius (p. 385-455).

MANGETUS, Johannes Jacobus : BIBLIOTHECA CHEMICA CURIOSA *seu rerum ad alchemiam pertinentium thesaurus instructissimus*... 2 vol., Genève, 1702.
Sont cités dans le présent ouvrage :
Vol. I
I Hoghelande, Theob. de : De alchimiae difficultatibus (p. 336-368).
II Hermes Trismegistus : Tractatus aureus de lapidis physici secreto (p. 400-445).
III Artefius : Clavis maioris sapientiae (p. 503-509).
IV Altus : Mutus liber, in quo tamen tota philosophia Hermetica, figuris hieroglyphicis depingitur... (p. 938-953).
Vol. II
V Petrus Bonus : Margarita pretiosa novella correctissima, exhibens introductionem in artem chemiae integram (p. 1-80).
VI Aurelia occulta philosophorum, cum tractatulo *Senioris Zadith* de chymia (p. 198-235).
VII Anonymi veteris philosophi *consilium coniugii*, seu de massa solis et lunae (p. 235-266).
VIII Arcanum Hermeticae philosophiae... (D'Espagnet) (p. 649-661).
IX Barnaud Nicolas : In ænigmaticum quoddam epitaphium Bononiae... commentariolum (p. 713-718).

MUSAEUM HERMETICUM *reformatum et amplificatum*... Francfort, 1678.
Sont cités dans le présent ouvrage :
I Aureus tractatus de philosophorum lapide (p. 1-52).
II Madathanus, Henricus : Aureum saeculum redivivum (p. 53-72).
III Hydrolithus sophicus seu *Aquarium sapientum* (p. 73-144).
IV Mehung, Jean de : Demonstratio naturae (p. 145-171).
V Flamel, Nicolas : Tractatus brevis, sive Summarium philosophicum (p. 172-179).
VI Gloria mundi, alias Paradysi tabula (p. 203-304).
VII De lapide philosophico perbreve opusculum (*Liber Alze*) (p. 325-335).
VIII Lambspringk : De lapide philosophico (p. 337-372).
IX Basile Valentin : De magno lapide antiquorum sapientum (p. 377-431).
X Sendivogius, Michaelis : Novum lumen chemicum, et naturae fonte et manuali experientia depromptum (p. 545-600).
XI Novi luminis chemici tractatus alter de sulphure (p. 601-645).
XII Philalèthe : Introitus apertus ad occlusum regis palatium (p. 647-699).
XIII Fons chemicae philosophiae (p. 799-814).
XIV Helvetius, Johannes Fridericus : Vitulus aureus (p. 815-863).

THEATRUM CHEMICUM, *praecipuos selectorum auctorum tractatus... continens*. Vol. I-III Ursel, 1602 ; IV-VI, Strasbourg, 1613, 1622, 1661.
Sont cités dans le présent ouvrage :
Vol. I
I Hoghelande, Theob. de : De Alchemiae difficultatibus liber (p. 121-215).

II Dorn, Gérard : *Speculativa philosophia*, gradus septem vel decem continens (p. 255-310).
III Dorn : Tractatus de naturae luce physica, ex Genesi desumta *(Physica Genesis)* (p. 367-404).
IV Dorn : Physica Trismegisti (p. 405-437).
V Dorn : Physica Trithemii (p. 437-450).
VI Dorn : *De philosophia meditativa* (p. 450-472).
VII Dorn : De philosophia chemica ad meditativam comparata (p. 472-517).
VIII Dorn : De tenebris contra naturam, et vita brevi (p. 518-535).
IX Dorn : De duello animi cum corpore (p. 535-550).
X Dorn : Congeries Paracelsicae chemicae de transmutationibus metallorum (p. 557-646).
XI Penotus, Bernard, G. : De vera praeparatione et usu medicamentorum chemicorum (p. 672-772).
XII Bernard le Trévisan : De secretissimo philosophorum opere chemico (De chemico miraculo, quod lapidem philosophiae appellant) (p. 773-803).
XIII Zachaire, Denys : Opusculum philosophiae naturalis metallorum cum annotationibus Nicolai Flamelli (p. 804-901).

Vol. II
XIV Aegidius de Vadis : Dialogus inter naturam et filium philosophiae (p. 95-123).
XV Penotus : Philosophi artem potius occultare conati sunt quam patefacere... (Table des symboles, p. 123).
XVI Ripley, George : Duodecim portarum axiomata philosophica (p. 123-139).
XVII Hollandus, Isaacus : Fragmentum de lapide philosophorum (p. 142-146).
XVIII Penotus, Bernard G. (alias B. a Portu Aquitanus) : Quaestiones et responsiones philosophicae (p. 146-150).
XIX Dee, John : Monas hieroglyphica (p. 203-243).
XX Ventura, Laurentius : De ratione conficiendi lapidis (p. 244-356).
XXI Pic de la Mirandole (Giovanni Pico della Mirandola) : Opus aureum *de auro* (p. 357-432).
XXII Albert le Grand : Super arborem Aristotelis (p. 524-527).
Vol. III
XXIII Liber de magni lapidis compositione et operatione (p. 1-56).
XXIV Rupescissa, Ioannes de (Jean de Roquetaillade) : Liber... de confectione veri lapidis philosophorum (p. 191-200).
XXV Hollandus, Ioannes Isaacus : Opera mineralia sive de lapide philosophico (p. 320-564).
XXVI Greverus, Iodocus : Secretum nobilissimum et verissimum (p. 783-810).
XXVII Alani philosophi dicta de lapide philosophico (p. 811-820).
XXVIII Barnaud, Nicolas : Commentariolum in quoddam epitaphium Bononiae... (p. 836-848).
XXIX Delphinas : Liber secreti maximi (p. 871-878).
Vol. IV
XXX Lulle Raymond : Theorica et practica (p. 1-191).
XXI Artefius : Clavis maioris sapientiae (p. 221-240).
XXXII Aphorismi Basiliani sive Canones Hermetici (p. 368-371).
XXXIII *Aurelia occulta* Philosophorum (p. 525-581).
XXXIV Villeneuve, Arnaud de : Speculum alchymiae (p. 583-613).
XXXV Hermetis Trismegisti *Tractatus aureus* de lapidis physici secreto (p. 672-797).
XXXVI Lagneus, Davidus : Harmonia chemica (p. 813-903).
XXXVII Albert le Grand : Liber... de lapide philosophorum (p. 948-971).
XXXVIII Basile Valentin : Opus praeclarum (p. 1061-1075).
XXXIX Petrus de Silento : Opus (p. 1113-1127).

Vol. V
XL Allegoriae sapientum, supra librum Turbae (p. 64-100).
XLI Tractatus Micreris suo discipulo Mirnefindo (p. 101-113).
XLII Platonis libri quartorum... (p. 114-208).
XLIII Senior: De chemia (p. 219-266).
XLIV Mennens, Guilielmus: Aurei velleris... libri tres (p. 267-470).
XLV *Consilium coniugii* seu de massa solis et lunae (p. 479-566).
XLVI Petrus Bonus: Margarita pretiosa novella correctissima (p. 589-794).
XLVII Tractatus Aristotelis alchimistae ad Alexandrum Magnum, de lapide philosophico (p. 880-892).
XLVIII Epistola... ad Hermannum archiepiscopum Coloniensem, de lapide philosophico (p. 893-900).
Vol. VI
XLIX Vigenerus, Blasius (Blaise de Vigénère ou Vigenaire): De igne et sale (p. 1-139).
L Christophorus Parisiensis (Christophe de Paris): Elucidarius artis transmutatoriae metallorum (p. 195-293).
LI Grasseus, Ioannes: Arca Arcani artificiosissimi de summis naturae mysteriis (p. 294-381).
LII Orthelius: Epilogus et recapitulatio... in Novum lumen chymicum Sendivogii (p. 430-458).
LIII Orthelius: Discursus (p. 470-474).

THEATRUM CHEMICUM BRITANNICUM... rassemblé et annoté par Elias Ashmole. Londres, 1652.
Est cité dans le présent ouvrage:
Norton, Thomas: The Ordinall of Alchemy... (p. 3-106).

THEATRUM CHEMICUM, DEUTSCHES : Ed. par Friedrich Roth-Scholtz. 3 vol., Nuremberg, 1732. (Le volume III est seul cité dans le présent ouvrage.)

### *B. Bibliographie générale.*

ABEGG, Emil: *Der Messiasglaube in Indien und Iran.* Walter de Gruyter & Co., Berlin et Leipzig, 1928.
ABRAHAM ELEAZAR (Abraham le Juif): *Uraltes Chymisches Werk.* 2e éd., Leipzig, 1760. Voir *Codices et Manuscrits,* Paris, Bibliothèque Nationale.
ABT, Adam: « Die Apologie des Apuleius von Madaura und die antike Zauberei », *in Religionsgeschichtliche Versuche und Vorarbeiten,* IV/2, Giessen, 1908, p. 75-345.
*Acta Apostolicae Sedis,* Commentarium officiale, Acta Pii PP.XII. Constitutio Apostolica *Munificentissimus Deus.* Annus XXXII, series II, vol. XVII, p. 735-773.
*Acta Archelai:* voir HEGEMONIUS .
*Acta Ioannis:* voir *Apokryphen, Neutestamentliche.*
*Acta Thomae: ibid.*
AGNOSTUS, Irenaeus, pseud. (Friedrich Grick): *Prodromus Fr. R.C.* (Rhodostauroticus). Segoduni (Rodez), 1620.
AGRIPPA VON NETTESHEIM, Henricus Cornelius: *De incertitudine et vanitate scientiarum declamatio invectiva.* Cologne, 1584.
AIGREMONT: « Fuss- und Schuhsymbolik und -Erotik », *Folkloristische und sexualwissenschaftliche Untersuchungen.* Leipzig, 1909.
ALDROVANDUS, Ulysses: *Dendrologiae libri duo.* Bologne, 1667.
AMBROISE (de Milan): « Commentarius in Cantica Canticorum e scriptis S. Ambrosii

a Guillelmo, quondam abbate S. Theodorici, collectus», *in* Migne. *P.L.* XV, col. 1851-1962.
— «De excessu fratris», *in Opera, pars* VII. Ed. par Otto Faller. *Corpus scriptorum ecclesiasticorum Latinorum* LXXIII, p. 209-235, Vienne, 1955.
— «Epistolae», *in:* Migne, XVI, col. 875-1286.
— «Explanatio Psalmorum» XII, *in: Opera, pars* VI. Ed. par M. Petschenig: *Corpus scriptorum ecclesiasticorum Latinorum* LXIV, Vienne et Leipzig, 1919.
— «Hexaemeron cum aliis opusculis», Milan ca., 1477. Egalement dans: Migne, *P.L.*, XIV, col. 123-274.
ANGELUS SILESIUS (Johann Scheffler): *Cherubinischer Wandersmann.* Trad. fr. *Pèlerin chérubinique,* Paris, Aubier, éd. Montaigne, 1946 et P.U.F., 1964.
*Anthologia Graeca epigrammatum Palatina c. Planudea.* Ed. par Hugo Stadtmueller. 3 vol., Leipzig, (I), 1894. (II/1), 1899, (III/1), 1906.
ANTOINE DE PADOUE saint: *Sermones dominicales et in solemnitatibus.* Ed. par A.M. Locatelli, etc., 3 vol., Padoue, 1895-1913.
*Apokryphen, Die, und Pseudoepigraphen des Alten Testaments.* Traduit et éd. par E. Kautzsch. 2 vol., Tübingen, 1900, 1921.
*Apokryphen, Neutestamentliche.* Ed. par Edgar Hennecke. 2e éd., J.C.B. Mohr (Paul Siebeck); Tübingen, 1924.
APTOWITZER, Viktor (Avigdor): «Arabisch-jüdische Schöpfungstheorien», *in: Hebrew Union College Annual VI* (Cincinnati, 1929), p. 205-246.
APULÉE : *Les Métamorphoses ou l'Ane d'or.* Edition bilingue, 3 vol., Les Belles-Lettres, Paris, 1972.
«Arabic Treatises, Three, on Alchemy» by Muhammad bin Umail. Ed. par 'Ali M. Turäb, *in: Memoirs of the Asiatic Society of Bengal* XII (Calcutta 1933), p. 1-116. Voir HOLMYARD.
*Arcanum Hermeticae philosophiae opus.* Genève, 1653.
ARISTOTE : *De anima.* Edition bilingue, Paris, Les Belles-Lettres, 1966.
ARTÉMIDORE : *Onirocriticon Libri* V. Edité par Rudolf Hercher, Leipzig, 1864.
*Atharva-Veda, Hymns of the.* Traduit et édité par Maurice Bloomfield. trad. anglaise *in: Sacred Books of the East, XLII.* Oxford, 1897.
*Atharva-Veda, Hundert Lieder des.* Traduit et commenté par Julius Grill. 2e éd., Tübingen, 1888.
ATHENEE, Alexis: *Deipnosophistei.* Ed. par Aug. Meineke. 4 vol., Leipzig, 1858-1867. Trad. fr. Langlois, Paris, 1980.
ATHENAGORAS : *Legatio pro Christianis. In:* Migne, *P.G.* VI col. 889-972.
AUGUSTIN, saint: *Opera omnia. Opera et studio monachorum ordinis S. Benedicti e congregatione S. Mauri.* 11 vol., Paris, 1836-1838:
— «De civitate Dei contra paganos libri viginti duo», t. VII, vol. complet.
— «Confessionum libri tredecim», t. I (p. 133-410).
— «Contra Faustum Manichaeum libri triginta tres», t. VIII (p. 313-718).
— «De actis cum Felice Manichaeo libri duo», t. VIII (p. 725-766).
— «De natura boni contra Manichaeos liber unus», t. VIII (p. 773-798).
— «Enarrationes in Psalmos», t. IV.
— «Epistolae ducentae septuaginta duo», t. II.
— «Quaestionum in Heptateuchum libri septem», t. III (p. 603-694).
— «Sermones ad populum: In appendice, sermones suppositi», t. V/2 (p. 2281 ff.).
— «In Ioannis Evangelium tractatus CXXIV», t. III/2 (p. 1677-2474 ). Trad. fr. *Confessions,* Paris, les Belles-Lettres, 2 vol. Dernière éd.: vol. I, 1977, vol. II, 1969.
AVALON, Arthur: voir *Serpent Power, The.*
BAADER, Franz Xaver von: *Sämtliche Werke.* 10 vol., Leipzig, 1851-1860.
BACHTOLD-STAUBLI, Hans: voir *Handwörterbuch des deutschen Aberglaubens.*
BAYNES, H.G.: «On the Psychological Origins of Divine Kingship». *In Folklore* XLVII, Londres, 1936, p. 74-104.

BECKER, Ferdinand: *Die Darstellung Jesu Christi unter dem Bilde des Fisches.* Breslau, 1866.
BEER, Peter: *Geschichte, Lehren und Meinungen aller bestandenen und noch bestehenden religiösen Sekten der Juden und der Geheimlehre oder Kabbalah.* 2 vol., Brünn, 1822-23.
BERNARDINO DE SAHAGUN (frère): *Einige Kapitel aus dem Geschichtswerk des Fray B de S.* Traduit de l'aztèque par Eduard Seler. Ed. par Caecilie Seler-Sachs. Strecker et Schröder, Stuttgart, 1927.
BERNOULLI, Rudolf: « Seelische Entwicklung im Spiegel der Alchemie und verwandter Disziplinen », *in Eranos Jahrbuch,* 1935. Rhein-Verlag, Zürich, 1936.
BÉROALDE (DE VERVILLE), François: *Le Tableau des riches inventions... qui sont représentées dans le Songe de Poliphile.* Paris, 1600.
BERTHELOT, Marcelin: *La Chimie au moyen âge,* 3 vol., Paris, 1893.
— *Collection des anciens alchimistes grecs,* 3 vol., Paris, 1887-88.
— *Les Origines de l'alchimie.* Paris, 1885.
BEZOLD, Carl (édit. et trad.): *Mě arrath Gazzë.* Die Schatzhöhle. Leipzig, 1883-1888. 2 parties.
BISCHOFF, Erich: *Die Elemente der Kabbalah.* 2 vol., Berlin, 1913.
BOEHME, Jacob: *Des gottseligen, hocherleuchteten J.B. Teutonici Philosophi alle Theosophischen Schriften.* 3 vol., Amsterdam, 1682:
— *Aurora. Morgen-Röte im Aufgang,* das ist usw. Amsterdam, 1656. Trad. fr. *L'Aurore,* par le Philosophe inconnu (L. de St Martin) Paris, 1800.
— *Hohe und tiefe Gründe von dem dreyfachen Leben des Menschen.*
— *Mysterium magnum.* Trad. fr. 2 vol., Aubier, éditions Montaigne, Paris, 1945.
— *Quaestiones theosophicae, oder Betrachtung göttlicher Offenbarung,* sans lieu d'édition, 1730.
— « Tabula principiorum, von Gott und von der grossen und kleinen Welt. » in *De signatura rerum.* Amsterdam, 1682.
— *Von der Menschwerdung Jesu Christi.* Amsterdam, 1682.
— *Zweyte Apologia wider Balthasar Tilken.* Amsterdam, 1682.
BONAVENTURE, saint: *Tria opuscula: Breviloquium; Itinerarium mentis in Deum; De reductione artium ad theologiam.* 4 éd. Quaracchi, Florence, 1925.
BOUCHÉ-LECLERCQ, Auguste: *L'Astrologie grecque.* Paris, 1899.
BOUSSET, Wilhelm: *Der Antichrist in der Uberlieferung des Judentums, des Neuen Testaments und der alten Kirche.* Göttingen, 1895.
— *Hauptprobleme der Gnosis.* Göttingen, 1907.
— « Die Himmelsreise der Seele », *in Archiv für Religionswissenschaft IV,* Tübingen et Leipzig, 1901, p. 136-169.
BRANT, Sebastian: *Hexastichon... in memorabiles Evangelistarum figuras.* Pforzheim, 1502.
BREASTED, James Henry: *Development of Religion and Thought in Ancient Egypt.* New York et Londres, 1912.
BRENTANO, Clément: *Gessammelte Schriften.* Ed. par Christian Brentano. 9 vol., Francfort, 1852-1855.
*Brihadaranyaka Upanishad:* voir *Upanishads.*
BRUCHMANN, C.F.H.: *Epitheta Deorum quae apud poetas Graecos leguntur.* Appendice à: *Ausführliches Lexikon der griechischen und römischen Mythologie.* (voir *Lexikon, Ausführliches.)* Leipzig, 1893.
BRUGSCH, Heinrich: *Religion und Mythologie der alten Ägypter nach den Denkmälern bearbeitet.* Leipzig, 1891.
BUDGE, E.A. Wallis: *Coptic Apocrypha in the Dialect of Upper Egypt.* Londres, 1913.
— *The Egyptian Heaven and Hell.* 2 vol., Londres, 1905-06.
— *The Gods of the Egyptians or Studies in Egyptian Mythology.* 2 vol., Londres, 1904.
— *Osiris and the Egyptian Resurrection.* 2 vol., Londres, 1911.
CAESARIUS HEISTERBACENSIS (César de Heisterbach): *Dialogus miraculorum.* Ed. de Jos. Strange, 2 vol., Cologne, 1851.

CAMPBELL, Colin : *The Miraculous Birth of King Amon-Hotep III and other Egyptian Studies*. Edimbourg et Londres, 1912.
CAPELLE, Paul : *De luna stellis lacteo orbe animarum sedibus*. Halle, 1927.
CARDANUS, Hieronymus (Jérôme Cardan) : *De subtilitate*. Bâle, 1611.
CASSEL, Paulus : *Aus Literatur und Symbolik*. Thèse. Leipzig, 1884.
CASSIODORUS, M. Aurelius : « Expositio in Cantica Canticorum. », *in* Migne, LXX col. 1055-1160.
— « Expositio in Psalterium », *in* Migne, *P.L.* LXX col. 25-1056.
CAUSSINUS, Nicolaus : *Polyhistor Symbolicus*. Paris, 1618.
— *De symbolica Aegyptiorum sapientia*. Cologne, 1623.
CEDRENUS, Georgius : « Historiarum compendium », *in* Migne, *P.G.* CXXI (vol. complet) et CXXII col. 9-368.
CHRISTENSEN, Arthur : « Les types du premier Homme et du premier Roi dans l'histoire légendaire des Iraniens », *in Archives d'Etudes Orientales* XIV. Stockholm, 1917.
CHRYSOSTOME : voir JEAN CHRYSOSTOME (saint).
CHWOLSON, (Daniel) : *Die Ssabier und der Ssabismus*. 2 vol., Saint-Pétersbourg, 1856.
*Chymische Hochzeit* : voir ROSENKREUZ.
CICÉRON : *De natura deorum*. Avec une traduction anglaise, Loeb classical Library, Londres et New York, 1933.
— *De officiis*. Edition bilingue, Paris, les Belles-Lettres, 1980.
CLÉMENT D'ALEXANDRIE : *Stromates*, éd. bilingue, 5 vol., Paris, éd. du Cerf, coll. Sources.
CLÉMENT DE ROME : *De constitutionibus apostolicis*.
— *Epistulae*. Ed. par Ad. Hilgenfeld. Leipzig, 1866.
— *Homiliae*. Ed. par Alb. Schwegler. Stuttgart, 1847.
— Trad. fr. *Epître aux Corinthiens*. Edition bilingue, Paris, éd. du Cerf, 1971.

*Codices et Manuscrits* :
Berlin, Cod. Berolinensis Latinus 532. (Folios 147v-164v), *Commentum beati Thomae de Aquino super... codice (m) qui et Turba dicitur Phylosophorum*.
Florence, Biblioteca Medicea-Laurenziana. Ms. Ashburnham 1166. *Miscellanea d'alchimia*. 14e siècle.
Munich Staatsbibliothek. Codex Germanicus 598. *Das Buch der heiligen Dreifaltigkeit...*, 1420.
Oxford, Bodleian Library. Ms. Ashmole 1394. Contient deux versions de la *Cantilena* de RIPLEY, fol. 2-12, 41-44.
Oxford, Bodleian Library. Ms. Ashmole 1479. Contient la *Cantilena* de RIPLEY, fol. 223v-225v.
Oxford, Bodleian Library. Ms. Bruce 96, (Codex Brucianus). Comparer BAYNES, Charlotte Augusta : *A Coptic Gnostic Treatise Contained in the Codex Brucianus*. Cambridge, 1933.
Oxford, Bodleian Library. Ms. Digby 83. 12e siècle. Contient *Epistola Ethelwoldi ad Gerbertum papam, de circuli quadratura*, fol. 24.
Paris, Bibliothèque de l'Arsenal. Ms. 3022. *Vision advenue en songeant à Ben Adam...*
Paris, Bibliothèque Nationale. Ms. 2327. *Livre sur l'art de faire l'or*. 1478.
Paris, Bibliothèque Nationale. Ms. français 14765. Abraham le Juif : *Livre des figures hiéroglifiques*.
St. Gall, Codex Germanicus Alchemicus Vadiensis. 16e siècle.
Küsnacht (Zurich), Bibliothèque de C.G. Jung. Ms. *Figurarum Aegyptiorum secretarum* ». Vraisemblablement 18e siècle.
*Coran*, Le. Traduction de A. Kasimirski avec une introduction et des notes de G.H. Bousquet, Paris, 1959.
CORDOVERO, Mose : voir *Kabbala denudata*.
*Corpus Hermeticum* : Edité par Nock, traduction Festugière, éd. Les Belles-Lettres, Paris, 4 volumes.

*Corpus Inscriptionum Latinarum. (Consilio et auctoritate Academiae Litterarum regiae Borusscae editum.)* 15 vol., Berlin, 1863.
CRASSELAME, Marcantonio : voir TACHENIUS.
CRAWFORD, J.P. Wockersham : « El Horóscopo del Hijo del Rey Alcaraz en el " Libro de Buen Amor " ». *in Revista de Filologia Española XII*, Madrid, 1925, p. 184-190.
CRAWLEY, Alfred Ernest : *The Idea of the Soul.* Londres, 1909.
CUMONT, Franz : *Textes et monuments figurés relatifs aux mystères de Mithra.* 2 vol., Bruxelles, 1896-99.
CURTIUS, Ernst Robert : *Europäische Literatur und lateinisches Mittelalter.* 2 éd., Francke, Berne, 1954. Trad. fr. *La littérature européenne et le Moyen Age latin.* Paris, PUF. 1956.
— « James Joyce und sein Ulysses », *in Neue Schweizer Rundschau*, Zürich, 1929.
CYRILLE de Jérusalem : « Catecheses mystagogicae », *in :* Migne, *P.L.* XXXIII col. 1066, 1128.
DALE, Antonius van : *Dissertationes de origine ac progressu idolatriae et superstitionum.* Amsterdam, 1696.
DAMASCIUS DIADOCHUS : *Damascii successoris dubitationes et solutiones de primis principiis in Platonis Parmenidem.* Ed. par C.E. Ruelle, 2 vol., Paris, 1889.
DE GUBERNATIS, Angelo : voir GUBERNATIS.
DELATTE, Louis : « Textes latins et vieux français relatifs aux Cyranides ». *Bibliothèque de la Faculté de Philosophie et Lettres de l'Université de Liège* CXIII. Liège, 1942.
DENYS L'ARÉOPAGITE : *De cœlesti hierarchia. In* Migne. *P.G.* III col. 119-320.
— *De divinis nominibus. In :* Migne, *P.G.* III col. 585-996. Trad. fr., Œuvres complètes, Paris, Aubier, éd. Montaigne, 1943.
*De promissionibus et praedictionibus Dei.* (attribué à Prosper d'Aquitaine) *In* Migne, *P.L.* LI col. 733-858.
DEUSSEN, Paul : *Allgemeine Geschichte der Philosophie.* 2 vol., Leipzig, 1906-14.
— *Die Geheimlehre des Veda.* (Textes choisis des *Upanishads*). 3e éd., Leipzig, 1909.
DIELS Hermann : *Die Fragmente der Vorsokratiker.* 2 vol., 3e éd., Berlin, 1912.
DIODORE DE SICILE : *Bibliotheca historica.* Ed. par Ludwig Dindorf. 5 vol., Leipzig, 1866-1868.
DIOSCORIDE : *De medica materia libri sex.* Lyon, 1554.
DOLGER, Franz Joseph : *Antike und Christentum.* 5 vol., Münster, 1929-1936.
— *Die Sonne der Gerechtigkeit und der Schwarze.* Münster, 1918.
DREXELIUS, Hieremia (Jeremias Drechsel) : *Opera.* Munich, 1628.
DU CANGE, Charles du Fresne : *Glossarium ad scriptores mediae et infimae Graecitatis.* Acc. Etymologicum linguae Gallicae, 2 vol., Lyon, 1688.
— *Glossarium mediae et infimae Latinitatis.* 10 vol. (IX-X) Niort, 1883-1887.
DU PERRON, Anquetil : voir *Oupnek'hat.*
ECKERT, Edouard Emile : *Die Mysterien der Heidenkirche.* Schaffhouse, 1860.
ECKHART, MAÎTRE : *Schriften und Predigten.* Traduit du haut-allemand moyen et éd. par Hermann Büttner. 2 vol., 2e éd., Iéna, 1909-12. Trad. fr. *Traités et sermons,* Paris, Aubier, éd. Montaigne, 1942. *Les Traités,* Paris, Le Seuil, 1971. *Sermons,* 3 vol., Paris, Le Seuil, 1974-1979.
EISLER, Robert : *Weltenmantel und Himmelszelt.* 2 vol., Munich, 1910.
— « Zur Terminologie und Geschichte der Jüdischen Alchemie. » *In Monatsschrift für Geschichte und Wissenschaft des Judentums* LXX/n. f. XXXIV (Dresde, 1926) p. 194-201.
ELÉAZAR, Abraham : voir ABRAHAM ELÉAZAR.
ELIADE, Mircea : *Le Chamanisme et les techniques archaïques de l'extase.* Paris, Payot, 1951. 2e éd., 1968.
ELIEN (Claudius Aelianus) : *De natura animalium.* Ed. par Rudolph Hercher. 2 vol., Leipzig, 1864-66.
ELIEZER : voir GANZ.
*Encyclopaedia Judaica.* Ed. par Jak. Klatzkin. 15 vol., Eschkol V., Berlin, 1928 ff.

*Encyclopaedia of Religions and Ethics*. Ed. par James Hastings. 13 vol., Edimbourg, T. & T. Clark, 1908-1926.

EPHRAEM SYRUS (Ephrem le Syrien) : *Hymni et sermones*. Ed. par Thom. Jos. Lamy. 4 vol., Mecheln, 1882-1902.

— *Opera omnia*. Traduit en latin et éd. par G. Voss, 3ᵉ édit., Cologne, 1616. (« De paenitentia », p. 561-584).

EPIPHANE : *Ancoratus* (vol. I, p. 1-149) ; *Panarium* (vol. I, p. 169 - vol. III, p. 496). Ed. par Karl Holl., 3 vol., Leipzig, 1915-1933.

ERMAN, Adolf : *Die Religion der Agypter*, Berlin et Leipzig, Walter de Gruyter & Co., 1934.

EUCHERIUS LUGDUNENSIS (Eucher de Lyon) : « Liber formularum spiritalis intelligentiae (De spiritalibus formulis) ». *In Divi Eucherii Episcopi Lugdunensis Commentarii in Genesim*... Rome, 1564.

EUSEBIUS : *Constantini oratio ad sanctorum cœtum*. *In* Migne ; *P.G.* XX col. 1233-1316.

EUSTATHIUS MACREMBOLITES : *De Hysmines et Hysminiae amoribus libri XI*. Ed. par Isidor Hilberg. Vienne, 1876.

EUTHYMIOS ZIGABENOS : *Panoplia dogmatica*. *In* Migne. *P.G.* CXXX (vol. complet).

FERGUSON, John : *Bibliotheca chemica*. 2 vol. Glasgow, 1906.

FICIN, Marsile : *Opera*. 2 vol. Bâle, 1576.

FIERZ-DAVID, Linda : *Der Liebestraum des Poliphilo*. Rhein Verlag, Zürich, 1947.

FIGULUS, Benedictus (Benedict Torpfer) : *Rosarium novum olympicum*. Bâle, 1808.

FIRMICUS MATERNUS, Julius : « Liber de Errore profanarum religionum. » *In M. Minucii Felicis Octavius et Julii Firmici Materni Liber de errore profanarum religionum*. Ed. par Karl Halm. *Corpus Scriptorum Ecclesiasticorum Latinorum* II. Vienne, 1867.

— *Matheseos libri VIII*. Ed. par W. Kroll, F. Skutsch et K. Ziegler, 2 vol., Leipzig, 1897-1913.

FLAMEL, Nicolas : voir ORANDUS.

France, Anatole : *L'Ile des pingouins*, Paris, 1908.

FRANZ, Marie-Louise von : *Aurora consurgens*. Document attribué à Thomas d'Aquin. Rascher, Zürich, 1957. 3ᵉ vol. de *Mysterium conjunctionis*. Trad. fr. Paris, La Fontaine de Pierre, 1981.

— « Die Passio Perpetuae. » *In* C.G. Jung, *Aion*. Rascher. Zürich, 1951.

FRAZER, James G. : *The Golden Bough*. 12 vol., 3ᵉ éd., Londres, 1911-1915. Trad. fr. *Le Cycle du rameau d'or*. Paris, P. Geuthner, 3ᵉ éd., 1925-1935. Laffont, 1981.

FROBENIUS, Léo : *Das Zeitalter des Sonnengottes*. Berlin, 1904.

GALENUS, Claudius : « De simplicium medicamentorum facultatibus libri XI. » *In Epitome Galeni Pergameni operum*. Strasbourg, 1604.

GANZ, R. David : *Chronologia sacro-profana*. Lyon, 1644.

GARNIER DE SAINT VICTOR : « Gregorianum. » *In* Migne *P.L.* CXCIII col. 9-462.

GEFFCKEN, Joannes (éditeur) : *Die Oracula Sibyllina*. Leipzig, 1902.

*Gemma gemmarum, Dictionarium quod gemma gemmarum vocant, nuper castigatum*. Haguenau, 1518.

GEVARTIUS, Joannes Casparius : *Electorum libri III*. Paris, 1619.

GHAZZALI, AL : *Die kostbare Perle im Wissen des Jenseits*. Ed. par Mohammed Brugsch. Hanovre, 1924.

GIKATILLA, Josef ben : *Shaare ora*. Offenbach, 1715.

*Ginzâ. Der Schatz oder das Grosse Buch der Mandäer*. Traduit et expliqué par Mark Lidzbarski. Göttingen, Vandenhœck & Ruprecht, et Leipzig, J.C. Hinrichs, 1925.

GLAUBER, Johann Rudolph : *Tractatus de natura salium*. Amsterdam, 1658.

— *Tractatus de signatura salium, metallorum et planetarum*. Amsterdam, 1658.

GODEFRIDUS (Gottfried, abbé d'Admont) : *Homiliae dominicales*. *In* Migne. *P.L.* CLXXIV, col. 21-632.

GOETHE Johann Wolfgang von : *Faust*. *Le second Faust* (2 vol.). « Les Mystères » (*Die Geheimnisse)* dans *Poésies*, 2 vol. Edition bilingue Aubier-Montaigne, Paris.

GŒTZ, BRUNO : *Das Reich ohne Raum*. Potsdam, 1919. Nouv. éd. (avec un commentaire de Marie-Louise von Franz). Origo V., Zürich, 1962.
GOLDSCHMIDT, Adolph : *Die deutsche Buchmalerei*. 2 vol. Kurt Wolff, Munich, 1928.
GOLDSCHMIDT, Günther : voir *Heliodori carmina*.
GOODENOUGH, Erwin R. : « The Crown of Victory in Judaism ». *In Art Bulletin* XXVIII/3 (Yale, 1946), p. 139-159.
GOURMONT, Rémy de : *Le Latin mystique. Les poètes de l'antiphonaire et la symbolique au moyen âge*. 2 éd., Crès, Paris, 1922.
GRATAROLUS (Guglielmo Gratarolo) : *Verae alchemiae artisque metallicae citra aenigmata*... Bâle, 1561.
GRÉGOIRE LE GRAND, saint : *Opera*. 2 vol. Paris, 1586. Voir aussi :
— « Homiliae in Ezechielem. » *In :* Migne, *P.L.* LXXVI col. 786-1072.
— « In librum primum Regum expositiones ». *In :* Migne, *P.L.* LXXIX col. 17-468.
— « In septem Psalmos pœnitentiales. » *In :* Migne, *P.L.* LXXIX col. 549-658.
— « Moralia in Iob ». *In :* Migne, *P.L.* LXXV, col. 509-LXXVI col. 782.
— « Super Cantica Canticorum expositio. » *In :* Migne, *P.L.* LXXIX col. 471-548.
GRENFELL, Bernard P., et HUNT S. Arthur : *New Sayings of Jesus and Fragment of a Lost Gospel*. Oxford, 1904.
GRILL, Julius : voir *Atharvaveda, Hundert Lieder des*.
GRIMM, Jacob : *Deutsche Mythologie*. Ed. par Elard Hugo Meyer. 3 vol. 4 éd., Gütersloh, 1835.
— et GRIMM, Wilhelm : *Les Contes (Kinder- und Hausmärchen)*, trad. fr., Paris, Flammarion, 1967.
GRUENBAUM, Max : *Jüdisch-deutsche Chrestomathie*. Leipzig, 1882.
GRUNWALD, Max : « Neue Spuk-und Zauberliteratur ». *In Monatsschrift für Geschichte und Wissenschaft des Judentums* LXXVII/n.f. XLI, Dresde, 1933, p. 161-172.
GUBERNATIS, Angelo de : *Mythologie zoologique ou les Légendes animales*, trad. fr., Paris, 1874.
GUTERBOCK, Hans Gustav : « Kumarbi », *Istanbuler Schriften XVI.*, Zürich-New York, 1946.
HALLER, Max : « Das Hohe Lied ». *In Handbuch zum Alten Testament*. Ed. par Otto Eissfeldt. Mohr, Tübingen, 1940.
*Handwörterbuch des deutschen Aberglaubens*. Ed. par Hanns Bächtold-Stäubli. 10 vol., Berlin, Walter de Gruyter & Co., 1927-1942.
HAMBURGER, Jacob : Voir *Realencyclopädie des Judentums*.
HARDING, M. Esther : *Woman's Mysteries*. 2e éd., New York, 1955. Trad. fr., *Les Mystères de la femme*, Paris, Payot, 1953.
HARNACK, Adolf von : *Lehrbuch der Dogmengeschichte*. 3 vol., 5e éd., Tubingen, J.C.B. Mohr, 1931.
HASTINGS, James : voir *Encyclopaedia of Religion and Ethics*.
HEGEMONIUS : *Acta Archelai*. Ed. par Charles Henry Beeson (Auteurs chrétiens grecs des trois premiers siècles), Leipzig, 1906.
HEILER, Friedrich : « Das neue Mariendogma im Lichte der Geschichte und im Urteil des Ökumene ». *Ökumenische Einheit II*, E. Reihardt, Munich et Bâle, 1951.
HELIODORUS : « Heliodori Carmina quattuor ad fidem codicis Casselani ». Ed. par Günther Goldschmidt. *In Essais et introduction d'histoire religieuse XIX/2*, Alfred Töpelmann, Giessen, 1923.
HELLWIG, Christoph von : *Neu eingerichtetes Lexicon Medico-Chymicum, oder Chymisches Lexicon*. Francfort et Leipzig, 1711.
HENNECKE, Edgar : voir *Apokryphen, Neutestamentliche*.
HENOCH : voir *Apokryphen, Die, und Pseudoepigraphen*.
HERMAS : *Le Pasteur d'Hermas*, Ed. bilingue, Paris, éd. du Cerf, 1968, coll. Sources chrétiennes.
*Hermetica : voir Corpus hermeticum*.
HERODOTE : Edition bilingue, 10 vol. Paris, éd. Les Belles-Lettres.
HERZOG J.J., et HAUCK Albert : voir *Realencyklopädie*.

HIERONYMUS (saint Jérôme) : « Epistola II ad Theodosium et caeteros anachoretas. » *In Opera I/1, Epistolarum pars I.* Ed. par Isidor Hilberg. *Corpus Scriptorum Ecclesiasticorum Latinorum LIV,* Vienne et Leipzig, 1910.
HILAIRE DE POITIERS, saint : « In Evangelium Matthaei commentarius. » *In Opera* (col. 609-752). Paris, 1693.
— « Tractatus super Psalmos. » *In :* Migne, *P.L.* IX col. 231-908.
— « De Trinitate libri XII. » *In :* Migne, *P.L.* X col. 25-472.
HILKA, Alfons : *Der altfranzösische Prosa-Alexanderroman nach der Berliner Bilderhandschrift.* Halle, 1920.
HIPPOLYTE : *Elenchos* (= *Refutatio omnium haeresium)* Ed. par Paul Wendland. (Auteurs chrétiens grecs des trois premiers siècles), Leipzig, 1916.
HOCART, Arthur Maurice : *Kings and Councillors.* Le Caire, 1936. Trad. fr. *Rois et courtisans,* Paris, éd. du Seuil, 1978.
HOFFMANN, E.T.A. : « Die Elixiere des Teufels. » *In : Werke II.* 5 vol., Zürich, 1946.
HOLMYARD, E.J. : « Abu'-Qäsim al-'Iräqi. » *In Isis* VIII (Cambridge, Mass., 1926), p. 402-426.
— voir ABU'L-QASIM
— voir *Kitab al-'ilm.*
HOMÈRE : *L'Iliade.* Edition bilingue, 4 vol. Paris, Editions les Belles-Lettres.
— *L'Odyssée.* Edition bilingue, 3 vol. Paris, Editions les Belles-Lettres.
HONORÉ (d'Autun) : *Opera ; In :* Migne, *P.L.* CLXXII :
— « Elucidarium » (coll. 1109-1176).
— « Expositio in cantica Canticorum » (col. 347-496).
— « Liber duodecim quaestionum » (col. 1177-1186).
— « Sacramentarium » (col. 737-806).
— « Sermo in Dominica in Palmis » (col. 913-922).
— « Sermo in Epiphania Domini » (col. 843-850).
— « Speculum de Mysteriis Ecclesiae » (col. 813-1108).
HORACE (Quintus Horatius Flaccus) : *Epîtres.* Edition bilingue, Paris, Ed. les Belles-Lettres. (a)
HORAPOLLO NILIACUS (Horapollon) : *The Hieroglyphics.* Traduit par George Boas. (Bollingen Series XXIII) New York, 1950.
HORNEFFER, Ernst : *Nietzches Lehre von der ewigen Wiederkunft.* Leipzig, 1900.
HUGO DE S. VICTORE (Hugues de St Victor) : *De laude caritatis. In :* Migne, *P.L.* CLXXVI col. 969-976.
HURWITZ, Siegmund : *Archetypische Motive in der chassidischen Mystik. In : Zeitlose Dokumente der Seele.* (Etudes de l'Institut C.G. Jung III) Rascher, Zürich, 1952.
HUXLEY, Aldous : *Grey Eminence. A study in religion and politics.* London, Chatte and Windus, 1941. Trad. fr. *L'Eminence grise. Etude de religion et de politique.* Monaco, Le Rocher, 1945.
IGNACE DE LOYOLA, saint : *Exercices spirituels.* Trad. fr., Lille, 1953.
IRÉNÉE, saint : *Contra omnes haereses libri quinque.* Ed. par J.E. Grabe. Londres, 1702.
ISIDORE DE SÉVILLE : *De natura rerum.* Ed. par Gustav Becker, Berlin, 1857.
— *Liber etymologiarum.* Bâle, 1489.
IZQUIERDO, Sebastiano : *Practica di alcuni esercitij spirituali di S. Ignatio.* Rome, 1686.
JACOBSOHN, Helmuth : « Die dogmatische Stellung des Königs in der Theologie der alten Ägypter ». *Ägyptologische Forschungen* VIII, Gluckstadt-Hamburg-New York, 1955.
JAFFE, Aniela : *Bilder und Symbole aus E.T.A. Hoffmanns Märchen Der Goldene Topf. In : Gestaltungen des Unbewussten.* Rascher, Zürich, 1950.

(a) On n'a pas mentionné de date pour les classiques de la collection des Belles-Lettres faisant l'objet de constantes réimpressions.

JASTROW, Morris Jr.: *Die Religion Babyloniens und Assyriens*. 2 vol., Giessen, 1905-1912.

JEAN CHRYSOSTOME, saint: *Opera*. Ed. par A. Cratander. 5 vol. Bâle, 1522 (IV: 1521).

JEAN DE LA CROIX: *Obras completas*, Burgos, 1959. Trad. fr. *Oeuvres complètes*, Paris, éd. du Seuil, 1947.

JOEL, David Heymann: *Die Religionsphilosophie des Sohar*. Leipzig, 1849.

JOSEPH BEN GIKATILLA: voir GIKATILLA.

JOYCE, James: *Ulysses*. Hambourg, Paris, Bologne, 1922. Trad. fr. *Ulysse*, Paris, Le Livre de poche, 1965.

JUNG, C.G.: I. Ouvrages traduits en français.

Pour ce qui concerne les œuvres de C.G. Jung ayant fait l'objet d'une traduction, nous mentionnons le titre français de l'ouvrage et le chapitre correspondant.

— *Analytische Psychologie und Erziehung*, 1936 (G.W. XVII).
Trad. fr. «Psychologie analytique et éducation» *in Psychologie et éducation*, chap. I. Paris, Buchet-Chastel, 1963.

— *Geist und Leben*, 1950 (G.W. VIII, 1967).
Trad. fr. «L'esprit et la vie» *in Problèmes de l'âme moderne*, chap. III, Paris, Buchet-Chastel, 1960.

— *Die Beziehungen zwischen dem Ich und dem Unbewussten*, 1928, 5e éd., 1950 (G.W. VII).
Trad. fr. *Dialectique du moi et de l'inconscient*. Paris, Gallimard, 1964.

— *Instinkt und Unbewusstes*. 1965 (G.W. VIII, 1967).
Trad. fr. «Instinct et inconscient.» *in L'Energétique psychique*, chap. II. Genève, Librairie de l'Université, Georg, 1956.

— *Die Struktur der Seele*, 1965 (G.W. VIII, 1967).
Trad. fr. «La structure de l'âme.» *in Problèmes de l'âme moderne*, chap. I. Paris, Buchet-Chastel, 1960.

— *Uber die Energetik der Seele*, 1965 (G.W. VIII, 1967).
Trad. fr. *l'Energétique psychique*. Genève, Librairie de l'Université, Georg, 1956.

— *Ulysses*, 1947 (G.W. XV).
Trad. fr. «Ulysse», *in Problèmes de l'âme moderne*, chap. XVI, Paris, Buchet-Chastel, 1960.

— *Allgemeines zur Komplextheorie*, 1948 (G.W. VIII, 1967).
Trad. fr. «Théorie des complexes», *in L'Homme à la découverte de son âme. Structure et fonctionnement de l'inconscient*, chap. V, Genève, Ed. du Mont-Blanc, 6e édition, 1962.

— *Vom Werden der Persönlichkeit*, 1934 (G.W. XVII),
Trad. fr. «Le devenir de la personnalité», *in Problèmes de l'âme moderne*, chap. IX, Paris, Buchet-Chastel, 1960.

— *Über die Archetypen des Kollektiven Unbewussten*, 1954, (G.W. IX, 1).
Trad. fr. «Des archétypes de l'inconscient collectif». *In Les Racines de la conscience. Etudes sur l'archétype*. Livre I, Paris, Buchet-Chastel, 1971.

— *Über den Archetypus, mit besonderer Berücksichtigung des Animabegriffes*, 1954 (G.W. IX, 1).
Trad. fr. «De l'archétype et en particulier de l'idée d'anima», *in Les Racines de la conscience*, Livre II.

— *Einige Bemerkungen zu den Visionen des Zosimos*, 1954, (G.W. XIII).
Trad. fr. «Les visions de Zozime», *in Les Racines de la conscience*, livre IV.

— *Psychologie und Religion.*, 1940 (G.W. XI).
Trad. fr. *Psychologie et Religion*, Paris, Buchet-Chastel, 1958.

— *Das Wandlungssymbol in der Messe*, 1954 (G.W., 1963).
Trad. fr. «Le symbole de la transsubstantiation dans la messe.» *in Les Racines de la conscience*, livre V.

— *Psychologie und Alchemie*, 1952 (G.W. XII).
Trad. fr. *Psychologie et alchimie*, Paris, Buchet-Chastel, 1970.
— *Der philosophische Baum*, 1954 (G.W. XII).
Trad. fr. « L'arbre philosophique », *in Les Racines de la conscience*, livre VI.
— *Vom Wesen der Träume*, 1948 (G.W. VIII).
Trad. fr. « De l'essence des rêves », *in La Guérison psychologique*, chap. IV. Genève, Librairie de l'Université, Georg, 1953, 1970.
— *Die Psychologie der Übertragung*, 1946 (G.W. XVI, 1958).
Trad. fr. *La Psychologie du transfert*, illustrée à l'aide d'une série d'images alchimiques. Paris, Albin Michel, 1980.
— *Antwort auf Hiob.*, 1952 (G.W., XI 1963).
Trad. fr. *Réponse à Job*. Paris, Buchet-Chastel, 1964.
— *Symbole der Wandlung*, 1952 (G.W. XII).
Trad. fr. *Métamorphoses de l'âme et ses symboles. Analyse des prodromes d'une schizophrénie*. Genève, Librairie de l'Université, Georg, 1953-1967.
— avec Kérényi Karl : *Einführung in das Wesen der Mythologie*, 1951 (G.W. IX/1).
Trad. fr. *Introduction à l'essence de la mythologie*, Paris, Payot (Petite Bibliothèque Payot n° 124), 1953.
— avec Wilhelm, Richard : *Das Geheimnis der Goldenen Blüte*, 1957 (G.W. XIII et XV).
Trad. fr. *Commentaire sur le mystère de la fleur d'or*. Paris, Albin Michel, 1979.
II. Ouvrages non traduits.
*Diagnostische Assòciationsstudien :* Beiträge zur experimentellen Psychopathologie. Barth V., Bd. I. Leipzig, 1906, Bd. II 1909 (G.W. II).
— « Die transzendente Funktion ». 1916, publié dans : *Geist und Werk*. Rhein Verlag, Zürich, 1958 (G.W. VIII 1967).
— *Bruder Klaus, in Neue Schweizer Rundschau* n.f. I/4 (Zürich, 1933, G.W. XI, 1963).
— *The Interpretation of Visions*. Comptes rendus de séminaires. Publication privée, 1934.
— « Zur Empirie des Individuationsprozesses ». *in Gestaltungen des Unbewussten*, Rascher, Zürich, 1950 (G.W. IX/1).
— « *Die verschiedenen Aspekte der Wiedergeburt* », *in Gestaltungen des Unbewussten*. Rascher, Zürich, 1950 (G.W. IX/1)
— *Paracelsica*. Rascher, Zürich, 1942 (G.W. XIII et XV).
— « Zur Psychologie der Trinitätsdogmas », *in Symbolik des Geistes*. Rascher, Zürich, 1953. (G.W. XII, 1963).
— « Der Geist Mercurius », *in Symbolik des Geistes*. Rascher, Zürich, 1953 (G.W. XIII).
— « Zur Psychologie östlicher Meditation », *in Symbolik des Geistes*, Rascher, Zürich, 1953 (G.W. XI).
— « Zur Psychologie des Geistes », *in Symbolik des Geistes*, Rascher, Zürich, 1950 (G.W. IX/1).
— *Aion*. Rascher, Zürich, 1951, (G.W. IX/2) (Trad. à paraître aux éditions Albin Michel).
— avec Pauli, W. : *Naturerklärung und Psyche*. Rascher, Zürich, 1952 (G.W. VIII 1967).
— « Über Mandalasymbolik », *in Gestaltungen des Unbewussten*. Rascher, Zürich, 1950 (G.W. IX/1).
*Kabbala denudata :* éd. par Knorr von Rosenroth. 2 vol. Sulzbach et Francfort, 1677-84.
*Katha-Upanishad :* voir *Upanishads*.
Kautzsch, E : voir *Apokryphen, Die, und Pseudoephigraphen*.
Kees, Hermann : « Der Götterglaube im alten Agypten ». *(Mitteilungen der Vorderasiatisch-ägyptischen Gesellschaft* XLV) Leipzig, 1941.

Kérényi, Karl : « Das ägäische Fest. Die Meergötterszene in Goethes Faust II ». *Albae Vigiliae XI*, Pantheon Akad. Verlagsanstalt, Amsterdam-Leipzig, 1941.
— *Der Göttliche Arzt. Studien über Asklepios und seine Kultstätte*. Ed. par Ciba AG. Conzett & Huber, Zürich, 1948.
— *Die Mythologie der Griechen : Die Götter- und Menschheitsgeschichten*. Rhein V., Zürich, 1951. Trad. fr. *La Mythologie des Grecs*, Genève. Georg.
— *Töchter der Sonne. Betrachtungen über griechische Gottheiten*. Rascher, Zürich, 1944.
— Voir Jung, Carl Gustav, et Kérényi.
Khunrath, Henricus : *Amphitheatrum sapientiae*. Hanau, 1609. Trad. fr. *L'Amphithéâtre de l'éternelle Sapience*, Milan, éd. arché. 1975.
— *Von hylealischen... Chaos*. Magdebourg, 1597.
*Kitab al-'ilm al-muktasab fi zirä-'at adh-dhahab* (Livre de la connaissance acquise concernant l'art de faire de l'or). Edité et traduit par Eric John Holmyard. Paris, Librairie orientaliste Paul Geuthner, 1923.
Kircher, Athanasius : *Œdipus Aegyptiacus*. 3 vol. Rome, 1652-1654.
Knorr von Rosenroth : voir *Kabbala denudata*.
Koepgen, Georg : *Die Gnosis des Christentums*. Salzbourg, 1939.
Kohler, Reinhold : *Kleinere Schriften zur erzählenden Dichtung des Mittelalters. 3 vol. Berlin, 1898-1900*.
Kohut, Alexander : « Die talmudisch-midraschische Adamssage in ihrer Rüchbeziehung auf die persische Yima-und Meshiasage », *in Zeitschrift der Deutschen Morgenländischen Gesellschaft* XXV, Leipzig, 1871, p. 59-94.
Kopp, Hermann : *Die Alchemie in älterer und neuerer Zeit*. 2 vol. Heidelberg, 1886.
Krieg, Claus W. : *Chinesische Mythen und Legenden*. Fretz & Wasmuth, Zürich, 1946.
Lajard, Félix : « Mémoire sur une représentation figurée de la Vénus orientale androgyne », *in Nouvelles Annales de l'Institut Archéologique*, section française, I (Paris, 1836) p. 161-212.
— *Recherches sur le culte de Vénus*. Paris, 1849.
Lao-Tse : *Tao te King ; das Buch des Alten vom Sinn und Leben*. Adaptation allemande et commentaires par Richard Wilhelm. Iéna, 1911. Trad. fr., Paris, Librairie de Médicis, 1974.
Larguier, Léo : *Le Faiseur d'or Nicolas Flamel. (L'Histoire inconnue* IV), Paris, 1936.
Leisegang, Hans : *Der heilige Geist*. Leipzig, 1919.
— *Die Gnosis*. Kröners Taschenausgaben XXXII, Leipzig, 1924. Trad. fr. *La Gnose*, Paris, Payot, 1950.
Lenglet du Fresnoy, Pierre Nicolas : *Histoire de la Philosophie hermétique*. 3 vol. Paris et La Haye, 1742.
Leo Hebraeus (Jehuda Abravanel) : *Dialoghi di Amore*. Vinegia, 1552.
Lesser, Friedrich Christian : *Lithotheologie, oder natürliche Historie und geistliche Betrachtung der Steine*. Hambourg, 1735.
*Lexikon, ausführliches, der griechischen und römischen Mythologie*. Ed. par W.H. Roscher. Berlin, 1884 ff.
Licetus, Fortunius : *Allegoria peripatetica de generatione amicitia et privatione in Aristotelicum aenigma Elia Lelia Crispis*. Padoue, 1630.
Lidzbarski, Mark : *Das Johannesbuch der Mandäer*. Giessen, 1915.
— Voir *Ginzâ*.
Lippmann, Edmund O. von : *Entstehung und Ausbreitung der Alchemie*, 3 vol., Berlin, 1919-1954.
Lohmeyer, Ernst : « Vom Göttlichen Wohlgeruch », *in Sitzungsberichte der Heidelberger Akademie der Wissenschaften*. Phil.-Hist.Kl., IX. Heidelberg, 1919.
Lorichius, Johannes : *Aenigmatum libellus*. Marbourg, 1540.
Lu-ch'iang-wu : voir Wei po-yang.

LUCIEN DE SAMOSATE : *Opera*. Ex recognit. Caroli Iacobitz. 3 vol., Leipzig, 1884-1887 :
— *Alexander s. Peudomantis* (II p. 115-143).
— *De Dea Syria* (III p. 341-363).
LUCIEN : *Scholia in Lucianum*. Ed. Hugo Rabe. Leipzig, 1906.
LULLUS, Raymundus (Raymond Lulle) : *Liber qui codicillus seu vademecum inscribitur*. Cologne, 1563.
— Voir THEATRUM CHEMICUM BRITANNICUM .
*Mabinogion, The*. Traduit par Gwyn Jones et Thomas Jones. London, Every Man's Library, 1949.
MACDONELL, Arthur Antony : *A Sanskrit-English Dictionary*. Londres, 1893.
MACROBE : *Saturnalia*. Lyon, 1556.
MAIER, Michael : *Atalanta fugiens, hoc est, emblemata nova de secretis naturae chymica*. Oppenheim, 1617, Trad. fr. *Atalante fugitive*, Paris, Librairie de Médicis, 1969.
— *De circulo physico quadrato*, Oppenheim, 1616.
— *Jocus severus*, Francfort, 1617.
— *Secretioris naturae secretorum Scrutinium chymicum*, Francfort, 1687, (réédition d'*Atalanta Fugiens*, sans les fugues musicales).
— *Symbola aureae mensae duodecim nationum*. Francfort, 1617.
MAITLAND, Edward : *Anna Kinfgord : Her Life, Letters, Diary, and Work*. 2 vol. Londres, 1896.
MALE, Emile : *L'Art religieux du XII*e *siècle en France*. 2e éd., Paris, 1924.
MALVASIUS, Caesar (Carlo Cesare Malvasio) : *Aelia Laelia Crispis non nata resurgens*, Bologne, 1683.
MANGET, J.-Jacques : *Bibliotheca chemica curiosa*. Genève, 1702.
*Manichäische Handschriften der Staatlichen Museen Berlin*. Ed. par Carl Schmidt. Stuttgart, 1935-1939.
*Märchen, Kaukasische*. Ed. par Adolf Dirr. *Die Märchen der Weltliteratur*. Iéna, 1920.
MARSILIUS, Ficinus : voir FICINUS.
MARTIAL. *Epigrammes*, édition bilingue, Paris, Les Belles-Lettres.
MEAD, George Robert Stow (éditeur et traducteur) : *Thrice Greatest Hermes*. 3 vol., Londres, 1949.
MEERPOHL, Franz : « Meister Eckharts Lehre vom Seelenfünklein ». *Abhandlungen zur Philosophie und Psychologie der Religion*, X. C.J. Becker Verlag, Würzbourg, 1926.
MEIER Carl Alfred : *Antike Inkubation und moderne Psychotherapie*. (Studien aus dem C.G. Jung Institut I.) Rascher, Zürich, 1949.
*Merlin*. Roman en prose du XIIIe siècle, éd. par Gaston Paris et Jacob Ulrich. 2 vol., Paris, 1886.
*Midrash Rabbah*. Edité par W. Freedman et Maurice Simon. 10 vol., Londres et Bournemouth, 1951.
MORET, Alexandre : « Du caractère religieux de la royauté pharaonique ». Thèse, Paris, 1902. *In Annales du Musée Guimet XV*, 1922.
— *Mystères égyptiens*, Paris, 1922.
MORRIS, Richard : *Legends of the Holy Rood*. Londres, 1871.
MÜLLER, Ernst : *Der Sohar und seine Lehre. Einführung in die Kabbalah*. Vienne, 1920.
— Voir aussi *Zohar, Le*.
MURMELSTEIN, Benjamin : « Adam. Ein Beitrag zur Messiaslehre ». *In Wiener Zeitschrift für die Kunde des Morgenlandes* XXXVI (1929), p. 51-86.
MYLIUS, Joannes Danielis : *Philosophia reformata*. Francfort, 1622.
NEIHARDT, John G. : *Black Elk Speaks. Being the Life Story of a Holy Man of the Og (a) lala Sioux*. New York, 1932.

NELKEN, Jan. «Analytische Beobachtungen über Phantasien eines Schizophrenen». In *Jahrbuch für psychoanalytische und psychopathologische Forschungen IV*, Leipzig et Vienne, 1912.
NESTLE, E.: «Der süsse Geruch als Erweis des Geistes.» In *Zeitschrift für die neutestamentliche Wissenschaft* VII, Giessen, 1906, p. 95-96.
NEUMANN, Erich: *Ursprungsgechichte des Bewusstseins.* Rascher, Zürich, 1949.
NEWMAN, John Henry (cardinal): *An Essay on the Development of Christian Doctrine.* Londres, 1845. Trad. fr.: *Développement de la doctrine chrétienne*, Paris, 1846.
NIEDNER, Felix: *Edda.* Götterdichtung und Spruchdichtung». *Thule* II Iéna, 1920.
NIETZSCHE, Frédéric: *Ainsi parlait Zarathoustra.* Edition bilingue, Paris, Aubier, éditions Montaigne.
*Nova Acta Paracelsica. (Jahrbuch der Schweizerischen Paracelsus-Gesellschaft V)* (Eisiedeln, 1949).
ORANDUS, Eirenaus: *Nicolas Flamel. His Exposition of the Hieroglyphicall Figures*, Londres, 1624.
ORIGÈNE: «Contra Celsum». *In* Migne, *P.G.* XIV col. 637-1632.
— «De oratione». *In* Migne, *P.G.* XI col. 415-562.
— «In Cantica Canticorum homiliae». *In* Migne, *P.G.* XIII, col. 37-58.
— «In Exodum homiliae». *In* Migne, *P.G.* XII, col. 297-396.
— «In Ezechielem homiliae». *In* Migne, *P.G.* XIII, col. 665-768.
— «In Genesim homiliae». *In* Migne, *P.G.* XII, col. 145-262.
— «In Leviticum homiliae». *In* Migne *P.G.* XII, col. 405-574.
— «In Numeros homiliae». *In* Migne, *P.G.* XII, col. 585-806.
— «In Librum Regnorum Homiliae». *In* Migne, *P.G.* XII, col. 995-1027.
— «Peri Archon libri IV». *In* Migne, *P.G.* XI, col. 115-414.
OROSIUS, Paulus: «Ad Aurelium Augustinum commonitorium». *In Priscilliani quae supersunt... accedit Orosii commentarium de errore Priscillianistarum et Origenistarum* (Corpus Scriptorum Ecclesiasticorum Latinorum), Prague, Leipzig, Vienne, 1889.
*Orphica.* Ed. par Eugen Abel. Leipzig et Prague, 1885.
OVIDE: *Métamorphoses.* Edition bilingue, Paris, Les Belles-Lettres.
*Pandora, das ist die edlest Gab Gottes* ... éd. par H. Reusner. Bâle, 1588.
*Papyri Graecae Magicae. Die griechischen Zauberpapyri*, éd. et traduit par Karl Preisendanz. 2 vol. B.G. Teubner, Berlin, 1928-1931.
PARACELSE (Theophrastus Bombastus von Hohenheim): *Sämtliche Werke.* Ed. par Karl Sudhoff. 14 vol. R. Oldenbourg. Munich et Berlin, 1922-1935.
— *Liber Azoth*, XIV, p. 547-595.
— *De vita longa*, III, p. 293-308.
— *De generationibus rerum naturalium* (vol. I du *De natura rerum*), XI, p. 312-320.
— *Von dem Hönig*, II, p. 193-204.
— *Labyrinthus medicorum errantium*, XI, p. 161-220.
— *Lumen apothecariorum spagyrorum*, II, p. 192.
— *De natura rerum*, XI, p. 307-403.
— *Das Buch Paragranum*, VIII, p. 135-221.
— *Vorrede und erste beide Bücher des Paragranum*, VIII, p. 31-113.
— *De pestilitate*, XIV, p. 597-661.
— *De occulta philosophia*, XIV, p. 513-542.
— *Philosophia ad Athenienses*, XIII, p. 387-423.
— *Scholia et observationes in Poemata Macri*, III, p. 381-424.
— *Von den ersten dreien Principiis oder Essentiis*, III, p. 1-11.
— *Das Buch von den tartarischen Krankheiten*, XI, p. 15-121.
— *De vita longa*, III, p. 247-291.
*Passio Sanctarum Perpetuae et Felicitatis.* Ed. par Cornelius Ioannes M.J. van Beek. Nimègue, 1936.
PAULIN (de Nole): «Poema 25». *In* Migne, *P.L.* LXI, col. 633-638.

PAULINUS (von Aquileja) : « Liber exhortationis ad Henricum Forojuliensem. » *In* Migne, *P.L.* XCIX, col. 197-282.
PAULY-WISSOWA : voir *Realencyclopädie*, Paulys.
PAUSANIAS : *Graeciae Descriptio*. Trad. anglaise, 5 vol., Londres et New York. Loeb classical Library, 1926-35.
PERNETY, Antoine-Joseph : *Dictionnaire Mytho-Hermétique*. Paris, 1758.
— *Les Fables égyptiennes et grecques*. 2 vol., Paris, 1758.
PHILON D'ALEXANDRIE : *Œuvres*. Edition bilingue, 35 vol., Paris, éd. du Cerf.
PIC DE LA MIRANDOLE, Giovanni : *Opera omnia*. Bâle, 1557.
PICINELLUS, Philippus (Filippo Picinello) : *Mundus symbolicus*. 2 vol., Cologne, 1687.
PIE XII (pape) : Voir *Acta Apostolicae Sedis*.
*Pirkê de Rabbi Eliezer* : voir GANZ .
*Pistis Sophia*. Edité et traduit par G.R.S. Mead, Londres, 1955.
PITRA, Giovanni Battista : *Analecta sacra Spicilegio Solesmensi praeparata*. 8 vol. Paris, 1876-1891.
PLATON : *Œuvres complètes*. Edition bilingue, 14 vol. Paris, Les Belles-Lettres.
PLINE L'ANCIEN : *Histoire naturelle*. Edition bilingue, Paris, Les Belles-Lettres.
PLOTIN : *Ennéades*. Edition bilingue, 7 vol., Paris, Les Belles-Lettres.
PLUTARQUE : *Moralia*. Avec une traduction anglaise. Loeb classical library. Londres et Cambridge, 1927 et sv.
PORDAGE, John : *Sophia*. Amsterdam, 1699.
PORPHYRE : *Ad Marcellam. Gr. et Lat. declar. A. Maius*. Mailand, 1816.
PREUSCHEN, Erwin : *Antilegomena*. Giessen, 1901.
PROCLUS : *Commentarius in Platonis Timaeum*, Graece, Recens. C.F. Chr. Schneider. Pressburg, 1847.
RABAN MAUR : « Allegoriae in Sacram Scripturam ». *In* Migne, *P.L.* CXII, col. 849-1088.
RADHA KRISHNAN, Sarvepalli : *Indian Philosophy*. 2 vol. Londres, G. Allen & Unwin, New York, Mcmillan & Co, 1923.
RAHNER, Hugo : *Antenna Crucis II* — « Das Meer der Welt ». *In Zeitschrift für Katholische Theologie* LXVI, Innsbruck, 1942, p. 89-118.
— « Das christliche Mysterium von Sonne und Mond ». *In Eranos Jahrbuch* X (1943). Rhein V., Zürich, 1944, p. 305-404.
— « Flumina de ventre Christi ». *In Biblica* XXII, Rome, 1941, p. 269-302, p. 367-403.
— « Die Gottesgeburt ». *In Zeitschrift für katholische Theologie* LIX, Innsbruck, 1935, p. 333-418.
— « Mysterium Lunae ». *In Zeitschrift für katholische Theologie* LXIII, Innsbruck, 1939, p. 311-349, p. 428-442 ; LXIV, 1940, p. 61-80, p. 121-131.
— « Die seelenheilende Blume ». *In Eranos Jahrbuch* XII (1945). Rhein V., Zürich, 1946, p. 117-239.
RAMANUJA : *The Vedanta-Sutras with the Commentary of Ramanuja*. Traduit par George Thibaut (*Sacred Books of the East* XXXIV, XXXVIII, XLVIII). 3 vol. Oxford, 1890-1904.
READ, John : *Prelude to Chemistry*. Londres, G. Bell. & Sons Ltd., 1936.
*Realencyclopädie des Judentums*. Réalisée par J. Homberger. 2 sections, 6 suppl., 3 vol., Strelitz i. M. et Leipzig, 1896-1901.
*Realencyclopädie Paulys, der klassischen Altertumswissenschaft*. Revue et éd. par Georg Wissowa. Stuttgart, 1894 ff.
*Realencyklopädie für protestantische Theologie und Kirche*. Ed. par J.J. Herzog et Albert Hauck. 24 vol., Leipzig, 1896-1913.
REITZENSTEIN, Richard : *Die hellenistischen Mysterienreligionen*. Leipzig et Berlin, 1910.
— *Poimandres*. Leipzig, 1904.
— *Zwei religionsgeschichtliche Fragen*. Strasbourg, 1901.

— et SCHAEDER, H.H. : *Studien zum antiken Synkretismus aus Iran und Griechenland.* B.G. Teubner, Leipzig-Berlin, 1926.
REUCHLIN, Johannes : *De arte cabbalistica.* Haguenau, 1517.
— *De verbo mirifico.* Lyon, 1552.
REUSNER, H. : voir *Pandora.*
RHINE, J.B. : *New Frontiers of the Mind.* New York-Toronto, Farrar & Rinehart, 1937.
— *The Reach of the Mind.* Londres, Faber & Faber, 1948.
RIESSLER, Paul : *Altjüdisches Schrifttum ausserhalb der Bibel.* Augsburg, 1928.
*Rigveda, Lieder des.* Traduit et éd. par Alfred Hillebrandt. Gottingen, 1913.
RIPLAEUS, Georgius (George Ripley) : *Chymische Schrifften.* Erfurt, 1624.
— *Omnia opera chemica.* Cassel, 1649.
ROHDE, Erwin : *Psyche.* 2 vol. Fribourg-en-Brisgan et Leipzig, 1890-1894.
ROSCHER, W.H. : voir *Lexikon, ausführliches.*
ROSENCREUTZ, Christian : *Chymische Hochzeit.* Strasbourg, 1616. Trad. fr. dans GORCEIX, Bernard : *La Bible des Rose-Croix,* Paris, P.U.F., 1970.
ROUSSELLE, Erwin : « Drache und Stute. Gestalten der mythischen Welt chinesischer Urzeit ». *In Eranos Jahrbuch* II (1934). Rhein V., Zürich, 1935, p. 11-33.
RULAND(US), Martin : *Lexicon alchemiae sive dictionarium alchemisticum.* Francfort, 1612.
RUPESCISSA, Joannes de (Jean de Roquetaillade) : *La Vertu et la propriété de la quintessence.* Lyon, 1581.
RUSKA, Julius : *Buch der Alaune und Salze (De speciebus salium).* Berlin, 1905.
— « Die Vision des Arisleus ». *In Georg Sticker Festschrift : Historische Studien und Skizzen zur Natur-und Heilwissenschaft.* Berlin, 1930.
— « Studien zu Muhammed ibn Umail ». *In Isis,* Bruges, 1935-36, p. 310-342.
— *Tabula Smaragdina.* Carl Winters, Heidelberg, Presse Universitaire, 1926.
— *Turba Philosophorum.* Julius Springer, Berlin, 1931.
*Saint-Graal, Le, ou le Joseph d'Arimathie.* Première branche des romans de la Table ronde. Ed. par Eugène Hucher. 3 vol., Le Mans, 1875-1878.
SCHAEDER, Hans Heinrich : « Urform und Fortbildungen des manichäischen Systems ». *In Vorträge der Bibliothek Warburg* 1924-25, Leipzig, 1927, p. 65-157.
SCHEFFLER, Johann : voir ANGELUS SILESIUS .
SCHEFTELOWITZ, Isidor : *Die altpersische Religion und das Judentum.* Giessen, 1920.
— « Das Fischsymbol in Judentum und Christentum ». *In Archiv für Religionswissenschaft* XIV, Leipzig, 1911, p. 321-385.
SCHMIDT, Carl : voir *Manichäische Handschriften.*
SCHMIEDER, Karl Christoph : *Geschichte der Alchemie.* Halle, 1832.
SCHOLEM, Gershom G. : *Das Buch Bahir.* (Quellen und Forschungen zur Geschichte der Jüdischen Mystik I), Leipzig, 1923.
— *Major Trends in Jewish Mysticism,* Jérusalem, Shocken Publishing House, 1941. Trad. fr. *Les Grands Courants de la mystique juive,* Paris, Payot, 1953.
— « Zu Abraham Eleazars Buch und dem Eson Mazareph ». *In Monatsschrift für Geschichte und Wissenschaft des Judentums* LXX/n.F.XXXIV, Dresde, 1926, p. 202-209.
SCHREBER, Daniel Paul : *Denkwürdigkeiten eines Nervenkranken,* 1903. Trad. fr. *Mémoires d'un névropathe.* Paris, Ed. du Seuil, 1977.
SCHULTZ, Wolfgang : *Dokumente der Gnosis.* Iéna, 1910.
SCHULTZE, Fritz : *Psychologie der Naturvölker.* Leipzig, 1900.
SCHWARTZ, C. : « Explanatio inscriptionis cuiusdam veteris ». *In Acta Eruditorum,* Leipzig, 1727, p. 332-335.
SCHWEITZER, Albert : *Geschichte der Leben-Jesu-Forschung.* 5e éd., Tübingen J.C.B., Mohr, 1933. Trad. fr. *Le Secret de la vie de Jésus,* Paris, Albin Michel, 1961.
SCOTT, Walter : voir *Hermetica.*
SENIOR (Zadith filius Hamuel) : *De chemia senioris antiquissimi philosophi libellus.* (1566 ?)

*Serpent Power, The. ... Two works on Tantric Yoga*, translated from the Sanskrit, with introduction and commentary by Arthur Avalon. Londres, 1919. Trad. fr. *La Puissance du serpent*, Lyon, Derain, 1959.
SERVIUS: *Servii Grammatici qui feruntur in Vergilii Carmina commentarii*. Ed. par Georg Thilo et Hermann Hagen, 3 vol., Leipzig, 1878-1902.
SIECKE, Ernst: *Beiträge zur genauen Kenntnis der Mondgottheit bei den Griechen*, Berlin, 1885.
SILBERER, Herbert: *Probleme der Mystik und ihrer Symbolik*. Vienne et Leipzig, 1914.
(SOCRATES SCHOLASTICUS): «Socratis Scholastici et Hermiae Sozomeni historia ecclesiastica». *In* Migne, *P.G.* LXVII (vol. complet).
SPIEGELBERG, W.: «Der Gott Bait in dem Trinitätsamulett des Britischen Museums». *In Archiv für Religionswissenschaft* XXI, Leipzig et Berlin, 1922, p. 225-227.
SPITTELER, Carl: *Olympischer Frühling*. 4 tomes. Leipzig, 1900-1905.
*Splendor Solis*: voir TRISMOSIN .
SPON, Jacob et WHELER George: *Voyage d'Italie, de Dalmatie, de Grèce et du Levant fait aux années 1675 et 1676*. 2 vol. Amsterdam, 1679.
STADTMUELLER, Hugo: voir *Anthologia Graeca*.
STAPLETON, H.E. et M.: «Hidayat HUSAIN: Muhammad bin Umail: His Date, Writings, and Place in Alchemical History». *In Memoirs of the Asiatic Society of Bengal* XII, Calcutta, 1933.
STEEB(US), Johann Christoph: *Coelum Sephiroticum Hebraeorum*. Mainz, 1679.
STEINER(US), Henricus: *Dissertatio chymico-medica inauguralis De Antimonio*. Bâle, 1699.
STOLCIUS DE STOLCENBERG, Danielis: *Viridarium chymicum figuris cupro incisis adornatum*. Francfort, 1624. Trad. fr. Paris, Libr. de Médicis, 1975.
SUIDAS: *Lexicon*. Ed. par Ada Adler. 5 tomes. (*Lexicographi Graeci I*) B.G. Teubner, Leipzig, 1928-1938.
TABERNAEMONTANUS, Jacob Theodor: *Neu volkommen Kräuterbuch*. 2 vol. Bâle, 1731.
*Tabula smaragdina*: voir RUSKA .
TACHENIUS, Otto (Marcantonio Crasselame): *Lux obnubilata suapte natura refulgens. Vera de lapide philosophico theorica metro italico descripta etc.*, Venise, 1666. Trad. fr. *La Lumière sortant par soi-même des ténèbres*, Paris, Denoël, Bibliotheca hermetica, 1971.
*Talmud, Der babylonische. Hebräisch und deutsch*. Y compris le traité complet de *Misnah*, éd. par Lazarus Goldschmidt. 9 vol. Leipzig et La Haye, 1899-1935.
*Tao te King*: voir LAO-TSE .
TERSTEEGEN, Gerhart: *Geistliches Blumengärtlein inniger Seelen*. Francfort et Leipzig, 1778.
TERTULLIEN: «De monogamia». *In* Migne, *P.L.* I et II.
TETZEN, Johannes de (Johannes Ticinensis): «Processus de lapide philosophorum». *In Johannes Ticinensis, Anthonii de Abbatia, Edoardi Kellaei Drey chymische Bücher*. Hambourg, 1670.
THEODORETUS CYRENSIS (Théodoret de Cyr): «Haereticarum fabularum compendium». *In* Migne, *P.G.* LXXXIII col. 335-556.
THEOPHILUS ANTIOCHENSIS (Théophile, évêque d'Antioche): *Opera*. *In* Migne, *P.G.* VI.
THÉRÈSE D'AVILA (Teresa de Cepeda, de Jesu): Trad. fr. *Œuvres complètes*, Paris, éd. du Seuil, 1949.
THOMAS D'AQUIN : *Summa theologica*. Trad. fr. *Somme théologique*. En cours de publication aux éditions du Cerf, Paris.
*Thomas, actes de*: voir *Apokryphen, neutestamentliche*.
THORNDIKE, Lynn: *A History of Magic and Experimental Science*. 8 vol. New York, 1923-1958.

THORPE, Benjamin: « A Dialogue between Saturn and Solomon ». *In Analecta Anglo-Saxonica*, Londres, 1834, p. 95-100.
TONIOLA, Johannes: *Basilea sepulta retecta continuata*. Bâle, 1661.
TRAUBE, Ludwig: « O Roma nobilis ». *In Abhandlungen der philosophisch-philogischen Classe, der Königl. Bayerischen Akademie der Wissenschaften* XIX, Munich, 1892, p. 299-392.
TRISMOSIN, Salomon: *Aureum vellus, oder Guldin Schatz und Kunstkammer*, Rorschach, 1958 (traité III: « Splendor Solis »).
TSCHARNER, Eduard Horst von: « Das Vermächtnis des Laotse ». *In Der Bund*, 13 et 20 juin, Berne, 1934.
*Turba philosophorum*: voir RUSKA.
TYLOR, Edward B.: *Primitive Culture*. 2 vol. Londres, 1871.
*Upanishads, The. Parts* I, II, éd. de Max Müller. *(Sacred Books of the East* I, XV) Oxford, 1879, 1884.
USENER, Hermann: *Das Weihnachtsfest*. Bonn, 1911.
VALENTINUS, Basilius: *Chymische Schriften all*... Hambourg, 1700.
VAN BEEK, Cornelius Ioannes: voir *Passio Sanctarum Perpetuae*.
VAUGHAN, Thomas: *The Works of Th'V': Eugenius Philalethes*. Ed. par Arthur Edward Waite. Londres, 1919.
VERANIUS, Caietanus Felix: *Pantheon argenteae elocutionis*. Francfort, 1712.
*Verus Hermes* (Introuvable).
VIGNON, Paul: *Le Linceul du Christ*, Paris, 1902.
— *Le Saint Suaire devant la science, l'archéologie, l'histoire, l'iconographie et la logique*, Paris, 1938.
VITUS, Richardus Basintochius (Richard White de Basingstoke): *Aelia Laelia Crispis epitaphium quod in agro Bononensi adhuc videtur*. Dortrecht, 1618.
*Volksmärchen, Chinesische*. Traduit et préfacé par Richard Wilhelm. *(Die Märchen der Weltliteratur)* Iéna, 1917.
WAITE, Arthur Edward: *The Holy Kabbalah. A study of the Secret Tradition in Israël*. Londres, Williams & Norgate Ltd., 1929.
— *The Real History of the Rosicrucians*. Londres, 1887.
— Voir VAUGHAN.
WALCH, Christian Wilhelm Franz: *Entwurf einer vollständigen Historie der Ketzereien*... 11 tomes. Leipzig, 1762-1783.
WEGMANN Hans: « Das Rästel der Sünde ». *In Gottesglaube und Welterlebnis* (III) Leipzig, 1937.
WEI PO-YANG: voir WU et DAVIS.
WEIL, Gustav: *Biblische Legenden der Musulmänner*. Francfort, 1845.
WELLING, Georg von: *Opus Mago-Cabbalisticum et Theosophicum*. Hambourg, 1735.
WERNER, Edward Theodore Chalmers: *Myths and Legends of China*. Londres, G.G. Harrap & Co., 1922.
WHITE, Victor: « The Scandal of the Assumption ». *In Life of the Spirit*, V, Oxford, 1950, p. 199-212.
WICKES, FRANCES G.: *The Inner World of Man*. New York-Toronto, Farrar & Rinehart, 1938.
WIELAND, C. Martin: *Dschinistan, oder auserlesene Feen-und Geistermärchen*. 3 vol. Winterthur, 1786-1789.
WILAMOVITZ-MOELLENDORFF, U. von: « Isyllos von Epidaurus. » *In Philologische Untersuchungen IX*, Berlin, 1886.
WILHELM, Richard: voir JUNG Carl Gustav
— Voir *Voksmärchen, Chinesische*.
WINTER, J., et WUNSCHE August: *Die Jüdische Literatur seit Abschluss des Kanons*. 3 vol. Trier, 1894-1896.
WITTEKINDT, W.: *Das Hohe Lied und seine Beziehungen zum Istarkult*. Orient-Buchhandlung H. Lafiare, Hanovre, 1926.

WOLBERO (abbé de St. Pantaleon, Cologne). « Commentaria super Canticum Canticorum ». *In*, Migne. *P.L.* CXCV col. 1001-1278.
WU, L.-C., et DAVIS, T.L. : « An Ancient Chinese Treatise on Alchemy entitled Ts'an T'ung Ch-i ». *In Isis* XVIII, Bruges, 1932, p. 210-289.
WÜNSCHE, August : *Die Sagen vom Lebensbaum und Lebenswasser. (Ex Oriente Lux I/2 und 3)* Leipzig, 1905.
— *Salomos Thron und Hippodrom. Abbilder des babylonischen Himmelsbildes. (Ex Oriente Lux* II/3) Leipzig, 1906.
— *Schöpfung und Sündenfall des ersten Menschenpaares im jüdischen und moslemischen Sagenkreise. (Ex Oriente Lux* II/4) Leipzig, 1906.
*Yi king, le Livre des Transformations*, traduction française de la version allemande de Richard WILHELM, Paris, Librairie de Médicis, 1968.
ZIMMER, Heinrich : *Der Weg zum Selbst.* Rascher, Zürich, 1944.
ZOCKLER, Otto : *Das Kreuz Christi. Religionshistorische und kirchlich-archäologische Untersuchungen.* Gütersloh, 1875.
*Zohar, Le.* Trad. fr. de Jean de PAULY. 6 volumes. Nouvelle édition, Paris, Maisonneuve, 1970.
ZOSIME : voir BERTHELOT. *Collection des anciens alchimistes grecs.*

Pour les travaux récents (à partir de 1920) l'édition est mentionnée dans la mesure du possible.

# INDEX

# *TABLE*

## IV. REX ET REGINA



## V. ADAM ET ÈVE



## VI. LA CONJONCTION

*L'impression et le brochage ont été effectués*
*par CPI Firmin Didot*
*au Mesnil-sur-l'Estrée (Eure)*
*pour le compte des Éditions Albin Michel.*

*Achevé d'imprimer en mai 2010*
*N° d'édition : 01637/05 – N° d'impression : 99995*
*Dépôt légal : février 1982*

*Imprimé en France*